《浙江植物志（新编）》编辑委员会 编著

浙江植物志 新编
Flora of Zhejiang
（New Edition）

第六卷　黄杨科—夹竹桃科

Volume 6
Buxaceae—Apocynaceae

浙江科学技术出版社

图书在版编目(CIP)数据

浙江植物志：新编. 第六卷/《浙江植物志（新编）》编辑委员会编著. — 杭州：浙江科学技术出版社，2021.9
ISBN 978-7-5341-9638-6

Ⅰ.①浙… Ⅱ.①浙… Ⅲ.①植物志－浙江 Ⅳ.① Q948.525.5

中国版本图书馆 CIP 数据核字（2021）第 106394 号

书　　名	浙江植物志（新编）·第六卷
编　　著	《浙江植物志（新编）》编辑委员会
出版发行	浙江科学技术出版社 杭州市体育场路 347 号　邮政编码：310006 编辑部电话：0571-85152719 销售部电话：0571-85176040 网址：www.zkpress.com
排　　版	杭州万方图书有限公司
印　　刷	浙江新华数码印务有限公司
经　　销	全国各地新华书店
开　　本	889mm×1194mm　1/16　　印　张　35.75
字　　数	820 千字
版　　次	2021 年 9 月第 1 版　　2021 年 9 月第 1 次印刷
书　　号	ISBN 978-7-5341-9638-6　　定　价　350.00 元
审 图 号	浙 S（2019）11 号

版权所有　翻印必究

（图书出现倒装、缺页等印装质量问题，本社销售部负责调换）

策划组稿	章建林　詹　喜	**责任编辑**	詹　喜
文字编辑	周乔俐	**责任校对**	陈宇珊
封面设计	金　晖	**责任印务**	叶文炀

【内容提要】

本卷记载了浙江省野生或习见栽培的被子植物（黄杨科至夹竹桃科）27科，156属，438种（不计种下分类群，但浙江无原种的种下分类群以种计）。其中包括本志作者自《浙江植物志（新编）》编著项目启动以来发表的新分类群（新种、新亚种和新变种）16个，新组合11个，浙江分布新记录属1个，新记录种（含亚种和变种）25个，订正了25个以往错误鉴定种。每种植物均有中名、拉丁名、形态描述、产地、生境、分布、用途等记述，近99%的种类附有野外实地拍摄的彩色图片。

本卷可供农业、林业、园艺、医药、环保等行业的科技人员、管理人员及广大植物爱好者参考，也可作为各类院校植物学、农学、林学、园艺学、药学、生态学等相关专业的辅助教材。

Summary

In this volume, 438 species belonging to 156 genera in 27 families (from Buxaceae to Apocynaceae) are recorded, which are wild and commonly cultivated species in Zhejiang Province. The species covered in this volume include 16 new taxa (new species, new subspecies and new varieties), 11 new combinations, 1 newly recorded genus and 25 newly recorded species (with subspecies and varieties) in Zhejiang. 25 formerly mis-identified species were clarified. Each species contains Chinese name, scientific name, morphological description, locality, habitat, distribution, economic usage, etc. Approximately 99% species are accompanied by color pictures obtained from original observation.

This book can be used as a reference for scientists and technicians, managers and plant hobbyists of agriculture, forestry, horticulture, medicine and pharmacy, environmental protection and other related fields. It also can be course materials for various majors in botany, agriculture, forestry, horticulture, pharmacy, ecology, etc.

《浙江植物志（新编）》
编辑委员会

主　　　任　胡　侠（2018年12月起在任）
　　　　　　林云举（2014年11月至2018年12月在任）
副　主　任　吴　鸿　杨幼平　王章明（常务）　陆献峰
　　　　　　于明坚　江　波　吾中良　章滨森
委　　　员　柳新红　陈华新　朱光权　丁良冬　孙晓霞

主　　　编　李根有　丁炳扬
副　主　编　金孝锋　陈征海　张方钢　金水虎
编　　　委　李根有　丁炳扬　金孝锋　陈征海　张方钢
　　　　　　金水虎　柳新红　赵云鹏

顾　　　问　郑朝宗　裘宝林

组 织 编 著　浙江省林业局
　　　　　　浙江省植物学会

Editorial Board of Flora of Zhejiang (New Edition)

Directors

Hu Xia (Served from December 2018)

Lin Yunju (Served from November 2014 to December 2018)

Vice directors

Wu Hong	Yang Youping	Wang Zhangming
Lu Xianfeng	Yu Mingjian	Jiang Bo
Wu Zhongliang	Zhang Binsen	

Committee members

Liu Xinhong	Chen Huaxin	Zhu Guangquan
Ding Liangdong	Sun Xiaoxia	

Editors-in-chief

Li Genyou   Ding Bingyang

Associate editors-in-chief

Jin Xiaofeng   Chen Zhenghai   Zhang Fanggang

Jin Shuihu

Editorial board

Li Genyou	Ding Bingyang	Jin Xiaofeng
Chen Zhenghai	Zhang Fanggang	Jin Shuihu
Liu Xinhong	Zhao Yunpeng	

Advisers

Zheng Chaozong   Qiu Baolin

Organizers

Zhejiang Administration of Forestry

Botanical Society of Zhejiang

本卷编著者及分工

卷 主 编　陈征海
卷副主编　徐绍清　陈　锋　张水利
编 著 者　黄杨科、大戟科（除算盘子属、大戟属外）、葡萄科、槭树科
　　　　　陈征海（浙江省森林资源监测中心）
　　　　　大戟科（算盘子属、大戟属）
　　　　　张芬耀（浙江省森林资源监测中心）
　　　　　鼠李科
　　　　　鲁益飞（浙江大学）
　　　　　金孝锋（杭州师范大学）
　　　　　古柯科、亚麻科、远志科、蒺藜科、酢浆草科、牻牛儿苗科、旱金莲科
　　　　　张宏伟（浙江清凉峰国家级自然保护区管理局）
　　　　　谢文远（浙江省森林资源监测中心）
　　　　　省沽油科、钟萼木科、无患子科、七叶树科、橄榄科、漆树科、苦木科、楝科、芸香科
　　　　　陈　锋（浙江省森林资源监测中心）
　　　　　凤仙花科
　　　　　金孝锋（杭州师范大学）
　　　　　徐跃良（浙江自然博物院）
　　　　　五加科、马钱科、龙胆科、夹竹桃科
　　　　　张水利　陈　京（浙江中医药大学）
　　　　　伞形科
　　　　　张水利（浙江中医药大学）
　　　　　徐绍清（慈溪市林特技术推广中心）

Authors and Division

Volume editor-in-chief

    Chen Zhenghai

Volume associate editor-in-chief

    Xu Shaoqing, Chen Feng and Zhang Shuili

Authors

    Buxaceae, Euphorbiaceae (except Glochidion, Euphorbia), Vitaceae, Aceraceae

    Chen Zhenghai (Zhejiang Monitoring Centre for Forest Resources)

    Euphorbiaceae (Glochidion, Euphorbia)

    Zhang Fenyao (Zhejiang Monitoring Centre for Forest Resources)

    Rhamnaceae

    Lu Yifei (Zhejiang University)

    Jin Xiaofeng (Hangzhou Normal University)

    Erythroxylaceae, Linaceae, Polygalaceae, Zygophyllaceae, Oxalidaceae, Geraniaceae, Tropaeolaceae

    Zhang Hongwei (Adminisration of Zhejiang Qingliangfeng National Natural Reserve)

    Xie Wenyuan (Zhejiang Monitoring Centre for Forest Resources)

    Staphyleaceae, Bretschneideraceae, Sapindaceae, Hippocastanaceae, Burseraceae, Anacardiaceae, Simaroubaceae, Meliaceae, Rutaceae

    Chen Feng (Zhejiang Monitoring Centre for Forest Resources)

    Balsaminaceae

    Jin Xiaofeng (Hangzhou Normal University)

    Xu Yueliang (Zhejiang Museum of Natural History)

    Araliaceae, Loganiaceae, Gentianaceae, Apocynaceae

    Zhang Shuili and Chen Jing (Zhejiang Chinese Medical University)

    Apiaceae

    Zhang Shuili (Zhejiang Chinese Medical University)

    Xu Shaoqing (Cixi Forestry Technology Extension Centre of Zhejiang)

序 一

　　浙江植物学专家前辈历经10年的辛勤努力，于1993年出版了8卷《浙江植物志》（7卷加总论卷）。该志记载了浙江野生与习见栽培的维管植物共231科，1372属，4444种（含种下等级）。该志编撰严谨，图文并茂，荣获第二届国家图书奖（1995），不仅深受社会各界欢迎，出现了一书难求的现象，还成为浙江乃至周边省份科研、科普、教学、生产的必备参考书，在浙江省的经济建设、生态保护等方面发挥了非常重要的作用。

　　《浙江植物志》出版之后的20多年中，随着经济的飞速发展，省外及国外一些植物物种被大量引入，同时浙江新一代植物学工作者在继承前辈严谨工作作风的基础上，不懈努力，深入调查，又发现了众多的植物新分类群和分布新记录。而这些资料均分散在各种期刊和著作中，不利于各行各业应用。因此，《浙江植物志（新编）》的出版顺应了时代的发展和社会的需求，意义重大。

　　《浙江植物志（新编）》对原志书进行了全面的、系统的补充修订，并在被子植物部分采用了当代著名的四大被子植物分类系统之一的克朗奎斯特（Cronquist）分类系统（1988）；本志书用精美的彩色照片代替了原来的线描图，使之更具直观性和实用性，这在省级植物志书中是非常有特色的。

　　全套志书由原来的8卷增加至10卷；收录种类比原志书有了大量增加，其中有近年发现的新分类群100余个，新记录科3个，新记录属80多个，新记录种400多个，同时增加了很多物种的新分布点；对原记载的植物逐种进行了考证，对不少植物学名根据新的资料予以了更正，对一些原来鉴定错误或经调查已无栽培的种类进行了更正与删减，充分汲取了植物分类的最新研究成果，使之更具科学性和准确性。

　　由此可见，本套志书在学术水平上又有了较大的提升，充分体现出了编撰志书为地方经济建设及基层大众服务的初衷。相信本套志书出版之后，定会为浙江省的植物学研究、教学、科普以及植物资源的开发利用与保护等发挥重要作用。

　　我注意到，在从事植物经典分类人才越来越稀缺的今天，在经济较发达的浙江，仍有一批中青年植物学者执着地坚守在基础研究的岗位上，这让我尤为高兴。

　　在本套志书编撰之初，我与浙江同行就有了密切的书信联系和问题交流，并自始至终给予了特别关注。得知本套志书即将陆续出版，甚感欣慰，特予作序。

中国科学院植物研究所研究员
中国科学院院士　
2019年5月于北京

序 二

浙江地处我国东南沿海，陆域面积不大，但自然条件优越，植物资源丰富，人文底蕴深厚，有钟观光、钱崇澍、李善兰等植物学先驱，并涌现出了陈嵘、张肇骞、钟补求、蔡希陶、王伏雄、吴中伦、梁希、杨衔晋、林刚、陈诗、陈谋、贺贤育等林学家、植物分类学家和采集家，成为我国近代植物学的重要发源地之一。独特的区域优势和丰富的植物资源，吸引了众多国内外学者来浙江开展采集和研究工作，除浙江籍人士外，还有胡先骕、秦仁昌、郑万钧、陈焕镛、裴鉴、唐进、耿以礼、郑勉、裘佩熹、J. Cunningham、R. Fortune、E. Faber、F.B. Forbes、W.B. Hemsley、S. Matsuda、C.S. Sargent、H. Migo、A.N. Steward 等，为浙江的植物资源调查和分类研究奠定了基础。

1993 年，本人有幸受邀参加"浙江植物资源调查研究及《浙江植物志》编著"成果评审会，方云亿、章绍尧等浙江老一辈植物分类学家踏实严谨、精益求精的科研作风给我留下了深刻印象。项目成果获得了浙江省科技进步奖一等奖（1994），《浙江植物志》还获得第二届国家图书奖（1995）和第七届全国优秀科技图书一等奖（1995），成为省级植物志的典范。《中国植物志》于 2004 年全部出版，有人认为植物分类学家从此已无用武之地。殊不知，由于历史原因，就整体而言，我国植物分类学还处在描述阶段。浙江省的植物分类学者认识到这一点，他们承前启后，不仅自己奋斗，还培养人才，为这一领域注入了活力。浙江省的植物资源调查研究工作方兴未艾，相继出版了《浙江种子植物检索鉴定手册》等专著，积累了丰富翔实的新资料，结出了新成果。

《浙江植物志（新编）》由浙江省 27 家单位的 50 余位专家参与编研工作。通过大规模和系统的野外考察、标本采集、照片拍摄，收录的种类大幅增加，其中有近年发现的新记录科 3 个，新记录属 80 多个，新记录种 400 多个，充实了浙江乃至全国植物区系地理的内容；全书 85% 以上的种类配有实地拍摄的彩色照片，图文并茂。与《浙江植物志》相比，《浙江植物志（新编）》种类收录更齐全，分类处理更合理，兼顾科学性、可读性、实用性和鉴赏性。在此，我对本志编著者和浙江科学技术出版社相关人员所付出的心血表示感谢，也希望浙江的植物分类工作者再接再厉，继续开展更深入的植物资源调查和研究，在分类修订、生物多样性编目、物种形成、系统发生和进化、亲缘地理等方面取得新的更大的成绩。

是为序。

中国植物学会名誉理事长
中国科学院院士　洪德元

2019 年 6 月于北京

前 言

浙江位于中国东南沿海，长江三角洲南翼，东临东海，南接福建，西与安徽、江西相连，北与上海、江苏接壤，地理坐标为27°02′～31°11′N，118°01′～123°10′E。陆地面积10.55万平方千米，约占全国的1.1%，是我国陆地面积较小的省份。全省以山地丘陵为主，素有"七山一水二分田"之说。因地处中亚热带，全省气候温和，雨量充沛，山脉纵横，丘陵起伏，河谷、平原、盆地交错分布，海岸曲折，岛屿众多，自然环境复杂多样，利于各类植物繁衍生息，加之地史古老，孕育并保存了丰富的植物种类，享有"东南植物宝库"之美誉。

浙江境内的植物标本采集与调查工作始于18世纪初期。随着杭、甬等地通商口岸的开放，J. Cunningham、R. Fortune、E. Faber 等10多个国家的50多位学者先后进入浙江的舟山、宁波、杭州、台州等地开展植物标本的采集和调查工作，对早期植物科学的传播及植物分类资料的积累起到了重要作用。在我国最早科学系统地开展植物标本采集的是钟观光（北仑），之后在浙江涌现出了一批我国近代植物分类学家和采集家，如钱崇澍（海宁）、陈嵘（安吉）、钟补勤（北仑）、钟稼勤（北仑）、钟补求（北仑）、林刚（平阳）、陈诗（诸暨）、陈谋（诸暨）、吴中伦（诸暨）、贺贤育（镇海）、张肇骞（永嘉）等。我国许多著名植物分类学家也曾先后来浙江进行采集、研究，如胡先骕、秦仁昌、郑万钧、耿以礼、唐进、裴鉴、郑勉、裴佩熹等。因此，浙江也成为我国近代植物分类研究的发祥地之一。中华人民共和国成立后，浙江省人民政府对植物资源的普查工作非常重视，陆续组织开展了一些专题性或区域性的植物资源普查工作，积累了大量的标本和资料，为植物志书的编写奠定了良好的基础。

1982年，浙江省科委下达了089号文件，组织省内19家大专院校、科研单位的50余位科研、教学专家，开展了《浙江植物志》的编著工作。他们通过野外考察、标本查阅、资料整理、潜心编撰，历经十载寒暑，出版了洋洋8卷巨著。全志共记载浙江野生及习见栽培植物231科，1372属，3897种，30亚种，391变种，126变型，第一次全面系统地展示了浙江植物资源的全貌。该项目成果荣获浙江省科学技术进步奖一等奖（1994）。《浙江植物志》还获得第二届国家图书奖（1995）及第七届全国优秀科技图书一等奖（1995）。长期以来，作为省内外植物专业人士、学生及社会有关人员必不可少的权威工具书，《浙江植物志》在浙江省的经济和生态建设方面发挥了极为重要的作用。

《浙江植物志》出版后的20多年中，社会、经济、文化、环境等方面均发生了翻天覆地的变化，植物种类、相关信息也相应地产生了巨大的改变。随着交通状况不断改善和植物分类知识的广泛普及，在年青一代专业人员的不懈努力下，植物调查和研究工作更为全面和深入，新发现也逐渐增多。据初步统计，在本项目进行之前就已发现新种

（含种下等级）或新记录种350多个；在此期间，国内外植物分类和系统进化等方面的研究也取得了长足发展，被 Flora of China 和其他文献归并的有300余种，分类等级或学名改变的有300多种；与此同时，很多历史上曾经引种的植物已经消失，而在走向国际化的进程中，更多与农业、林业、园林、医药相关的新资源植物又被不断地引进栽培，种类变动的数量高达本志书记载总数的近1/4。

近些年来，在浙江各级政府的高度重视下，植物资源调查研究工作的开展如火如荼、方兴未艾。在本志编撰前及期间，浙江的科研团队相继出版了《温州植物志》（5卷）、《杭州植物志》（3卷）、《宁波植物图鉴》（5卷）等区域性志书，以及一批实用性图鉴或专著，如《浙江种子植物检索鉴定手册》《浙江野菜100种精选图谱》系列丛书、《浙江省常见树种彩色图鉴》《宁波珍稀植物》《宁波滨海植物》《玉环木本植物图谱》《台州乡土树种识别与应用》《慈溪乡土树种彩色图谱》《莫干山区乡土树种》等；各地已建或新建自然保护区的资源普查工作陆续开展，出版了《天目山植物志》（4卷）、《清凉峰植物》《清凉峰木本植物志》（2卷）、《百山祖的野生植物》等专著和科学考察报告，积累的新资料越来越丰富。党的十八大后，中共浙江省委、省人民政府统筹推进"五位一体"总体布局，十分重视生态建设和植物资源保护工作。在新形势下，迫切需要厘清浙江省植物种类、分布、生存状况及开发利用价值，为森林、湿地、物种三条"生态保护红线"的研究与监测提供信息丰富、数据准确、功能完善的基础资料。如今，社会安宁，经济繁荣，修志时机已充分成熟，工作基础也已相对夯实。因此，为适应新形势的快速变化，尽早编撰一部能反映浙江植物资源现状的志书已是大势所趋和当务之急。

经过一段时间的酝酿和筹备，2014年年底，由浙江省林业局（原浙江省林业厅）与浙江省植物学会联合组织成立了《浙江植物志（新编）》编委会，聚集全省27家教学、科研、生产单位的50余位专家和学者，正式启动了"浙江省野生植物资源调查、建档、编纂及《浙江植物志》（第二版）编著"项目（浙江省财政项目，编号：335010-2015-0005）。

5年来，编委会召开了10余次全体或扩大会议，制订和完善了编写大纲和细则，并提出全部采用彩色照片及系统更先进、种类更齐全、资料更丰富、数据更准确、使用更方便的要求；组织了数百次规模不等的野外科学考察活动，时间覆盖一年四季，地点遍及全省各地，拍摄了100余万幅植物种类和生境彩色照片，采集标本5000余号，发现了众多的植物新类群和省级以上分布新记录植物，获取了大量植物新分布点及新用途等重要信息；参编者查阅了大量文献资料，以及省内外各大植物标本馆、中国数字植物标本馆（CVH）、国家标本资源共享平台（NSII）的大量相关标本，对不少有疑问的植物类群和学名进行了认真考证，发表研究论文上百篇，取得了丰硕的成果。

本套志书共10卷，收录的种类原则上为浙江省境内野生、归化、逸生及当下习见栽培的植物。具体收录的种类和内容如下：第一卷为概论（包括自然概况、采集和研究简史、植物区系、资源植物），蕨类植物门，石杉科至满江红科，计50科；第二卷为裸子植物门，苏铁科至红豆杉科，计10科，被子植物门，木兰科至荨麻科，计33科；第三卷为胡桃科至杨柳科，计36科；第四卷为白花菜科至蔷薇科，计17科；第五卷为含羞草科至茶茱萸科，计26科；第六卷为黄杨科至夹竹桃科，计27科；第七卷为萝藦科至胡麻科，计19科；第八卷为紫葳科至菊科，计9科；第九卷为泽泻科至禾本科，计17科；第十卷为莎草科至兰科，计18科。

本志的编写及出版工作得到了社会各界的大力支持和热切关注。中国科学院植物研究所王文采院士、洪德元院士自始至终给予了倾情关注和悉心指导；郑朝宗教授、裘宝林教授不顾年老体迈，欣然受邀担任本志顾问，并多次亲临现场指导、细心审阅资料；许多参与《浙江植物志》编著工作的省内老一辈植物分类学家为本志的编写建言献策，并寄予热切厚望；浙江科学技术出版社本着公益精神，不求赢利，为高质量出版本志，与编委会进行了密切合作；省内外植物分类专家及爱好者为本志无私提供了相关信息和高质量照片；江苏省中国科学院植物研究所标本馆（NAS）、中国科学院昆明植物研究所标本馆（KUN）、中国科学院西北高原生物研究所植物标本馆（HNWP）、中国科学院植物研究所标本馆（PE）、中国科学院华南植物园标本馆（IBSC）、中国科学院沈阳应用生态研究所东北生物标本馆（IFP）、安徽师范大学生命科学学院生物标本馆植物标本室（ANUB），以及杭州植物园植物标本馆（HHBG）、浙江农林大学植物标本馆（ZJFC）、浙江自然博物院植物标本馆（ZM）、浙江大学植物标本馆（HZU）、杭州师范大学植物标本馆（HTC）、温州大学植物标本馆（WZU）等为本志作者查阅标本给予了极大方便；全省各县（市、区）及自然保护区等单位的领导和技术人员在植物资源考察过程中给予了大力支持；原浙江省林业厅厅长林云举、副厅长王章明一直将本项目作为重要工作来抓，对编写过程中遇到的困难和问题都给予了及时解决；浙江省野生动植物保护管理总站吾中良站长、章滨森站长、陈华新副站长，浙江省林业科学研究院江波院长，浙江省森林资源监测中心汪奎宏主任以及本志编委会办公室的柳新红、朱光权、陈友吾、孙晓霞等同志在本志的调查和编写过程中做了大量组织、协调和日常管理工作。所有这一切，都为本志编研工作的顺利开展和完成提供了强有力的保障。谨在此一并致以诚挚的谢意！

由于编著者研究水平、编研时间所限，志书中难免存在不足之处，恳盼读者不吝指正。

《浙江植物志（新编）》编辑委员会

执笔：李根有

2019年4月30日

编写说明

1. 本志收录的种类原则上为浙江省境内野生、归化、逸生及当下习见栽培的维管植物。蕨类植物采用秦仁昌分类系统(1978)；裸子植物采用郑万钧分类系统(1978)；被子植物采用克朗奎斯特(Cronquist)分类系统(1988)，但对个别科做了适当调整，如芍药科(根据王文采先生意见，移至毛茛科之后)、禾本科(因考虑分卷平衡原因，与莎草科位置对调)等。

2. 本志收载的种下等级包括亚种和变种，变型不单独著录，只在种下讨论中予以附记，列出名称(中名、拉丁名)和主要鉴别特征。对于栽培植物的品种通常不作划分。在种类统计上以种系为单位，即浙江无模式亚种(变种)的亚种(变种)以种计数［1个种系下不止1个亚种(变种)的只计1个］，其余亚种(变种)不作计数。

3. 本志对浙江省自然分布种类省内产地情况的著录，除全省均有分布的外，尽可能反映其产地信息。为节省篇幅，以地级市为单位编写，如某市大部分县(县级市和区)有产的只写出该地级市名称；对于不是大部分县(县级市和区)有产的则直接列出县(县级市和区)名称(与地级市间用"及"连接)；对于一些老市区间难以明确划分界线的简称为"市区"。产地名称和范围的行政区划资料截至2014年，但为更好地反映植物分布的自然属性，部分市区仍作独立产地予以记载。具体如下：

湖州：湖州市区(吴兴、南浔)、长兴、安吉、德清。

嘉兴：嘉兴市区(南湖、秀洲)、嘉善、平湖、桐乡、海盐、海宁。

杭州：杭州市区(上城、下城、江干、拱墅、西湖、余杭)、萧山(含滨江)、富阳、临安、桐庐、建德、淳安。

绍兴：绍兴市区(越城、柯桥)、上虞、诸暨、嵊州、新昌。

宁波：宁波市区(海曙、江东、江北、镇海、北仑)、鄞州、慈溪、余姚、奉化、象山、宁海。

舟山：定海、普陀、岱山、嵊泗。

衢州：衢州市区(柯城、衢江)、开化、常山、江山、龙游。

金华：金华市区(婺城、金东)、浦江、兰溪、义乌、东阳、磐安、永康、武义。

台州：台州市区(椒江、路桥、黄岩)、天台、三门、临海、仙居、温岭、玉环。

丽水：莲都、缙云、遂昌、松阳、龙泉、庆元、云和、景宁、青田。

温州：温州市区(鹿城、龙湾、瓯海)、洞头、乐清、永嘉、瑞安、文成、平阳、苍南、泰顺。

4. 本志对浙江省分布的植物种类国内分布情况的著录，除全国均有分布的外，分大区（东北、华北、华东、华中、华南、西南、西北）和省（自治区、直辖市）两级编写，如大区内大部分省（自治区、直辖市）有分布的只写出该大区名称；对于不是大部分省（自治区、直辖市）有分布的则直接列出省（自治区、直辖市）名称，与大区间用"及"连接。分布区名称和范围以2014年的行政区划为依据，但为更好地反映植物分布的自然属性，对部分地区做了适当调整。具体如下：

东北：黑龙江、吉林、辽宁。

华北：内蒙古、河北（含北京、天津）、山西、山东。

华东：江苏（含上海）、安徽、浙江、江西、福建。

华中：河南、湖北、湖南。

华南：台湾、广东（含香港、澳门）、海南、广西。

西南：四川（含重庆）、贵州、云南、西藏。

西北：陕西、宁夏、甘肃、青海、新疆。

目 录

一一三	黄杨科	Buxaceae	1
一一四	大戟科	Euphorbiaceae	9
一一五	鼠李科	Rhamnaceae	77
一一六	葡萄科	Vitaceae	106
一一七	古柯科	Erythroxylaceae	165
一一八	亚麻科	Linaceae	167
一一九	远志科	Polygalaceae	169
一二〇	省沽油科	Staphyleaceae	181
一二一	钟萼木科	Bretschneideraceae	189
一二二	无患子科	Sapindaceae	191
一二三	七叶树科	Hippocastanaceae	199
一二四	槭树科	Aceraceae	202
一二五	橄榄科	Burseraceae	242
一二六	漆树科	Anacardiaceae	244
一二七	苦木科	Simaroubaceae	257
一二八	楝科	Meliaceae	261
一二九	芸香科	Rutaceae	268
一三〇	蒺藜科	Zygophyllaceae	312
一三一	酢浆草科	Oxalidaceae	314

一三二	牻牛儿苗科	Geraniaceae	325
一三三	旱金莲科	Tropaeolaceae	338
一三四	凤仙花科	Balsaminaceae	340
一三五	五加科	Araliaceae	361
一三六	伞形科	Apiaceae	397
一三七	马钱科	Loganiaceae	474
一三八	龙胆科	Gentianaceae	481
一三九	夹竹桃科	Apocynaceae	501

中名索引 ······ 525

拉丁名索引 ······ 536

附录 ······ 552

一一三　黄杨科 Buxaceae

常绿灌木或小乔木，稀草本。单叶对生或互生；叶片全缘或有牙齿，羽状脉或离基三出脉；无托叶。花序腋生或顶生，总状或密集的穗状，有苞片；花小，整齐，单性，雌雄同株，稀异株；雄花萼片4~6，雄蕊4、6~8或多数，退化雌蕊存在或缺；雌花萼片5、6或多数，心皮2或3，子房上位，2或3室，每室倒生胚珠2，花柱2或3，分离，宿存，柱头下延。果实为室背裂开的蒴果，或为核果状。种子亮黑色，有种阜；胚乳肉质，胚直，子叶扁薄或肥厚。

4或5属，约100种，分布于亚洲、欧洲、非洲、美洲。我国有3属，28种，分布于华东、华中、华南、西南、西北；浙江有3属，5种，其中栽培1种。

分属检索表

1. 小枝四棱形；叶对生；叶片具羽状脉；雌花生于花序顶端；蒴果 ·················· **1. 黄杨属 Buxus**
1. 小枝圆柱形；叶互生；叶片通常具三出脉；雌花生于花序下方至近基部；果实核果状。
   2. 灌木，茎直立；叶片全缘；果上宿存花柱极短，长约为果实的1/5 ············ **2. 野扇花属 Sarcococca**
   2. 亚灌木，茎下部匍匐；叶缘具粗齿；果上宿存花柱长角状，与果实近等长 ··· **3. 板凳果属 Pachysandra**

1 黄杨属 Buxus L.

常绿灌木或小乔木。小枝四棱形。叶对生；叶片革质或薄革质，常有光泽，全缘，羽状脉；具短叶柄。花序总状、穗状或密集成头状，腋生或顶生；苞片多枚；花单性，雌雄同株；雌花1，生于花序顶端，雄花数朵，生于花序下方或四周；雄花萼片4，2轮，雄蕊4，与萼片对生，不育雌蕊1；雌花萼片6，2轮，子房3室，花柱3，柱头常下延。蒴果球形或卵球形，3瓣开裂，宿存花柱角状。种子椭球状三棱形，种皮黑色，有光泽。

约70种，分布于亚洲、欧洲、非洲。我国有17种，西自西藏，东至台湾，南自海南，西北至甘肃均有；浙江有3种，其中栽培1种。

分种检索表

1. 叶片匙状披针形或狭倒披针形，通常上部最宽，长宽比大于4 ················ **1. 匙叶黄杨 B. harlandii**
1. 叶片形状不如上述，通常中下部最宽，若上部最宽，则长宽比小于2。
   2. 叶片先端圆钝，常凹缺，基部宽楔形至近圆形 ···································· **2. 黄杨 B. sinica**
   2. 叶片先端急尖至渐尖，顶尖锐或稍钝，基部楔形 ···························· **3. 尖叶黄杨 B. aemulans**

1. 匙叶黄杨 （图6-1）

Buxus harlandii Hance

灌木，高0.5～1m。小枝四棱形，被短柔毛。叶片薄革质，匙状披针形或狭倒披针形，长2～4cm，宽5～9mm，先端圆或钝，或浅凹缺，基部楔形，中脉在两面突起，侧脉和细脉在上面细密而显著，侧脉在下面不甚分明，叶上面中脉下半段常被微细毛；叶柄不明显。头状花序腋生兼顶生，花密集，花序轴长3～4mm；苞片卵形；雄花8～10，花梗长约1mm，萼片长约2mm，雄蕊连花药长4mm，不育雌蕊长为萼片的1/2；雌花萼片长约2mm，子房无毛，受粉期间花柱长度稍超过子房，柱头倒心形，下延达花柱1/4处。蒴果近球形，长7mm，宿存花柱长3mm。花期5月，果期10月。

原产于广东、海南。我国南方各地有栽培。全省各地公园、庭园有栽培，十分普遍。

《浙江植物志》将本种误定为雀舌黄杨 B. bodiniei H. Lév.，但后者叶片长不及宽的3倍；不育雌蕊与萼片近等长，长为雄蕊的3/5以上；本省仅见零星盆栽。

图6-1 匙叶黄杨

2. 黄杨 瓜子黄杨 黄杨木 （图6-2）

Buxus sinica (Rehder et E.H. Wilson) Cheng ex M. Cheng— *B. sinica* (Rehder et E.H. Wilson) Cheng, nom. illeg.—*B. microphylla* Siebold et Zucc. var. *sinica* Rehder et E.H. Wilson—*B. microphylla* subsp. *sinica* (Rehder et E.H. Wilson) Hatus.

灌木或小乔木，高1～6m。树皮浅灰褐色；小枝四棱形，被短柔毛；小枝节间长0.5～2cm。叶片革质，宽椭圆形、卵状椭圆形、宽卵形或宽倒卵形，长1.5～3.5cm，宽0.8～2cm，先端圆钝，常凹缺，基部宽楔形至近圆形，中脉在叶上面突起，下半段常有微细毛，在叶背稍突出，密被白色短线状钟乳体，侧脉仅在叶上面明显；叶柄长1～2mm，上面被毛。头状花序腋生，花密集，花序轴长3～4mm，被毛；苞片宽卵形；雄花约10，无花梗，萼片长2.5～3mm，雄蕊连花药长4mm，不育雌蕊长为萼片的2/3或几等长；雌花萼片长3mm，绿白色，子房较花柱稍长，无毛，柱头倒心形，下延达花柱1/2处。蒴果近球形，长6～10mm，宿存花柱长2～3mm。花期3月，果期5—6月。

产于丽水、温州及象山、宁海、定海、普陀、台州市区、天台、临海、仙居、温岭等地。生于海拔200～1300m的沟谷、山坡林下。分布于华东、华南及湖北、贵州、四川、山东、陕西、甘肃等地，各地常见栽培。

木材坚硬致密、耐腐抗蛀，适作雕刻用材；树姿优美，可供观赏。

图6-2 黄杨

本省园林中常见以下2个园艺品种：金叶黄杨'Aurea'（图6-3），嫩叶亮黄色，后渐变为深绿色；变色黄杨'Versicolor'（图6-4），叶片颜色随季节变化，春季呈亮黄色，夏季变为绿色，冬季呈红棕色。

图6-3 金叶黄杨

图6-4 变色黄杨

2a. 珍珠黄杨 小叶黄杨（变种）（图6-5）
var. **parvifolia** M. Cheng

低矮灌木，高0.3～1m。分枝多而密，几无毛；小枝节间长3～5mm。叶片厚革质，宽椭圆形或宽卵形，长7～10mm，宽5～7mm，基部近圆形，无毛；叶柄无毛。头状花序顶生兼腋生，花密集，花蕾时呈粉红色。蒴果长6～8mm，宿存花柱粗短，柱头不下延。

产于临安（清凉峰）。生于海拔1700m以上的山顶矮林或岩石缝中；临安、宁波市区（江北）有栽培。分布于安徽、福建。

为浙江省重点保护野生植物。目前已濒临灭绝，应加强保护。

图6-5 珍珠黄杨

3. 尖叶黄杨 长叶黄杨 （图6-6）
Buxus aemulans (Rehder et E.H. Wilson) S.C. Li et S.H. Wu——*B. microphylla* Siebold et Zucc. var. *aemulans* Rehder et E.H. Wilson——*B. sinica* (Rehder et E.H. Wilson) Cheng ex M. Cheng subsp. *aemulans* (Rehder et E.H. Wilson) M. Cheng——*B. sinica* var. *aemulans* (Rehder et E.H. Wilson) P. Brückn. et T.L. Ming

灌木，高1～3m。树皮淡棕黄色；小枝具4棱，被柔毛或近无毛。叶片卵状披针形、椭圆状披针形、披针形、菱状卵形或狭卵形，长2～3.5（5）cm，宽1～1.3（1.8）cm，先端急尖至渐尖，顶尖锐或稍钝，基部楔形，上面中脉突出，侧脉多而明显，下面沿中脉常被白色短线状钟乳体；叶柄长1～1.5mm。花序腋生，密集成球形，花序轴被柔毛；苞片多数；雄花无梗，雄蕊较萼片稍长，不育雌蕊稍短于萼片；雌花单生于花序顶端，子房较花柱稍长，粗扁，柱头倒心形，下延至花柱中部。蒴果近球形，长5～8mm，宿存花柱长3mm。花期3月，果期8—10月。

产于临安、宁海、衢州市区、仙居、莲都、遂昌、松阳、龙泉、庆元、云和、景宁、温州市区、永嘉、瑞安、文成、平阳、苍南、泰顺。生于海拔300～1200m的沟谷溪边林下、岩石缝间或林缘灌丛中。分布于安徽、福建、江西、湖南、湖北、广东、广西、四川。

本种也常被处理为黄杨的变种或亚种，但其叶形、不育雌蕊的长短、蒴果被毛与否等变异甚大，似乎不能以变种或亚种概括，这里仍作种处理。另外，本种叶形与杨梅黄杨 *B. myrica* H. Lév. 相似，但后者花柱狭倒披针形，长为子房的2倍以上；雄花花梗长1～1.5mm，不育雌蕊长不达萼片的1/2；分布于湖南、广东、广西、云南、贵州、四川。

图6-6 尖叶黄杨

2 野扇花属 Sarcococca Lindl.

常绿灌木。茎通常直立；小枝圆柱形。叶互生；叶片革质，全缘，三出脉，稀羽状脉；叶柄短。花序头状或总状；有苞片；花单性，雌雄同序或异序；花小；雄花小苞片2，稀无，萼片通常4，2轮，雄蕊4，与萼片对生，花丝伸出，稍扁阔，不育雌蕊1；雌花少数，生于花序下方，具柄，小苞片多数，萼片4~6，交互对生或3枚轮生，子房2或3室，花柱2或3，受粉后展开并弯曲，柱头下延。果实核果状，外果皮肉质或近干燥，宿存花柱2。种子1或2，近球形，种皮膜质。

约20种，主要分布于亚洲东部和南部，1种产于美洲中部和北部。我国有9种；浙江有1种。

东方野扇花 （图6-7）
Sarcococca orientalis C.Y. Wu ex M. Cheng

灌木，高0.5~2m。小枝具纵棱，被短柔毛。叶片薄革质，长圆状披针形或长圆状倒披针形，稀椭圆形或椭圆状长圆形，长6~9cm，宽2~3cm，先端渐尖，基部楔形或宽楔形，中脉在叶上面平坦或稍突出，被微细毛，在叶背突出，无毛，基生三出脉；叶柄长5~8mm。花序近头状，长约1cm，上部为雄花，花序轴被微细毛；苞片卵形；雄花无花梗，小苞片宽卵形，长为萼片的1/2，萼片宽卵形或近圆形，长达3mm，花丝长5mm，花药长1.5mm；雌花连柄长3~5mm，小苞片卵形，萼片和末梢小苞片形状相似。果卵球形或球形，成熟时呈黑色，直径约7mm，宿存花柱长约为果实的1/5，直立，先

图6-7 东方野扇花

一一三 黄杨科 Buxaceae

端稍外曲。花期11月至次年3月，果期次年12月至第三年3月。

产于建德、金华市区、兰溪、磐安、莲都、龙泉、景宁、泰顺。生于海拔250～800m的山坡林下、林缘灌丛中；杭州市区、临安、莲都等地有栽培。分布于江西、福建、广东。

可供观赏。为浙江省重点保护野生植物。

《浙江种子植物检索鉴定手册》记载的长柄野扇花 S. longipetiolata M. Cheng 系本种的误定。

本省尚有变型斑叶野扇花 form. **variegata** X.D. Mei, Z.H. Chen et G.Y. Li（图6-8），叶片散布疏密、大小不一的黄色斑点。产于金华市区（婺城）、磐安、景宁。生于山坡林缘、林下。模式标本采自景宁（红星街道严村）。

图6-8 斑叶野扇花

❸ 板凳果属 Pachysandra Michx.

常绿亚灌木。茎圆柱形，下部匍匐生根，上部斜展。叶互生；叶片革质或坚纸质，边缘中部以上有粗齿，稀全缘，三出脉，侧脉1或2对；有叶柄。穗状花序顶生或腋生；花雌雄同株；具苞片；花小，白色或蔷薇色；雄花萼片4，排成2轮，雄蕊4，与萼片对生，花丝伸出，稍扁阔,不育雌蕊1,具4棱,顶端截形;雌花生于花序基部,萼片4~6,子房2或3室,花柱2或3,很长,初直立,受粉后弯曲,柱头下延达花柱上部或中部以下。果实核果状,宿存花柱长角状。

3种,其中东亚有2种,美国有1种。我国有2种;浙江有1种。

顶花板凳果　粉蕊黄杨　顶蕊三角咪 （图6-9）
Pachysandra terminalis Siebold et Zucc.

亚灌木。茎下部匍匐生根,上部斜展,绿色,高约20cm,密被极短腺毛。叶集生于枝端;叶片革质,菱状卵形或倒卵形,长2~6cm,宽1~2.5cm,先端急尖,基部楔形,边缘中上部常具粗齿,仅上面脉上有微毛,中脉在上面隆起,基生或离基三出脉,侧脉1或2对;叶柄长1~2cm,上面有微毛。花序顶生,长2~4cm,直立,花序轴及苞片边缘具短腺毛;花白色,雄花15朵以上,无花梗,雌花1或2（4）;雄花苞片和萼片宽卵形,苞片较小,花丝长约7mm,不育雌蕊长约0.6mm;雌花苞片和萼片卵形,花柱受粉后伸出花外甚长,上端旋曲。果球形,白色,长5~6mm,宿存花柱长角状,与果近等长。花期2—4月,果期9—11月。

产于安吉、临安、磐安、庆元。生于海拔500~1400m的山坡林下阴湿处,常呈小片状;杭州市区、诸暨、余姚、奉化、普陀、温州市区等地公园见栽培。分布于湖北、四川、陕西、甘肃。日本也有。

图6-9　顶花板凳果

一一四 大戟科 Euphorbiaceae

乔木、灌木或草本。常有乳状汁液。单叶，稀复叶，互生，稀对生或轮生，或叶退化成鳞片状；叶片全缘或有锯齿，稀掌状深裂，具羽状脉或掌状脉；有叶柄，常具腺体；有托叶。花序各式，常为聚伞花序，排成穗状、总状或圆锥花序，或特化为杯状花序；花单性，雌雄同株或异株；萼片分离或基部合生，有时退化或无；花瓣有或无；花盘环状或退化为腺体，稀无花盘；雄蕊1至多数，花丝分离或合生成柱状，花药常2室；子房上位，常3室，每室胚珠1或2，中轴胎座，花柱与子房室同数，分离或基部连合，顶端常2至多裂，柱头形状多样。蒴果，分离成分果瓣，或为浆果状或核果状。种子常有显著种阜；胚乳丰富，肉质或油质，胚大，子叶扁而宽。

约322属，8910种，广泛分布于全球，主产于热带和亚热带地区。我国连引入栽培共75属，约406种，分布于全国各地，主产于南部和西南部；浙江有18属，64种，其中栽培4属，15种。

本科多为经济植物，如油桐、木油桐提取的桐油为优质干性油；乌桕提取的蜡和油为工业原料；秋枫的树皮可提取染料；巴豆为著名泻药，又可制生物农药（杀虫剂）；叶下珠属、大戟属的多种植物可供观赏；叶下珠属的许多种类可入药。

分属检索表

1. 植株无乳状汁液。
    2. 灌木或小乔木。
        3. 穗状、总状或圆锥花序顶生或腋生（侧生）。
            4. 叶片下面无颗粒状腺体。
                5. 叶2列互生；叶片基部无小托叶，羽状脉 ·················· **1. 五月茶属 Antidesma**
                5. 叶螺旋状互生；叶片基部具小托叶，基出脉3～5。
                    6. 雄蕊25～60；花柱2裂；嫩叶淡绿色 ·················· **8. 丹麻杆属 Discocleidion**
                    6. 雄蕊3～9；花柱不裂；嫩叶红色 ·················· **9. 山麻杆属 Alchornea**
            4. 叶片下面具颗粒状腺体（放大镜下可见） ·················· **7. 野桐属 Mallotus**
        3. 花单朵、数朵或短小的聚伞花序腋生。
            7. 萼片连合成陀螺状、漏斗状或钟状 ·················· **5. 黑面神属 Breynia**
            7. 萼片分离。
                8. 雄花有退化雌蕊，雄蕊5，花丝分离 ·················· **2. 白饭树属 Flueggea**
                8. 雄花无退化雌蕊，雄蕊2～8，花丝分离至部分或全部合生。
                    9. 子房3室；蒴果或呈浆果状，直径小于1cm；种子褐色 ·················· **3. 叶下珠属 Phyllanthus**
                    9. 子房（3）5～8（15）室；蒴果，直径通常1cm以上，稀较小；种子红色 ·················· **4. 算盘子属 Glochidion**

2.草本。
    10.叶对生；子房2室，花柱2 ·· 10. 山靛属 Mercurialis
    10.叶互生；子房3室，花柱3。
        11.叶2列互生；叶片宽不逾1cm；雄蕊2～6 ··························· 3. 叶下珠属 Phyllanthus
        11.叶螺旋状互生；叶片宽1cm以上；雄蕊7或8 ······················· 12. 铁苋菜属 Acalypha
1.植株具乳状汁液。
    12.三出复叶 ·· 6. 重阳木属 Bischofia
    12.单叶。
        13.草本或亚灌木，若为乔木，则叶柄盾状或近盾状着生。
           14.叶柄盾状或近盾状着生；叶脉掌状；聚伞、总状或圆锥花序。
               15.叶片掌状7～11中裂至深裂，裂片边缘有锯齿；无肉质块根 ············ 11. 蓖麻属 Ricinus
               15.叶片掌状3～7深裂几达基部，裂片全缘；具肉质块根 ············· 15. 木薯属 Manihot
           14.叶柄非盾状着生；叶脉羽状；杯状聚伞花序 ····························· 18. 大戟属 Euphorbia
        13.灌木、小乔木或乔木；叶柄非盾状着生。
           16.叶片具3～7基出脉。
               17.叶片小，基部楔形或近圆形，不分裂；花小；雄花无退化雌蕊 ········ 13. 巴豆属 Croton
               17.叶片大，基部平截或心形，不分裂或3～5分裂；花大；雄花有退化雌蕊 ·················
                  ··· 14. 油桐属 Vernicia
           16.叶片具羽状脉。
              18.总状、穗状或穗状圆锥花序；雄花有花萼，雄蕊2或3。
                 19.常绿；叶通常对生；雄花萼片（2）3，分离或几分离 ············ 16. 海漆属 Excoecaria
                 19.落叶；叶互生；雄花花萼合生成杯状，2或3浅裂或几具齿 ············· 17. 乌桕属 Sapium
              18.杯状聚伞花序；雄花无花萼，雄蕊1 ······························· 18. 大戟属 Euphorbia

1 五月茶属 Antidesma Burm. ex L.

    常绿灌木或乔木。无乳状汁液。单叶，2列互生；叶片全缘，基部无小托叶，羽状脉；叶柄短，无腺体；托叶2，细小，早落。穗状、总状或圆锥花序，顶生或腋生；花单性异株；花小，单生于每一苞片内；无花瓣；雄花花萼杯状，裂片3～5，稀8，覆瓦状排列，雄蕊3～5，稀1、2或6，花丝长，花药2室，药隔厚，花盘环状、盘状或垫状；雌花花萼、花盘同雄花，子房比花萼长，1室，每室胚珠2，花柱2～4，甚短，常再2裂。核果小，常歪斜，干后具网状小窝孔。种子1。

    约100种，主要分布于亚洲热带、亚热带地区，少数分布至非洲、大洋洲。我国有11种，分布于华东、华中、西南；浙江有1种。

日本五月茶　酸味子（图6-10）
Antidesma japonicum Siebold et Zucc.

常绿灌木，高1～3m。小枝被脱落性短柔毛。叶片薄革质，椭圆形、长圆状披针形或倒卵状椭圆形，长5～12cm，宽1.5～4cm，先端渐尖或短尖，基部楔形，两面仅叶脉被短柔毛，侧脉5～10对；叶柄长3～7mm，被短柔毛；托叶狭披针形，早落。总状花序顶生，长达10cm，不分枝或少分枝；雄花花梗长1～1.5mm，小苞片长不及1mm，被短柔毛，花萼3～5裂，雄蕊3～5，花丝分离；雌花花盘盘状，子房卵球形，无毛，花柱3，顶端2裂。核果卵球形，紫色或紫黑色，长6～8mm；果梗纤细，长2～4mm。花期5—6月，果期8—10月。

产于台州、温州及宁波市区、鄞州、余姚、象山、宁海、普陀、开化、金华市区、武义、遂昌、龙泉、庆元、云和、景宁。生于山坡、沟谷林下。分布于长江以南各地。东南亚及日本也有。

果可鲜食；种子含油率48%，所含油脂以亚麻酸为主。

图6-10　日本五月茶

存疑种

狭叶五月茶

Antidesma montanum Blume var. **microphyllum** (Hemsl.) Petra Hoffm. —— *A. pseudomicrophyllum* Croizat

叶片纸质或革质，条形或条状披针形，宽通常不逾1.5cm，先端锐尖或钝，侧脉近平行；叶柄长2～4mm。总状花序长1～3cm；雄花萼片4，花盘盘状，雄蕊3；雌花花梗长约0.5mm，花萼4～6裂，花盘盘状，子房椭球形。核果成熟时呈深红色。

《浙江植物志》和《温州植物志》记载瑞安、平阳、泰顺有产，但作者仅见叶形相似者，未见开花植株和花标本，疑为日本五月茶的狭叶类型，特附记于此，留待进一步研究。

❷ 白饭树属 Flueggea Willd.

落叶灌木或小乔木。无乳状汁液。单叶，2列互生；叶片全缘或有细齿，羽状脉；叶柄短，无腺体；具托叶。花通常腋生，单性异株或同株；花小，苞片不明显；萼片4～7，分离；无花瓣；雄花簇生，花梗纤细，萼片覆瓦状排列，雄蕊5，生于花盘基部，长于萼片，花丝分离，花药外向，花盘腺体4～7，有退化雌蕊；雌花单一或数朵簇生，花梗圆柱形或具棱，萼片宿存，花盘碟状或盘状，全缘或分裂，子房3室，每室胚珠2，花柱3，分离，顶端常2裂。蒴果圆球形或三棱状球形，3瓣裂，中轴宿存。种子3～6。

约13种，分布于亚洲、美洲、欧洲、非洲的热带至暖温带地区。我国有4种，除西北外，全国各地均有分布；浙江有1种。

一叶萩　叶底珠　（图6-11）

Flueggea suffruticosa (Pall.) Baill. —— *Pharnaceum suffruticosum* Pall. —— *Securinega suffruticosa* (Pall.) Rehder

落叶灌木，高1～3m。全株无毛。小枝浅绿色，具棱。叶片纸质，椭圆形或倒卵状椭圆形，长3～6cm，宽1.5～2.5cm，先端钝圆或急尖，基部楔形，全缘，下面粉绿色，侧脉5～8对；叶柄长3～7mm；托叶宿存。花单性异株；雄花3～12朵簇生，花梗长3～5mm，萼片5，卵形，雄蕊5，花丝长2～3mm，花盘腺体5，2裂；雌花单生于叶腋，萼片宽卵形，背部呈龙骨状突起，子房球形，3室，花柱3，2深裂。蒴果三棱状扁球形，直径3～5mm；果梗长3～10mm。种子褐色，半球形，具3棱。花期5—9月，果期9—11月。

产于长兴、安吉、杭州市区、临安、淳安、上虞、诸暨、宁波市区、鄞州、慈溪、余姚、奉化、象山、嵊泗、衢州市区、开化、常山、台州市区、天台、仙居、温岭、乐清、泰顺。生于海拔500m以下的山坡林缘、路边灌丛中，常见于石灰岩地区。分布于除西北外的全国各地。东北亚也有。

花、叶可药用，对中枢神经系统有兴奋作用。

一一四 大戟科 Euphorbiaceae 13

图6-11 一叶萩

❸ 叶下珠属 Phyllanthus L.

草本、落叶灌木或小乔木。无乳状汁液。单叶互生，在侧枝上常呈2列，宛如羽状复叶；叶片全缘，羽状脉；叶柄短，无腺体；托叶2，小，常早落。花单生或簇生于叶腋，单性同株或异株；花梗纤细；花小，萼片离生，无花瓣；雄花萼片4~6，1或2轮，覆瓦状排列，花盘全缘或分裂成离生的腺体，雄蕊2~6，花丝分离，或2枚、3枚至全部合生，花药2室，外向，无退化雌蕊；雌花萼片数同雄花或较多，花盘形状不一，子房3室，每室胚珠2，花柱与子房室同数，分离，稀合生，顶端不裂或2裂。蒴果，或果皮肉质而呈浆果状，扁球形。种子三棱形，褐色，种皮平滑或有网纹，无种阜。

约1000种，主要分布于全球热带和亚热带地区，少数分布至北温带地区。我国有32种，主产于长江以南各地；浙江有7种。

分种检索表

1. 落叶灌木。
   2. 小枝无毛；叶片长 2～5cm，宽 1.5～3cm；雄花萼片 4 或 5（6），雄蕊 4 或 5；果实呈浆果状，成熟时呈紫黑色，干后不开裂。
      3. 雄花萼片 5（6），雄蕊 5，花丝全部分离；萼片宿存 ·················· **1. 青灰叶下珠 P. glaucus**
      3. 雄花萼片 4 或 5，雄蕊 4 或 5，花丝分离，但常因其中 2 或 3 枚花丝合生而呈 2 或 3 枚状；萼片脱落··· **2. 落萼叶下珠 P. flexuosus**
   2. 小枝被毛；叶片长 1.2～2cm，宽 6～8mm；雄花萼片 4，雄蕊通常 2；蒴果，成熟时呈褐色或淡褐色，干后开裂·· **7. 浙江叶下珠 P. chekiangensis**
1. 一年生草本。
   4. 蒴果具鳞片状突起。
      5. 叶片下面近边缘有 1～3 列短粗毛；花丝全部合生成柱状；果近无梗 ········ **3. 叶下珠 P. urinaria**
      5. 叶片无毛；花丝分离；果梗长 5～12mm ·· **6. 黄珠子草 P. virgatus**
   4. 蒴果光滑。
      6. 主茎明显，分枝较短且几平展；雄花萼片 5，雄蕊（2）3 ············ **4. 苦味叶下珠 P. amarus**
      6. 主茎不甚明显，分枝细长且呈锐角斜展；雄花萼片 4，雄蕊 2 ·········· **5. 蜜柑草 P. matsumurae**

1. 青灰叶下珠 （图 6-12）

Phyllanthus glaucus Wall. ex Müll. Arg.

落叶灌木，高达 4m。全株无毛。小枝柔弱。叶片纸质，椭圆形或长圆形，长 2～5cm，宽 1.5～3cm，先端急尖，有小尖头，基部圆形或宽楔形，下面灰绿色，侧脉 8～10 对；叶柄长 2～3mm；托叶披针形，早落。花单性同株，簇生于叶腋；花梗丝状，顶端稍粗；雄花萼片 5（6），雄蕊 5，花丝全部分离；雌花常 1 朵生于雄花丛中，萼片 5，子房 3 室，花柱 3，较长，先端弯曲。蒴果浆果状，扁球形，紫黑色，直径 6～8mm，不开裂，萼片宿存；果梗长 4～6mm。种子黄褐色。花期 5—6 月，果期 9—10 月。

产于湖州、温州及临安、淳安、宁波市区、鄞州、余姚、奉化、象山、宁海、普陀、金华市区、台州市区、天台、三门、临海、仙居、温岭、松

图 6-12　青灰叶下珠

阳。分布于长江流域以南各地。生于海拔200～1000m的山坡、沟谷林缘、疏林下及灌丛中。南亚也有。

根可药用，有祛风湿、消积等功效。

1a. 毛枝叶下珠（变种）（图6-13）
var. trichocladus P.L. Chiu ex Z.H. Chen

一年生小枝、叶片两面被短柔毛。

产于临安（西天目山、顺溪）、淳安（临岐）。生于沟谷溪边灌丛中及山坡林缘。模式标本采自淳安（临岐后坑）。

图6-13　毛枝叶下珠

2. 落萼叶下珠 （图6-14）
Phyllanthus flexuosus (Siebold et Zucc.) Müll. Arg.

落叶灌木，高达3m。全株无毛。小枝柔弱。叶片纸质，椭圆形至卵形，长2.5～4.5cm，宽1.5～2.5cm，先端钝或具尖头，基部圆形或宽楔形，下面灰绿色，侧脉5～7对；叶柄长2～3mm；托叶卵状三角形，早落。花单性同株，雄花数朵和雌花1朵簇生于叶腋；花梗丝状，顶端稍粗；雄花萼片4或5，雄蕊4或5，花丝分离，常因其中2或3枚花丝合生而呈2或3枚状；雌花萼片5，早落，子房3室，花柱3，细长。蒴果浆果状，扁球形，紫黑色，直径6～8mm，不开裂。种子三角状卵形，棕褐色，光滑。花期5—6月，果期7—10月。

产于宁波及长兴、安吉、德清、杭州市区、富阳、临安、建德、普陀、衢州市区、开化、江山、金华市区、浦江、仙居、遂昌、松阳、庆元、乐清、文成。生于海拔1000m以下的山地丘陵疏林下、沟边、路旁或灌丛中。分布于长江流域以南各地。日本也有。

本种在本省的分布比青灰叶下珠更广泛。

图6-14 落萼叶下珠

3. 叶下珠 （图6-15）
Phyllanthus urinaria L.

一年生草本，高20～60cm。主茎明显，常带紫红色，分枝较短且几平展。叶片长圆形，长7～18mm，宽4～7mm，先端钝或有小尖头，基部圆形或宽楔形，常偏斜，下面灰绿色，近边缘有1～3列短粗毛，侧脉4或5对；叶柄极短；托叶三角状披针形。花单性同株，几无花梗；雄花2或3朵簇生于小枝上部叶腋，萼片6，雄蕊3，花丝全部合生成柱状，花盘腺体6，分离；雌花单生于小枝中下部叶腋，萼片6，花盘圆盘状，子房近球形，3室，花柱分离，顶端2裂。蒴果扁球形，红色，直径约2.5mm，近无梗，有鳞片状突起，萼片宿存。种子三角状卵形，长约1.2mm，有横纹。花期5—7月，果期7—11月。

产于全省各地。生于海拔500m以下的旷野及路旁、林缘。分布于华东、华中、华南、西南及河北、山西、陕西。南美洲、东南亚、南亚及日本也有。

全草可入药，有清肝明目、泻火消肿、收敛利水、解毒消积等功效。

图6-15 叶下珠

4. 苦味叶下珠 （图6-16）

Phyllanthus amarus Shumach. et Thonn.

一年生草本，高20～50cm。全株无毛。主茎明显，直立，分枝较短且几平展。叶片长椭圆形，长3～8mm，宽2～4.5mm，先端钝圆，具锐尖头，基部圆形，下面灰绿色，侧脉4～7对；叶柄长约0.5mm；托叶条形或条状披针形。常1朵雄花和1朵雌花双生于叶腋，有时仅1朵雌花腋生；雄花萼片5，花盘腺体5，雄蕊（2）3，花丝合生成柱状；雌花萼片5，花盘盘状，子房球状三角形，3室，花柱分离，顶端2裂。蒴果扁球形，褐红色，直径约3mm，光滑，萼片宿存；果梗长1～1.5mm，顶端膨大。种子具小颗粒状排成的纵条纹。花果期全年。

原产于美洲热带地区，非洲、大洋洲、东南亚、南亚有归化。华南及云南等地有归化。玉环、莲都也有归化。生于路边花坛草丛中。

全株可药用，有止咳祛痰等功效。

图6-16 苦味叶下珠

5. 蜜柑草 （图6-17）

Phyllanthus matsumurae Hayata——*P. ussuriensis* auct., non Rupr. et Maxim.

一年生草本，高20～60cm。全株无毛。主茎不甚明显，分枝细长且呈锐角斜展。叶片椭圆形至长圆形，长1～2cm，宽3～5mm，先端尖，基部渐狭，下面灰绿色，侧脉5或6对；叶柄极短；托叶三角状卵形。花单性同株，单生或数朵簇生于叶腋；花梗长约2mm；雄花萼片4，雄蕊2，花丝分离，花盘具4腺体；雌花萼片6，花盘腺体6，子房无乳头状突起，3室，花柱3，顶端2深裂。蒴果扁球形，直径约3mm，平滑，萼片宿存；果梗长1～1.5mm。种子具细小的黑褐色瘤状突起。花期7—8月，果期9—10月。

产于全省各地。生于山坡路旁、旷野草地上。分布于华东、华南、东北及湖南、湖北、山东等地。东北亚也有。

全草可药用，有消食止泻、利胆等功效。

《中国植物志》将本种作为东北油柑 *P. ussuriensis* 的异名，但后者主茎明显，分枝多而短，呈钝角，雄花萼片6，雄蕊3，子房密被乳头状突起，蒴果具小瘤，分布于俄罗斯远东地区、朝鲜半岛及我国东北，作者仍主张分立。

图 6-17　蜜柑草

6. 黄珠子草 （图6-18）
Phyllanthus virgatus G. Forst.

一年生草本，通常直立，高达60cm。全株无毛。茎基部具窄棱，自茎基部分枝，枝上部扁平而具棱。叶片条状披针形、长圆形或狭椭圆形，长5～25mm，宽2～7mm，顶端钝或急尖，有小尖头，基部圆而稍偏斜；几无叶柄；托叶卵状三角形。通常2～4朵雄花和1朵雌花同簇生于叶腋；雄花花梗长约2mm，萼片6，宽卵形或近圆形，雄蕊3，花丝分离，花盘腺体6；雌花花梗长约5mm，花萼6深裂，裂片卵状长圆形，外折，花盘圆盘状，不分裂，子房3室，具鳞片状突起，花柱分离，2深裂几达基部，反卷。蒴果扁球形，紫红色，直径2～3mm，有鳞片状突起，萼片宿存；果梗丝状，长5～12mm。种子具细疣点。花期4—5月，果期6—11月。

产于嵊州。生于低海拔的山坡上、沟边或路旁草丛中。分布于华东、华中、华南、西南及陕西、山西、河北等地。东南亚至澳大利亚及太平洋沿岸、印度也有。

全株可入药，有清热利湿等功效。

图 6-18　黄珠子草

7. 浙江叶下珠 （图6-19）
Phyllanthus chekiangensis Croizat et F.P. Metcalf

落叶灌木，高达1m。小枝细弱，常带紫褐色，被短伏毛和糠秕状毛。叶片椭圆形或椭圆状披针形，长1.2～2cm，宽6～8mm，先端渐尖或突尖，基部楔形，常偏斜，侧脉3或4对；叶柄短；托叶披针形。花紫红色，单性同株，1至数朵腋生；雄花萼片4，三角状披针形，边缘啮蚀状，雄蕊通常2，花丝合生，花盘不分裂；雌花萼片5或6，披针形，啮蚀状，花盘边缘具钝圆牙齿，子房3室，花柱3，顶端2裂。蒴果扁球形，褐色或淡褐色，直径5～6mm，密被锈色糠秕状毛，干后开裂，萼片宿存；果梗长10～13mm。种子淡黄褐色。花期5—6月，果期8—9月。

产于桐庐、开化、莲都、青田、永嘉、苍南。生于海拔300～750m的山地疏林下或山坡灌木丛中。分布于安徽、江西、福建、湖南、湖北、广东、广西等地。模式标本采自青田。

图6-19 浙江叶下珠

4 算盘子属 Glochidion J.R. Forst. et G. Forst.

落叶或常绿，灌木或乔木。无乳状汁液。单叶，2列互生；叶片全缘，羽状脉；叶柄短，无腺体；具托叶。短小的聚伞花序腋生；花单性同株或异株；花小，无花瓣，通常无花盘；雄花有细长花梗，萼片（5）6，2轮，覆瓦状排列，雄蕊3～8，花丝、花药全部合生成柱状，顶端稍分离，花药2室，药室外向，无退化雌蕊；雌花花梗粗短或近无，萼片数同雄花，宿存，子房（3）5～8（15）室，每室胚珠2，花柱合生成圆柱状或其他形状，顶端略分开。蒴果球形或扁球形，具纵沟，成熟时室背开裂。种子红色，无种阜。

约200种，主产于亚洲热带地区及太平洋岛屿，少数分布于美洲热带地区和非洲。我国有28种；浙江有4种。

分种检索表

1. 枝叶通常无毛或嫩时疏被毛；蒴果无毛或几无毛。
    2. 常绿或半常绿；叶片通常倒卵形，革质，上面光亮，下面浅绿色；叶柄常带紫红色·· **1. 台闽算盘子 G. rubrum**
    2. 落叶；叶片长圆形或长圆状披针形，厚纸质，上面无光泽，下面粉绿色；叶柄绿色·· **4. 湖北算盘子 G. wilsonii**
1. 枝叶显著被毛；蒴果被毛。
    3. 常绿；叶片先端渐尖至急尖，下面苍白色；子房3或4室；蒴果直径5～7mm·· **2. 尖叶算盘子 G. triandrum**
    3. 落叶；叶片先端短尖或钝，下面浅绿色；子房5～10室；蒴果直径1～1.5cm····· **3. 算盘子 G. puber**

1. 台闽算盘子　细叶馒头果　（图6-20）

Glochidion rubrum Blume — *G. fortunei* Hance

常绿或半常绿灌木，高1～4m。小枝无毛或嫩时疏被微柔毛。叶片革质，通常倒卵形，稀长圆状卵形或椭圆形，长3～8cm，宽1.5～4.5cm，上面光亮，先端钝尖，基部楔形至圆楔形，有时略不对称，两面无毛，下面浅绿色，侧脉4～8对；叶柄长1～3mm，连同中脉常带紫红色，无毛或嫩时疏被毛；托叶三角状披针形。花序腋生；雄花花梗长5～10mm，萼片6，平展，黄色，雄蕊3（4），合生；雌

图6-20　台闽算盘子

花萼片6，直立，绿色，子房圆球形，5~8室，花柱合生成柱状，长0.5~2mm，顶端5~8裂。蒴果扁球形，具纵浅沟，直径6~10mm，无毛或几无毛；果梗长2~6mm。花期5—9月，果期9—12月。

产于全省沿海岛屿，常见于台州、温州的外海岛屿。生于滨海山坡林缘、灌丛中和基岩海岸石缝间。分布于江苏、福建、台湾、广东。日本、马来西亚也有。

经考证，《中国植物志》等记载浙江产倒卵叶算盘子 G. obovatum Siebold et Zucc.、革叶算盘子 G. daltonii (Müll. Arg.) Kurz，均系本种的误定；黄算珠树 G. fortunei Hance 与本种无异，*Flora of China* 将其作为算盘子的异名是不妥当的。此外，产于台州以北海岛者，小枝、叶片下面脉上、叶柄、子房和果实常不同程度被毛，有待进一步研究。

2. 尖叶算盘子　里白算盘子　（图6-21）
Glochidion triandrum (Blanco) C.B. Rob.

常绿灌木或小乔木，高2~5m。小枝被褐色短柔毛。叶片长椭圆形或披针形，长4~13cm，宽2~4.5cm，先端渐尖至急尖，基部宽楔形，两侧略不对称，上面仅中脉幼时被短柔毛，下面苍白色，被短柔毛，侧脉5~7对；叶柄长2~4mm，疏被短柔毛；托叶卵状三角形，被短柔毛。花5或6朵簇生于叶腋；雄花萼片6，雄蕊3，合生；雌花萼片与雄花相似，子房卵形，3或4室，被短柔毛，花柱合生成柱状，顶端膨大。蒴果扁球形，具纵深沟，直径5~7mm，被短柔毛；果梗长5~6mm。花期6—8月，果期10—12月。

产于平阳、泰顺。生于海拔500m以下的沟谷溪边林缘、山地疏林下或灌丛中。分布于福建、湖南、台湾、广东、广西、四川、贵州、云南等地。南亚及日本、柬埔寨、菲律宾也有。

图6-21　尖叶算盘子

3. 算盘子　馒头果　（图6-22）

Glochidion puber (L.) Hutch. —— *Agyneia puber* L.

落叶灌木或小乔木，高1～8m。小枝、叶片下面、叶柄、萼片外面、子房和果实均密被短柔毛。叶片长圆形或长圆状披针形，长3～8cm，宽1.5～2.5cm，先端短尖或钝，基部宽楔形，下面浅绿色，网脉明显，侧脉5～7对；叶柄长1～3mm；托叶三角形。花单性同株，2～5朵簇生于叶腋；雄花萼片6，雄蕊3，合生；雌花萼片6，与雄花相似，子房球状，5～10室，花柱合生成环状。蒴果扁球形，具纵浅沟，直径1～1.5cm，被短柔毛。花期5—6月，果期6—10月。

产于全省丘陵山区。生于山坡、沟谷溪旁林缘、灌丛中。分布于华东、华中、华南、西南及陕西、甘肃。日本也有。

种子含油率14%～20%，可榨油，供工业用；根、茎、叶和果实均可入药，有活血散瘀、消肿解毒等功效，也可制生物农药。

图6-22　算盘子

4. 湖北算盘子 （图6-23）
Glochidion wilsonii Hutch.

落叶灌木或小乔木，高2～10m。小枝无毛，或嫩时微被柔毛。叶片厚纸质，长圆形或长圆状披针形，长3～7cm，宽1.5～3cm，先端短渐尖或急尖，基部楔形或宽楔形，上面无光泽，下面粉绿色，侧脉5或6对；叶柄长3～5mm，绿色，被极细柔毛或几无毛；托叶卵状披针形。花数朵簇生于叶腋，单性同株；雄花萼片6，雄蕊3，合生；雌花萼片与雄花相同，子房球形，5～8室，无毛，花柱合生成柱状，顶端多裂。蒴果扁球形，具纵浅沟，直径1.5～2.5cm，无毛或几无毛。花期5—7月，果期8—9月。

产于长兴、安吉、德清、杭州市区、临安、淳安、诸暨、新昌、鄞州、余姚、奉化、象山、宁海、衢州市区、龙游、金华市区、磐安、台州市区、天台、三门、临海、温岭、庆元、景宁、文成、苍南、泰顺。生于山坡、沟谷阔叶林或灌丛中，较常见于海拔700m以上的山地。分布于安徽、江西、福建、湖北、广西、贵州、四川等地。

图6-23 湖北算盘子

5 黑面神属 Breynia J.R. Forst. et G. Forst.

常绿灌木或小乔木。无乳状汁液。单叶，2列互生；叶片全缘，干时常变为黑色，羽状脉；叶柄短，无腺体；托叶宿存。花单生或数朵簇生于叶腋，单性同株；具花梗；花小，花萼连合成陀螺状、漏斗状或钟状，无花瓣和花盘；雄花花萼边缘常6浅裂或细齿裂，雄蕊3，花丝合生成柱状，花药2室，无退化雌蕊；雌花花萼边缘6浅裂至深裂，果时常增大成盘状，宿存，子房3室，每室胚珠2，花柱3，顶端常2裂。蒴果外果皮多少肉质，呈浆果状，不开裂。种子三棱状，一面狭而稍突起，其余两面宽而平，种皮薄，无种阜。

26~30种，主产于亚洲东南部，少数分布于澳大利亚和太平洋诸岛。我国有5种，分布于西南部、南部和东南部；浙江有2种。

1. 药用黑面神　红仔珠　（图6-24）
Breynia officinalis Hemsl.

常绿灌木，高1~2m。全株无毛。叶片薄革质，椭圆形或宽椭圆形，长2~4.5cm，宽1~3cm，下面灰绿色，先端钝圆，基部锐尖至钝，侧脉（3）5~7对；叶柄长2~3mm；托叶卵状三角形。花小，绿色，单生或2朵、3朵腋生；雄花萼片6，宽卵形，长约2mm，先端近截形，雄蕊3，合生成柱状；雌花单生，萼片同雄花，但较短，长1~2mm，果时稍扩大，子房卵球形，柱头短，离生，不裂。果扁球形，生于花萼上方长2mm的柄上，成熟时呈黑紫色或红色，直径约5mm，先端无长喙或喙不明显；果梗长3~4mm。花果期全年。

产于苍南（马站、渔寮、北关岛）。生于滨海山坡上、海岛灌丛中。分布于福建、台湾。日本也有。

全株可药用，有消炎、平喘等功效。

本种曾被并入分布更广泛的小叶黑面神 B. vitis-idaea (Burm. f.) C.E.C. Fisch.，但后者叶片先端急尖，果实与花萼之间无柄；《浙江植物志》将本种误定为黑面神 B. fruticose (L.) Hook. f.，但后者雌花1~4朵腋生，柱头明显2裂并反折，果时长1~2mm，果萼膨大且直径达8mm，果实近球形，先端圆钝不凹，分布于华南、西南及福建等地。

图6-24　药用黑面神

2. 喙果黑面神（图6-25）
Breynia rostrata Merr.

常绿灌木，高1～2m。全株无毛。叶片薄革质，卵状披针形或长圆状披针形，长3～7cm，宽1.5～3cm，先端渐尖，基部急尖至钝，下面灰绿色，侧脉3～5对；叶柄长2～3mm；托叶三角状披针形。雌花1～3朵与雄花同簇生于叶腋；雄花花萼漏斗状，顶端6细齿裂，直径2.5～3mm；雌花花萼6裂，花后反折，果时不增大，子房球形，花柱顶端2深裂。蒴果卵球形，直径6～7mm，果实与花萼之间无柄，顶端具宿存长喙状花柱。花期3—9月，果期6—11月。

产于玉环、永嘉、洞头、瑞安、文成、平阳、苍南、泰顺。生于山地密林下或山坡灌木丛中。分布于福建、广东、海南、广西、云南等地。越南也有。

根、叶可药用，有清热解毒、止血止痛等功效。

与药用黑面神的主要区别在于后者果扁球形，生于稍扩大的花萼上方长2mm的柄上，直径约5mm，先端无长喙或喙不明显。

图6-25 喙果黑面神

6 重阳木属 Bischofia Blume

乔木。具乳状汁液。叶互生,三出复叶;小叶片边缘有细锯齿;具长柄,无腺体;托叶小,早落。圆锥花序或总状花序,腋生或侧生,通常下垂;花单性,雌雄异株;花小,花瓣及花盘缺;萼片5,离生;雄花萼片镊合状排列,雄蕊5,分离,花丝短,药室2,内向,退化雌蕊短而宽,有短柄;雌花花梗较长,萼片覆瓦状排列,子房3或4室,每室胚珠2,花柱2~4,长而肥厚,顶端伸长。果实球形,浆果状,外果皮肉质,不分裂。种子3~6,椭球形,无种阜。

2种,分布于亚洲南部、东南部至澳大利亚。我国有2种,分布于华东、华中、华南、西南等地;浙江有2种,均为栽培。

1. 秋枫 (图6-26)
Bischofia javanica Blume

常绿乔木。具红色或淡红色汁液。树皮灰褐色至棕褐色,近平滑,老树皮粗糙;小枝无毛。三出复叶;叶柄长8~20cm;小叶片长圆状椭圆形至椭圆状卵形,稀倒卵形,长7~15cm,宽4~8cm,先端急尖或短尾状渐尖,基部宽楔形,边缘锯齿较稀疏,仅幼时叶脉被疏短柔毛;顶生小叶柄长2~5cm,侧生小叶柄长5~20mm;托叶早落。圆锥花序腋生,雄花序长8~13cm,雌花序长15~27cm;雄花萼片半圆形,外面疏被微柔毛,花丝短;雌花萼片长圆状卵形,外面疏被微柔毛,子房3或4室,花柱3或4。果实球形或近球形,蓝黑色或暗褐色,直径0.8~1.5cm。花期4—5月,果期8—10月。

原产于华南、西南。东南亚及日本、印度、澳大利亚也有。我国南方各地习见栽培。温州市区有栽培。

为材用和绿化树种;果肉可酿酒;种子含油率30%~54%,可榨油,供食用或作润滑油;树皮可提取红色染料;根可入药,有祛风消肿等功效。

图6-26 秋枫

2.重阳木（图6-27）

Bischofia polycarpa (H. Lév.) Airy Shaw —— *Celtis polycarpa* H. Lév. —— *B. racemosa* Cheng et C.D. Chu, nom. legit.

落叶乔木。具红色或淡红色汁液。全株无毛。树皮褐色，纵裂；一年生枝绿色，老枝褐色。三出复叶；叶柄长9～13.5cm；顶生小叶较大，小叶片卵形或椭圆状卵形，长5～9（14）cm，宽3～6（9）cm，先端突尖或短渐尖，基部圆形或浅心形，边缘具细密锯齿；顶生小叶柄长1.5～4（6）cm，侧生小叶柄长3～14mm；托叶早落。总状花序生于新枝下部，下垂，雄花序长8～13cm，雌花序长3～12cm；雄花萼片半圆形，花丝短；雌花萼片同雄花，子房3或4室，花柱2或3。果实球形，褐红色，直径5～7mm。花期4—5月，果期8—10月。

原产于我国中部和南部。长江以南各地广泛栽培。全省各地均有栽培，多见于丘陵、平原"四旁"，在山区或呈半野生状态。

为材用和绿化树种；种子含油率30%，可榨油，供食用或工业用；叶、根、树皮均可药用。

与秋枫的主要区别在于后者常绿；小叶片长圆状椭圆形至椭圆状卵形，稀倒卵形，基部宽楔形，叶缘锯齿较稀疏；圆锥花序；花柱3或4；果实蓝黑色或暗褐色，直径0.8～1.5cm。

图6-27 重阳木

7 野桐属 Mallotus Lour.

灌木或小乔木。通常被星状毛，无乳状汁液。单叶，螺旋状互生；叶片全缘或分裂，稀有锯齿，下面具颗粒状腺体，近基部具2至数枚斑状腺体，无小托叶，掌状脉或羽状脉；叶柄长，基生或盾状着生。总状、穗状或圆锥花序顶生或腋生；花单性，雌雄异株或同株；花小，无花瓣和花盘；雄花簇生于苞腋，花萼3或4裂，雄蕊多数，花丝分离，花药2室，无不育雌蕊；雌花单生于苞腋，花萼3～5裂，子房常3室，每室胚珠1，花柱分离或基部合生。蒴果具软刺或具颗粒状腺体，开裂为(2)3(4)分果瓣。种子卵球形或近球形，种皮脆壳质。

约150种，主要分布于亚洲热带和亚热带地区，少数产于大洋洲和非洲。我国有28种，主产于南部；浙江有6种。

为纤维、油料植物；适应性强，有些种类为优良的色叶或观果树种。

分种检索表

1. 攀缘状灌木；茎上常有分枝的棘刺 ·················· **1. 卵叶石岩枫 M. repandus var. scabrifolius**
1. 灌木或小乔木；茎上无棘刺。
　2. 常绿；蒴果无刺 ··· **2. 粗糠柴 M. philippensis**
　2. 落叶；蒴果具软刺。
　　3. 叶柄盾状着生或兼有基生；小枝、叶背面、叶柄和花序均被红褐色星状毛 ············
　　　　·· **3. 锈叶野桐 M. lianus**
　　3. 叶柄基生；小枝、叶背面、叶柄和花序上的星状毛非红褐色。
　　　4. 叶片下面密被灰白色星状毛，黄色颗粒状腺体被毛层覆盖而不突显；果序成熟时下垂 ············
　　　　·· **4. 白背叶 M. apelta**
　　　4. 叶片下面疏被褐色星状毛，黄色颗粒状腺体清晰可见；果序成熟时直立或斜举。
　　　　5. 叶片纸质；雌花序总状 ·· **5. 野桐 M. tenuifolius**
　　　　5. 叶片厚纸质或薄革质；雌花序圆锥状 ··· **6. 日本野桐 M. japonicus**

1. 卵叶石岩枫　石岩枫　（图6-28）

Mallotus repandus (Willd.) Müll. Arg. var. **scabrifolius** (A. Juss.) Müll. Arg.——*Rottlera scabrifolia* A. Juss.

攀缘状落叶灌木。茎上常有分枝的枝刺；嫩枝密被暗黄色脱落性星状柔毛。叶片纸质，卵形、圆卵形或卵状披针形，长7～15cm，宽4～11cm，先端渐尖，基部心形或近截形，全缘或浅波状，上面无毛，下面脱净，有时沿脉被微柔毛，散生黄色颗粒状腺体，基出脉3；叶柄长2～3cm。总状花序顶生，长2～10cm；花单性，雌雄异株；雄花花萼裂片4或5，雄蕊多数；雌花花萼裂片5，子房3室，被黄褐色绒毛，花柱3，长约5mm，合生部分长1.5mm，密生羽毛状突起。蒴果近球形，直径约1cm，分果瓣3，无刺，密生黄色绒毛并具颗粒状腺体。花期5—6月，果期6—9月。

产于全省丘陵山区。生于海拔600m以下的丘陵山地土层浅薄的石质山坡灌丛、疏林中或林缘，常攀缘于岩石、树冠上。分布于华东及湖南、广东、广西、云南。

《浙江植物志》将本变种鉴定为石岩枫 *M. repandus*，但后者叶片背面被暗黄褐色绒毛；雄花序通常分枝；子房2室，花柱长约3mm，几离生；分布于华南及福建、云南；东南亚、南亚、大洋洲也有。

图6-28　卵叶石岩枫

2. 粗糠柴 （图6-29）

Mallotus philippensis (Lam.) Müll. Arg.—*Croton philippensis* Lam.

常绿小乔木。小枝、嫩叶和花序均被黄褐色星状毛。叶片革质，长圆形或卵状披针形，长7~15cm，宽2~6cm，先端渐尖，基部圆形，全缘或微具齿，上面深绿色，无毛，下面灰白色，密被星状毛并散生红色腺体，基出脉3，基部有2腺体；叶柄长2~5（9）cm，两端稍增粗，被星状毛。总状花序顶生或腋生，单一或成束；花单性，雌雄同株；雄花花萼3或4裂，被星状毛和红色腺点，雄蕊多数；雌花花萼4或5裂，子房被毛，花柱2。蒴果近球形，直径6~8mm，无刺，密被红色腺点及星状毛。花期4—6月，果期6—9月。

产于建德、淳安、象山、开化、常山、台州市区、三门、温岭、玉环、温州市区、乐清、永嘉、瑞安、平阳、苍南、泰顺。生于海拔500m以下的山坡、沟谷林中或林缘。分布于华东、华南及湖南、湖北、云南、贵州、四川。分布于亚洲南部、东南部和大洋洲。

叶色深绿，四季常青，果序美丽，为优美的绿化观赏树种；种子油可供工业用；果皮外面的红色颗粒状腺体可提取工业染料。

图6-29 粗糠柴

3. 锈叶野桐　东南野桐 （图6-30）

Mallotus lianus Croizat—*M. japonicus* (L. f.) Müll. Arg. var. *austrochinensis* Hurus.

落叶小乔木。小枝、叶片下面、叶柄、花序、果实均被红褐色星状毛及金黄色颗粒状腺体。叶片纸质，宽卵形或三角状卵形，长7~15cm，宽6~14cm，先端急尖，基部圆形或微心形，全缘，上面仅嫩时被红褐色星状毛，基出脉5，近基部2条常不明显；叶柄盾状着生或兼有基生，长

一一四　大戟科 Euphorbiaceae

3～7cm，顶端有2腺体。花序单一或分枝，雌花序长达25cm；花单性，雌雄异株；雄花花萼裂片匙形，雄蕊多数；雌花花萼裂片狭三角形，花柱3。蒴果球形，直径约1cm，具长约6mm的软刺。花期7—9月，果期10—11月。

产于宁海、衢州市区、金华市区、武义、仙居、莲都、松阳、龙泉、庆元、景宁、永嘉、瑞安、文成、苍南、泰顺。生于海拔200～800m的山坡、沟谷林中或林缘。分布于江西、福建、湖南、广东、广西。

图6-30　锈叶野桐

4. 白背叶 庐山野桐 红叶野桐 （图6-31）

Mallotus apelta (Lour.) Müll. Arg.— *Ricinus apelta* Lour. — *M. stewardii* Merr. ex F.P. Metcalf— *M. paxii* Pamp. — *M. tenuifolius* Pax var. *paxii* (Pamp.) H.S. Kiu

落叶灌木或小乔木。小枝、叶柄及花序均密被白色或淡黄色星状柔毛，并散生橙黄色腺体。单叶互生；叶片宽卵形，不分裂或3浅裂，长5～10cm，宽3～9cm，先端渐尖，基部圆形或宽楔形，边缘具疏锯齿，上面暗绿色，无毛或散生星状毛，下面密被灰白色星状毛，黄色颗粒状腺体被毛层覆盖而不突显，基出脉3，基部有2腺体；叶柄基生，长5～15cm；托叶钻形，长约3mm。穗状花序顶生，不分枝或分枝，长8～14cm；花单性，雌雄异株；雄花萼片4，卵形，外面密被星状毛，雄蕊多数；雌花花萼5裂，萼片披针形，外面密被星状毛，子房3室，花柱3。果序成熟时下垂；蒴果近球形，密生被灰白色星状毛的软刺。种子黑色，近球形，直径3mm，有光泽。花期5—6月，果期8—10月。

产于全省丘陵山区。生于海拔30～1300m的山坡、沟谷林中或林缘灌丛中。分布于华东、华中、华南及云南、四川。越南也有。

茎皮纤维丰富，可供编织；种子含油率达36%，可榨油，供工业用；根、叶可药用。

本种是一个分布广、变异较大的种，最重要的鉴别特征为叶片背面密被灰白色星状毛，腺体黄色且通常被毛层覆盖；果序下垂。

图6-31　白背叶

5. 野桐 黄背野桐（图6-32）

Mallotus tenuifolius Pax— *M. apelta* (Lour.) Müll. Arg. var. *tenuifolius* (Pax) Pax ex Engl.

落叶灌木或小乔木。嫩枝、叶柄及花序均密被褐色星状毛。叶片纸质，宽卵形或近圆形，全缘或微3裂，长8~15cm，宽5~12cm，先端渐尖，基部宽楔形至近心形，上面无毛或散生星状毛，下面疏被褐色星状毛，黄色颗粒状腺体清晰可见，基出脉3，基部有2腺体；叶柄基生，长3~8cm。总状花序顶生，不分枝；花单性，雌雄异株，芳香；雄花花萼3裂，雄蕊多数；雌花花萼5裂，外面密被褐色星状毛，子房3室，花柱3。果序成熟时直立或斜举；蒴果球形，直径约8mm，密被软刺。花期5—6月，果期8—10月。

产于湖州、杭州及诸暨、余姚、衢州市区、江山、金华市区、兰溪、东阳、磐安、台州市区、天台、临海、仙居、遂昌、龙泉、庆元、景宁、青田、乐清、永嘉、文成、平阳、泰顺。生于海拔1500m以下的山坡林中、路旁及荒地上。分布于华东、华中、西南及广东、广西、甘肃、陕西。

图6-32 野桐

缅甸、尼泊尔、印度、不丹也有。

本种变异很大，主要鉴别特征为叶片背面疏被星状毛，黄色腺体清晰可见；雌花序不分枝；果序直立或斜举。本种与产于尼泊尔、不丹、印度东北部、缅甸及我国西藏、云南的尼泊尔野桐 *M. nepalensis* Müll. Arg.和产于朝鲜半岛、日本及我国东部沿海地区的日本野桐相似，三者是地理替代关系。与前者的主要区别在于本种叶片较小，毛被较稀疏，花序较短；与后者的主要区别在于本种雌花序不分枝。

另外，《浙江植物志》和《中国植物志》将本种误定为丛卷毛野桐 *M. japonicus* (L. f.) Müll. Arg. var. *floccosus* (Müll. Arg.) S.M. Hwang—*M. nepalensis* var. *floccosus* Müll. Arg.，但后者属于尼泊尔野桐系，在我国只产于西藏、云南。

6. 日本野桐　野梧桐　（图6-33）

Mallotus japonicus (L. f.) Müll. Arg.—*Croton japonicus* L. f.—*M. tenuifolius* Pax var. *subjaponicus* Croizat—*M. subjaponicus* (Croizat) Croizat

落叶灌木或小乔木。嫩枝、叶柄及花序均密被褐色星状毛。叶片厚纸质或薄革质，宽卵形、菱状卵形或近圆形，全缘或微3裂，长8～15cm，宽5～12cm，先端渐尖，基部宽楔形至近心形，上面无毛或散生星状毛，下面疏被褐色星状毛，黄色颗粒状腺体清晰可见，基出脉3，基部有

图6-33　日本野桐

2腺体；叶柄基生，长3～8cm。花序顶生，雄花序总状，常不分枝，雌花序圆锥状；花单性，雌雄异株，芳香；雄花花萼3裂，雄蕊多数；雌花花萼5裂，外面密被褐色星状毛，子房3室，花柱3。果序成熟时直立或斜举；蒴果近扁球形，直径约8mm，密被具星状毛的软刺和红色腺点。花期5—6月，果期8—10月。

产于宁波、舟山、台州、温州及平湖、海盐、海宁。生于山坡林中、灌丛中或荒地上，在滨海山坡可成为落叶阔叶林的建群种。分布于江苏、福建、台湾。日本也有。

种子含油率达38%，可榨油，供工业用；木材质地轻软，可制小器具。

8 丹麻杆属 Discocleidion (Müll. Arg.) Pax et K. Hoffm.

落叶灌木。无乳状汁液。单叶，螺旋状互生；叶片嫩时呈淡绿色，边缘有锯齿，基出脉3～5，近基部两侧具斑状腺体和2枚小托叶；具长柄。总状或圆锥花序，顶生或腋生；花单性异株；花无花瓣；雄花3～5朵簇生于苞腋，花萼裂片3～5，雄蕊25～60，花丝离生，花药4室，内向，花盘具棒状圆锥形腺体，无不育雌蕊；雌花1或2朵生于苞腋，花萼裂片5，花盘环状，具小圆齿，子房3室，每室胚珠1，花柱3，2裂至中部或几达基部。蒴果，分果瓣3。种子球形，稍具疣状突起。

2种，分布于中国和日本。我国有2种，分布于长江流域以南各地及山西；浙江有1种。

丹麻杆　光假参包叶　（图6-34）
Discocleidion ulmifolium (Müll. Arg.) Pax et K. Hoffm. *Cleidion ulmifolium* Müll. Arg.——*D. glabrum* Merr.

落叶灌木。嫩芽密被黄色长柔毛；小枝紫红色，具皮孔。叶片纸质，卵形或长圆状卵形，长8～15cm，宽4～9cm，先端渐尖或短尖，基部圆形，边缘具锯齿，嫩叶上面被脱落性疏柔毛，基出脉3，侧脉4或5对，第三级小脉近平行，基部两

图6-34　丹麻杆

侧具2～4枚褐色斑状腺体和2枚披针形小托叶；叶柄长1～6cm，无毛，边缘有黄色小腺体；托叶披针形，早落。圆锥花序长15～20cm，无毛；雄花单生或数朵簇生于苞腋，花萼裂片4，无毛，雄蕊25～30；雌花1（2）朵生于苞腋，花萼裂片5，无毛，子房无毛。蒴果扁球形，直径6～8mm，无毛。种子球形，直径约4mm，灰褐色，具小突点。花期4—6月，果期8—10月。

产于开化、青田。生于海拔250～500m的山坡林缘、灌丛中。分布于江西、福建。

a. 毛果丹麻杆　毛果假奓包叶（变种）（图6-35）

var. **trichocarpum** (G.Y. Li, P.L. Chiu et Z.H. Chen) C.Z. Zheng—*D. glabrum* Merr. var. *trichocarpum* G.Y. Li, P.L. Chiu et Z.H. Chen

花序、花萼多少被毛；子房和果实被绢毛。

产于永嘉、瑞安。生于海拔300m以下的沟谷、溪边灌丛中。模式标本采自瑞安（红双林场）。

图6-35　毛果丹麻杆

⑨ 山麻杆属　Alchornea Sw.

灌木或小乔木。无乳状汁液。单叶，螺旋状互生；叶片嫩时呈红色，边缘具腺齿，基部具斑状腺体和2枚小托叶，基出脉3～5；具长柄；托叶早落。穗状、总状或圆锥花序，顶生或侧生；花单性，雌雄同株或异株；雄花多朵簇生于苞腋，雌花单朵生于苞腋，无花瓣；雄花花萼2～5裂，雄蕊3～9，花丝分离或基部合生，花药2室，无不育雌蕊；雌花萼片4～8，有时基部具腺体，子房（2）3室，每室胚珠1，花柱（2）3，离生或基部合生，不分裂。蒴果，分果瓣2或3，果皮平滑或具小疣或小瘤。种子无种阜，种皮壳质。

约50种，分布于全球热带和亚热带地区。我国有8种，分布于西南至秦岭以南各地；浙江有2种，其中引入栽培1种。

1. 山麻杆（图6-36）
Alchornea davidii Franch.

落叶灌木。嫩枝密被黄褐色短茸毛，老枝栗褐色，无毛。叶片宽卵形至扁圆形，长7~15cm，宽6~18cm，先端骤短尖，基部心形或近心形，边缘具尖锯齿，上面疏被短柔毛，下面密被短茸毛，常带紫色，基出脉3，基部具4枚斑状腺体和2枚刺毛状小托叶；叶柄长4~6cm，密被短茸毛；托叶钻状，长7~8mm，早落。雄花簇密集成侧生短穗状花序，长1.5~2.5（3.5）cm，花萼3或4裂，雄蕊6~8，花丝分离；雌花4~7朵疏生成顶生总状花序，长4~8cm，被短柔毛，花萼4裂，子房密被短茸毛，花柱3，合生部分长1.5~2mm，不分裂。蒴果扁球形，直径

图6-36 山麻杆

8~10mm，分果瓣3，密被毛。种子微三棱状卵形，有乳头状突起。花期4—5月，果期6—8月。

产于湖州市区、杭州市区、建德、诸暨、常山、台州市区、仙居、温岭、玉环、遂昌、松阳、龙泉。生于沟谷溪边、山麓林缘灌丛中；各地公园常见栽培。分布于华东、华中、华南及陕西。

早春嫩叶鲜红色，供栽培观赏；为纤维植物。

2.红背山麻杆 （图6-37）
Alchornea trewioides (Benth.) Müll. Arg.

落叶灌木。小枝被灰色微柔毛，后变无毛。叶片卵圆形、宽三角状卵形或宽心形，长8~15cm，宽7~13cm，先端急尖或渐尖，基部浅心形或近平截，边缘疏生具腺小齿，上面无毛，下面浅红色，仅沿脉被微柔毛，基出脉3，基部具4枚斑状腺体和2枚披针形小托叶；叶柄长7~12cm；托叶钻形，长3~5mm，具毛，早落。花雌雄异株；雄花多朵簇生成侧生的穗状花序，长7~15cm，花萼4裂，无毛，雄蕊（7）8；雌花5~12朵密集成顶生的总状花序，长5~6cm，花萼5（6）裂，子房被短绒毛，花柱3，合生部分长不及1mm，不分裂。蒴果球形，直径8~10mm，分果瓣3，被微柔毛。种子扁卵状，具瘤体。花期3—5月，果期6—8月。

原产于福建、江西、湖南、广东、海南、广西。越南也有。本省公园有栽培。

与山麻杆的主要区别在于后者嫩枝、叶背面密被茸毛；叶片宽卵形至扁圆形，先端骤短尖，基部心形或近心形；雄花序长1.5~2.5（3.5）cm；雌花疏生，花萼4裂，花柱合生部分长1.5~2mm。

图6-37 红背山麻杆

10 山靛属 Mercurialis L.

一年生或多年生草本。无乳状汁液。具根状茎；茎通常不分枝。单叶对生；叶片通常具锯齿，羽状脉；具托叶。总状或穗状花序腋生；花单性异株，稀同株；无花瓣；雄花花萼3深裂，镊合状排列，雄蕊8~20，花丝离生，花药2室，无不育雌蕊；雌花萼片3，覆瓦状排列，腺体2，子房2室，每室胚珠1，花柱2，离生或近基部合生，不分裂，具乳头状突起。蒴果双球形，分果瓣2，内果皮壳质。种子卵球形或球形，种皮平滑或具小孔穴，具种阜。

约8种，分布于非洲地中海沿岸及欧洲、亚洲温带至亚热带地区。我国有1种；浙江也有。

山靛 （图6-38）
Mercurialis leiocarpa Siebold et Zucc.

多年生草本，高20~40cm。茎直立，四棱形。叶片长椭圆形、长卵形或披针形，长4~10cm，宽2~3.5cm，先端渐尖，基部钝圆或宽楔形，边缘具钝锯齿，两面疏被硬毛；叶柄长1~3cm；托叶三角状披针形。穗状花序腋生；花单性异株或同株；无花瓣；雄花花萼膜质，3深裂，萼片卵状披针形，长约2mm，雄蕊10余枚，无花盘及退化雌蕊；雌花萼片3，花盘裂片钻形，与萼片近等长，子房2室，花柱2，基部合生。蒴果双球

图6-38 山靛

形，表面有少数疣状突起及硬毛。种子扁球形，直径约2mm，表面有疣状突起。花期12月至次年4月，果期次年5—7月。

产于湖州市区、安吉、临安、宁波市区、鄞州、余姚、奉化、象山、宁海、衢州市区、常山、金华市区、东阳、武义、台州市区、遂昌、龙泉、景宁、永嘉、泰顺。生于海拔700～1200m的阴湿山坡林下、沟谷溪边。分布于西南、华南及江西、湖南、湖北。南亚及朝鲜半岛、日本、泰国也有。

11 蓖麻属 Ricinus L.

一年生或多年生草本。具乳状汁液。无肉质块根。单叶互生；叶片掌状7～11裂，叶缘具锯齿；叶柄盾状着生；具托叶。短总状或圆锥花序顶生或与叶对生；花单性同序，雄花在下，雌花在上，均多朵簇生于苞腋；花梗细长；无花瓣和花盘；雄花花萼3～5裂，雄蕊极多数，花丝合生成多个雄蕊束，花药2室，药室分离，无不育雌蕊；雌花萼片5，子房3室，每室胚珠1，花柱3，顶部深裂。蒴果，分果瓣3，常具软刺。种子椭球形，略扁，种皮硬壳质，平滑，具斑纹，种阜大。

1种，原产于非洲东北部。我国栽培1种；浙江也有栽培。

蓖麻 （图6-39）
Ricinus communis L.

一年生或多年生粗壮草本，高1～3m。具乳状汁液。茎、叶无毛；小枝、叶和花序通常被白霜。叶片近圆形，直径可达40cm以上，7～11中裂至深裂，边缘具不规则锯齿，上面绿色，下面

图6-39 蓖麻

浅绿色；叶柄盾状着生，基部和顶端均具腺体；托叶合生，早落。圆锥花序长15～30cm；雄花生于花序下部，花萼3～5裂，雄蕊极多数；雌花花萼3～5裂，萼片不等大，子房3室，宽卵球形，花柱3，红色，顶端深裂而呈羽毛状。蒴果椭球形或近球形，直径约1.5cm，有软刺，亦有无刺品种。种子亮黑褐色，有白色斑纹，长椭球形，略扁，有加厚种阜。花期7—9月，果期9—11月。

原产于非洲东北部热带地区，现广泛分布于全球热带至温带地区。本省曾将其作为油料作物栽培，目前各地普遍归化。

为重要的油料作物，种子含油率69%～73%，蓖麻油在工业上用途广，也可药用，作缓泻剂；叶形奇特，适应性强，对二氧化硫、氯气等有较强的抗性，可用于绿化观赏；种子含蓖麻毒蛋白及蓖麻碱，误食过量可致人死亡。

⑫ 铁苋菜属 Acalypha L.

一年生或多年生草本。无乳状汁液。单叶，螺旋状互生；叶片具齿或近全缘，具基出脉或羽状脉；具叶柄及托叶。花小，单性同株同序，腋生或顶生；同序雄花生于花序轴上部，呈穗状，无花瓣和花盘，花萼裂片4，雄蕊7或8，花丝分离，花药2室，无不育雌蕊；雌花1～3朵生于花序轴下部，叶状苞片增大，萼片3～5，近基部合生，子房3室，每室胚珠1，花柱3，红色，羽状撕裂或睫毛状深裂，稀在花序顶端具1朵异形雌花。蒴果小，分果瓣3，果皮具毛或软刺。种子近球形或卵球形，种皮壳质，有时具明显的种脐或种阜。

约450种，广泛分布于全球热带和亚热带地区。我国约有18种，其中栽培2种，除西北外，各地均有分布；浙江有2种。

1. 铁苋菜 海蚌含珠（图6-40）
Acalypha australis L.

一年生草本，高20～50cm。茎自基部分枝，伏生向上的白色硬毛。叶片卵形至卵状披针形，长3～9cm，宽1～4cm，先端渐尖或钝尖，基部渐狭或宽楔形，边缘具圆锯齿，上面无毛，下面沿中脉具柔毛，基出脉3，侧脉3对；叶柄长1～5cm，具短柔毛；托叶披针形，长1.5～2mm，具短柔

图6-40 铁苋菜

毛。穗状花序腋生，稀顶生，长1.5~5cm，花序梗长0.5~3cm；雄花萼片4裂，雄蕊7或8；雌花苞片1或2(4)，卵状心形，花后增大，边缘具三角形齿，花萼3裂，子房具疏毛，花柱3，枝状5~7分裂。蒴果三角状半球形，直径约3mm，被毛。种子褐色，卵球形，直径约2mm。花期6—9月，果期8—10月。

产于全省各地。生于平原"四旁"、丘陵山区林缘、旱地和空旷地上。我国除西部高原或干燥地区外，大部分地区均有。东北亚、东南亚也有。

2. 短穗铁苋菜　裂苞铁苋菜　（图6-41）
Acalypha brachystachya Hornem. —— *A. supera* Forssk., nom. rej. prop.

一年生草本，高20~80cm。茎密被淡黄绿色短曲柔毛。叶片菱形或宽卵形，长3~7cm，宽1.5~4cm，先端短渐尖至尾状尖，基部圆形或微心形，边缘有圆钝锯齿，下面灰白色，两面疏被粗硬毛，基出脉3~5；叶柄长2~6cm，具短柔毛；托叶披针形，长4~5mm。穗状花序极短，腋生；雄花数朵集成短穗状或头状，雄蕊7或8；雌花苞片3深裂，裂片条形，长3~4mm，萼片3，子房球形，被柔毛，花柱3，先端2裂；异形雌花萼片4，子房陀螺状，被柔毛，顶部具1环齿裂，花柱1，撕裂。蒴果球形，直径约2mm。种子浅灰色，卵球形，长约1.5mm。花期5—8月，果期7—10月。

产于安吉、杭州市区、临安、江山、仙居、缙云、遂昌、景宁、泰顺。生于海拔100~1500m的山坡路旁、沟谷溪边林缘。分布于华东、华中、华南、西南的多数地区及甘肃、陕西、河北。东南亚、南亚部分地区和非洲热带地区也有。

与铁苋菜的区别在于后者穗状花序长1.5~5cm，花序梗长0.5~3cm，雌花苞片1或2(4)，卵状心形，边缘具三角形齿。

图6-41　短穗铁苋菜

⑬ 巴豆属 Croton L.

乔木或灌木。具乳状汁液。小枝通常被星状毛或腺鳞。单叶互生；叶片基部楔形或近圆形，近叶柄处具腺体，基出脉3(5)；托叶早落。总状或穗状花序顶生或腋生；花小，单性同株或异株；苞片基部无腺体；雄花花萼5裂，花瓣5，雄蕊10~20，花丝离生，花时直立，花盘5裂而呈腺体状，无退化雌蕊；雌花花萼5裂，宿存，花瓣退化为丝状或缺，花盘环状或分裂成腺体，子房3室，每室胚珠1，花柱3，离生，顶端2~4裂。蒴果，分果瓣3。种子平滑，种皮脆壳质，种阜小。

约1300种，广泛分布于全球热带、亚热带地区。我国有23种，主要分布于西南部至东南部；浙江有1种。

巴豆（图6-42）
Croton tiglium L.

落叶小乔木或灌木，高3~6m。具乳状汁液。树皮灰褐色；小枝被稀疏星状毛。叶片卵形或长卵形，长7~13cm，宽4~7cm，先端渐尖，基部宽楔形或近圆形，边缘有细锯齿，基出脉3(5)，基部两侧近叶柄处各有1枚无柄的杯状腺体；叶柄长2~6cm；托叶条形，早落。总状花

图6-42 巴豆

序顶生，长8～15cm；花单性同株；雄花较多数，生于花序上部，花梗细，萼片5，外面疏被星状毛，花瓣5，雄蕊17，花丝上部有柔毛；雌花少数，生于花序下部，花梗粗壮，被星状毛，萼片5，无花瓣，子房球形，密被黄色星状毛，花柱3，2深裂。蒴果椭球形，长约2cm，无毛。种子棕色，卵球形，长约1cm。花期6—7月，果期8—10月。

产于瑞安、文成、平阳、泰顺。生于低海拔的山麓路边、村宅旁，也见栽培。分布于华南、西南的多数地区及江西、福建、湖南。东南亚、南亚及日本也有。

种子可入药，也称"巴豆"；种子油称"巴豆油"，有剧毒，可供工业用及作泻剂；根、叶可入药；叶可制生物农药（杀虫剂）。

14 油桐属 Vernicia Lour.

落叶小乔木或乔木。具乳状汁液。单叶互生；叶片不分裂或3～5浅裂至中裂，基部平截或心形，基出脉3～7；叶柄长，顶端具腺体。聚伞花序组成伞房状圆锥花序，顶生；花大，单性同株或异株；苞片基部无腺体；花萼2或3裂，佛焰苞状；花瓣5，长于萼片；雄花雄蕊8～20，2轮，外轮花丝离生，内轮花丝较长且基部合生，具退化雌蕊；雌花子房密被柔毛，3（8）室，每室胚珠1，花柱3～5，2裂，花盘不明显或缺。果大，核果状，近球形，顶端有喙尖，不开裂或基部具裂缝，果皮壳质。种子无种阜，种皮木质。

3种，分布于东亚及太平洋群岛。我国有2种，分布于秦岭以南各地；浙江有2种。

为重要的工业油料树种，种子油称"桐油"，为干性油，用作木器、竹器、舟楫等的涂料，也为油漆等的原料。

1. 油桐 三年桐 （图6-43）
Vernicia fordii (Hemsl.) Airy Shaw——*Aleurites fordii* Hemsl.

落叶小乔木。具乳状汁液。小枝粗壮，具皮孔。叶片卵形或宽卵形，长10～20cm，宽4～15cm，先端尖或渐尖，基部平截或心形，全缘或3浅裂，幼时两面被黄褐色脱落性短柔毛，基出脉5（7）；叶柄长达12cm，顶部有2枚扁平、无柄的红色腺体。花单性同株，先于叶开放；花萼2或3裂，萼片外面被柔毛；花瓣5，白色，有淡红色条纹，近基部有黄色斑点，倒卵形，长2～2.5cm；雄花雄蕊8～20；雌花子房密被柔毛，3～5室，花柱与子房室同数，2裂。核果球形，直径4～6（8）cm，光滑，顶端短尖。种子3～5，宽卵球形，种皮木质。花期4—5月，果期7—10月。

产于全省丘陵山区，平原村宅旁偶见。生于海拔1000m以下的丘陵山地上。分布于华东、华中、华南、西南及陕西。越南也有。合模式标本采自宁波。

为重要的工业油料树种，历史上多与杉木混交栽培（即"插杉点桐"），历史悠久；花美丽，可供观赏。

图6-43 油桐

2. 木油桐 千年桐 （图6-44）

Vernicia montana Lour. —*Aleurites montanus* (Lour.) E.H. Wilson

落叶乔木。具乳状汁液。小枝粗壮，具皮孔。叶片宽卵形或心形，长10～20cm，宽8～15cm，先端短尖或渐尖，基部心形或平截，不分裂或3～5中裂，上面无毛，下面沿脉被短柔毛，基出脉5～7；叶柄长5～15cm，顶部有2枚具柄的杯状腺体。花雌雄异株或同株异序，后于叶开放；花萼2或3裂，无毛；花瓣5，白色或基部带红色，倒卵形或倒卵状披针形，长2.5～3cm，基部具瓣柄，被褐色短柔毛；雄花雄蕊8～10；雌花子房密被柔毛，3室，花柱3，2裂。核果卵球形，直径3～5cm，顶端有短尖，表面具3狭纵棱，棱间有粗网状皱纹。种子扁卵球形，种皮厚，有疣突。花期5—6月，果期8—10月。

产于丽水、温州及建德、淳安、衢州市区、开化、台州市区、仙居、玉环。生于海拔800m以下的山坡、沟谷林中；全省各地也常将其栽作山区公路的行道树。分布于华南及江西、福建、湖南、贵州、云南等地。越南、柬埔寨、泰国、缅甸也有。

用途同油桐；花、叶俱美，树体高大，可营造风景林。

与油桐的主要区别在于后者叶片全缘或3浅裂，叶柄顶部有2枚扁平、无柄的红色腺体；果光滑。

图6-44 木油桐

15 木薯属 Manihot Mill.

亚灌木或乔木。具乳状汁液。常具肉质块根；茎、枝有大而明显叶痕。单叶互生；叶片掌状深裂几达基部，基出脉3~7；叶柄长，近盾状着生；托叶小，早落。聚伞、总状或圆锥花序顶生或腋生；花单性，同株同序，上部雄花花梗较短，下部雌花1~5，具长梗；苞片基部无腺体；花大，无花瓣；花萼钟状，有彩色斑，呈花瓣状，5裂，裂片覆瓦状排列；雄花花盘分裂成腺体，雄蕊10，2轮，生于腺体间，花丝离生，花药2室，药隔顶端被毛，具退化雌蕊；雌花花盘不裂或分裂，子房3室，每室胚珠1，花柱3，基部合生，柱头宽。蒴果，分果瓣3。种子有种阜，种皮硬壳质。

约60种，分布于美洲热带地区，主产于巴西。我国引入栽培2种；浙江栽培1种。

木薯（图6-45）
Manihot esculenta Crantz

直立亚灌木。具乳状汁液。全株无毛。块根圆柱形，肉质。叶片近圆形，直径8～20cm，掌状3～7深裂或全裂，裂片披针形或长圆状披针形，先端渐尖，全缘，上面绿色，下面粉绿色；叶柄长15～30cm。圆锥花序顶生或腋生，疏散；花萼黄白色带紫色，钟状，5裂，萼片覆瓦状排列，长约1cm；无花瓣；花盘腺体5；雄花雄蕊10，2轮；雌花子房3室，每室胚珠1，花柱3，基部合生。蒴果卵球形，长约1.5cm，具6纵翅。种子椭球形，略扁，长约1cm，种皮硬壳质，白色，有斑纹，光滑。花果期9—11月。

原产于南美洲西部至巴西，现全球热带地区广泛栽培。华南及福建、贵州、云南有栽培，偶有逸生。庆元、平阳、苍南等地有栽培。

块根富含淀粉，经水浸除去毒素后，可供食用或工业用。

图6-45　木薯

园艺品种花叶木薯'Variegata'（图6-46），叶片上面沿裂片中脉两侧具银白色至金黄色斑块。

图6-46　花叶木薯

16 海漆属（土沉香属）Excoecaria L.

灌木或小乔木。具白色乳汁。单叶，通常对生；叶片通常革质，全缘或有锯齿，具羽状脉；具柄。总状或穗状花序腋生或顶生；花单性异株或同株异序，稀雌雄同序；有苞片；无花瓣及花盘；雄花1～3朵生于苞腋，萼片（2）3，分离或几分离，雄蕊3，花丝分离，无退化雌蕊；雌花花萼3裂或为3萼片，子房3室，每室胚珠1，花柱粗短，开展或外弯，基部多少合生。蒴果，分果瓣3，中轴宿存，具翅。种子无种阜，种皮硬壳质。

约35种，分布于亚洲热带和亚热带地区、非洲、大洋洲。我国有5种，分布于西南、华中至华东；浙江栽培1种。

红背桂 青紫木 （图6-47）
Excoecaria cochinchinensis Lour.

常绿灌木。具刺激性白色乳汁。叶对生，稀3叶轮生；叶片长椭圆形或长圆形，长6～14cm，宽1.5～4.5cm，先端渐尖，基部楔形，边缘疏生浅细锯齿，上面深绿色，下面紫红色，叶脉隆起，两面无毛；叶柄长3～5mm。花单性异株；雄花序长1～2cm，雌花序略短，具3～5花；苞片基部有1腺体，小苞片2，基部有2腺体；雄花苞片比花梗长，萼片3，边缘有小齿；雌花苞片比花梗短，萼片3，基部稍连合，边缘有小齿，子房近球形，花柱3，外弯，基部多少合生。蒴果肉质，近球形，红色，直径7～10mm。种子卵球形，光滑。花期6—7月。

原产于我国南部。福建、台湾、广东、广西、云南等地普遍栽培。东南亚普遍栽培。全省各地有盆栽，温州园林中有露地片植，极端低温天气下会产生冻害。

图6-47　红背桂

⑰ 乌桕属 Sapium P. Browne

乔木或灌木。具白色乳汁。单叶互生；叶片全缘，稀有锯齿，具羽状脉；叶柄顶端有2腺体；托叶小。穗状花序、总状花序或穗状圆锥花序，常顶生；花单性，常同株同序；无花瓣和花盘；苞片基部具2腺体；雄花位于花序上部，3至多朵生于苞腋，花萼合生成杯状，2或3浅裂，或具小齿，雄蕊2或3，花丝离生，花药2室，无退化雌蕊；雌花单生于花序基部，花萼3深裂，或呈管状而具3齿，子房2或3室，每室胚珠1，花柱2或3，柱头外卷。蒴果，稀浆果状，球形、梨形或钝三棱状球形，常3室，室背弹裂或不整齐开裂。种子近球形，外面被蜡质假种皮或无，外种皮坚硬。

约120种，广泛分布于全球，主产于热带地区，尤以南美洲最多。我国有10种，分布于东南部至西南部；浙江有4种。

分种检索表

1. 叶柄两侧不呈狭翅状；种子具蜡质假种皮；雄蕊2（3）；分果瓣脱落后中轴宿存。
   2. 叶片菱形或菱状卵形，长与宽近相等·· **1. 乌桕 S. sebiferum**
   2. 叶片椭圆状卵形，长为宽的2倍或2倍以上···································· **2. 山乌桕 S. discolor**
1. 叶柄两侧薄而呈狭翅状；种子无蜡质假种皮；雄蕊（2）3；分果瓣脱落后无宿存中轴。
   3. 叶片椭圆状卵形或椭圆状倒卵形，宽3～7cm，先端急尖或短渐尖；花序长5～10cm；种子直径7～9mm·· **3. 白木乌桕 S. japonicum**
   3. 叶片椭圆状披针形或披针形，宽1.5～3cm，先端长渐尖至尾尖；花序长2～5cm；种子直径约5mm·· **4. 小乌桕 S. atrobadiomaculatum**

1. 乌桕（图6-48）

Sapium sebiferum (L.) Roxb.— *Croton sebifer* L.— *Triadica sebifera* (L.) Small

落叶乔木。具白色乳汁。树皮暗灰色，有深纵裂纹。叶片纸质，菱形或菱状卵形，长3～7cm，宽3～9cm，先端突尖或渐尖，基部楔形，全缘，无毛；叶柄长2.5～6cm，两侧不呈狭翅状。总状花序顶生，长5～15cm；雄花小，常10～15朵簇生于花序上部，花萼杯状，3浅裂，雄蕊2，花丝极短；雌花少数，单生于花序基部，花梗着生处两侧各有1腺体，花萼3裂，子房3室，花柱3，基部合生。蒴果木质，梨状球形，直径1～1.5cm，分果瓣脱落后中轴宿存。种子黑色，圆球形，直径6～7mm，外被白色蜡质假种皮。花期5—6月，果期8—10月。

产于全省各地。生于丘陵山地的山坡林中及平原"四旁"。分布于黄河以南各地，西北达陕西、甘肃。日本、越南、印度也有。

木材坚韧细致，用途广泛；叶可提取黑色染料及用于饲养柏蚕；根皮、叶可入药，有消肿解毒、利尿泻下、杀虫等功效；种子的蜡质假种皮、种子油为工业原料。在本省曾作为木本油料树种而大量栽培，目前主要用作行道树和用于平原湿地绿化，为重要的秋色叶树种。

图 6-48　乌桕

2. 山乌桕（图6-49）

Sapium discolor (Champ. ex Benth.) Müll. Arg.—— *Stillingia discolor* Champ. ex Benth.—— *Triadica cochinchinensis* Lour.

落叶小乔木。具白色乳汁。树皮暗灰色；小枝皮孔明显。叶片椭圆状卵形，长5～10cm，宽2.5～5cm，先端急尖或短渐尖，基部宽楔形或近圆形，全缘，上面深绿色，后期常带紫红色，下面粉绿色，两面无毛；叶柄细，长2～5cm，两侧不呈狭翅状，顶端有2腺体。总状花序顶生，长4～9cm；雄花多数，常5～7朵生于花序上部，花萼杯状，顶部有不整齐的齿裂，雄蕊2（3），花丝极短；雌花少数，单生于花序基部，花梗长约4mm，花萼2裂，子房卵球形，花柱3，基部合生。蒴果宽卵球形，黑色，直径1～1.5cm，分果瓣脱落后中轴宿存。种子近球形，直径4～5mm，外被白色蜡质假种皮。花期5—6月，果期7—9月。

产于安吉、临安、宁海、衢州市区、常山、金华市区、台州市区、天台、三门、临海、仙居、莲都、遂昌、龙泉、庆元、景宁、青田、乐清、永嘉、瑞安、文成、平阳、苍南、泰顺。生于山地的沟谷、山坡混交林中。广泛分布于华东、华南、西南的多数地区及湖南。东南亚及印度也有。

根皮、树皮、叶可药用，有泻下逐水、散瘀消肿等功效；种子油可供工业用；为材用、秋色叶树种。

图6-49 山乌桕

3. 白木乌桕 （图6-50）

Sapium japonicum (Siebold et Zucc.) Pax et K. Hoffm.——*Stillingia japonica* Siebold et Zucc.——*Neoshirakia japonica* (Siebold et Zucc.) Esser——*Triadica japonica* (Siebold et Zucc.) Baill.

落叶灌木或小乔木。具白色乳汁。树皮灰褐色。叶片椭圆状卵形或椭圆状倒卵形，长6～15cm，宽3～7cm，先端急尖或短渐尖，基部楔形、圆形或微心形，全缘，上面深绿色，下面青白色，两面无毛；叶柄长1～2.5cm，两侧薄而呈狭翅状，顶端有2腺体。总状花序顶生，长5～10cm；雄花多数，3至数朵簇生于花序上部，花萼杯状，顶端常不规则3裂，雄蕊（2）3，花丝极短；雌花少数，生于花序基部，花萼3裂，子房卵球形，花柱3，基部合生。蒴果三棱状球形，黄褐色，直径1.5～2cm，分果瓣脱落后无宿存中轴。种子圆球形，直径7～9mm，表面有黑褐色斑纹，无蜡质假种皮。花期5—6月，果期8—10月。

产于安吉、临安、建德、淳安、新昌、宁波市区、鄞州、余姚、奉化、象山、宁海、衢州市区、开化、江山、磐安、台州市区、天台、三门、临海、仙居、莲都、缙云、遂昌、松阳、龙泉、乐清、永嘉、平阳、泰顺。生于丘陵山地的沟谷溪边、山坡林中。广泛分布于华南、西南及长江中下游地区。朝鲜半岛、日本也有。

图6-50 白木乌桕

4. 小乌桕 斑子乌桕（图6-51）

Sapium atrobadiomaculatum F.P. Metcalf——*Neoshirakia atrobadiomaculata* (F.P. Metcalf) Esser et P.T. Li

落叶灌木。具白色乳汁。小枝光滑，近方形。叶片椭圆状披针形或披针形，长3～9cm，宽1.5～3cm，先端长渐尖至尾尖，基部圆形或宽楔形，全缘，上面深绿色，下面略带苍白色，两面无毛；叶柄长5～12mm，两侧薄而呈狭翅状，顶端有时具腺体。总状花序顶生，长2～5cm；雄花2或3朵簇生于花序上部，花萼3或4裂，雄蕊（2）3，花丝极短；雌花1或2朵簇生于花序最下部，花萼3裂，子房球形，花柱短，柱头3裂，向外卷曲。蒴果三棱状球形，直径约1cm，分果瓣脱落后无宿存中轴。种子近球形，直径约5mm，有深褐色斑点，无蜡质假种皮。花期3—5月，果期8—9月。

产于泰顺（竹里石鼓背）。生于山地的山坡疏林中、林缘路旁或山顶灌丛中。分布于福建、江西、湖南、广东。

图6-51　小乌桕

18 大戟属 Euphorbia L.

一年生或多年生草本，稀灌木或乔木。具白色乳汁。根圆柱状、纤维状或具不规则块根。单叶互生或对生；叶片全缘，少分裂或具齿，具羽状脉。杯状聚伞花序单生或组成复花序,生于枝顶或植株上部;杯状聚伞花序由1朵位于中间的雌花和多朵位于周围的雄花同生于1个杯状总苞内而组成;常无花被;每朵雄花仅具1雄蕊;雌花子房3室,每室胚珠1,花柱3。蒴果,成熟时分裂为3个2裂的分果瓣。

约2000种,全世界广泛分布,主产于非洲、中美洲、南美洲。我国有77种,分布遍及全国,以长江流域以南地区较多;浙江有25种,其中栽培9种。

本省尚有甘遂 E. kansui S.L. Liou ex S.B. Ho 偶见栽培,本志不予收录。

分种检索表

1. 草本。
    2. 叶对生,稀基部的互生,上部的对生或轮生。
        3. 叶对生。
            4. 叶2列对生;叶片基部不对称。
                5. 茎向上伸展或直立;花序聚生;叶片较大,长1~5cm。
                    6. 茎、叶无毛;蒴果无毛 ·· 1. 细齿大戟 E. bifida
                    6. 茎被粗硬毛,叶两面被柔毛;蒴果具短柔毛 ························ 2. 飞扬草 E. hirta
                5. 茎匍匐;花序单一,腋生,稀簇生于小枝顶端;叶片较小,长0.3~1.2cm。
                    7. 茎无毛;蒴果无毛。
                        8. 叶片椭圆状卵形,长3~5mm,宽2~3.5mm,全缘;蒴果长1~1.3mm ·······
                        ··· 3. 小叶大戟 E. makinoi
                        8. 叶片椭圆形,长5~10mm,宽3~6mm,中部以上有锯齿;蒴果长约2mm ·······
                        ··· 4. 地锦 E. humifusa
                    7. 茎有毛;蒴果有毛。
                        9. 子房和蒴果仅棱上疏被长柔毛 ······················· 5. 匍匐大戟 E. prostrata
                        9. 子房和蒴果全面密被柔毛。
                            10. 叶无毛,上面常具紫色斑点;蒴果成熟时完全伸出总苞外 ···············
                            ·· 6. 斑地锦 E. maculata
                            10. 叶具柔毛,上面无斑点;蒴果成熟时不完全伸出总苞外 ···· 7. 千根草 E. thymifolia
            4. 叶交互对生;叶片基部心形,多少抱茎 ························· 17. 续随子 E. lathyris
        3. 叶基部的互生,上部的对生或轮生;总苞叶绿色,边缘白色 ·········· 8. 银边翠 E. marginata
    2. 叶互生。
        11. 总苞叶至少一部分呈红色或白色;总苞腺体1(2);花序单歧分枝。
            12. 总苞叶基部红色;腺体近二唇形,口部呈椭圆形 ·············· 15. 猩猩草 E. cyathophora
            12. 总苞叶基部白色,有时呈绿色;腺体舟形,口部呈圆形 ···· 16. 白苞猩猩草 E. heterophylla
        11. 总苞叶通常为绿色或黄绿色;总苞腺体4;花序二歧或多歧分枝。
            13. 腺体半球形、肾状半球形、扁肾形、肾球形或盘状,无角(无突起)。
                14. 一年生草本;腺体盘状,盾状着生于总苞边缘 ·············· 18. 泽漆 E. helioscopia
                14. 多年生草本;腺体半球形、肾状半球形、扁肾形或肾球形,侧生于总苞边缘。

15.蒴果平滑，或具稀疏的瘤状突起。
　　16.主根肥大，纺锤形或圆锥形，或圆柱状而分枝，直径3~7cm；蒴果平滑 ················· **19. 无苞大戟　E. ebracteolata**
　　16.主根圆柱形，直径0.5~3cm；蒴果具稀疏的瘤状突起············ **20. 湖北大戟　E. hylonoma**
15.蒴果密被瘤状突起。
　　17.花柱分离；种子暗褐色，腹面具浅色条纹················ **21. 大戟　E. pekinensis**
　　17.花柱基部合生；种子淡黄褐色，无纹饰················ **22. 岩大戟　E. jolkinii**
13.腺体新月形，两端具角。
　　18.叶片背面疏被长柔毛，叶缘稍背卷，具不规则的软骨质微齿············ **23. 仙霞岭大戟　E. xianxialingensis**
　　18.叶片两面无毛，叶缘平整、全缘。
　　　　19.主根圆柱状，无不定根；叶片宽4~7mm；苞叶肾形·········· **24. 乳浆大戟　E. esula**
　　　　19.无主根，根状茎细长，具不定根；叶片宽5~15mm；苞叶宽卵状三角形············ **25. 钩腺大戟　E. sieboldiana**
1.灌木。
　　20.茎与分枝常肉质化；叶早落或仅存于嫩枝顶部；腺体5。
　　　　21.茎与分枝近圆柱形，无刺；叶早落，常呈无叶状 ············ **9. 绿玉树　E. tirucalli**
　　　　21.茎与分枝具3~7纵棱，棱脊上具刺；叶常仅存于分枝顶部。
　　　　　　22.蔓生灌木；茎与分枝褐色，具锥状刺，刺长1~2.5cm；苞叶鲜红色······ **10. 铁海棠　E. milii**
　　　　　　22.灌木；茎与分枝绿色，具芒状刺，刺长2~5mm；苞叶绿色。
　　　　　　　　23.茎具5纵棱，棱角无脊，常扭转成螺旋状；托叶刺生于棱上········ **11. 金刚纂　E. neriifolia**
　　　　　　　　23.茎具3~7纵棱，棱角具脊；托叶刺生于脊上。
　　　　　　　　　　24.茎具3或4纵棱，棱脊薄而隆起，边缘具明显的不规则二角状齿 ················· **12. 火殃勒　E. antiquorum**
　　　　　　　　　　24.茎具5~7纵棱，棱脊扁平而肥厚，边缘具不规则的波状齿···· **13. 霸王鞭　E. royleana**
　　20.茎非肉质化；叶在茎上互生，不早落；腺体1············ **14. 一品红　E. pulcherrima**

1. 细齿大戟（图6-52）

Euphorbia bifida Hook. et Arn.

一年生草本，高20~60cm。具白色乳汁。根细长。茎向上伸展或直立，基部稍木质化，向上多分枝，无毛；茎节环状，明显。叶2列对生；叶片长椭圆形至宽条形，长1~2.5cm，宽2~5mm，先端钝尖或渐尖，基部不对称，近平截或稍偏斜，两面无毛，边缘具细锯齿，齿尖有短尖，主脉在上面下凹，侧脉清晰；叶柄长1.5~2.5mm。花序聚生，偶单生；总苞杯状，高与直径各约1mm，边缘5裂，裂片三角形，先端撕裂；腺体4，附属物粉红色，较腺体宽；雄花多数，略伸出总苞；雌花1，略伸出总苞，子房光滑无毛，花柱3，分离，柱头2裂。蒴果三棱状球形，长约2mm，无毛。种子三棱状圆柱形，长约1.5mm，直径约1mm，褐色，具稀疏横纹。花果期4—10月。

产于湖州、杭州、宁波及海盐、海宁、绍兴市区（越城）、上虞、衢州市区、常山、江山、天台、莲都。生于山坡上、灌丛中、路旁及林缘。分布于华南及江苏、江西、福建、云南、贵州。南亚、印度尼西亚至澳大利亚也有。

《浙江植物志》记载的通乳草 E. indica Lam.，系本种的误定。

图6-52 细齿大戟

2. 飞扬草 （图6-53）
Euphorbia hirta L.

一年生草本，高30～60cm。具白色乳汁。根纤细。茎向上伸展或直立，中部以上分枝或不分枝，被多细胞粗硬毛。叶2列对生；叶片长椭圆状卵形或卵状披针形，长1～5cm，宽5～15mm，先端钝尖，基部略偏斜，边缘中部以上有细锯齿，上面有时具紫色斑，两面均具柔毛，下面脉上尤密；叶柄长1～2mm。杯状花序多数，再密集成腋生的头状花序；总苞钟状，高与直径各约1mm，被柔毛，边缘5裂，裂片三角状卵形；腺体4，近杯状，附属物白色；雄花多数，微达总苞边缘；雌花1，伸出总苞外，子房被少许柔毛，花柱3，分离，柱头2浅裂。蒴果三棱状球形，长1～1.5mm，被短柔毛。种子近卵状四棱形，每个棱面有数条纵槽。花果期6—12月。

产于全省各地。生于向阳山坡上、路旁、草丛及灌丛中，多见于沙质土。分布于华南及江西、福建、湖南、云南、贵州、四川。广泛分布于全球热带和亚热带地区。

全草可入药,有清热解毒、利湿止痒等功效。

图 6-53 飞扬草

3. 小叶大戟（图6-54）
Euphorbia makinoi Hayata

一年生草本。具白色乳汁。根纤细。茎匍匐,自基部多分枝,淡红色,节间常具不定根,无毛。叶2列对生;叶片椭圆状卵形,长3~5mm,宽2~3.5mm,先端圆,基部偏斜,不对称,圆形或近圆形,边缘全缘;叶柄长1~3mm;托叶唇齿状,先端近平截。花序单生于叶腋,具长约1mm的柄;总苞近狭钟状,高与直径均为0.4~0.6mm,边缘5裂,裂片三角状披针形,边缘撕裂,被柔毛;腺体4,近椭球形,具较窄白色附属物;雄花3或4,生于总苞近边缘;雌花1,子房柄伸出总苞外,子房无毛,花柱3,分离,柱头2裂。蒴果三棱状球形,无毛,长1~1.3mm。种子卵状四棱形,长约0.8mm,直径约0.5mm,黄色或淡褐色,平滑。花果期5—10月。

图 6-54 小叶大戟

产于湖州、杭州及海盐、海宁、诸暨、宁波市区、象山、普陀、嵊泗、玉环、莲都、温州市区。生于山坡上、路旁、灌丛中及林缘。分布于江苏、福建、台湾、广东。日本南部至菲律宾也有。

张芬耀等（2010）报道本省产小叶地锦 E. heyneana Spreng.，经确认系本种的误定。

4. 地锦 （图6-55）

Euphorbia humifusa Willd.

一年生草本。具白色乳汁。根纤细。茎匍匐，基部以上多分枝，常呈红色或淡红色，无毛。叶2列对生；叶片椭圆形，长5～10mm，宽3～6mm，先端钝圆，基部偏斜，略渐狭，边缘中部以上具细锯齿，上面绿色，下面淡绿色，有时呈淡红色，两面疏被柔毛；叶柄长1～2mm。花序单生于叶腋，具长1～3mm的柄；总苞陀螺状，高与直径各约1mm，边缘4裂，裂片三角形；腺体4，椭球形，边缘具白色或淡红色肾形附属物；雄花多数，与总苞边缘近等长；雌花1，子房柄伸至总苞边缘，子房无毛，花柱3，分离，柱头2裂。蒴果三棱状卵球形，长约2mm，直径约2.2mm，无毛，花柱宿存。种子三棱状卵球形，长1～1.3mm，直径0.8～0.9mm，灰色，每个棱面均无横沟。花果期5—10月。

全省各地习见。生于平原路旁、田间及荒地、沙丘、海滩、山坡上。分布几遍全国。广泛分布于欧亚大陆温带地区。

全草可药用，有祛风、解毒、利尿、通乳、止血、杀虫等功效。

图6-55 地锦

5. 匍匐大戟 (图6-56)
Euphorbia prostrata Aiton

一年生草本。具白色乳汁。根纤细。茎匍匐状，自基部多分枝，常呈淡红色或红色，被柔毛。叶2列对生；叶片椭圆形至倒卵形，长3～7mm，宽2～5mm，先端钝圆，基部偏斜，不对称，边缘全缘或具细锯齿，两面绿色，被柔毛；叶柄极短或近无。花序单生于叶腋，稀数个簇生于小枝顶端，具长2～3mm的柄；总苞陀螺状，高与直径均约1mm，边缘5裂，裂片三角形或半圆形；腺体4，具极窄的白色附属物；雄花多数，常不伸出总苞外；雌花1，子房柄常伸出总苞外，子房仅棱上疏被白色长柔毛，花柱3，近基部合生，柱头2裂。蒴果三棱状球形，长约1.5mm，仅棱上疏被白色长柔毛。种子卵状四棱形，长0.8～1mm，直径0.4～0.6mm，黄色，每个棱面具6或7横沟。花果期4—10月。

原产于美洲热带和亚热带地区，归化于欧洲、亚洲、非洲热带和亚热带地区。湖州、宁波及临安、建德、淳安、诸暨、定海、普陀、嵊泗、江山、三门、临海、玉环、乐清、瑞安有归化。生于路边、宅旁和荒地灌丛中。

图6-56 匍匐大戟

6. 斑地锦 (图6-57)

Euphorbia maculata L.——*E. supina* Raf.

一年生草本。具白色乳汁。根纤细。茎匍匐，被白色疏柔毛。叶2列对生；叶片长椭圆形至肾状长圆形，长6～12mm，宽2～4mm，先端钝，基部偏斜，不对称，边缘中部以上常具细小疏锯齿，上面绿色，中部常具紫色斑点，两面无毛；叶柄长约1mm。花序单生于叶腋，具长1～2mm的柄；总苞狭杯状，高0.7～1mm，直径约0.5mm，外部具白色疏柔毛，边缘5裂，裂片三角状圆形；腺体4，黄绿色，边缘具白色附属物；雄花4或5，微伸出总苞外；雌花1，子房柄被柔毛，子房密被柔毛，花柱短，近基部合生，柱头2裂。蒴果三棱状卵球形，长约2mm，直径约2mm，全面密被柔毛，成熟时完全伸出总苞外。种子卵状四棱形，长约1mm，直径约0.7mm，灰色或灰棕色，每个棱面具5横沟。花果期4—9月。

原产于北美洲，归化于欧亚大陆。全省各地均有分布。生于路边、田埂及荒地上，为习见杂草。

图6-57 斑地锦

7. 千根草 (图6-58)

Euphorbia thymifolia L.

一年生草本。具白色乳汁。根纤细。茎纤细，呈匍匐状，自基部多分枝，疏被柔毛。叶2列对生；叶片椭圆形、长圆形或倒卵形，长4～8mm，宽2～5mm，先端钝圆，基部偏斜，圆形或近心形，边缘有细锯齿，稀全缘，上面无斑点，两面常疏被柔毛；叶柄长约1mm。花序单生或数个簇生于叶腋，具长1～2mm的柄，疏被柔毛；总苞狭钟状至陀螺状，高与直径均约1mm，外部疏被短柔毛，边缘5裂，裂片卵形；腺体4，被白色附属物；雄花少数，微伸出总苞边缘；雌花1，子房柄极短，子房被短柔毛，花柱3，分离，柱头2裂。蒴果三棱状卵球形，长约1.5mm，全面被短柔毛，成熟时不完全伸出总苞外。种子长卵状四棱形，长约0.7mm，暗红色，每个棱面具4或5横沟。花果期6—11月。

产于长兴、杭州市区、桐庐、慈溪、余姚、奉化、象山、开化、武义、龙泉、洞头、瑞安、平阳、苍南、泰顺。生于路旁、屋旁、荒地上。分布于华南及江苏、江西、福建、湖南、云南。广泛分布于全球热带和亚热带地区。

全草可入药，有清热利湿、收敛止痒等功效。

图6-58 千根草

8. 银边翠 高山积雪（图6-59）
Euphorbia marginata Pursh

一年生草本，高达80cm。具白色乳汁。根纤细。茎自基部多分枝，无毛或被柔毛。基部叶互生，上部叶对生或轮生；叶片椭圆形，长5~7cm，宽2~3cm，先端钝，具小尖头，基部平截状圆形，全缘；无柄或近无柄。总苞叶2或3，绿色，边缘白色；伞幅2或3；苞叶椭圆形，近无柄；花序单生于苞叶内或数个聚伞状着生；总苞钟状，高5~6mm，直径约4mm，边缘5裂，裂片三角形至圆形；腺体4，半球形，边缘具宽大白色附属物，长与宽均超过腺体；雄花多数，伸出总苞外；雌花1，子房柄伸出总苞外，子房密被柔毛，花柱3，分离，柱头2浅裂。蒴果近球形，直径约

5.5mm，具长柄。种子圆柱形，淡黄色至灰褐色，长3.5～4mm，被瘤状或短刺状突起。花果期6—9月。

原产于北美洲南部。我国大多数地区有栽培，常见于植物园、公园等处。杭州市区、诸暨、奉化有栽培。

可供观赏。

图6-59 银边翠

9. 绿玉树 （图6-60）
Euphorbia tirucalli L.

灌木。具白色乳汁。茎与分枝近圆柱形，绿色，肉质，无刺。叶互生，疏生于一年生嫩枝上，早落而呈无叶状；叶片长圆状条形，长7～15mm，宽0.7～1.5mm，先端钝，基部渐狭，全缘；无柄或近无柄。总苞叶干膜质，早落；花序密集于枝顶，基部具柄；总苞陀螺状，高约2mm，直径

图6-60 绿玉树

约1.5mm，内侧被短柔毛；腺体5，盾状卵形或近球形；雄花多数，伸出总苞外；雌花1，子房柄伸出总苞边缘，子房光滑无毛，花柱3，中部以下合生，柱头2裂。蒴果三棱状球形，直径约8mm，平滑，略被毛或无毛。种子卵球形，长与直径均约4mm，平滑，种阜微小。花果期7—10月。

原产于非洲及印度，现全球热带和亚热带地区广泛栽培。全省各地常见盆栽。

可供观赏。

10. 铁海棠　虎刺梅（图6-61）
Euphorbia milii Des Moul.

蔓生灌木。具白色乳汁。茎与分枝褐色，肉质，具3～5纵棱，棱脊密生硬而尖的锥状刺，刺长1～2.5cm。叶互生，通常集生于嫩枝顶端；叶片倒卵形或长圆状匙形，长1.5～5cm，宽0.8～1.8cm，先端圆，具小尖头，基部渐狭，全缘；无柄或近无柄。苞叶2，肾圆形，鲜红色，紧贴花序；花序2～4或8个组成二歧状复花序，生于枝上部叶腋，每个花序具长6～10mm的柄；总苞钟状，高3～4mm，直径3.5～4mm，边缘5裂，裂片琴形，上部具流苏状长毛；腺体5，肾球形，黄红色；雄花多数；雌花1，常不伸出总苞外，子房无毛，花柱3，中部以下合生，柱头2裂。蒴果三棱状卵球形，长约3.5mm，直径约4mm，无毛。种子卵状圆柱形，长约2.5mm，直径约2mm，灰褐色，具微小疣点。花果期全年。

原产于马达加斯加，现世界各地广泛栽培。我国南北各地均有栽培。全省各地常有栽培，见于公园、植物园和庭园中。

全株各部可分别入药；可供观赏。

图6-61　铁海棠

11. 金刚纂（图6-62）
Euphorbia neriifolia L.

灌木。具白色乳汁。茎与分枝绿色，肉质，具5纵棱，棱角无脊，常扭转成螺旋状。叶互生，稀疏，常呈5列生于嫩枝顶端脊上；叶片肉质，倒卵形、倒卵状长圆形至匙形，长4.5～12cm，宽1.3~3.8cm，先端钝圆，具小突尖，基部渐狭，全缘，叶脉不明显；叶柄长2~4mm；托叶2，生于棱上，刺芒状，长2~3mm，宿存。苞叶2，绿色，早落；花序二歧状，腋生，基部具长约3mm的柄；总苞宽钟状，高约4mm，直径5~6mm，边缘5裂，裂片半圆形，边缘具缘毛，内弯；腺体5，肉质，边缘厚，全缘；雄花多数；雌花1，栽培时常不育。花期6—9月。

原产于伊朗至缅甸，现亚洲热带地区广泛栽培。我国南北各地均有引种。全省各地有盆栽。可供观赏。

图6-62 金刚纂

12. 火殃勒（图6-63）
Euphorbia antiquorum L.

灌木。具白色乳汁。茎与分枝绿色，肉质，具3或4纵棱，棱脊薄而隆起，宽1~2cm，厚3~5mm，边缘具明显的不规则三角状齿。叶常生于嫩枝顶部；叶片肉质，倒卵形或倒卵状长圆形，长2~5cm，宽1~2cm，先端圆，基部渐狭，全缘，两面无毛，叶脉不明显；叶柄极短；托叶2，刺芒状，生于脊上，长2~5mm，宿存。苞叶2，下部结合，绿色；花序单生于叶腋，具长2~3mm的柄；总苞宽钟状，高约3mm，直径约5mm，边缘5裂，裂片半圆形，边缘具小齿；腺体5，全缘；雄花多数；雌花1，花梗常伸出总苞外，子房柄基部具3枚退化的花被片，子房无毛，花柱3，分离，柱头2浅裂。蒴果三棱状扁球形，长3.4~4mm，直径4~5mm。种子近球形，直径约2mm，褐黄色，平滑。花果期全年。

原产于印度，现亚洲热带地区广泛栽培。我国南北各地均有引种，南方常栽作绿篱，并有逸生现象，北方多栽于温室。全省各地偶见盆栽。

全株可入药，有散瘀消炎、清热解毒等功效；可供观赏。

图 6-63 火殃勒

13. 霸王鞭 （图6-64）

Euphorbia royleana Boiss.

灌木。具白色乳汁。茎与分枝绿色，肉质，具5～7纵棱，棱脊扁平而肥厚，边缘具不规则波状齿。叶互生，密集于嫩枝顶端；叶片倒披针形至匙形，长5～15cm，宽1～4cm，先端钝或近平截，基部渐窄，全缘，侧脉不明显，肉质；托叶2，刺状，生于脊上，长3～5mm，宿存。苞叶2，绿色；花序二歧聚伞状着生于节间凹陷处，且常生于枝顶部，具长约5mm的柄；总苞杯状，高与直径均约2.5mm，黄色；腺体5，椭球形，暗黄色。蒴果三棱状扁球形，灰褐色，直径1.5cm，长1～1.2cm，无毛。种子圆柱形，长3～3.5mm，直径2.5～3mm，褐色，腹面具沟纹。花果期5—7月。

分布于台湾、广西、云南、四川。南亚及缅甸也有。我国热带和亚热带地区有栽培，常盆栽。全省各地有栽培。

可供观赏。

图 6-64 霸王鞭

14. 一品红 猩猩木 （图6-65）

Euphorbia pulcherrima Willd. ex Klotzsch

灌木，高1～2m。具白色乳汁。茎直立，非肉质化，无毛。叶互生，不早落；叶片卵状椭圆形、长椭圆形或披针形，长6～25cm，宽4～10cm，先端渐尖或急尖，基部楔形或渐狭，绿色，边缘全缘或浅裂，两面被柔毛；叶柄长2～6cm。总苞叶5～7，狭椭圆形，长3～7cm，宽1～2cm，全缘，极少边缘浅波状分裂，红色，稀黄色；单歧聚伞花序数个生于枝顶，具长3～4mm的梗；总苞坛状；腺体1，二唇形；雄花多数，常伸出总苞外；雌花1，子房柄明显伸出总苞外，子房光滑，花柱3，柱头2深裂。蒴果三棱状球形，长1.5～2cm，无毛。种子卵球形，长约1cm，灰色或淡灰色，近平滑。花果期10月至次年4月。

原产于中美洲，现全球热带、亚热带地区广泛栽培。我国大部分地区有栽培，常见于公园、植物园及温室中。全省各地常见栽培，多盆栽。

茎、叶可入药，有消肿等功效；可供观赏。

图6-65 一品红

15. 猩猩草 （图6-66）

Euphorbia cyathophora Murray —— *E. heterophylla* L. var. *cyathophora* (Murray) Griseb.

一年生或多年生草本，高达1m。具白色乳汁。茎直立，上部多分枝，无毛。叶互生；叶片卵形、椭圆形或卵状椭圆形，长3～10cm，宽1～5cm，先端尖或圆，基部渐狭，边缘波状分裂、具波状齿或全缘，无毛；叶柄长1～3cm。总苞叶与茎生叶同形，较小，基部红色；单歧聚伞花序数个生于枝端；总苞钟状，绿色，高5～6mm，直径3～5mm，边缘5裂，裂片三角形，常呈齿状分裂；腺体1（2），近二唇形，口部呈椭圆形；雄花多数，常伸出总苞外；雌花1，子房柄明显伸出总苞外，子房无毛，花柱3，分离，柱头2浅裂。蒴果三棱状球形，长4.5～5mm，直径3.5～4mm，无毛。种子卵状椭球形，长2.5～3mm，直径2～2.5mm，褐色至黑色，具不规则小突起。花果期5—11月。

原产于中美洲、南美洲，现栽培并归化于欧洲、亚洲、非洲。我国广泛栽培，常见于公园、植物园及温室中。全省各地均有栽培。

可供观赏。

图6-66　猩猩草

16. 白苞猩猩草 （图6-67）
Euphorbia heterophylla L.

多年生草本，高达1m。具白色乳汁。茎直立，被柔毛。叶互生；叶片卵形至披针形，长3~12cm，宽1~6cm，先端尖或渐尖，基部钝至圆，边缘具锯齿或全缘，两面被柔毛；叶柄长4~12mm。总苞叶与茎生叶同形，较小，基部白色，有时绿色；单歧聚伞花序数个生于枝端；总苞钟状，高2~3mm，直径1.5~5mm，边缘5裂，裂片卵形至锯齿状，边缘具毛；腺体1，舟形，口部呈圆形；雄花多数；雌花1，子房柄不伸出总苞外，子房被疏柔毛，花柱3，柱头2裂。蒴果卵球形，长5~5.5mm，直径3.5~4mm，被柔毛。种子三棱状卵球形，长2.5~3mm，直径约2.2mm，灰色至褐色，被瘤状突起。花果期2—11月。

原产于北美洲，现栽培并归化于欧洲、亚洲、非洲。福建、台湾、广东、广西、云南、四川等地有归化。定海、嵊泗有归化。生于滨海山坡上、路旁草丛中。

图6-67 白苞猩猩草

17. 续随子 （图6-68）

Euphorbia lathyris L.

二年生草本，高达1.2m。具白色乳汁。全株无毛。茎直立，粗壮，基部单一，略带紫红色，顶部多分枝，灰绿色。叶交互对生，在茎下部密集，在茎上部稀疏；叶片条状披针形，长6～10cm，宽4～10mm，先端渐尖，基部心形，多少抱茎，全缘；无叶柄。总苞叶2，卵状长三角形，长3～8cm，宽2～4cm，先端渐尖或急尖，基部近平截或半抱茎，全缘；多歧聚伞花序顶生；腺体4，新月形，两端具短角，暗褈色；雄花多数，伸出总苞边缘；雌花1，子房柄与总苞近等长，花柱3，分离，柱头2裂。蒴果三棱状球形，直径约1cm，光滑，成熟时不开裂。种子卵球形，长6～8mm，褐色或灰褐色，无皱纹，具黑褐色斑点。花期3—7月，果期6—9月。

原产于中亚至巴基斯坦，现广泛分布或栽培于欧洲、北非、东亚、南美洲、北美洲。杭州、绍兴、宁波及湖州市区、长兴、安吉、普陀、江山、金华市区、磐安、武义、天台、温岭、莲都、遂昌、龙泉、景宁等地有栽培或逸生。

种子可制肥皂和润滑油；种子亦可入药，有利尿、泻下、通经等功效。

一一四 大戟科 Euphorbiaceae

图6-68 续随子

18. 泽漆 （图6-69）
Euphorbia helioscopia L.

一年生草本，高10~30（50）cm。具白色乳汁。茎直立，单一或自基部多分枝，无毛。叶互生；叶片倒卵形或匙形，长1~3.5cm，宽5~15mm，先端具牙齿，中部以下渐狭或呈楔形。总苞叶5，倒卵状长圆形，长3~4cm，宽8~14mm，先端具牙齿，无柄；总伞幅5；苞叶2，卵圆

图6-69 泽漆

形,先端具牙齿,基部呈圆形;多歧聚伞花序顶生;总苞钟状,高约2.5mm,直径约2mm,无毛,边缘5裂,裂片半圆形,边缘和内侧具柔毛;腺体4,盘状,盾状着生于总苞边缘,淡褐色;雄花数朵,明显伸出总苞外;雌花1,子房柄略伸出总苞边缘。蒴果三棱状扁球形,无毛,长2.5~3mm,直径3~4.5mm,具明显3纵沟。种子卵球形,长约2mm,暗褐色,具明显脊网,种阜扁平状,无柄。花果期2—10月。

产于全省各地。生于山沟中、山坡上、路旁和田野中,为习见杂草。分布几遍全国。广泛分布于欧亚大陆和北非。

全草可入药,有清热、祛痰、利尿消肿及杀虫等功效;种子含油率高,可榨油,供工业用。

19. 无苞大戟　月腺大戟　(图6-70)
Euphorbia ebracteolata Hayata

多年生草本,高30~50cm。具白色乳汁。主根肥大,纺锤形或圆锥形,或圆柱状而分枝,直径3~7cm,姜黄色。茎疏被白色长柔毛。叶互生;叶片倒披针形或卵状长椭圆形,长3~10cm,宽1.5~2.5cm,先端钝圆,基部渐狭,全缘或微具细锯齿,上面无毛,下面疏被白色长柔毛,

图6-70　无苞大戟

近无柄。总苞叶3~8，与茎生叶相似但较短；苞叶2，三角形或三角状卵形，长2~3cm，宽1~2cm；多歧聚伞花序顶生或腋生，每伞梗再2叉状分枝；总苞钟状，内面无毛；腺体4，扁肾形，无突起，暗褐色，侧生于总苞边缘；雄花多数；雌花1，子房无毛，花柱3。蒴果球形，长3~4mm，平滑，无毛。种子棕褐色，卵球形。花期4—5月，果期6—7月。

产于长兴、临安、慈溪、余姚、奉化、宁海、定海、莲都、龙泉。生于海拔500m以下的山坡草丛中。分布于江苏、安徽、山东。日本也有。

《中国植物志》和 Flora of China 认为我国的无苞大戟是甘肃大戟 E. kansuensis Prokh. 的误定，但后者全株无毛。因未见模式标本，在此仍作无苞大戟处理。

20. 湖北大戟（图6-71）
Euphorbia hylonoma Hand.-Mazz.

多年生草本，高0.5~1m。具白色乳汁。主根纤维状，圆柱形，直伸，直径5~30mm。茎直立，上部多分枝，无毛或疏被白色柔毛。叶互生；叶片长圆形至椭圆形，长4~10cm，宽1~2cm，先端圆，基部渐狭；叶柄长3~6mm。总苞叶3~5，同茎生叶；花序单生于二歧分枝顶

图6-71　湖北大戟

端，伞幅3～5；苞叶2或3，卵形，长2～2.5cm，宽1～1.5cm，无柄；总苞钟状，高约2.5mm，直径2.5～3.5mm，边缘4裂，裂片三角状卵形，全缘，被毛；腺体4，肾球形，淡黑褐色，侧生于总苞边缘；雄花多数，明显伸出总苞外；雌花1，子房无毛，花柱3。蒴果扁球形，长3.5～4mm，直径约4mm，分果瓣背部具稀疏瘤状突起。种子卵球形，灰色或淡褐色，腹面具沟纹。花期4—7月，果期6—9月。

产于安吉、德清、临安、慈溪、余姚、奉化、宁海、衢州市区、金华市区、磐安、武义、临海、龙泉、景宁。生于山坡、溪边湿地中。分布于全国大部分地区。俄罗斯也有。

根、茎叶可入药，根有消疲、逐水、攻积等功效，茎叶有止血、止痛等功效。

21. 大戟　京大戟　（图6-72）

Euphorbia pekinensis Rupr.—*E. lanceolata* T.N. Liou—*E. pekinensis* Rupr. var. *attenuata* Hurus.

多年生草本，高达80cm。具白色乳汁。主根圆锥形，长20～30cm，直径6～14mm。茎单生或自基部多分枝，每个分枝上部再4或5分枝，被柔毛至无毛。叶互生；叶片椭圆形，稀披针形或披针状椭圆形，先端尖或渐尖，基部楔形至近圆形，全缘，两面无毛或叶背具柔毛；无柄。总苞叶4～7，长椭圆形；伞幅4～7；苞叶2，近圆形；花序单生于二歧分枝顶端，基部无柄；总苞杯状，高约

图6-72　大戟

3.5mm，边缘4裂，裂片半圆形，边缘具不明显缘毛；腺体4，半球形或肾球形，淡褐色，侧生于总苞边缘；雄花多数，伸出总苞外；雌花1，子房密被瘤状突起，花柱3，分离。蒴果三棱状球形，长约4.5mm，密被瘤状突起。种子卵球形，长1.8~2.5mm，暗褐色，微光亮，腹面具浅色条纹。花期5—8月，果期6—9月。

产于杭州市区、临安、余姚、奉化、宁海、普陀、天台、遂昌、乐清、平阳、泰顺。生于山坡上、灌丛中、路旁、荒地上、草丛中、林缘和疏林下。广泛分布于除台湾、云南、西藏和新疆外的全国各地，北方尤为普遍。朝鲜半岛、日本也有。

根可入药，有逐水通便、消肿散结、通经等功效。

22. 岩大戟　大狼毒　（图6-73）
Euphorbia jolkinii Boiss.

多年生草本，高40~80cm。具白色乳汁。主根圆柱形，长可达25cm，直径6~15mm。茎自基部多分枝或不分枝，每个分枝上部再数个分枝，无毛或被少许柔毛。叶互生；叶片卵状长圆形、卵状椭圆形或椭圆形，长1~4cm，宽3~7mm，先端钝尖或圆，基部渐狭、呈宽楔形或近平

图6-73　岩大戟

截，全缘。总苞叶5～7，卵状椭圆形至宽卵形；伞幅5～7；苞叶2，卵圆形或近圆形；花序单生于二歧分枝顶端，基部无柄；总苞杯状，直径约3mm，高约3.5mm，边缘4裂，裂片卵状三角形，内侧密被白色柔毛；腺体4，肾状半球形，淡褐色，侧生于总苞边缘；雄花多数，明显伸出总苞外；雌花1，子房密被长瘤状突起，花柱3，基部合生。蒴果球形，长约5.5mm，密被长瘤状突起；果梗长4～6mm。种子椭球状，长约3mm，淡黄褐色，光亮，无纹饰。花果期3—7月。

产于舟山及象山、临海、温岭、玉环、洞头、平阳。生于山坡路边草丛或石堆中。分布于台湾、四川、云南。朝鲜半岛、日本也有。

本种与大戟接近，两者蒴果表面均密被瘤状突起，但本种种子淡黄褐色，无纹饰，花柱基部合生而与大戟不同。

根可入药，有止血、消炎、祛风、消肿等功效。

23. 仙霞岭大戟 （图6-74）

Euphorbia xianxialingensis F.Y. Zhang, W.Y. Xie et Z.H. Chen

多年生草本，高30～80cm。具白色乳汁。根状茎纤细，横走，淡褐色或褐色，具不定根，长5～15cm，直径1～4mm。茎单生或2至3丛生，不分枝，紫红色或淡紫红色，中上部被柔毛。叶互生；叶片长椭圆形或披针状椭圆形，长3～7cm，宽4～13mm，上面无毛，下面疏被长柔毛，先端圆钝或具短尖，基部宽楔形，叶缘稍背卷，具不规则软骨质微齿；叶柄长0.5～3mm，下面被柔毛。总苞叶4或5，椭圆形或卵状椭圆形，边缘具不规则软骨质微齿；伞幅（3）4或5，长3～6cm；苞叶2，肾圆形，边缘具不规则软骨质微齿；花序单生于二歧分枝的顶端，基部无柄；总苞杯状，高2.7～3.3mm，内侧被短柔毛；腺体4，新月形，黄绿色，两端具长角，角刺状或线状，淡绿

图6-74 仙霞岭大戟

色或黄绿色；雄花2~4；雌花1，子房柄伸出总苞外，子房无毛，花柱3。蒴果三棱状球形，长3.5~4.5mm，具不明显疣状突起。种子椭球形，长约2.7mm，黄褐色，具不明显圆形凹穴纹饰。花果期4—7月。

产于衢州市区（衢江紫微山）、江山（仙霞岭）、武义（大红岩）、临海（大雷山）。生于路边草丛中。模式标本采自江山仙霞岭省级自然保护区（廿八都周村）。

24. 乳浆大戟 （图6-75）

Euphorbia esula L.——*E. lunulata* Bunge——*E. lunulata* var. *souchouensis* Hurus.

多年生草本，高30~60cm。具白色乳汁。主根圆柱形，长20cm以上，直径3~5mm，常曲折，褐色或黑褐色，无不定根。茎单生或丛生，不育枝常发自基部，较矮，有时发自叶腋，无毛。叶互生；叶片条形至卵形，变异较大，长2~7cm，宽4~7mm，先端尖或钝尖，基部楔形至平截，叶缘平整，全缘，无毛，不育枝上的叶常为松针状，长2~3cm；无叶柄。总苞叶3~5，与茎生叶同形；伞幅3~5，长2~4（5）cm；苞叶2，肾形，长4~12mm，宽4~10mm，先端渐尖或近圆钝，基部近平截；多歧聚伞花序顶生；总苞钟状，高约3mm，边缘5裂，边缘及内侧被毛；腺体4，新月形，两端具角，角长而尖或短而钝，褐色；雄花多数；雌花1，子房柄伸出总苞外，子房无毛，花柱3。蒴果三棱状球形，长5~6mm，平滑。种子卵球形，长2.5~3mm，黄褐色。花果

图6-75 乳浆大戟

期 4—10 月。

产于长兴、平湖、杭州市区、临安、淳安、慈溪、余姚、奉化、象山、普陀、岱山、三门、莲都。生于山坡林下、草地及沙丘上。分布于除海南、云南、贵州和西藏外的全国各地。广泛分布于欧亚大陆，且归化于北美洲。

种子含油率达 30%，可榨油，供工业用；全草可入药，有拔毒、止痒等功效。

本种形态变异较大，《浙江植物志》记载的苏州大戟 E. lunulata var. souchouensis 与本种无异，故赞同归并。

25. 钩腺大戟　长圆叶大戟　（图 6-76）

Euphorbia sieboldiana C. Morren et Decne.——*E. henryi* Hemsl.

多年生草本，高 40~70cm。具白色乳汁。无主根，根状茎细长，基部具不定根，长 10~20cm，直径 4~15mm。茎单一或自基部多分枝，每个分枝向上再分枝，无毛。叶互生；叶片椭圆形、倒卵状披针形或长椭圆形，变异较大，长 2~6cm，宽 5~15mm，先端钝至渐尖，基部楔形，叶缘平整，全缘，无毛；叶柄极短。总苞叶 3~5，椭圆形或卵状椭圆形；伞幅 3~5；苞叶 2，宽卵状三角形，长 8~14mm，宽 8~16mm，先端圆或略突尖，基部近平截至近圆形；花序单生于二歧分枝顶端，基部无柄；总苞杯状，高 3~4mm，边缘 4 裂，内侧具短柔毛；腺体 4，新月形，两端具角，角尖钝或长刺芒状，黄褐色；雄花多数，伸出总苞外；雌花 1，子房柄伸出总苞边缘，子房光滑无毛，花柱 3。蒴果三棱状球形，长 3.5~4mm，平滑。种子近椭球状，长约 2.5mm，灰褐色，具不明显纹饰。花果期 4—9 月。

产于临安、桐庐、淳安、诸暨、新昌、鄞州、余姚、奉化、象山、宁海、江山、金华市区、东阳、磐安、武义、天台、临海、莲都、缙云、景宁等地。生于山坡林下、林缘阴湿处。广泛分布于全国各地。俄罗斯、朝鲜半岛、日本也有。

根状茎可入药，有泻下、利尿等功效。

图 6-76　钩腺大戟

一一五　鼠李科 Rhamnaceae

落叶乔木或灌木，或木质藤本，稀草本。常具枝刺或托叶刺，或无刺。单叶，互生或近对生；叶片全缘或具齿，羽状脉，或基出脉3或5；托叶小，早落或宿存，有时变为刺。花小，整齐，两性，稀杂性或单性异株，排成聚伞花序或圆锥花序，有时单生，或数朵簇生；花萼4或5；花瓣通常较萼片小，与萼片互生，4或5，或缺；雄蕊与花瓣对生；花盘显著，贴生于萼筒上或填塞于萼筒内面；子房上位、半下位至下位，2或3室，稀4室，每室胚珠1或2。核果、浆果状核果、蒴果状核果或蒴果，有时果实顶端具纵向翅或平展狭翅，具2~4分核或无分核，每分核种子1。

约50属，900种以上，主要分布于全球亚热带至热带地区。我国有13属，137种及若干种下类群，各地均有分布，以西南和华南种类最为丰富；浙江有8属，27种。

分属检索表

1. 浆果状核果，无翅；内果皮薄革质或纸质，具2~4分核。
    2. 叶片具基生三出脉；果序轴膨大成肉质，扭曲 ································· **1. 枳椇属 Hovenia**
    2. 叶片具羽状脉；果序轴不膨大也不扭曲。
        3. 藤状或攀缘状灌木，稀直立灌木或小乔木；花排成穗状花序、穗状圆锥花序或总状花序，顶生，或兼有腋生；花无梗或近无梗 ································· **2. 雀梅藤属 Sageretia**
        3. 直立灌木，稀藤状灌木或乔木；花单生或数朵簇生于叶腋，或排成腋生的聚伞花序或圆锥花序；花具明显的花梗 ································· **3. 鼠李属 Rhamnus**
1. 核果，无翅或具翅；内果皮坚硬，骨质或木质，稀硬革质，无分核。
    4. 叶片具羽状脉；无托叶刺；核果圆柱形、近圆柱形至倒卵球形。
        5. 叶缘具锯齿；聚伞花序腋生；花盘薄，浅杯状，果时不增大 ················· **4. 猫乳属 Rhamnella**
        5. 叶片全缘；聚伞总状花序或聚伞圆锥花序顶生或兼腋生；花盘肥厚，五边形或齿轮状，果时增大或不增大。
            6. 乔木或直立灌木；小枝灰色或褐色，粗糙，具纵裂纹；叶片基部不对称；花盘果时不增大；核果1室，种子1 ································· **5. 小勾儿茶属 Berchemiella**
            6. 藤状灌木，稀直立灌木或小乔木；小枝绿色，平滑；叶片基部对称；花盘果时增大成盘状或皿状；核果2室，每室种子1 ································· **6. 勾儿茶属 Berchemia**
    4. 叶片具基生三出脉，稀五出脉；常具托叶刺；核果圆球形、长卵球形或矩圆球形，或具翅而呈杯状或草帽状。
        7. 核果杯状或草帽状，周围具平展的木栓质或革质翅 ················· **7. 马甲子属 Paliurus**
        7. 核果圆球形、长卵球形或矩圆球形，无翅 ································· **8. 枣属 Ziziphus**

1 枳椇属 Hovenia Thunb.

落叶乔木或灌木。幼枝常被短柔毛或绒毛；冬芽被毛。叶互生；叶片边缘具锯齿，具基生三出脉，三出脉的基部常外露；托叶小。花两性，5基数，多数组成顶生或兼腋生的聚伞圆锥花序；萼片宽三角形，内面的中肋隆起；花瓣与萼片互生，生于花盘下；花盘厚肉质，盘状，近圆形，有毛；子房上位，1/2～2/3藏于花盘内，3室，每室胚珠1，花柱3裂。浆果状核果，近球形，无翅，外果皮革质，内果皮纸质，具3分核；果序轴膨大成肉质，并扭曲。种子3，扁球形，有光泽，背面突起，腹面平而微凹，或中部具棱，基部内凹，常具灰白色乳头状突起。

3种，分布于东亚、南亚。我国有3种，产于西南部至东部；浙江有2种。

1. 北枳椇 枳椇 拐枣 鸡爪梨（图6-77）
Hovenia dulcis Thunb.

落叶乔木，高达20m。小枝无毛，褐色或黑紫色，或密被黄褐色绒毛。叶片纸质，椭圆状卵形、卵形或宽椭圆状卵形，长7～17cm，宽4～11cm，先端短渐尖或渐尖，基部圆形或微心形，边缘具不整齐锯齿，两面无毛或下面仅沿脉被疏短柔毛；叶柄长2～4.5cm。聚伞圆锥花序顶生或腋生，花序轴果时膨大，花序轴和花梗均无毛；萼片卵状三角形，具纵条纹或网状脉，无毛；花瓣倒卵状匙形，黄绿色，长2.4～2.6mm，宽1.8～2.1mm；子房球形，花柱3浅裂，无毛。浆果状核果近球形，成熟时呈黑色，直径6.5～7.5mm，无毛。种子深栗色或黑紫色，直径5～5.5mm。花期4—6月，果期6—10月。

产于杭州市区、临安、建德、淳安、嵊州、鄞州、江山、浦江、兰溪、磐安、遂昌、松阳、

图6-77 北枳椇

龙泉、洞头、永嘉、瑞安、泰顺。生于海拔10～950m的溪沟边、山谷林中、村宅旁。分布于华东、华北及河南、湖北、四川、陕西、甘肃。朝鲜半岛、日本、泰国也有。

果序轴富含糖分,可生食或酿酒。

曾有报道称本省还有南枳椇 *H. acerba* Lindl. 分布,与本种的主要区别在于前者叶片边缘具整齐、浅钝细锯齿,花柱3半裂。因至今未见可靠的标本,故不予收录。

2. 光叶毛果枳椇 （图6-78）

Hovenia trichocarpa Chun et Tsiang var. **robusta** (Nakai et Y. Kimura) Y.L. Chen et P.K. Chou

落叶乔木,高达18m。小枝无毛,褐色或褐紫色,皮孔明显。叶片纸质,宽椭圆状卵形、卵形或椭圆状卵形,长10～18cm,宽7～15cm,先端渐尖或长渐尖,基部圆形或微心形,边缘具钝圆锯齿,稀近全缘,两面无毛或仅下面沿脉疏被柔毛;叶柄长2～4cm。二歧聚伞花序顶生或腋生,花序轴和花梗密被锈色或黄褐色短绒毛;花萼密被锈色短柔毛,萼片具明显网脉;花瓣卵圆状匙形,黄绿色;花盘密被锈色长柔毛;花柱3深裂,下部疏被柔毛。浆果状核果近球形,直径约8mm,密被锈色或棕色绒毛。种子黑色或棕色,直径4～5.5mm,腹面中部有棱。花期5—7月,果期6—10月。

产于安吉、临安、淳安、上虞、余姚、开化、浦江、武义、天台、临海、缙云、遂昌、龙泉、庆元、永嘉、文成、泰顺。生于海拔420～1200m的溪沟边、林中。分布于华东及湖南、广东、广西、贵州。日本也有。

与北枳椇的主要区别在于后者萼片、果实均无毛;叶片边缘具不整齐锯齿。与毛果枳椇 *H. trichocarpa* 的主要区别在于后者叶片下面密被黄褐色或黄灰色宿存绒毛;分布于江西、湖南、湖北、广东、贵州。

图6-78 光叶毛果枳椇

2 雀梅藤属 Sageretia Brongn.

常绿藤状或攀缘状灌木，稀直立灌木或小乔木。无刺或具刺。小枝互生或近对生。叶对生或近对生；叶片边缘具细锯齿，羽状脉；具叶柄；托叶小，早落。花两性，5基数，通常无梗或近无梗，排成穗状花序或穗状圆锥花序，稀总状花序，顶生或兼有腋生；萼片内面顶端常增厚，中肋突起成小喙；花瓣匙形，先端2裂；花盘厚肉质，全缘或5裂；子房上位，但藏于花盘内，2或3室，每室胚珠1，花柱短，柱头不分裂，或2裂、3裂。浆果状核果，无翅，不开裂，有2或3分核，内果皮薄革质；果序轴不膨大也不扭曲。种子扁平，稍不对称，两端凹陷。

约35种，主要分布于亚洲东南部，少数分布于非洲和北美洲。我国有19种，分布于黄河中下游以南各地，以华南和西南种类较多；浙江有4种。

分种检索表

1. 花序轴无毛；花具长1~3mm的梗，稀近无梗，排成总状或圆锥花序 ·········· **1. 梗花雀梅藤 S. henryi**
1. 花序轴密被短柔毛或绒毛；花无梗，排成穗状花序或穗状圆锥花序。
  2. 叶片椭圆形、长圆形或卵状椭圆形，长1~4cm，先端急尖或钝圆；侧脉4或5对··· **2. 雀梅藤 S. thea**
  2. 叶片卵状椭圆形、长圆形或长椭圆形，长4~18cm，先端钝尖、渐尖或短渐尖至尾状渐尖；侧脉5~10对。
    3. 小枝具直刺，被黄褐色短柔毛；叶柄密被褐色粗毛 ·········· **3. 刺藤子 S. melliana**
    3. 小枝具钩状下弯刺，无毛或近无毛；叶柄无毛 ·········· **4. 钩刺雀梅藤 S. hamosa**

1. 梗花雀梅藤 （图6-79）

Sageretia henryi J.R. Drumm. et Sprague—*S. lucida* Merr.

常绿藤状灌木。老枝灰黑色，小枝红褐色，无毛。叶片纸质，长圆形、长椭圆形或卵状椭圆形，长5~10cm，宽2.5~5cm，先端尾状渐尖，稀锐尖，基部宽楔形或圆形，边缘具细锯齿，两面无毛，侧脉4~6对，在上面微下陷，在下面突起；叶柄长5~13mm；托叶钻形。花簇生，排成顶生或腋生的疏散总状花序，稀圆锥花序，花序轴无毛；花梗长1~3mm，稀近无梗，无毛；花瓣匙形，顶端微凹，白色，稍短于雄蕊；子房3室。浆果状核果椭球形或倒卵状球形，成熟时呈紫红色，长5~6mm，直径4~5mm，具2或3分核。种子2，扁平，两端凹入。花期7—11月，果期次年3—6月。

图6-79 梗花雀梅藤

产于磐安、仙居、缙云、松阳、龙泉。生于海拔400～900m的溪边、山坡灌丛中或林下。分布于西南及湖南、湖北、广西、陕西、甘肃。

本省仙居的少量标本，花序轴无毛，花近无花梗，曾被鉴定为亮叶雀梅藤 S. lucida。陈焕镛将亮叶雀梅藤并入本种，作者也支持这样的处理，花近无梗者可能是梗花雀梅藤的极端变异。

2. 雀梅藤　雀梅　对节刺　（图6-80）

Sageretia thea (Osbeck) M.C. Johnst.——*S. thea* var. *tomentosa* (C.K. Schneid.) Y.L. Chen et P.K. Chou

常绿藤状或直立灌木。当年生小枝密生褐色短柔毛，具多个棱角。叶对生或互生；叶片纸质，椭圆形、长圆形或卵状椭圆形，长1～4cm，宽0.7～2.4cm，先端急尖或钝圆，基部圆形或近心形，边缘有密细锯齿，两面无毛或下面沿脉被柔毛，侧脉4或5对，在上面下陷不明显；叶柄长2～7mm，密生褐色短柔毛。花常数朵簇生，排成顶生或腋生的疏散穗状花序或穗状圆锥花序；花序轴密被短柔毛或绒毛；无花梗；萼片三角形；花瓣短于萼片，匙形，先端2浅裂，黄色；花柱极短，柱头3浅裂，子房3室。浆果状核果球形，直径约5mm，具1～3分核。种子扁平，两端微凹。花期5—11月，果期次年3—5月。

产于全省山区和丘陵地区。生于海拔700m以下的路边林下、山谷溪边、山坡灌丛中或海边岩缝中、沙滩内侧边缘。分布于华东、华南及湖南、湖北、云南、四川。朝鲜半岛、日本、越南、印度也有。

为优良的盆景素材；果可鲜食；嫩叶可代茶。

变种毛叶雀梅藤 var. *tomentosa* 的叶片下面被绒毛，后渐脱落。本省沿海的标本，同一居群中常出现叶片下面被毛或无毛者，这可能与采集的时间有关，故赞同归并处理。

图6-80　雀梅藤

3. 刺藤子 （图6-81）
Sageretia melliana Hand.-Mazz.

常绿藤状灌木。小枝圆柱形，具直刺，被黄褐色短柔毛。叶常近对生；叶片革质，卵状椭圆形或长圆形，长4～10cm，宽2～3.5cm，先端钝尖至渐尖，基部近圆形，边缘具细锯齿，两面无毛，侧脉5～8对，近边缘呈弧形上弯，在上面明显下陷，在下面突起；叶柄长4～8mm，上面有深沟，密被褐色粗毛。穗状花序或穗状圆锥花序顶生，稀腋生，花序轴密被黄褐色短柔毛；无花梗；花瓣狭倒卵形，短于萼片的一半，白色；柱头2或3浅裂，子房2或3室。浆果状核果淡红色。花期9—11月，果期次年4—5月。

产于安吉、临安、上虞、余姚、衢州市区、开化、江山、磐安、天台、莲都、缙云、遂昌、龙泉、永嘉、瑞安、泰顺。生于海拔1000m以下的溪沟边、山坡灌丛中、山谷阔叶林下。分布于华东及湖南、湖北、广东、广西、云南、贵州。

图6-81　刺藤子

4. 钩刺雀梅藤 （图6-82）
Sageretia hamosa (Wall.) Brongn.

常绿藤状灌木。小枝常具钩状下弯粗刺，无毛或近无毛。叶近对生；叶片革质，长圆形或长椭圆形，长9～18cm，宽4～6cm，先端尾状渐尖、渐尖或短渐尖，基部圆形或宽楔形，边缘具细锯齿，上面无毛，下面中脉疏被长柔毛，有时脉腋具髯毛，侧脉8～10对，在上面明显下陷，在下面显著突起；叶柄长8～15mm，无毛。花常4～6朵簇生，排成顶生或腋生穗状花序或穗状圆锥花序；花序轴密被褐色短柔毛；无花梗；子房2室，花柱短，柱头头状。浆果状核果近球形，成熟时呈深红色或紫黑色，长7～10mm，直径5～7mm，常被白粉，分核2。种子2，扁平，棕色，两端凹入，不对称。花期7—8月，果期8—10月。

产于余姚、开化、仙居、松阳、龙泉、景宁、瑞安、平阳、泰顺。生于海拔250～730m的山谷林下、山坡灌丛中、林缘、路边、溪边。分布于西南及江西、福建、湖北、湖南、广东、广西。越南、印度尼西亚、菲律宾、印度、尼泊尔、斯里兰卡也有。

图6-82 钩刺雀梅藤

❸ 鼠李属 Rhamnus L.

落叶或常绿直立灌木，稀藤状灌木或乔木。小枝先端常变成针刺或无刺；鳞芽或裸芽。叶互生，有时近对生；叶片边缘具锯齿或全缘，具羽状脉；托叶早落，稀宿存。花小，两性或单性，花梗明显，雌雄异株，稀杂性，单生或数朵簇生于叶腋，或排成腋生聚伞花序或圆锥花序；花萼钟状，4或5裂，裂片三角形，内面有突起的中肋；花瓣4或5，兜状，或无花瓣；雄蕊4或5；花盘杯状；子房上位，2～4室，每室胚珠1，花柱不分裂或2～4裂。浆果状核果，圆球形或倒卵状球形，无翅，具2～4分核，内果皮薄革质；果序轴不膨大也不扭曲。种子背面或侧面具纵沟，稀无沟。

约150种，全世界均有分布，主要分布于东亚和北美洲，少数分布于欧洲和非洲。我国有57种，南北各地均有，其中以西南和华南种类最多；浙江有10种。

本属是鼠李科中的一个大属，属的界定仍存在分歧。持小属划分意见的主要是根据解剖学、孢粉学和系统学证据，将冻绿属 Frangula Mill. 分出，该属以其芽为裸芽，无芽鳞，种子无沟为主要鉴别特征，主要分布于北美洲。鉴于我国大多采用了广义鼠李属的处理意见，作者也赞同广义鼠李属的观念。

分种检索表

1. 裸芽,密被锈色柔毛;花两性,5数;种子背面无沟 ················· **1. 长叶冻绿 R. crenata**
1. 鳞芽;花单性,雌雄异株,4数,稀5数;种子背面或侧面具沟。
 2. 仅有长枝而无短枝,无枝刺;花5数 ························· **2. 尼泊尔鼠李 R. napalensis**
 2. 有长枝和短枝,常具枝刺;花4数。
  3. 叶对生或近对生。
   4. 小枝被短柔毛;花萼和花梗被短柔毛;叶片近圆形、倒卵状圆形或卵圆形 ··· **3. 圆叶鼠李 R. globosa**
   4. 小枝无毛;花萼和花梗无毛,或被稀疏微柔毛;叶片长圆形、椭圆形、倒卵状椭圆形至倒卵形。
    5. 短枝上的叶较小,长不及5cm;叶片纸质,侧脉3~5对;叶柄多少被毛。
     6. 叶片上面无毛或沿中脉被疏毛,下面仅脉腋有簇毛;花萼和花梗均无毛;种子背面有长为其2/3~3/4的纵沟 ························· **4. 薄叶鼠李 R. leptophylla**
     6. 叶片上面散生疏短柔毛,下面沿脉和脉腋均被毛;花萼和花梗疏被微柔毛;种子背面仅基部有短沟 ························· **5. 刺鼠李 R. dumetorum**
    5. 叶片较大,长5~15cm;叶片厚纸质或薄革质,侧脉5~8对;叶柄无毛,或仅幼时被毛。
     7. 叶柄长5~15mm;叶片先端突尖或锐尖 ················· **6. 冻绿 R. utilis**
     7. 叶柄长2~4mm;叶片先端渐尖至尾尖 ················· **7. 山鼠李 R. wilsonii**
  3. 叶互生。
   8. 叶片下面密被短柔毛;花萼和花梗疏被短柔毛。
    9. 叶片长4~10cm,宽2~6cm,边缘通常具细钝锯齿,侧脉5~7对 ··· **8. 皱叶鼠李 R. rugulosa**
    9. 叶片长2.5~5.5cm,宽1.5~2cm,全缘或呈微波状,侧脉4或5对 ··· **9. 浙江鼠李 R. chekiangensis**
   8. 叶片下面无毛,或仅幼时下面沿脉被毛;花萼、花梗均无毛。
    10. 落叶;叶片薄革质,侧脉5~7对;叶柄长2~4mm ········· **7. 山鼠李 R. wilsonii**
    10. 常绿;叶片革质,侧脉3~5对;叶柄长4~10mm ········· **10. 山绿柴 R. brachypoda**

1. 长叶冻绿 (图6-83)

Rhamnus crenata Siebold et Zucc.

落叶灌木或小乔木,高达7m。幼枝带红色,被毛,枝端具密被锈色柔毛的裸芽。叶互生;叶片倒卵状椭圆形、椭圆形或倒卵形,长4~14cm,宽2~5cm,先端渐尖、尾状长渐尖或骤缩成短尖,基部楔形或钝,边缘具圆细锯齿,上面无毛,下面被柔毛,侧脉7~12对;叶柄长4~10mm;托叶细条形,密被柔毛。聚伞花序腋生,花序梗长4~15mm,被毛;花两性,5数;萼片与萼筒等长,外被疏毛;花瓣近圆形;雄蕊与花瓣等长而短于萼片;子房球形,无毛,3室,花柱不分裂。浆果状核果球形,成熟时呈紫黑色,直径6~7mm,具3分核,每分核种子1。种子背面无沟。花期4—5月,果期6—10月。

产于全省丘陵山区。生于海拔50~1700m的山坡灌丛中、林缘、路边、溪沟边、林下。分布于华东、华中、西南及广东、广西、陕西。朝鲜半岛、日本、越南、泰国、老挝、柬埔寨也有。

图 6-83　长叶冻绿

1a. 两色冻绿（变种）（图 6-84）
var. **discolor** Rehder

叶片椭圆形或长圆形，先端渐尖或长渐尖，下面密被灰白色长柔毛。

产于江山、遂昌、龙泉、庆元。生于海拔 550～1100m 的溪边、山谷林下。模式标本采自龙泉。

图 6-84　两色冻绿

1b. 仙居冻绿（变种）（图6-85）
var. **xianjuensis** X.F. Jin et Y.F. Lu

叶片披针形、倒披针形或长圆状披针形，宽1.5~3（4）cm，叶背中脉和侧脉具极稀疏的长柔毛或近无毛，叶柄长2~3mm；花序梗近无毛。花期5月，果期6—8月。

产于仙居。生于海拔约800m的山坡林缘、路边灌丛及林中。模式标本采自仙居（神仙居）。

图6-85 仙居冻绿

2. 尼泊尔鼠李 染布木 （图6-86）
Rhamnus napalensis (Wall.) M.A. Lawson

常绿藤状或直立灌木。仅有长枝而无短枝，暗褐色，皮孔明显，无枝刺；鳞芽。叶互生；叶片厚纸质或薄革质，干时常呈灰黑色，大小悬殊，较大者宽椭圆形或椭圆状长圆形，长6~17（20）cm，宽3~8（10）cm，先端短尖、渐尖至圆钝，基部圆形，边缘具圆波状浅齿或钝浅锯齿，上面无毛，下面仅脉腋具簇毛，侧脉7~9对，中脉在上面下陷；叶柄长1.3~2cm，无毛。腋生聚伞总状花序或聚伞圆锥花序，长达12cm，花序轴被短柔毛；花单性，雌雄异株，5数；萼片外面被微毛；花瓣匙形，先端钝或微凹，有爪；子房3室，花柱3浅裂至中裂。浆果状核果倒卵球

图6-86 尼泊尔鼠李

形,长约6mm,具3分核。种子3,背面具与其等长、上窄下宽的纵沟。花期6—7月,果期8—12月。

产于建德、衢州市区(衢江)、开化、常山、莲都、遂昌、松阳、龙泉、庆元、景宁、乐清、永嘉、文成、泰顺。生于海拔130~620m的溪沟边、山坡林下、路边林缘。分布于西南及江西、福建、湖南、湖北、广东、广西。泰国、缅甸、马来西亚、印度、尼泊尔、不丹也有。

叶可用于染布。

3. 圆叶鼠李 （图6-87）
Rhamnus globosa Bunge

落叶灌木,稀小乔木状,高达4m。小枝对生或近对生,具枝刺;当年生小枝被短柔毛;鳞芽。叶对生或近对生,在短枝上簇生;叶片近圆形、宽倒卵形或卵圆形,长2~6cm,宽1.2~4cm,先端突尖或短渐尖,稀圆钝,基部宽楔形或近圆形,边缘具圆锯齿,两面有毛,下面较密,侧脉3或4对,在上面下陷,在下面突起,网脉在下面明显;叶柄长6~10mm,密被毛;托叶条状披针形,宿存,有微毛。花单性,雌雄异株,4数,簇生于短枝顶或长枝下部叶腋,稀2或3朵生于当年生枝下部叶腋;花梗被短柔毛;花萼被短柔毛;花柱2或3浅裂或中裂。浆果状核果,成熟时呈黑色,长4~6mm,直径4~5mm。种子黑褐色,有光泽,背面或侧面有长为其3/5的纵沟。花期4—5月,果期6—11月。

产于全省丘陵山区。生于海拔30~1100m的路边灌丛中、林下、溪沟边、平地上。分布于华东、华北及湖南、河南、陕西、甘肃、辽宁。

本种叶片形态和毛被疏密变异甚大,但其花梗、花萼均被短柔毛,较为稳定。

图6-87 圆叶鼠李

4. 薄叶鼠李 （图6-88）
Rhamnus leptophylla C.K. Schneid.—*R. inconspicua* Grubov

落叶灌木，稀小乔木，高达5m。小枝对生或近对生，具光泽，平滑无毛，具枝刺；鳞芽小，鳞片无毛。叶对生或近对生，在短枝上簇生；叶片纸质，倒卵形至倒卵状椭圆形，稀椭圆形或长圆形，长3～8cm，宽2～5cm，短枝上的叶片较小，长不足5cm，先端短突尖或锐尖，稀近圆形，基部楔形，边缘具圆钝锯齿，上面无毛或沿中脉被疏毛，在下面仅脉腋有簇毛，侧脉3～5对，具不明显网脉，在上面下陷，在下面突起；叶柄长0.8～2cm，上面有小沟，多少被疏短柔毛；托叶长条形，早落。花单性，雌雄异株，4数，雄花10～20朵簇生于短枝顶，雌花簇生于短枝顶或长枝下部叶腋；花梗、花萼均无毛；有花瓣；花柱2中裂。浆果状核果，成熟时呈黑色，直径5～6mm，有2或3分核。种子宽倒卵球形，背面具长为其2/3～3/4的纵沟。花期3—5月，果期5—11月。

产于临安、磐安、仙居、景宁、乐清、文成。生于海拔250～800m的溪沟边、山坡灌丛或林中。分布于华东、华中、西南及广东、广西、陕西、山东。

本种花梗和花萼均无毛，可与圆叶鼠李相区别。

图6-88 薄叶鼠李

5. 刺鼠李 （图6-89）
Rhamnus dumetorum C.K. Schneid.

落叶灌木。树皮粗糙，无光泽。小枝对生或近对生，浅灰褐色，无毛，具细枝刺；鳞芽。叶对生或近对生，在短枝上簇生；叶片纸质，椭圆形，稀倒卵形、倒披针状椭圆形或长圆形，长2.5～9cm，宽1～3.5cm，短枝上的叶片较小，长不足5cm，先端锐尖或渐尖，稀近圆形，基部楔形，边缘具不明显波状齿或细圆齿，上面散生疏短柔毛，下面沿脉和脉腋均被毛，稀无毛，侧脉4或5对，在上面稍下陷，在下面突起，脉腋常有浅窝孔；叶柄长2～7mm，被短微毛；托叶披针形。花单性，雌雄异株，4数，雌花簇生于短枝顶端，被微柔毛；花梗、花萼疏被微柔毛；有花瓣；花柱2浅裂或中裂。浆果状核果球形，直径约5mm。种子紫黑色，背面仅基部有短沟，上部有沟缝。花期4—5月，果期6—9月。

产于临安、磐安、龙泉。生于海拔590～750m的路边林中。分布于西南及安徽、江西、湖北、甘肃、山西。

一一五　鼠李科 Rhamnaceae

图6-89　刺鼠李

6. 冻绿（图6-90）
Rhamnus utilis Decne.

落叶灌木或小乔木。小枝对生或近对生，幼时无毛，具枝刺；无顶芽，腋芽鳞片边缘有白色缘毛。叶对生或近对生，在短枝上簇生；叶片厚纸质，狭长椭圆形、长圆形或倒卵状椭圆形，稀倒卵形，长5～14cm，宽2～6cm，先端突尖或锐尖，基部楔形，边缘具细锯齿，上面无毛或仅中脉具疏柔毛，下面沿脉或脉腋有金黄色柔毛，侧脉5～8对，两面均突起；叶柄长5～15mm，无毛；托叶长条形，长1～1.3cm。花单性，雌雄异株，4数，雄花、雌花均簇生于叶腋或聚生于小枝下部；花梗长5～7mm，无毛；花萼无毛；有花瓣。浆果状核果球形，成熟时呈黑色，直径5～7mm，有2分核。种子背侧基部有短沟。花期4—5月，果期4—11月。

产于宁波及长兴、杭州市区、临安、建德、淳安、上虞、开化、磐安、武义、天台、莲都、遂昌、松阳、龙泉、景宁、乐清、瑞安、文成、平阳、泰顺。生于海拔110～920m的溪沟边、山坡灌丛中、林下。分布于华东、华中及广东、广西、贵州、四川、陕西、甘肃、山西、河北。朝鲜半岛、日本也有。

图6-90　冻绿

6a. 毛冻绿（变种）（图6-91）
var. **hypochrysa** (C.K. Schneid.) Rehder

一年生小枝、叶柄和花梗密被短柔毛。

产于磐安、武义、天台、莲都、景宁。生于海拔500~580m的沟谷林缘、路边灌丛中。分布于湖北、河南、广西、贵州、四川、陕西、甘肃。

图6-91 毛冻绿

7. 山鼠李 （图6-92）
Rhamnus wilsonii C.K. Schneid.——*R. wilsonii* var. *pilosa* Rehder in J. Arnold Arbor. 7: 167. 1927, syn. nov.

落叶灌木或小乔木。小枝互生或对生，淡灰褐色，无毛，无光泽，具枝刺；顶芽鳞片有缘毛。叶互生，稀近对生或在当年生枝基部及短枝顶端簇生；叶片薄革质，椭圆形或宽椭圆形，稀倒卵状披针

图6-92 山鼠李

形,长5~15cm,宽2~6cm,先端渐尖至尾状,基部楔形,边缘具钩状圆锯齿,侧脉5~7对,中脉和侧脉在上面下陷,在下面突起,网脉较明显;叶柄长2~4mm,无毛或仅幼时被柔毛。花单性,雌雄异株,4数;花梗长6~10mm,无毛;花萼无毛;子房3室,花柱长于子房,(2)3浅裂或近中裂。浆果状核果倒卵状椭球形,长约9mm,具2或3分核;果梗长6~15mm,无毛。种子倒卵状椭球形,暗褐色,长约6.5mm,背面自基部至中部有长为其1/2的沟,无沟缝。花期3—5月,果期5—10月。

产于安吉、临安、桐庐、建德、淳安、上虞、诸暨、余姚、奉化、开化、金华市区、浦江、磐安、武义、天台、临海、仙居、缙云、遂昌、松阳、龙泉、景宁、永嘉、文成、泰顺。生于海拔80~1550m的溪沟边、林下、山坡灌丛中、路边。分布于华东及湖南、广东、广西、贵州。

变种毛山鼠李 var. *pilosa* 叶片下面沿脉和叶柄幼时被柔毛,后渐脱落,成熟时疏被毛,与本种区别甚微且不稳定,在此予以归并。

8. 皱叶鼠李 （图6-93）
Rhamnus rugulosa F.B. Forbes et Hemsl.

落叶灌木。当年生小枝粗壮,灰褐色,被细柔毛;老枝光泽,平滑无毛,具枝刺;腋芽小,卵形,鳞片被疏毛。叶互生,在短枝上簇生;叶片厚纸质,倒卵状椭圆形、倒卵形或卵状椭圆形,大小相近,长4~10cm,宽2~6cm,先端锐尖或短尖,稀近圆形,基部圆形或楔形,边缘具钝细锯齿或下部叶缘有不明显细锯齿,上面暗绿色,被密或疏的短柔毛,干时皱褶明显,下面灰绿色或灰白色,密被白色短柔毛,侧脉5~7对,在上面下陷,在下面突起;叶柄长5~16mm,被白色短柔毛;托叶早落。花单性,疏被短柔毛,4数;有花瓣;子房(2)3室,花柱长而扁,3浅裂或近中裂,稀2半裂。浆果状核果,直径4~7mm,具2分核。种子褐色,有光泽,背面有与其近等长的纵沟。花期4—5月,果期5—9月。

产于建德、浦江、莲都。生于海拔100~420m的山沟、山坡灌丛及林中。分布于华中及安徽、江西、广东、四川、陕西、甘肃、山西。

图6-93 皱叶鼠李

9. 浙江鼠李 （图6-94）

Rhamnus chekiangensis Cheng—*R. rugulosa* Hemsl. var. *chekiangensis* (Cheng) Y.L. Chen et P.K. Chou

落叶灌木或小乔木。嫩枝有棱，疏被毛；老枝暗褐色，光滑，枝端有枝刺，短枝粗壮；鳞芽。叶互生，或簇生于短枝顶；叶片厚纸质，椭圆形、长椭圆形或倒卵状长椭圆形，大小相近，长2.5～5.5cm，宽1.5～2cm，先端钝尖至圆形，基部楔形，全缘或呈微波状，上面中脉和侧脉两侧有毛，下面灰绿色，密被短柔毛，侧脉4或5对，连同中脉在上面下陷，在下面突起；叶柄长0.7～1.1cm，密被柔毛；托叶早落。花单性，4数；花梗、花萼疏被短柔毛。浆果状核果宽倒卵球形至球形，直径4～7mm，具2或3分核；果梗长近1cm。种子背面有与其等长的纵沟。花期5月，果期6—7月。

产于临安、桐庐、建德、诸暨、衢州市区（衢江）、浦江、义乌、永康、莲都。生于海拔300～470m的溪边、山坡灌丛中。模式标本采自诸暨。

本种叶片较小，长2.5～5.5cm，宽1.5～2cm，边缘全缘或呈微波状，侧脉4或5对，与皱叶鼠李区别明显，在此仍作为独立的种处理。

图6-94　浙江鼠李

10. 山绿柴　短柄鼠李 （图6-95）

Rhamnus brachypoda C.Y. Wu ex Y.L. Chen et P.K. Chou

常绿灌木，有时高达3m。小枝细，光滑无毛，具枝刺；幼枝被灰褐色柔毛，后渐脱落；鳞芽。叶在长枝上互生，在短枝上簇生；叶片长圆形、卵状长圆形、椭圆形或倒卵状椭圆形，大小相近，长3.5～12cm，宽1.2～4.2cm，先端渐尖、短突尖或尾状渐尖，基部楔形至宽楔形，边缘有浅锯齿，上面散生短柔毛或沿脉被疏毛，下面仅幼时沿脉具毛，后脱净，常留有疣状突起，侧脉3～5对；叶柄长4～10mm，稀更短，被疏毛；托叶条状披针形，长约为叶柄的1/2，早落。花单性，雌雄异株，4数；花梗、花萼均无毛；花柱于1/3以上处3裂，柱头外弯。浆果状核果宽倒卵球形，成熟时呈黑色，直径6～7mm，具(2)3分核。种子背面有长为其1/2的纵沟。花期4—7月，果期6—11月。

产于丽水及安吉、临安、淳安、诸暨、新昌、衢州市区（衢江）、江山、浦江、磐安、瑞安、文成、平阳、泰顺。生于海拔200～1650m的溪沟边、山坡灌丛中、林缘、山谷林下。分布于江西、福建、湖南、广东、广西、贵州。

图6-95 山绿柴

4 猫乳属 Rhamnella Miq.

落叶灌木或小乔木。叶互生，具短柄；叶片纸质或近膜质，边缘具细锯齿，羽状脉；托叶三角形或披针状条形，非刺状，常宿存，与茎离生。聚伞花序腋生，具短花序梗，或数花簇生于叶腋；花小，黄绿色，两性，5基数，具花梗；萼片三角形，中肋内面突起，中下部有喙状突起；花瓣倒卵状匙形或圆状匙形，两侧内卷；花盘薄，浅杯状，五边形，果时不增大；子房上位，仅基部着生于花盘，1室或不完全2室，每室胚珠2，花柱顶端2浅裂。核果圆柱形，无翅，橘红色或红色，成熟后变为黑色或紫黑色，无分核，内果皮坚硬，骨质或木质。种子1或2。

8种，分布于中国、朝鲜半岛、日本。我国有8种，分布于西南部至中部；浙江有1种。

猫乳（图6-96）
Rhamnella franguloides (Maxim.) Weberb.

落叶灌木或小乔木，高2～9m。幼枝被柔毛；鳞芽。叶排成2列，两两互生；叶片倒卵状长圆形、倒卵状椭圆形、长圆形或长椭圆形，长4～12cm，宽2～5cm，先端尾状渐尖、渐尖或突短尖，基部圆形或楔形，边缘具细锯齿，上面无毛，下面被柔毛或仅脉上被柔毛，侧脉5～11对；叶柄长2~6mm,密被柔毛;托叶披针形,宿存。花两性,聚伞花序腋生,花序梗长1~4mm;花梗长1.5~4mm;萼片三角状卵形,边缘被疏短毛;花瓣宽倒卵形,黄绿色,先端微凹。核果圆柱形,成熟时由橙红色、红色变为紫黑色,长7~9mm。花期4—6月,果期6—9月。

产于长兴、杭州市区、萧山、临安、上虞、诸暨、宁波市区、慈溪、余姚、奉化、定海、普陀、衢州市区(衢江)、东阳、天台、永嘉。生于海拔50~560m的溪沟边、灌丛中、山坡林缘、林下。分布于华东、华中、华北及陕西。

本种的枝叶形态与长叶冻绿十分相似,但本种为鳞芽,叶2列着生,花序梗长1~4mm而与后者不同。

图6-96 猫乳

❺ 小勾儿茶属 Berchemiella Nakai

落叶乔木或直立灌木。小枝灰色或褐色,粗糙,有纵裂纹。叶互生;叶片全缘,基部常不对称,侧脉羽状平行;托叶非刺状。聚伞花序疏散,排列成聚伞总状花序,顶生;花两性,5基数,具花梗;花萼5裂,萼片三角形,镊合状排列,内面中肋中部具喙状突起,萼筒盘状;花瓣倒卵形,顶端圆形或微凹,两侧内卷,环抱雄蕊,约与萼片等长,基部具短爪;雄蕊背部着药;花盘肥厚,五边形,果时不增大;子房上位,中部以下藏于花盘内,2室,每室近基部侧生胚珠1,花柱粗短,花后脱落,柱头微凹或2浅裂。核果圆柱形至倒卵球形,无翅,基部有宿存萼筒,无分核,内果皮坚硬,骨质或木质,1室。种子1。

3种,分布于中国和日本。我国有2种,分布于浙江、湖北、云南;浙江有1种。

小勾儿茶 (图6-97)
Berchemiella wilsonii (C.K. Schneid.) Nakai

落叶乔木,常呈灌木状,高3～13m。小枝无毛,灰色或褐色,粗糙,具密而明显的皮孔,有纵裂纹;老枝灰色。叶互生;叶片纸质,椭圆形或长圆状椭圆形,长7～10cm,宽3～5cm,先端钝,具短突尖,基部圆形,不对称,上面绿色,无光泽,无毛,下面灰白色,仅脉腋微被髯毛,侧脉8～10对;叶柄长4～5mm,无毛,上面有沟槽;托叶短,三角形,背部合生而包裹芽。聚伞总状花序顶生,长约3.5cm,无毛;花芽圆球形,直径1.5mm,短于花梗;萼片三角状卵形,内面中肋中部具喙状突起;花瓣宽倒卵形,顶端微凹,基部具短爪,与萼片近等长,淡绿色;子房基部被花盘包围,花柱短,2浅裂。核果圆柱形至倒卵球形,幼时呈红色,成熟后变为近黑色。花期7月,果期8月。

产于临安、嵊州、余姚。生于海拔770～1000m的山沟林缘。分布于湖北。

为浙江省重点保护野生植物。

图6-97 小勾儿茶

a. 毛柄小勾儿茶(变种)(图6-98)

var. pubipetiolata H. Qian

叶片背面密被短柔毛;叶柄被毛。

产于临安(龙塘山)。生于海拔620~950m的林下。分布于安徽。

为浙江省重点保护野生植物。

图6-98 毛柄小勾儿茶

6 勾儿茶属 Berchemia Neck. ex DC.

落叶藤状灌木,稀直立灌木或小乔木。小枝平滑,绿色;无托叶刺。叶互生;叶片纸质或薄革质,全缘,羽状脉,基部对称;托叶基部合生,非刺状,宿存,稀脱落。花序顶生或兼腋生,通常1至数花簇生,再排成聚伞总状或聚伞圆锥花序;花两性,5基数,具花梗;花萼筒短,半球形或盘状,萼片三角形,稀条形或狭披针形,内面中肋顶端增厚,无喙状突起;花瓣匙形或兜状,两侧内卷,短于萼片或与萼片等长,基部具短爪;雄蕊背部着药,与花瓣等长或稍短;花盘肥厚,齿轮状,10不等裂,边缘离生,果时增大,呈盘状或皿状;子房上位,中部以下藏于花盘内,仅基部与花盘合生,2室,每室胚珠1,花柱粗短,柱头头状,不分裂,微凹或2浅裂。核果近圆柱形,稀倒卵球形,无翅,紫红色或紫黑色,花盘常增大,无分核,内果皮坚硬,骨质,2室,每室种子1。

约32种,产于亚洲、北美洲、大洋洲,主要分布于亚洲东部至东南部的温带至热带地区。我国有19种,主要分布于西南部、中部至东部;浙江有5种。

分种检索表

1. 花序通常为不分枝的聚伞总状花序;花较少。
  2. 花序轴和小枝均无毛;叶柄长6~10mm;萼片三角形,疏具缘毛……**1. 牡岭勾儿茶 B. kulingensis**

2.花序轴和小枝均密被短柔毛；叶柄长3～5mm；萼片狭披针形，无缘毛⋯⋯⋯2.浙江勾儿茶 B. zhejiangensis
1.花序为分枝的聚伞圆锥花序，或下部兼有腋生聚伞总状花序；花极多。
　　3.花序轴密被黄褐色短柔毛⋯⋯⋯⋯⋯⋯⋯⋯⋯⋯⋯⋯⋯⋯⋯⋯⋯⋯⋯⋯⋯⋯⋯⋯⋯⋯3.大叶勾儿茶 B. huana
　　3.花序轴无毛，稀疏被微毛。
　　　　4.花序为具短分枝的窄聚伞圆锥花序；叶片大小较一致⋯⋯⋯⋯⋯⋯⋯4.腋毛勾儿茶 B. barbigera
　　　　4.花序为具长分枝的宽聚伞圆锥花序，或下部兼有腋生聚伞总状花序；叶片在茎上部者较小，下部者较大⋯⋯⋯⋯⋯⋯⋯⋯⋯⋯⋯⋯⋯⋯⋯⋯⋯⋯⋯⋯⋯⋯⋯⋯⋯⋯⋯⋯⋯⋯⋯5.多花勾儿茶 B. floribunda

1. 牯岭勾儿茶 （图6-99）

Berchemia kulingensis C.K. Schneid.

落叶藤状灌木。小枝绿色，无毛，平展。叶片纸质，卵状椭圆形或卵状长圆形，长2～6cm，宽1.5～3.5cm，先端钝圆或尖，具小尖头，基部圆形或近心形，侧脉7～9对，在两面微突起；叶柄长6～10mm，无毛；托叶披针形，长约3mm。聚伞总状花序顶生，长3～5cm，极少有分枝，花序轴无毛；花较少，疏散，绿色，无毛；萼片三角形，先端渐尖，边缘具疏缘毛；花瓣倒卵形。核果长圆柱形，红色，成熟时呈黑紫色，长7～9mm，基部宿存盘状花盘；果梗长2～4mm，无毛。花期5—9月，果期次年4—10月。

产于杭州及安吉、上虞、慈溪、余姚、奉化、开化、浦江、磐安、武义、天台、缙云、遂昌、松阳、龙泉、庆元、乐清、永嘉、瑞安、平阳、泰顺。生于海拔45～1600m的溪沟边、山坡灌丛及阔叶林中。分布于华东及湖南、湖北、广西、贵州、四川。

图6-99　牯岭勾儿茶

2. 浙江勾儿茶 （图6-100）

Berchemia zhejiangensis Y.F. Lu et X.F. Jin

落叶藤状灌木。小枝绿色，幼时密被灰色短柔毛；老枝光滑无毛。叶片纸质，卵状长圆形、长圆形或狭椭圆形，长1.5～3.5cm，宽0.5～1.6cm，先端急尖或钝圆，具小尖头，基部楔形，稀近圆形，全缘，侧脉5～9对，在两面微突起；叶柄无毛，长3～5mm；托叶披针形，长2～2.5mm。聚伞总状花序顶生或腋生，长3～8cm，不分枝，花序轴密被短柔毛；花较少，疏散，无毛；花梗长可达3mm；花萼筒短，半球形，萼片狭披针形，长2～2.5mm，先端长渐尖，无缘毛；花瓣匙形，短于花萼，长约1.8mm；雄蕊背部着药，稍短于花瓣；花盘厚，10不等裂；子房2室，每室胚珠1。果未见。花期8月。

产于桐庐。生于路边灌丛中。模式标本采自桐庐（芦茨小源）。

图6-100 浙江勾儿茶

3. 大叶勾儿茶 （图6-101）

Berchemia huana Rehder

落叶藤状灌木。小枝绿色，光滑无毛。叶片纸质，卵形或卵状长圆形，长6～10cm，宽3～6cm，先端圆形或稍钝，稀锐尖，基部圆形或近心形，上面无毛，下面密被黄褐色短柔毛，侧脉10～14对，在两面微突起；叶柄较粗壮，无毛，长1.4～2.5cm；托叶卵状披针形。聚伞圆锥花序顶生和腋生，花序长5～15cm，分枝长达8cm，花序轴密被黄褐色短柔毛；花极多，黄绿色，无毛。核果圆柱状椭球形，成熟时呈紫红色或紫黑色，长7～9mm，基部宿存盘状花盘。花期7—11月，果期次年4—11月。

产于安吉、临安、建德、淳安、开化、磐安。生于海拔130～1200m的溪沟边、路边灌丛及阔叶林中。分布于华东及湖南、湖北。

图6-101 大叶勾儿茶

3a. 脱毛大叶勾儿茶（变种）（图6-102）
var. glabrescens Cheng ex Y.L. Chen et P.K. Chou

叶片下面仅沿脉或侧脉下部被疏短柔毛。花期11月，果期次年5月。

产于富阳、临安、桐庐、淳安、仙居。生于海拔125～350m的山坡灌丛中、溪边。分布于安徽。模式标本采自临安（西天目山）。

图6-102　脱毛大叶勾儿茶

4. 腋毛勾儿茶（图6-103）
Berchemia barbigera C.Y. Wu ex Y.L. Chen et P.K. Chou

落叶藤状灌木。小枝绿色，平滑无毛。叶片薄纸质，卵状椭圆形或卵状长圆形，长4～9cm，宽2.5～5.5cm，先端钝或圆，基部圆形，上面无毛，下面干时灰绿色，仅脉腋簇生淡灰褐色细柔毛，侧脉9～13对；叶柄长1～2.5cm，无毛。窄聚伞圆锥花序顶生，分枝较短，花序轴无毛；花极多，黄绿色，无毛；花梗长2～3mm。核果圆柱形，成熟时先呈红色，后变为黑色，长5～8mm，

图6-103　腋毛勾儿茶

直径约3mm，基部宿存盘状花盘；果梗长约3mm，无毛。花期5—9月，果期次年4—6月。

产于安吉、临安。生于海拔1000～1100m的路边、山坡上、林中。分布于安徽。模式标本采自临安（西天目山）。

5. 多花勾儿茶 （图6-104）
Berchemia floribunda (Wall.) Brongn.

落叶藤状灌木。小枝绿色，光滑无毛。叶片纸质；茎上部者较小，卵形、卵状椭圆形至卵状披针形，长4～9cm，宽2～5cm，先端急尖，下面常无毛，叶柄短于1cm；茎下部者较大，椭圆形至长圆形，长约11cm，宽约6.5cm，先端钝或圆，稀短渐尖，基部圆形，稀心形，上面无毛，下面干时栗褐色，仅沿脉基部被疏短柔毛，侧脉9～14对，在两面稍突起，叶柄长1～3.5(5.2)cm，无毛；托叶狭披针形。宽聚伞圆锥花序顶生，具长分枝，或下部兼有腋生聚伞总状花序，长达15cm，花序轴无毛，稀疏被微毛；花极多，黄绿色；花梗长1～2mm；萼片三角形，先端尖；花瓣倒卵形；雄蕊与花瓣等长。核果圆柱形，长7～10mm。花期7—12月，果期次年4—12月。

产于长兴、杭州市区、临安、建德、上虞、诸暨、鄞州、慈溪、普陀、开化、磐安、遂昌、松阳、龙泉、庆元、景宁、瑞安、泰顺。生于海拔20～1100m的溪沟边、山坡灌丛中、林中。分布于华东、华中、西南及广东、广西、陕西、山西。日本、越南、印度、尼泊尔、不丹也有。

图6-104　多花勾儿茶

5a. 矩叶勾儿茶（变种）（图6-105）
var. **oblongifolia** Y.L. Chen et P.K. Chou

叶片长圆形或狭长圆形，先端圆形；花序轴被疏毛，稀无毛。

产于武义、缙云、遂昌、松阳、龙泉、景宁、瑞安、泰顺。生于海拔370～1500m的溪沟边、山坡路边、林下灌丛中。分布于江西、福建。模式标本采自

图6-105　矩叶勾儿茶

泰顺。

与多花勾儿茶不易区分，因在叶形、花序轴毛被等方面两者间常有交叉过渡现象，但在尚未弄清多花勾儿茶的变异式样之前，仍保留本变种。

7 马甲子属 Paliurus Mill.

落叶乔木或灌木。叶互生；叶片具基生三出脉；托叶常变成刺。花两性，5基数，排成腋生或顶生聚伞花序或聚伞圆锥花序；花梗短，果时常增长；花萼5裂，萼片有明显网状脉，中脉内面突起；花瓣匙形或扇形，两侧常内卷；花盘厚，肉质，与萼筒贴生，五边形或圆形，无毛，边缘5或10齿裂，中央下陷；子房上位，大部分包藏于花盘内，(2)3室，每室胚珠1，花柱柱状或扁平，常3深裂。核果杯状或草帽状，周围具平展的木栓质翅或革质翅，基部有宿存萼筒，无分核，内果皮坚硬，木质，3室，每室种子1。

5种，分布于东亚、欧洲。我国有5种，分布于西南部、东部至台湾；浙江有2种。

1. 马甲子 （图6-106）
Paliurus ramosissimus (Lour.) Poir.

落叶灌木，稀小乔木状，高可达6m。小枝深褐色，密被灰褐色短柔毛。叶片纸质，宽卵形、卵状椭圆形或近圆形，长3～5.5cm，宽2.2～5cm，先端钝或圆，基部楔形至近圆形，稍偏斜，边缘有钝细锯齿，上面沿脉被棕褐色短柔毛，下面幼时密生棕褐色细柔毛，后仅沿脉被柔毛或无毛，基生三出脉；叶柄长5～9mm，被毛；托叶刺2，紫红色，斜向而直。聚伞花序腋生，被黄色绒毛；萼片宽卵形，长约2mm；花瓣匙形，短于

图6-106 马甲子

萼片；花盘圆形，边缘5或10齿裂；子房3室。核果浅杯状，长7～8mm，直径1～1.7cm，被黄褐色或棕褐色绒毛，周围具木栓质、3浅裂的窄翅；果枝被棕褐色绒毛。种子扁球形，紫红色或红褐色。花期6—7月，果期7—9月。

产于普陀、象山、玉环、平阳、苍南，杭州市区、慈溪、莲都、龙泉、松阳等地有栽培。生于海边山麓、路旁、河边等处。分布于华东、华南、西南及湖南、湖北。朝鲜半岛、日本也有。

2. 铜钱树　金钱树　（图6-107）
Paliurus hemsleyanus Rehder ex Schir. et Olabi

落叶乔木，高可达13m。小枝紫褐色，无毛。叶片纸质或厚纸质，宽椭圆形、卵状椭圆形或近圆形，长4～12cm，宽3～9cm，先端渐尖或短渐尖，基部偏斜，宽楔形或近圆形，边缘有圆锯齿或钝细锯齿，两面无毛，基生三出脉；叶柄长0.6～2cm，无毛或仅上面被疏短柔毛；无托叶刺，但幼树叶柄基部有2枚斜向而直的托叶刺。聚伞花序或聚伞圆锥花序顶生或腋生，无毛；花盘五边形，5浅裂；子房3室，花柱3深裂。核果草帽状，周围具革质宽翅，红褐色或紫红色，无毛，直径2～3.8cm；果梗长1.2～1.5cm。花期5—8月，果期6—12月。

产于长兴、安吉、德清、杭州市区、临安、建德、诸暨、奉化、磐安。生于海拔200～760m的山沟、山坡林中。分布于华东、华中、西南及广东、广西、陕西、甘肃。

与马甲子的主要区别在于后者为灌木，稀小乔木状；叶片较小，长3～5.5cm，宽2.2～5cm；核果浅杯状，直径1～1.7cm。

图6-107　铜钱树

8 枣属 Ziziphus Mill.

乔木或藤状灌木。叶互生；叶片全缘或具齿，基生三出脉，稀五出脉；托叶常变成刺。花两性，5基数，常组成腋生的具花序梗的聚伞花序，或腋生、顶生的聚伞总状或聚伞圆锥花序；萼裂片广展，内面具突起中肋；花瓣倒卵圆形或匙形，与雄蕊等长，有时无花瓣；花盘厚，肉质，5或10裂；子房球形，下半部或大部包藏于花盘内且部分合生，2（3或4）室，每室胚珠1，花柱2，稀3或4浅裂或中裂，极稀深裂。核果圆球形、长卵球形或矩圆球形，无翅，不开裂，顶端有小尖头，基部有宿存萼筒，无分核；内果皮坚硬，骨质或木质，稀硬革质。子叶肥厚。

约100种，主要分布于亚洲和美洲的热带和亚热带地区，少数分布于全球温带地区和非洲。我国有12种，主产于西南和华南；浙江有2种，栽培或逸生。

1. 枣 （图6-108）
Ziziphus jujuba Mill.

落叶小乔木，高可达10m。具长枝及短枝；长枝呈"之"字形曲折，具2托叶刺，1长1短，长刺粗直，长可达3cm，短刺下弯，长4～6mm；短枝矩状；当年生枝绿色，弯垂，单生或2～7条簇生于短枝上。叶2列状排列；叶片卵形或卵状椭圆形，长2.5～7cm，宽1.5～4cm，顶端钝或圆，具小尖头，基部近圆形，边缘具圆锯齿，两面无毛或仅下面沿脉微被毛，基生三出脉；叶柄长1～6（10）mm；托叶刺后期常脱落。花无毛，单生或2～8朵密集成腋生聚伞花序；花梗长2～3mm；花盘10裂；子房2室，花柱2中裂。核果矩圆球形或长卵球形，成熟时由红色变为红紫色，长3～6cm，核两端锐尖，2室。种子1或2，扁椭球形，长约1cm。花期3—7月，果期8—9月。

原产于我国，全国各地广为栽培。全省各地常见栽培。

果实味甜，除供鲜食外，可加工成蜜饯或果脯；为优良的蜜源植物。

图6-108 枣

1a. 无刺枣（变种）（图6-109）
var. inermis (Brunge) Rehder

枝无托叶刺。花期5—7月，果期8—10月。

原产于我国，中低海拔地区常见栽培。

园艺品种龙爪枣'Tortuosa'（图6-110），枝条呈"之"字形弯曲，回环盘转。海宁、杭州市区、景宁等地有栽培。

图6-109　无刺枣

图6-110　龙爪枣

2. 滇刺枣（图6-111）
Ziziphus mauritiana Lam.

常绿乔木或灌木，高达15m。幼枝密被黄灰色绒毛，小枝被短柔毛，老枝紫红色，具2托叶刺，1枚向上斜展，1枚钩状下弯。叶片纸质至厚纸质，卵形或矩圆状椭圆形，稀近圆形，长2.5~6cm，宽1.5~4.5cm，先端圆形，稀锐尖，基部近圆形，稍偏斜，两侧不等，边缘具细锯齿，上面无毛，下面被黄色或灰白色绒毛，基生三出脉；叶柄长5~13mm。二歧聚伞花序数个或10余个，密集，腋生，花序梗近无或短；花梗长2~4mm，被灰黄色绒毛；花绿黄色；萼片卵状三角形，外面被毛；花瓣矩圆状匙形，基部具爪；花盘10裂；子房球形，2室，花柱2浅裂或半裂。核果矩圆球形或球形，橙色或红色，成熟时变为黑色，长1~1.2cm，基部具宿存萼筒；中果皮薄，木栓质；内果皮厚，硬革质。种子1或2，宽而扁，红褐色，长6~7mm。花期8—11月，果期9—12月。

分布于广东、广西、四川、云南，福建和台湾有栽培。非洲及越南、缅甸、马来西亚、印度尼西亚、印度、斯里兰卡、澳大利亚也有。产于温州市区（龙湾），逸生。生于海拔约25m的河边灌草丛中。

与枣的主要区别在于后者冬季落叶；叶片两面无毛或仅下面沿脉微被毛；核果较大，长3~6cm。

图6-111　滇刺枣

一一六　葡萄科 Vitaceae

木质或草质藤本，具卷须，或灌木而无卷须。卷须多与叶对生。单叶或掌状、鸟足状、羽状复叶，互生；托叶通常小而早落。花小，辐射对称，两性，或杂性同株或异株，组成伞房状多歧聚伞花序、复二歧聚伞花序或圆锥状多歧聚伞花序而与叶对生，4或5基数；花萼碟形或浅杯状，萼片细小；花瓣与萼片同数，分离或顶端黏合而呈帽状脱落；雄蕊与花瓣对生，花丝分离或愈合；花盘环状或分裂；子房上位，通常2室，每室胚珠2，或多室而每室胚珠1。浆果。种子1至数粒；胚乳形状各异，"W"形、"M"形、"T"形或呈嚼烂状，胚小，子叶扁平。

约18属，约1000种，主要分布于全球热带和亚热带地区，少数分布至温带地区。我国有11属，约150种，南北各地均有分布，主产于华中、华南、西南；浙江有8属，48种，其中引入栽培4种。

葡萄是著名水果，葡萄属若干野生种类是重要的种质资源；爬山虎属和崖爬藤属等是重要的垂直绿化植物；有些种类可药用。

分属检索表

1. 木质藤本，枝有皮孔，髓白色，或为草质藤本而枝无皮孔；聚伞花序；花瓣离生，花后各自凋落。
   2. 花序与叶对生或假顶生；花通常5数。
      3. 卷须4～12总状分枝，顶端扩大成吸盘；花序假顶生；果梗顶端增粗，多少具瘤状突起；种子腹面两侧洼穴达种子顶端 ························· **1. 爬山虎属 Parthenocissus**
      3. 卷须多为2（3）叉状分枝或不分枝，顶端不具吸盘；花序与叶对生或假顶生；果梗顶端不增粗，无瘤状突起；种子腹面两侧洼穴通常不达种子顶端。
         4. 花序为典型的复二歧聚伞花序，与叶对生；花序、果序下垂；卷须顶端无简化花序；花盘发育不明显 ························· **2. 俞藤属 Yua**
         4. 花序为伞房状多歧或复二歧聚伞花序，与叶对生或假顶生；花序、果序通常上举；卷须顶端常有简化花序；花盘发达，边缘波状浅裂。
            5. 单叶或掌状复叶 ························· **3. 蛇葡萄属 Ampelopsis**
            5. 羽状复叶 ························· **4. 牛果藤属 Nekemias**
   2. 花序腋生或假顶生，稀与叶对生；花通常4数。
      6. 草质藤本，冬季枝叶枯萎；叶通常为鸟足状5小叶复叶，稀掌状3小叶复叶；花柱明显，柱头不裂。
         7. 果序梗绿色而上举；果实成熟时呈黑色，或由白色、淡蓝紫色转为黑色；种子背面具突起的横棱纹，腹面两侧洼穴深凹，口部呈倒卵状披针形至狭倒卵形，宽度与中棱脊宽度近相等或稍宽；胚乳横切面呈"M"形；卷须2或3分枝 ························· **5. 乌蔹莓属 Causonis**
         7. 果序梗红色而下垂，或绿色而上举；果实成熟时由红色或粉红色转为黑色；种子背面具瘤状突起，腹面两侧洼穴宽阔而浅凹，口部呈倒卵圆形或半心形，宽度远宽于中棱脊宽度；胚乳横切面呈"T"形；卷须（2）3分枝 ························· **6. 拟乌蔹莓属 Pseudocayratia**

6.常绿木质或草质藤本；叶为掌状3～5小叶复叶，稀单叶；花柱不明显，柱头通常4裂，稀不规则分裂
.... 7.崖爬藤属 Tetrastigma
1.木质藤本，枝无皮孔，髓褐色；聚伞圆锥花序；花瓣顶端相互黏合，花后呈帽状脱落 ... 8.葡萄属 Vitis

1 爬山虎属（地锦属）Parthenocissus Planch.

木质藤本。枝有皮孔，髓白色；冬芽球形，具鳞片；卷须总状，4～12分枝，相隔2节间断与叶对生，嫩时顶端膨大，或细尖且微卷曲而不膨大，后遇附着物扩大成吸盘。单叶、三出复叶或掌状5小叶复叶；有长柄。圆锥状或伞房状疏散多歧聚伞花序，假顶生；花两性，5数；花萼小；花瓣离生，花后各自凋落；花盘不明显或无；子房2室，每室胚珠2，花柱明显。浆果球形，蓝色或蓝黑色；果梗顶端增粗，多少具瘤状突起。种子1～4，倒卵球形，种脐在背面中部，呈圆形，腹面中棱脊突出，两侧洼穴呈沟状，从基部向上斜展达种子顶端；胚乳横切面呈"W"形。

约15种，分布于亚洲和北美洲。我国有9种，其中引入栽培1种，南北各地均有分布；浙江有5种，其中引入栽培1种。

分种检索表

1.掌状3～5小叶复叶，侧生小叶与中间小叶同形。
 2.卷须嫩时顶端细尖且微卷曲；叶柄无毛 .... 1.五叶地锦 P. quinquefolia
 2.卷须嫩时顶端膨大成弯钩状；叶柄被短柔毛 .... 5.绿爬山虎 P. laetevirens
1.单叶，或三出复叶而侧生小叶与中间小叶不同形。
 3.能育枝上的叶为单叶。
  4.老枝无木栓翅；叶片革质，两面无毛或下面脉上有少数柔毛；花序无毛或有疏柔毛 ....
  .... 2.爬山虎 P. tricuspidata
  4.老枝具显著的木栓翅；叶片纸质，两面连同叶柄、花序密生开展的柔毛 ....
  .... 3.栓翅爬山虎 P. suberosa
 3.能育枝上的叶为三出复叶 .... 4.异叶爬山虎 P. dalzielii

1. 五叶地锦　美国地锦　（图6-112）

Parthenocissus quinquefolia (L.) Planch. ── *Hedera quinquefolia* L.

落叶木质藤本。小枝无毛；卷须总状，5～9分枝，嫩时顶端细尖且微卷曲，后遇附着物扩大成吸盘。掌状复叶，小叶3～5，常5，侧生小叶与中间小叶同形；小叶片倒卵圆形或倒卵状椭圆形，长5.5～15cm，宽3～9cm，通常上部最宽，先端短尾尖，基部楔形或宽楔形，边缘有粗锯齿，两面无毛或下面脉上微被疏柔毛，网脉在两面均不明显突出；叶柄长5～14.5cm，无毛；小

叶有短柄或几无柄。圆锥状多歧聚伞花序假顶生，主轴明显，长8～20cm，花序梗长3～5cm，无毛。浆果球形，直径1～1.2cm。种子1～4。花期6—7月，果期8—10月。

原产于北美洲。东北、华北各地有栽培。全省各地公园、庭园、公路立交桥下、断面边坡等习见栽培。

为优良的垂直绿化植物。

图6-112　五叶地锦

2. 爬山虎　地锦　爬墙虎　叶枫藤　（图6-113）

Parthenocissus tricuspidata (Siebold et Zucc.) Planch.—*Ampelopsis tricuspidata* Siebold et Zucc.

落叶木质藤本。小枝几无毛或微被疏柔毛，老枝无木栓翅；卷须短，总状，5～9分枝，顶端嫩时膨大成圆珠形，后遇附着物扩大成吸盘。叶二型；能育枝上的叶为单叶，叶片革质，宽卵形，长10～20cm，宽8～17cm，先端通常3浅裂，基部心形，边缘有粗锯齿，仅下面脉上有少数柔毛或近无毛；不育枝上的叶片3全裂或为三出复叶，中间小叶片倒卵形，两侧小叶片斜卵形，具粗锯齿；幼枝上的叶片则较小而不裂；叶柄长8～22cm。聚伞花序通常生于具2叶的短枝上，无毛或有疏柔毛。浆果球形，成熟时呈蓝色，直径6～8mm。花期6—7月，果期9月。

产于全省丘陵山区。生于丘陵山地的山坡林缘、林中、沟谷路旁乱石堆中，攀缘于岩石、树干或墙壁上。分布于华东、东北及河南、台湾、山东。朝鲜半岛、日本也有。

为著名的垂直绿化树种，攀附力很强，枝叶茂密，秋叶变红；根可入药，有祛瘀消肿等功效。

图6-113　爬山虎

3. 栓翅爬山虎　栓翅地锦　（图6-114）
Parthenocissus suberosa Hand.-Mazz.

落叶木质藤本。小枝连同卷须、叶柄、花序梗与花序轴均被灰色或灰褐色开展柔毛，老枝上常有直立、高达5mm的木栓翅；卷须总状，5～9分枝，顶端嫩时膨大成圆珠形，后遇附着物扩大成吸盘。叶二型；能育枝上的叶为单叶，叶片纸质，倒卵圆形，长6～20cm，宽5～16cm，3浅裂，裂片三角形，先端渐尖，基部心形，边缘锯齿粗大，上面深绿色，下面常带紫色，两面被开展柔毛，下面脉上尤密；不育枝上的叶为三出复叶，中间小叶片椭圆形或倒卵形，两侧小叶片斜卵形，具粗锯齿；叶柄长2～9cm。花序着生于极为缩短的侧枝上，长1.5～5cm，常有退化的不裂小叶，花序侧枝简化，花序梗长0.7～2.5cm。浆果球形，直径0.8～1.1cm。种子1或2。花期7—8月，果期9—11月。

产于淳安、开化、武义、青田。生于海拔200～500m的山坡林中，攀缘于树干、岩壁上。分布于江西、湖南、广西、贵州。

攀附力很强，叶片下面常呈紫红色，秋季叶两面均转紫红色，十分美丽，为值得开发的优良垂直绿化树种。

图6-114　栓翅爬山虎

4. 异叶爬山虎　异叶地锦　（图6-115）
Parthenocissus dalzielii Gagnep.——*P. heterophylla* auct., non (Blume) Merr.

落叶木质藤本。小枝无毛；卷须短，总状，5～8分枝，顶端嫩时膨大成圆珠形，后遇附着物扩大成吸盘状。叶二型；能育枝上的叶为三出复叶，具长柄，顶生小叶片长卵形至长卵状披针形，长5～9cm，宽2～5cm，先端渐尖，基部宽楔形，侧生小叶片斜卵形，边缘具不明显小齿，或近全缘，上面绿色，下面淡绿色或灰白色，两面无毛；不育枝上的叶为单叶，叶片卵形，长2～4cm，先端渐尖，基部心形，边缘有稀疏圆齿；叶柄长5～11cm。聚伞花序常生于具2叶的短枝上，多分枝。浆果近球形，成熟时呈紫黑色，直径0.8～1cm。种子1～4。花期5—7月，果期7—11月。

产于湖州、杭州、宁波、台州、丽水、温州及衢州市区、开化、江山、金华市区、武义。生于村宅旁或山坡、沟谷陡壁上、乱石堆中，攀缘于树干、林冠上层或岩石上。分布于华东、华中、华南及贵州、四川。

攀附力很强，秋叶鲜红，十分美丽，为值得开发的优良垂直绿化树种。

本种以往曾被误定为印尼爬山虎 *P. heterophylla* (Blume) Merr.，但后者的卷须嫩时顶端细尖，不膨大成圆珠形，后遇附着物才扩大成吸盘；通常为3小叶而非异型叶，仅在花序上可见个别单叶；花序为典型的复二歧聚伞花序，伞房状，花萼边缘明显5浅裂；分布于马来半岛、印度尼西亚、泰国、印度。

本省（安吉、淳安、江山、莲都、遂昌、松阳、龙泉、庆元、文成）及安徽、江西山地尚有一相似类群：叶片较小而质地较薄，叶面不平整，边缘具粗锐齿，下面脉上、叶柄具开展短毛。其部分标本被李朝銮、王文采先生鉴定为三叶地锦 P. semicordata (Wall.) Planch.，而庆元（左溪）、文成（铜铃山）、泰顺（黄桥）所产者叶片紫红色的类型则貌似红三叶地锦 P. semicordata var. rubrifolia (H. Lév. et Vaniot) C.L. Li，但卷须与《中国植物志》描述的"顶端嫩时尖细卷曲，后遇附着物扩大成吸盘"均不符合，其分类地位值得进一步研究。

图6-115　异叶爬山虎

5. 绿爬山虎　青龙藤　五盘藤　绿叶地锦　（图6-116）
Parthenocissus laetevirens Rehder

落叶木质藤本。小枝常有显著纵棱，嫩时被脱落性短柔毛；卷须总状，5～11细长分枝，顶端嫩时膨大成弯钩状，后遇附着物扩大成吸盘。掌状复叶，小叶3～5，常5，侧生小叶与中间小叶同形；小叶片倒卵形，长5～12cm，宽2～5cm，先端渐尖，基部楔形，边缘有稀疏粗锯齿，上面绿色，下面无毛或脉上稍被柔毛；叶柄长2～6cm，被短柔毛；小叶柄长0.5～1cm。圆锥状多歧聚伞花序假顶生，长6～15cm，花序中常有退化小叶，花序梗被短柔毛。浆果球形，蓝黑色，直径0.6～0.8cm。种子1～4。花期6—8月，果期9—10月。

产于宁波、丽水、温州及长兴、安吉、德清、杭州市区、临安、建德、淳安、新昌、衢州市区、开化、金华市区、义乌、东阳、武义、临海、仙居。生于海拔100～1100m的村宅旁及沟谷、山坡林中、乱石堆中，攀缘于树干、崖壁、巨岩、桥梁、墙垣或屋顶上。分布于华东、华中及广东、广西。

图6-116　绿爬山虎

❷ 俞藤属 Yua C.L. Li

木质藤本。枝有皮孔，髓白色；卷须2分枝，相隔2节间断与叶对生，顶端无吸盘和简化花序。掌状复叶；具长柄。复二歧聚伞花序与叶对生，花序梗长，下垂；花两性，5数；花萼杯形，边缘全缘；花瓣离生，花后各自凋落；花盘发育不明显；子房2室，每室胚珠2，花柱明显，柱头扩大不明显。果序下垂；浆果球形，多肉质，味甜或酸；果梗顶端不增粗，无瘤状突起。种子梨形，背腹侧扁，顶端微凹，基部有短喙，种脐在背面中部，腹面洼穴从基部向上达种子2/3处；胚乳横切面呈"M"形。

3种，产于亚洲东部至印度、尼泊尔。我国3种均有，分布于亚热带地区；浙江有2种。

1. 俞藤 粉叶爬山虎（图6-117）

Yua thomsonii (M.A. Lawson) C.L. Li —— *Vitis thomsonii* M.A. Lawson —— *Parthenocissus thomsonii* (M.A. Lawson) Planch.

落叶木质藤本。小枝圆柱形，嫩枝略有棱纹，无毛；卷须2分枝。掌状5小叶复叶；小叶片厚纸质，卵形至卵状披针形，长2.5～7cm，宽1.5～3cm，先端渐尖或尾状渐尖，基部楔形至宽楔形，边缘上半部具细锐锯齿，上面无毛，下面常被白粉，通常无毛，网脉清晰但干后不突出，侧脉4～6对；叶柄长2.5～6cm，无毛；小叶柄长2～10mm，有时侧生小叶近无柄，无毛。复二歧聚伞花序与叶对生，无毛，花序梗较叶柄稍短。浆果近球形，紫黑色，直径约1cm，味甜。种子梨形，长5～6mm，种脐和腹面洼穴周围无明显横肋纹。花期5—6月，果期7—9月。

产于临安、建德、淳安、奉化、衢州市区、开化、常山、江山、金华市区、东阳、武义、莲都、遂昌、景宁、乐清、文成、平阳。生于海拔250～1300m的山坡上、沟谷中，攀缘于岩石、树上。分布于华东及湖南、湖北、广西、贵州、四川。印度、尼泊尔也有。

果味甜，可鲜食；叶片两面异色，秋叶变红，十分美丽，可供观赏；根、茎可入药，有清热解毒、祛风除湿等功效。

在林下阴处，本种植株的叶片下面常无白粉，叶柄、小叶柄及叶片下面脉上具开展短柔毛。

图6-117 俞藤

2. 大果俞藤 东南爬山虎 （图6-118）

Yua austro-orientalis (F.P. Metcalf) C.L. Li——*Parthenocissus austro-orientalis* F.P. Metcalf

木质藤本。全株无毛。小枝圆柱形，多皮孔；卷须2分枝。掌状5小叶复叶；小叶片薄革质，倒卵状披针形或倒卵状椭圆形，长5～9cm，宽2～4cm，先端急尖、短渐尖或钝，基部楔形，边缘上部每侧有2～5枚圆钝锯齿，上面绿色，下面淡绿色，常有白粉，两面干时网脉突起，侧脉6～9对；叶柄长3～6cm，小叶柄长2～12mm，侧生小叶柄常较短，中间小叶柄较长。复二歧聚伞花序与叶对生，被白粉，花序梗长1.5～2cm。浆果球形，紫红色，直径1.5～2.5cm，味酸甜。种子梨形，长6～8mm，种脐和腹面洼穴周围有6～9条横肋，干时十分明显。花期5—7月，果期10—12月。

产于苍南、泰顺。生于海拔300～800m的山坡、沟谷林中或林缘，攀缘于树上或铺散在岩边。分布于江西、福建、广东、广西。越南也有。

果实大，果肉层厚，充分成熟时味酸甜，可鲜食。

与俞藤的主要区别在于后者叶片厚纸质，先端渐尖或尾状渐尖，叶缘锯齿细锐，网脉清晰但干后不突出；果实直径约1cm；种子背面种脐和腹面洼穴周围无明显横肋纹。

图6-118 大果俞藤

③ 蛇葡萄属 Ampelopsis Michx.

落叶木质藤本。枝具皮孔，髓白色；冬芽小，外被鳞片；卷须2(3)分枝，与叶对生，顶端无吸盘，常有简化花序。单叶或掌状复叶；具长柄。伞房状多歧聚伞花序或复二歧聚伞花序，上举，与叶对生或假顶生；花两性或杂性同株，5数；花瓣离生，花后各自凋落；花盘发达，边缘波状浅裂；子房2室，每室胚珠2，花柱圆柱状，伸长，柱头不明显扩大。果序通常上举；浆果球形，玫瑰紫色、紫色、蓝色、黑色、橙色或黄色；果梗顶端不增粗，无瘤状突起。种子1～4，倒卵球形，种脐在背面中部，呈椭圆形或带形，腹面两侧洼穴呈沟状、沟状楔形、狭椭圆形或倒卵状椭圆形，从基部向上达种子中上部；胚乳横切面呈"W"形。

约21种，分布于亚洲和美洲温带至热带地区，主产于东亚。我国约有10种，南北各地均有分布，主产于长江以南各地；浙江有5种。

一一六 葡萄科 Vitaceae

分种检索表

1. 单叶,叶片不分裂,或分裂但不达基部。
　2. 叶片宽卵状心形或心形,不分裂,或不明显3浅裂,侧裂片先端圆钝或钝尖,边缘具浅钝圆齿……………………………………………………………………… **1. 蛇葡萄 A. glandulosa**
　2. 叶片肾状五角形或心状五角形,3~5浅裂,稀中裂(变种异叶蛇葡萄多为3~5深裂),侧裂片先端渐尖,常稍呈尾状向外弯曲,边缘具斜三角形粗锐牙齿………… **2. 东北蛇葡萄 A. brevipedunculata**
1. 单叶,叶片掌状全裂,或为掌状复叶,枝下部叶片3浅裂。
　3. 小枝、叶柄或叶片下面具疏柔毛;卷须2或3分枝。
　　4. 单叶,叶片掌状3(5)全裂,或掌状3小叶复叶,枝下部叶片3浅裂;中央小叶片通常不分裂…………………………………………………………………… **3. 三裂叶蛇葡萄 A. delavayana**
　　4. 掌状5小叶复叶;中央小叶片羽状分裂或边缘呈粗锯齿状…… **4. 乌头叶蛇葡萄 A. aconitifolia**
　3. 小枝、叶柄或叶片下面无毛;卷须不分枝或顶端有短分枝……………… **5. 白蔹 A. japonica**

1. 蛇葡萄　锈毛蛇葡萄 (图6-119)

Ampelopsis glandulosa (Wall.) Momiy.—*Vitis glandulosa* Wall.—*V. sinica* Miq.—*A. heterophylla* (Thunb.) Siebold et Zucc. var. *sinica* (Miq.) Merr.—*A. heterophylla* var. *vestita* Rehder—*A. sinica* (Miq.) W.T. Wang

落叶木质藤本。根粗壮,外皮黄白色。小枝、叶片、叶柄、花序密被开展的灰色长柔毛,毛长0.2~1mm;卷须2(3)分枝。单叶;叶片宽卵状心形或心形,长与宽几相等,各6~8cm,先端钝或短尖,基部显著心形,不分裂或不明显3浅裂,侧裂片很小,三角状卵形,先端圆钝或钝尖,边缘有规则浅钝圆齿,上面深绿色,下面淡绿色;叶柄长3~7cm。聚伞花序与叶对生或假顶生,

图6-119　蛇葡萄

直径3～6cm，花序梗长2～3.5cm；花小，黄绿色，两性；花梗、花萼和花瓣被灰色短柔毛。浆果近圆球形，由深绿色变为紫色，再转为鲜蓝色，直径6～8mm。花期6—7月，果期9—10月。

产于湖州、杭州、宁波、金华、台州、温州及诸暨、嵊州、莲都、龙泉、景宁。生于海拔500m以下的山坡疏林下、林缘，攀缘于树冠、灌丛、岩石、空旷草地上。分布于华东、华南、西南及河南、河北。尼泊尔、印度、缅甸也有；北美洲有引种并广泛归化。

1a. 光叶蛇葡萄（变种）（图6-120）

var. **hancei** (Planch.) Momiy.——*A. heterophylla* (Thunb.) Siebold et Zucc. var. *hancei* Planch.——*A. brevipedunculata* (Maxim.) Trautv. var. *hancei* (Planch.) Rehder——*A. sinica* (Miq.) W.T. Wang var. *hancei* (Planch.) W.T. Wang

小枝、叶片和叶柄无毛或近无毛，或被长约0.1mm的白色短毛。

产于嘉兴、宁波、台州、温州沿海地区及湖州市区、建德、武义、仙居、文成、泰顺。生于海拔50～300m的向阳山坡林缘、路旁乱石堆中，攀缘于树冠、岩石上。分布于江苏、江西、福建、湖南、广东、广西、云南、贵州、四川、河南、山东。日本也有。

图6-120　光叶蛇葡萄

2. 东北蛇葡萄

Ampelopsis brevipedunculata (Maxim.) Trautv.—*Cissus brevipedunculata* Maxim.—*C. humulifolia* Bunge var. *brevipedunculata* (Maxim.) Regel—*A. heterophylla* (Thunb.) Siebold et Zucc. var. *brevipedunculata* (Maxim.) C.L. Li

落叶木质藤本。小枝圆柱形，有纵棱纹，褐色，疏被长柔毛，毛长0.5～1mm；卷须2或3分枝。单叶；叶片肾状五角形或心状五角形，长3.5～14cm，宽3～11cm，先端急尖，基部心形，基缺近呈钝角，3～5浅裂，稀中裂，侧裂片先端渐尖，常稍呈尾状向外弯曲，边缘具不等的斜三角形粗锐牙齿，上面绿色，无毛，下面淡绿色，脉上疏被柔毛；叶柄长1～7cm，疏被柔毛。聚伞花序与叶对生或假顶生，花序梗长1～2.5cm，疏被柔毛；花梗长1～3mm，疏生短柔毛。浆果近球形，直径5～8mm。种子2～4，长椭球形，顶端近圆形。花期7—8月，果期9—10月。

分布于东北及山东。俄罗斯远东地区、朝鲜半岛也有。浙江不产，但产以下2变种。

2a. 异叶蛇葡萄（变种）（图6-121）

var. **heterophylla** (Thunb.) H. Hara—*Vitis heterophylla* Thunb.—*A. heterophylla* (Thunb.) Siebold et Zucc., nom. illeg.—*A. humulifolia* Bunge var. *heterophylla* (Thunb.) K. Koch—*A. glandulosa* (Wall.) Momiy. var. *heterophylla* (Thunb.) Momiy.

小枝无毛。叶片多数3～5深裂，缺裂宽阔，裂口凹圆，中间2缺裂较深，下方两侧缺裂较浅，裂片不呈尾状外弯，少数叶片浅裂或不分裂，上面鲜绿色。

产于湖州、宁波、台州、温州及临安、绍兴市区、普陀、衢州市区、江山、金华市区、东阳、武义、莲都、遂昌、庆元、景宁。生于海拔200～1500m的山坡阔叶林中、沟谷溪边或疏林岩石旁。分布于华东及湖北、湖南、广东、广西、四川。日本也有。

该类群的学名一度混乱，主要原因是《中国植物志》在采用 *A. heterophylla* (Thunb.) Siebold

图6-121　异叶蛇葡萄

et Zucc.[1845,《中国植物志》误记为1815,基名 *Vitis heterophylla* Thunb.(1784)]为其学名时,未注意到它是 *A. heterophylla* Blume(1825)—— *Parthenocissus heterophylla* (Blume) Merr.的晚出异物同名,是个非法名称。

《浙江种子植物检索鉴定手册》记载浙江尚产葎叶蛇葡萄 *A. humulifolia* Bunge,该种的叶下面粉绿色,这在蛇葡萄属单叶类群中尤为特别。本省有叶形酷似者,但叶下面均为浅绿色,疑为异叶蛇葡萄的特异类型。

2b. 牯岭蛇葡萄(变种)(图6-122)

var. **kulingensis** Rehder—— *A. glandulosa* (Wall.) Momiy. var. *kulingensis* (Rehder) Momiy.—— *A. heterophylla* (Thunb.) Siebold et Zucc. var. *kulingensis* (Rehder) C.L. Li

植株无毛或近无毛。叶片显著呈五角形,明显3浅裂,侧裂片先端急尖至渐尖,明显外倾或前伸,上面深绿色。

产于全省丘陵山区。生于海拔300~1600m的沟谷林下或山坡灌丛中,攀缘于树冠、灌木、岩石上。分布于华东及湖南、广东、广西、贵州、四川。

图6-122 牯岭蛇葡萄

本省尚有变型微毛蛇葡萄 form. **puberula** W.T. Wang（图6-123），小枝密被微短柔毛。产于临安、淳安、慈溪、余姚、普陀、武义、龙泉。

图6-123　微毛蛇葡萄

3. 三裂叶蛇葡萄（图6-124）

Ampelopsis delavayana Planch. ex Franch. —— *A. heterophylla* (Thunb.) Siebold et Zucc. var. *delavayana* (Planch.) Gagnep.

落叶木质藤本。小枝常带红色，连同叶柄、花序梗、花梗常有微柔毛；卷须2或3分枝。叶片多数为掌状3（5）全裂或为掌状3小叶复叶，中央小叶片长椭圆形至宽卵圆形，长3～8cm，先端渐尖，基部楔形或圆形，通常不分裂，有短柄或无柄，侧生小叶片极偏斜，斜卵形，无柄；枝下部的叶常为单叶，叶片3浅裂，宽卵形，长与宽均为5～12cm，先端渐尖，基部心形，边缘有带突尖的浅齿，上面近无毛或脉上有毛，下

图6-124　三裂叶蛇葡萄

面有短柔毛；叶柄与叶片近等长。多歧聚伞花序与叶对生或假顶生，花序梗长2～4cm；花梗长1～2.5mm。浆果球形或扁球形，成熟时呈蓝紫色，直径6～8mm。种子2或3。花期5月，果期8—9月。

产于台州、温州及长兴、淳安、嵊州、新昌、宁波市区、鄞州、余姚、奉化、象山、宁海、普陀、龙游、金华市区、松阳、龙泉、庆元。生于海拔800m以下的沟谷、山坡灌丛或林中。分布于福建、广东、广西、海南、四川、贵州、云南。

3a. 掌裂蛇葡萄（变种）（图6-125）

var. **glabra** (Diels et Gilg) C.L. Li —— *A. aconitifolia* Bunge var. *glabra* Diels et Gilg

植株光滑无毛；掌状复叶具3～5小叶。

产于桐庐、淳安、新昌、慈溪、余姚、象山、宁海、衢州市区、三门、仙居、温岭、玉环、苍南。生于海拔50～800m的沟边、山坡和荒地上。分布于江苏、湖北、河南、山东、河北、内蒙古、辽宁、吉林。

图6-125　掌裂蛇葡萄

4. 乌头叶蛇葡萄（图6-126）

Ampelopsis aconitifolia Bunge

落叶木质藤本。小枝圆柱形，有纵棱纹，被疏柔毛；卷须2或3分枝。掌状5小叶复叶；小叶片披针形或菱状披针形，长4～9cm，宽1.5～6cm，先端渐尖，基部楔形，中央小叶片羽状分裂或呈粗锯齿状，有时外侧小叶片浅裂或不裂，两面无毛或脉上疏生柔毛；叶柄长1.5～2.5cm，无毛或疏生柔毛，小叶几无柄。伞房状复二歧聚伞花序与叶对生或假顶生，疏散，花序梗长1.5～4cm，无毛或被疏柔毛；花梗长1.5～2.5mm，几无毛。浆果近球形，直径6～8mm。种子2或3。花期5—6月，果期8—9月。

产于仙居、苍南（马站）。生于海拔200m以下的沟边、山坡灌丛中或草地上。分布于河南、陕西、甘肃、河北、山西、内蒙古。北美洲有引种并广泛归化。

图6-126　乌头叶蛇葡萄

4a. 掌裂草葡萄（变种）（图6-127）

var. **palmiloba** (Carrière) Rehder —— *A. palmiloba* Carrière

小叶片大多不分裂，边缘通常具较深而粗的锯齿，或混生有浅裂者，两面光滑无毛或下面微被柔毛。

产于临海、永嘉（乌牛）。生于海拔130～160m的沟谷灌丛中。分布于东北、华北及四川、陕西、甘肃、宁夏。

图6-127　掌裂草葡萄

5. 白蔹 五爪藤 （图6-128）

Ampelopsis japonica (Thunb.) Makino —— *Paullinia japonica* Thunb.

落叶木质藤本。块根粗厚，肉质，纺锤形或圆柱形，数个相聚；枝叶通常无毛；幼枝带淡紫色，有细条纹；卷须不分枝或顶端有短分枝。掌状复叶，长4～10cm，宽7～12cm，小叶3～5；小叶片一部分羽状分裂，一部分具羽状缺刻，中央小叶片最大，两侧者较小，通常羽状分裂，基部小叶片常不分裂，叶轴和小叶柄有翅，裂片与叶轴连接处有关节，裂片卵形至椭圆状卵形或卵状披针形，先端渐尖，基部楔形；叶柄长3～5cm，微淡紫色。聚伞花序与叶对生或假顶生，直径1～2cm，无毛，花序梗长3～8cm，细而缠绕；花梗极短或几无梗。浆果肾形或球形，成熟时呈蓝色，直径约6mm，具针孔状凹点。种子1～3。花期5—6月，果期9—10月。

产于长兴、安吉、杭州市区、临安、建德、诸暨、嵊州、宁波市区、鄞州、余姚、奉化、象山、宁海、兰溪、台州市区、天台、三门、临海、仙居、温岭。生于海拔300m以下的山坡路边、灌丛中或草地上。分布于华中及江苏、江西、广东、广西、四川、陕西、河北、山西、辽宁、吉林。日本也有。

图6-128 白蔹

④ 牛果藤属（羽叶蛇葡萄属）Nekemias Raf.

木质藤本。枝具皮孔，髓白色；卷须2（3）分枝，与叶对生，顶端常有简化花序，无吸盘。一回至二回（稀三回）羽状复叶；具叶柄和托叶。复二歧聚伞花序，花序梗长，上举，与叶对生或假顶生；花多为两性，5数；花萼碟状；花瓣离生，花后各自凋落；雄蕊与花瓣相对；花盘发达，边缘波状浅裂；子房2室，花柱短，圆锥形，柱头圆。果序上举；浆果球形或近球形，紫色、蓝色或黑色；果梗顶端不增粗，无瘤状突起。种子1～4，倒卵球形，腹面两侧洼穴呈沟状、倒卵形或不明显，从基部向上达种子中部或上部。

9种，其中8种分布于亚洲东部和东南部的暖温带至热带地区，1种分布于北美洲东部至加勒比地区。我国有7种；浙江有4种，其中栽培1种。

分种检索表

1. 小枝、叶柄、花序轴被柔毛。
   2. 小枝明显具5～7纵棱；嫩枝、叶片、叶柄、花序被锈色卷曲柔毛 ········ **1. 毛枝牛果藤 N. rubifolia**
   2. 小枝圆柱形，微具纵棱；嫩枝、叶背脉腋、叶柄、花序被短柔毛 ········ **2. 广东牛果藤 N. cantoniensis**
1. 小枝、叶柄、花序轴均无毛。
   3. 一回羽状复叶；小叶片长7～15cm，宽3～7cm，下面灰绿色，边缘每侧有5～11尖锐细锯齿，小叶2或3对（野生） ················ **3. 羽叶牛果藤 N. chaffanjonii**
   3. 一回至二回羽状复叶；小叶片长2～5cm，宽1～2.5cm，下面浅绿色，边缘每侧有2～5钝锯齿（栽培） ················ **4. 显齿牛果藤 N. grossedentata**

1. 毛枝牛果藤　毛枝蛇葡萄　（图6-129）

Nekemias rubifolia (Wall.) J. Wen et Z.L. Nie——*Vitis rubifolia* Wall.——*Ampelopsis rubifolia* (Wall.) Planch.

落叶木质藤本。小枝具明显5～7纵棱，连同卷须、小叶片两面、叶轴、叶柄、花序梗和花序均密被锈色卷曲柔毛；卷须2分枝。一回或二回羽状复叶，二回羽状复叶者基部1对为3小叶；小叶片纸质或厚纸质，卵状椭圆形或卵圆形，长3.5～14cm，宽2～6.5cm，先端急尖或渐尖，基部微心形或圆形，边缘具锯齿，侧脉5～7对；叶柄长1～8cm。伞房状多歧聚伞花序与叶对生或假顶生，花

图6-129　毛枝牛果藤

序梗长2~6cm。浆果近球形，直径0.8~1.5cm。花期6—7月，果期9—10月。

产于建德、衢州市区、江山、金华市区、莲都、遂昌、景宁、文成、泰顺。生于海拔800m以下的沟谷林中、林缘或山坡灌丛中。分布于江西、湖南、广西、云南、贵州、四川。印度也有。

2. 广东牛果藤　广东蛇葡萄　（图6-130）

Nekemias cantoniensis (Hook. et Arn.) J. Wen et Z.L. Nie — *Cissus cantoniensis* Hook. et Arn. — *Ampelopsis cantoniensis* (Hook. et Arn.) K. Koch

木质藤本。茎粗壮，有时具细长而悬垂的红色气生根；小枝圆柱形，微具纵棱，嫩时连同叶柄、小叶片背面脉腋、小叶柄、花序均多少被短柔毛；卷须2分枝。二回羽状复叶或小枝上部着生有一回羽状复叶，前者基部1对小叶常为3小叶；小叶片薄革质，卵形或卵状长圆形，长3~8cm，先端短尖或渐尖，基部钝圆至宽楔形，上面亮绿色，边缘具稀疏不明显的钝齿，下面常被白粉，侧脉4~7对；叶柄长2~8cm。伞房状多歧聚伞花序与叶对生或假顶生，花序梗长2~4cm。浆果倒卵状球形，成熟时由红色转为紫黑色，直径5~6mm。花期6—8月，果期9—10月。

产于宁波、台州、丽水、温州及湖州市区、长兴、安吉、杭州市区、临安、建德、衢州市区、开化、常山、金华市区、东阳、磐安、武义。生于海拔850m以下的沟谷林中、山坡灌丛或乱石堆中。分布于华南、西南及安徽、福建、湖南、湖北。

图6-130　广东牛果藤

3. 羽叶牛果藤 羽叶蛇葡萄 （图6-131）

Nekemias chaffanjonii (H. Lév. et Vaniot) J. Wen et Z.L. Nie —— *Vitis chaffanjonii* H. Lév. et Vaniot —— *Ampelopsis chaffanjonii* (H. Lév. et Vaniot) Rehder

木质藤本。小枝圆柱形，有纵棱纹，无毛；卷须2分枝。一回羽状复叶，通常有小叶2或3对；小叶片长椭圆形或卵状椭圆形，长7～15cm，宽3～7cm，先端急尖或渐尖，基部圆形或宽楔形，边缘每侧具5～11尖锐细锯齿，上面绿色或深绿色，下面灰绿色，两面无毛，侧脉5～7对；叶柄长2～4.5cm，无毛。伞房状多歧聚伞花序与叶对生或假顶生，花序梗长3～5cm，无毛。浆果近球形，直径0.8～1cm。种子倒卵球形。花期5—7月，果期7—9月。

产于衢州及临安、金华市区、磐安、武义、天台、仙居、莲都、缙云、遂昌、景宁。生于海拔300～800m的山坡疏林下或沟谷灌丛中。分布于安徽、江西、湖北、湖南、广西、四川、贵州、云南。

图6-131　羽叶牛果藤

4. 显齿牛果藤 显齿蛇葡萄 （图6-132）

Nekemias grossedentata (Hand.-Mazz.) J. Wen et Z.L. Nie —— *Ampelopsis cantoniensis* (Hook. et Arn.) K. Koch var. *grossedentata* Hand.-Mazz. —— *A. grossedentata* (Hand.-Mazz.) W.T. Wang

木质藤本。小枝圆柱形，有显著纵棱纹，无毛；卷须2分枝。一回至二回羽状复叶，二回羽状复叶者基部1对为3小叶；小叶片卵圆形、卵状椭圆形或长椭圆形，长2～5cm，宽1～2.5cm，先端急尖或渐尖，基部宽楔形或近圆形，边缘每侧具2～5钝齿，上面绿色，光亮，下面浅绿色，两面无毛,侧脉3~5对;叶柄长1~2cm,无毛。伞房状多歧聚伞花序与叶对生或假顶生,花序梗长1.5~3.5cm,无毛。浆果近球形,直径0.6~1cm。种子倒卵球形。花期7月,果期9—12月。

原产于江西、福建、湖南、湖北、广东、广西、贵州、云南。开化、江山、武义等地有栽培。

叶可制夏季解暑饮料(藤茶)。

图6-132　显齿牛果藤

5 乌蔹莓属 Causonis Raf.

草质藤本,冬季枝叶常枯萎。枝无皮孔;卷须2或3分枝,与叶对生,顶端无吸盘。鸟足状5小叶复叶,稀掌状3小叶复叶,互生;小叶具柄。伞房状多歧聚伞花序或复二歧聚伞花序,腋生或假顶生;花多为两性,4数;花瓣离生,花后各自凋落;花盘发达,边缘4浅裂或波状浅裂;子房2室,每室胚珠2,花柱钻形,短,柱头不裂。果序梗绿色而上举;浆果球形、近球形或倒梨形,成熟时呈黑色,或由白色、淡蓝紫色转黑色。种子1~4,倒卵球形,种脐与种脊一体呈带形或在种子中部呈椭圆形,背面具突起横棱纹,腹面两侧洼穴深凹,口部呈倒卵状披针形至狭倒卵形,内面边缘光滑,中棱脊突出,宽度与洼穴宽度近相等或稍狭;胚乳横切面呈"M"形。

约30种,分布于亚洲、大洋洲。我国约有10种,南北各地均有分布;浙江有4种。

一一六 葡萄科 Vitaceae

分种检索表

1. 枝、叶无毛或疏被微柔毛；叶片薄纸质至薄革质；花序被微柔毛或无毛；花瓣先端无角状突起或具突出、外展的小角。
    2. 枝、叶被微柔毛或近无毛；叶片薄纸质、纸质或厚纸质；花瓣先端无小角状突起。
        3. 卷须2(3)分枝或不分枝；果实成熟时由绿色转为黑色、黑紫色；丰央小叶片具4～9对侧脉，边缘每侧有2～12(15)锯齿·· **1. 乌蔹莓 C. japonica**
        3. 卷须(2)3分枝；果实成熟时由绿色变为白色、淡蓝紫色，再转为黑色；中央小叶片具9～12对侧脉，边缘每侧有12～22锯齿·· **2. 山地乌蔹莓 C. montana**
    2. 枝、叶无毛；叶片厚纸质或薄革质；花瓣先端有突出、外展的小角·············· **3. 角花乌蔹莓 C. corniculata**
1. 枝、叶及花序被开展的白色节状长糙毛；叶片膜质；花瓣先端具细长、直伸或顶端靠合的角状突起··· **4. 文采乌蔹莓 C. wentsaiana**

1. 乌蔹莓　猪血藤　（图6-133）

Causonis japonica (Thunb.) Raf.——*Vitis japonica* Thunb.——*Cayratia japonica* (Thunb.) Gagnep.

多年生草质藤本。小枝具纵棱，连同叶柄、小叶柄、小叶片两面中脉、花序梗、花序均无毛或疏被微柔毛；卷须2(3)分枝。鸟足状5小叶复叶；中央小叶片较大，薄纸质，椭圆形或狭卵形，长2.5～8cm，宽2～3.5cm，先端急尖或短渐尖，基部楔形或宽楔形，边缘每侧有6～12(15)锯齿，侧脉5～9对；叶柄长1.5～10cm，中央小叶柄长0.5～2.5cm，侧生小叶无柄或有短柄。花序腋生或假顶生，复二歧聚伞花序，直径6～15cm，花序梗长

图6-133　乌蔹莓

1～13cm；花4数；花瓣先端无小角状突起；花盘橙黄色，花后通常转粉红色，稀转白色。浆果近球形，成熟时由绿色转为黑色，有光泽，直径约1cm。种子腹穴沟状，口部呈倒卵状披针形。花期5—6月，果期8—10月。

产于全省各地。生于低海拔山坡、沟谷林中、灌丛中或平原"四旁"、旷野草地上，攀附于岩石、树冠上。分布于华东、华中、华南、西南及陕西、山东。东南亚、南亚及日本、澳大利亚也有。

全草可入药，有凉血解毒、利尿消肿等功效。

1a. 薄叶乌蔹莓（亚种）（图6-134）

subsp. **tenuifolia** (Wight et Arn.) X.F. Jin et Z.H. Chen —— *Vitis tenuifolia* Wight et Arn. —— *Cayratia tenuifolia* (Wight et Arn.) Gagnep. —— *C. japonica* (Thunb.) Gagnep. var. *dentata* (Makino) Honda

花盘黄色，花后转白色；果实幼时中上部常缢缩，呈乳头状、倒梨形或葫芦形，成熟时呈近球形。

产于杭州市区（江干）、象山、金华市区（婺城）、温岭、洞头、乐清、平阳、苍南。生于海滨堤岸上、路旁草丛中或攀附于灌木、岩石上。分布于我国台湾。日本、印度尼西亚、马来西亚也有。

本亚种在本省只见于滨海地区，金华市区所见者可能系花木引种带入。

图6-134 薄叶乌蔹莓

1b. 尖叶乌蔹莓（亚种）（图6-135）

subsp. **pseudotrifolia** (W.T. Wang) Z.H. Chen, Y.F. Lu et X.F. Jin——*Cayratia pseudotrifolia* W.T. Wang

卷须不分枝，稀2分枝；小叶3，稀4或5；中央小叶片具4～7对侧脉，边缘每侧有2～9（12）浅钝齿；花盘黄色，花后转白色。

产于安吉、德清、临安、金华市区（婺城）。生于海拔300～800m的山地、沟谷林下。分布于江西、湖北、湖南、广东、四川、贵州、云南、陕西、甘肃。

德清莫干山所产者，中央小叶片狭倒卵形或狭椭圆形，具4或5对侧脉，边缘每侧具2～4浅钝齿，与本亚种略有不同。

图6-135 尖叶乌蔹莓

2. 山地乌蔹莓 （图6-136）

Causonis montana Z.H. Chen, Y.F. Lu et X.F. Jin

多年生草质藤本。小枝具纵棱，连同叶柄、小叶片两面中脉、小叶柄、花序梗均无毛或疏被微柔毛；卷须（2）3分枝。鸟足状5小叶复叶；中央小叶片较大，纸质或厚纸质，卵状椭圆形或狭卵形，长4~14cm，宽2~5.5cm，先端长渐尖或渐尖，基部楔形，侧脉9~12对，边缘每侧有12~22锯齿，上面常具绢状光泽；叶柄长2~10cm，中央小叶柄长1~4cm，侧生小叶无柄或有短柄。复伞房状多歧聚伞花序腋生或假顶生，直径5~10cm，花序梗长4~10cm；花瓣先端通常无小角状突起；花盘橙红色、玫红色、淡紫色或紫红色。浆果近球形，成熟时由绿色变为白色、淡蓝紫色，再转为黑色，直径约1cm。种子背面具锐棱纹，腹穴沟状，口部呈倒卵状披针形。花期5月中旬至8月上旬，果期7月至10月中旬。

产于衢州市区、开化、江山、武义、遂昌、龙泉、庆元、景宁、青田、苍南、泰顺。生于海拔500m以上的山地山坡、沟谷林缘，常攀缘于灌木、岩石上。分布于安徽、江西、福建。模式标本采自景宁（望东垟渔漈坑）。

图6-136 山地乌蔹莓

3. 角花乌蔹莓 （图6-137）

Causonis corniculata (Benth.) J. Wen et L.M. Lu —— *Vitis corniculata* Benth. —— *Cayratia corniculata* (Benth.) Gagnep.

多年生草质藤本。具块茎。植株无毛。小枝具纵棱纹；卷须2分歧。鸟足状5小叶复叶；中央小叶片较大，厚纸质或薄革质，长椭圆状披针形，长3.5～9cm，宽1.5～3cm，先端渐尖，基部楔形，边缘具锯齿或细牙齿，齿端向上突起，上面亮绿色，侧脉5～7对；叶柄长2～4.5cm，小叶有短柄或几无柄。复二歧聚伞花序腋生，直径3～5cm，花序梗长3～3.5cm；花瓣先端具突出、稍外展的小角；花盘黄色，花后转橙红色。浆果近球形，成熟时由绿色变为白色，再转为黑色，直径0.8～1cm。种子腹穴沟状，口部呈倒卵状披针形。花期4—5月，果期7—9月。

产于平阳、苍南。生于海拔600m以下的沟谷溪边林缘、疏林下或山坡灌丛中，攀缘于矮灌、岩石或墙垣上。分布于福建、广东。

块茎可入药，有清热解毒、祛风化痰等功效。

图6-137 角花乌蔹莓

4. 文采乌蔹莓 （图6-138）

Causonis wentsaiana Z.H. Chen, F. Chen et X.F. Jin

多年生草质藤本。小枝具纵棱，连同卷须基部、叶柄、托叶、小叶柄、小叶片两面中脉、花序梗、花序均被开展的白色节状长糙毛，毛长达2mm，干后皱曲；卷须2分枝。鸟足状5小叶复叶；中央小叶片较大，膜质，倒卵形、倒卵状椭圆形或宽卵形，长5～13cm，宽2～6cm，先端渐尖或短渐尖，基部楔形，侧脉8～10对，边缘具粗锯齿；叶柄长2～10cm，中央小叶柄长1～2cm，侧生小叶柄长2～5mm。复伞房状多歧聚伞花序腋生或假顶生，直径3～9cm，花序梗长2～5cm；花瓣先端具细长的角状突起，直伸或顶端靠合，长约2mm；花盘黄色或白色。浆果近球形，成熟时呈黑色，直径约8mm。种子2～4，腹穴沟状，口部呈狭倒卵形。花期6月，果期8月。

图6-138　文采乌蔹莓

产于庆元(荷地至竹坪一带)、文成(铜铃山镇千秋门)。生于海拔500~650m的阴湿沟谷林下、乱石堆中,攀缘于矮灌、岩石上。模式标本采自文成(铜铃山镇千秋门)。

文献记载浙江产车索藤 *Cayratia japonica* (Thunb.) Gagnep. var. *pubifolia* Merr. et Chun,经作者核对引证标本,确认系本种的误定。

6 拟乌蔹莓属 Pseudocayratia J. Wen, L.M. Lu et Z.D. Chen

草质藤本,冬季枝叶常枯萎。枝无皮孔;卷须(2)3分枝,与叶对生,顶端无吸盘。鸟足状复叶互生,小叶3~5;小叶具柄。伞房状多歧聚伞花序,腋生或假顶生,稀与叶对生;花多为两性,4数;花瓣离生,花后各自凋落;花盘发达,边缘4浅裂或波状浅裂;子房2室,每室胚珠2,花柱钻形,短,柱头不裂。果序梗红色而下垂,或绿色而上举;浆果球形或近球形,成熟时由红色或粉红色转为黑色。种子2~4,倒卵球形,种脐与种脊一体呈带形,背面具瘤状突起,腹面两侧洼穴宽阔而浅凹,口部呈倒卵圆形或半心形,内面边缘粗糙,中棱脊突出,宽度远狭于洼穴;胚乳横切面呈"T"形。

6种,产于中国和日本。我国有5种;浙江有2种。

1. 美丽拟乌蔹莓 (图6-139)

Pseudocayratia speciosa J. Wen et L.M. Lu——*Cayratia oligocarpa* (H. Lév. et Vaniot) Gagnep. var. *glabra* auct., non Rehder, quoad habitat. Zhejiang.

多年生草质藤本。茎长可达10m以上,多分枝,小枝具纵棱纹,被柔毛;卷须(2)3分枝。鸟足状5小叶复叶;中央小叶片较大,厚纸质,卵状椭圆形,稀椭圆形或披针形,长5~11(17)cm,宽2~4.5cm,先端渐尖,基部楔形或宽楔形,两面仅中脉和侧脉伏生短柔毛,上面沿中脉常有白斑,边缘每侧具7~22尖锐牙齿,侧脉6~11对;叶柄长2~7.5cm,中央小叶柄长1.4~3.8cm,均伏生短柔毛。多歧聚伞花序腋生或假顶生,稀与叶对生,花序梗长3~8cm,中部常具关节,疏被短柔毛;花梗、花萼、花瓣外面被乳突状毛。果序梗红色,下垂,果梗红色;浆果球形或卵球形,成熟时由鲜红色转为黑色,直径0.7~1cm,经久不凋。种子1~3,倒卵球形,腹穴宽浅,口部呈半倒心形。花期4月下旬至5月中旬,果期7月下旬至9月上旬。

产于衢州、台州、丽水、温州及诸暨、宁波市区、鄞州、奉化、磐安、武义。生于海拔200~1600m的山坡灌丛或沟谷林中,攀缘于树冠、岩石上。分布于安徽、江西、福建、广东、广西。

攀缘力强,叶片上面沿中脉常有白斑,果序红色而下垂,可供观赏。

本种与分布于华中、西南的樱叶拟乌蔹莓 *P. dichromocarpa* (H. Lév.) J. Wen et Z.D. Chen——*Cayratia oligocarpa* var. *glabra* (Gagnep.) Rehder——*C. albifolia* C.L. Li var. *glabra* (Gagnep.) C.L. Li 接近,但后者果序梗绿色,果实成熟时由绿色变为黄色,最后转为黑色。

图 6-139 美丽拟乌蔹莓

1a. 白毛拟乌蔹莓（亚种）（图 6-140）

subsp. **pengiana** (T.W. Hsu et J. Wen) Z.H. Chen, Y.F. Lu et X.F. Jin——*P. pengiana* T.W. Hsu et J. Wen——*Cayratia oligocarpa* auct., non (H. Lév. et Vaniot) Gagnep., quoad habitat. Zhejiang.

叶柄、小叶柄、小叶片背面（至少中脉和侧脉上）密被灰白色开展柔毛。花期 5 月，果期 7 月至 8 月上旬。

产于龙游、武义、仙居、莲都、遂昌、松阳、龙泉、庆元、景宁、青田。生于海拔300～1500m的山坡、沟谷林中，攀缘于树冠、岩石上。分布于福建、台湾。

本亚种在标本室里常被误定为华中拟乌蔹莓 *P. oligocarpa* (H. Lév. et Vaniot) J. Wen et L.M. Lu—*Cayratia oligocarpa* (H. Lév. et Vaniot) Gagnep.，但后者茎密被开展长节毛。此外，与美丽拟乌蔹莓一样，本亚种叶片上面沿中脉也常有白斑，但此性状并不稳定。

图6-140　白毛拟乌蔹莓

2. 华东拟乌蔹莓 （图6-141）

Pseudocayratia orientalisinensis Z.H. Chen, W.Y. Xie et X.F. Jin

多年生草质藤本。茎单一，长仅1（2.5）m，常伏地而生，极少分枝，具纵棱，连同小叶片两面脉上、叶柄、花序梗均伏生多节短柔毛；卷须3分枝。基部1～3叶明显较大，鸟足状5小叶复叶；中央小叶片较大，宽倒卵状椭圆形或宽椭圆形，长9～15cm，宽5～9cm，先端短渐尖或急尖，基部宽楔形至近圆形，边缘有16～26粗齿，叶柄长5～16cm，中央小叶柄长2.5～7.5cm；中上部叶渐小，小叶3～5；所有小叶片膜质或薄纸质。多歧聚伞花序腋生或假顶生，直径1.5～4cm，花序梗长1～3cm；花梗、花萼、花瓣外面被开展的乳突状毛。果序梗绿色，上举；浆果近球形，成熟时由玫瑰红色转为黑色，直径0.8～1cm。种子倒卵球形，种脐狭条状柱形，于凹缺处呈龟尾状伸出，背棱脊外侧边缘延展，蚀齿状，腹穴宽浅，口部呈半倒心形。花期5月中旬至6月下旬，果期7月中旬至8月中旬。

产于安吉（龙王山）、临安（西天目山、清凉峰）、桐庐（分水）、莲都（太山）、景宁（草鱼塘）、青田（祯旺）。生于海拔600～1400m的山地山坡、沟谷林缘、林下，匍匐于地表、岩石或矮灌上。分布于安徽、江西。模式标本采自景宁(草鱼塘)。

与美丽拟乌蔹莓的主要区别在于后者的茎具有很强的攀缘力,可达十余米的树冠,多分枝;叶片厚纸质,中央小叶片通常卵状椭圆形,先端渐尖;果序梗与果梗红色,果序下垂;果实成熟时由鲜红色变为黑色,经久不凋。

本种较耐阴,茎伏地而生,枝叶茂密,果实成熟前呈玫瑰红色,十分艳丽,适作林下观赏地被。

图6-141　华东拟乌蔹莓

❼ 崖爬藤属 Tetrastigma (Miq.) Planch.

常绿木质藤本,稀草质藤本。卷须不分枝至多分枝,顶端有时扩大成吸盘状。掌状3～5小叶复叶,稀单叶,互生。聚伞花序、伞形花序或伞房式聚伞花序,腋生或假顶生;花单性

一一六　葡萄科 Vitaceae

或杂性，4数；花萼顶端平截或4齿裂；花瓣离生，花后各自凋落；雄蕊与花瓣对生；花盘浅盘状或环状，与子房基部合生；子房2室，每室胚珠2，花柱不明显，柱头常4裂，稀不规则分裂。浆果近球形或椭球形。种子1～4，椭球形、倒卵球形或倒三棱锥形，种脐在种子背面下部与种脊一体呈带形或在中部呈椭圆形，腹面两侧洼穴向上斜展达顶端，或平行与中棱脊几不分离；胚乳"T"形、"W"形或呈嚼烂状。

约141种，分布于亚洲亚热带、热带地区至大洋洲。我国有44种，分布于长江流域及以南各地，主产于广东、广西、云南等地；浙江有3种，其中逸生1种。

分种检索表

1. 掌状3小叶复叶；小枝具纵棱或细棱纹；卷须不分枝。
   2. 一年生小枝纤细，直径1～1.5mm，具细纵棱纹；中央小叶片狭卵形至披针形，长3～7cm，宽1.5～2.5cm，边缘疏生小锯齿或齿突；花梗被短硬毛 ················· **1. 三叶崖爬藤 T. hemsleyanum**
   2. 一年生小枝较粗壮，直径3～4mm，具显著纵棱；中央小叶片椭圆形或长椭圆形，长7～10cm，宽3～4cm，边缘具浅波状钝齿或粗齿突；花梗无毛 ················· **2. 石生崖爬藤 T. rupestre**
1. 掌状5小叶复叶；小枝圆柱形；卷须4～7分枝 ················· **3. 无毛崖爬藤 T. obtectum var. glabrum**

1. 三叶崖爬藤　三叶青　金线吊葫芦（图6-142）
Tetrastigma hemsleyanum Diels et Gilg

多年生常绿草质藤本。块根卵球形或椭球形，表面深棕色，里面白色；茎下部节上生根；一年生小枝纤细，直径1～1.5mm，有细纵棱纹，无毛或被疏柔毛；卷须不分枝。掌状3小叶复叶；中央小叶片稍大，狭卵形至披针形，长3～7cm，宽1.5～2.5cm，先端渐尖，有小尖头，基部楔形或圆形，侧生小叶片基部不对称，边缘疏生具腺头的小锯齿或齿突，上面暗绿色，两面无毛，侧脉5或6对，在下面微隆起；叶柄长1.3～3.5cm。聚伞花序腋生或假顶生，花序梗短于叶柄，被短柔毛，下部有节，节上有苞片，或假顶生而基部无节和苞片；花梗长2～2.5mm，有短硬毛；

图6-142　三叶崖爬藤

花瓣无毛,先端有小角。浆果近球形,直径约6mm。种子1,倒卵状椭球形。花期4—5月,果期10—11月。

产于本省东部、西部、中部和南部各地。生于海拔1300m以下的山坡、沟谷溪边林下、灌丛中和乱石堆石缝中。分布于华南、西南及江苏、江西、福建、湖北、湖南。

全株可药用,有活血散瘀、解毒、化痰等功效,特别是块茎,对小儿高烧有特效。为浙江省重点保护野生植物。

2. 石生崖爬藤　海南崖爬藤　(图6-143)
Tetrastigma rupestre Planch. —— *T. hainanense* Chun et How

多年生常绿草质藤本。一年生小枝较粗壮,直径3～4mm,具显著的纵棱和沟槽,无毛;卷须不分枝。掌状3小叶复叶;中央小叶片较大,椭圆形或长椭圆形,长7～10cm,宽3～4cm,顶端细渐尖,基部渐狭,侧生小叶片基部不对称,外侧圆形而平截,内侧楔形,边缘有浅波状钝齿或粗齿突,齿端有腺状小尖头,上面浅黄绿色,两面无毛,侧脉6或7对,在下面隆起;叶柄长3.5～7cm,中央小叶柄长1～1.5cm,侧生者长5～6mm,无毛。聚伞花序短小,再组成直径2～3.5cm的伞形花序,花序梗长1～2.5cm,连同分枝被短柔毛;花梗略长于花,无毛;花瓣外面常具粉状微毛,先端有小角。果实球形,直径约8mm。种子卵球形。花期5—6月,果期不详。

原产于海南、广西、云南、贵州。越南、老挝也有。湖南、广西、贵州等地有人工规模栽培。磐安、衢州市区等地有引种,玉环(玉城街道)有栽培并已逸为野生状态。

图6-143　石生崖爬藤

一一六　葡萄科 Vitaceae

地下块茎可充作三叶崖爬藤入药。

《中国植物志》和 Flora of China 采用 T. papillatum (Hance) C.Y. Wu 的学名，但该种的模式标本（Thomas Lowndes Bullock，20297，英国自然历史博物馆标本馆）明显属于乌蔹莓属，即 Cayratia papillata (Hance) Merr. et Chun（1940）。

3. 无毛崖爬藤（变种）（图6-144）

Tetrastigma obtectum (Wall. ex M.A. Lawson) Planch. var. **glabrum** (H. Lév.) Gagnep. — Vitis potentilla H. Lév. et Vaniot var. glabra H. Lév.

多年生常绿草质藤本。植株无毛。小枝圆柱形；卷须4～7分枝。掌状5小叶复叶；中央小叶片稍大，菱状椭圆形或椭圆状披针形，长1～4cm，宽0.5～2cm，先端钝或急尖，基部楔形，外侧小叶片基部不对称，边缘具波状圆齿，或齿端细尖而上翘，侧脉4或5对；叶柄长1～4cm，小叶柄极短或几无柄。伞形花序腋生或假顶生于具1或2叶的短枝上，长1.5～4cm，花序梗长1～4cm。浆果球形，直径0.5～1cm。种子1，椭球形。花期3—5月，果期7—11月。

产于苍南（金乡）、泰顺（雅阳）。生于海拔400m以下的沟谷、山坡密林下或岩石上。分布于江西、福建、台湾、广东、广西、四川、贵州、云南。

与崖爬藤 T. obtectum 的主要区别在于后者小枝、叶柄、花序梗和花梗均疏被柔毛；分布于华中、西南及福建、台湾、广西、甘肃；越南、不丹、尼泊尔也有。

图6-144　无毛崖爬藤

8 葡萄属 Vitis L.

落叶或常绿木质藤本。茎皮长片状剥落；枝无皮孔，髓褐色；卷须与叶对生，顶端无吸盘。单叶互生，叶片不分裂或掌状分裂，稀复叶；托叶常早落。聚伞圆锥花序，与叶对生；花5数，杂性异株，稀两性；花萼碟状，萼片微小；花瓣顶端相互黏合，花后呈帽状脱落；雄蕊与花瓣对生；花盘由5枚蜜腺组成；子房2室，每室胚珠2，花柱短圆锥状。肉质浆果。种子2~4，倒卵球形或倒卵状椭球形，基部有短喙，种脐在种子背部呈圆形或近圆形，腹面两侧洼穴狭窄而呈沟状，或较宽而呈倒卵状长圆形，从种子基部向上通常达种子1/3处；胚乳呈"M"形。

约84种，主要分布于温带地区并延伸至亚热带地区，以中国和北美洲东部种类最为丰富。我国约有40种，南北各地均有分布；浙江有23种，其中引入栽培1种。

葡萄是著名的水果和酿酒原料，世界各地栽培历史悠久；葡萄属的一些野生种类是重要的种质资源；有些种类可药用，果可食或供酿酒。

分种检索表

1. 枝有皮刺 ·· **1. 刺葡萄 V. davidii**
1. 枝无皮刺。
  2. 叶片菱状椭圆形或菱状卵形，基部楔形或宽楔形，不分裂；叶柄最长不超过5mm ·················
    ··· **11. 菱叶葡萄 V. hancockii**
  2. 叶片形状不如上述，至少叶柄明显较长。
    3. 小枝、叶柄密被具腺头的刚毛 ··· **2. 秋葡萄 V. romanetii**
    3. 小枝、叶柄无毛或被柔毛、蛛丝状毛，但绝无具腺头的刚毛（毛葡萄、龙泉葡萄种下类群可被具腺头的刚毛）。
      4. 叶片下面绿色、淡绿色、紫红色或淡紫红色，无毛或被柔毛，或仅初时疏被蛛丝状毛而后脱净。
        5. 成叶下面完全无毛、几无毛或仅脉腋有簇毛。
          6. 叶片三角状戟形或三角状长卵形，叶缘具短缘毛 ············· **9. 温州葡萄 V. wenchowensis**
          6. 叶片形状各异，但绝不为戟形，叶缘无缘毛。
            7. 叶片卵圆形、肾状卵圆形、心状五角形、宽卵形或三角状卵形，基部心形、近截形或深心形；基出脉5（7）。
              8. 叶片卵圆形、肾状卵圆形或心状五角形，基部心形或近截形，基缺两侧绝不覆叠，基出脉5，最外1对在基缺处常裸露 ············· **3. 秀丽葡萄 V. amoena**
              8. 叶片宽卵形或三角状卵形，基部深心形，基缺两侧互相靠拢甚至覆叠，基出脉5（7），最外1对在基缺处绝不裸露 ············· **4. 东南葡萄 V. chunganensis**
            7. 叶片长椭圆状卵形、卵状披针形、宽卵形或卵圆形，基部近截形或微心形；基出脉3（5）。
              9. 叶片薄革质，长椭圆状卵形或卵状披针形，无毛或几无毛，基出脉3···············
                ·· **5. 闽赣葡萄 V. chungii**

一一六　葡萄科 Vitaceae

　　　9. 叶片纸质，宽卵形或卵圆形，下面初时疏被蛛丝状毛而后脱净，基出脉3（5）·················
　　　　　··· 13. 葛藟 V. flexuosa
　5. 成叶下面被柔毛或至少沿脉被短柔毛、短硬毛。
　　　10. 叶片不分裂，稀不明显3浅裂。
　　　　　11. 小枝近圆柱形而仅具细条纹；成叶网脉在两面均明显················ 6. 网脉葡萄 V. wilsoniae
　　　　　11. 小枝通常具显著的纵棱；成叶网脉仅在下面明显············ 7. 华东葡萄 V. pseudoreticulata
　　　10. 叶片显著3～5裂，或混生有不明显分裂的叶。
　　　　　12. 叶片基部深心形、心形或浅心形，基出脉（3）5。
　　　　　　　13. 叶片最外1对基出脉在基缺处绝不裸露，叶脉在上面不深陷而叶面平整。
　　　　　　　　　14. 卷须2分枝；成叶背面淡绿色。
　　　　　　　　　　　15. 叶片较小，长3～6cm，宽3～5cm，叶缘具较钝的锯齿，叶片若分裂，则裂缺凹成钝
　　　　　　　　　　　　　角或圆形（野生）·························· 8. 浙江蘡薁 V. zhejiang-adstricta
　　　　　　　　　　　15. 叶片较大，长7～18cm，宽6～16cm，叶缘具深而粗的牙齿，裂缺凹成锐角，稀钝角
　　　　　　　　　　　　　（栽培或逸生）································· 15. 葡萄 V. vinifera
　　　　　　　　　14. 卷须通常不分枝，稀混生2分枝；成叶背面紫红色······ 10. 红叶葡萄 V. erythrophylla
　　　　　　　13. 叶片最外1对基出脉在基缺处常裸露，脉网在上面深陷而叶面皱缩··················
　　　　　　　　　······································· 14. 金寨山葡萄 V. jinzhaiensis
　　　　　12. 叶片基部楔形、宽楔形、截形或截状浅心形，基出脉3············ 12. 仙居葡萄 V. wentsaiana
　4. 叶片下面多少呈灰色、褐色、棕色或锈色，始终全面密被蛛丝状绒毛，或幼叶如此而成叶的毛被渐稀
　　疏，但绝不脱净。
　　　16. 叶片不分裂、不明显3裂，或兼有3～5裂叶片。
　　　　　17. 卷须不分枝或混有2分枝；小枝被开展短柔毛和稀疏蛛丝状毛。
　　　　　　　18. 叶片不分裂，基部心形；叶柄长0.3～1（1.5）cm·················· 20. 庐山葡萄 V. hui
　　　　　　　18. 叶片通常中部3浅裂或不明显分裂，基部浅心形或近截形；叶柄长1～3.5cm··········
　　　　　　　　　··· 21. 小叶葡萄 V. sinocinerea
　　　　　17. 卷须2分枝；小枝仅被蛛丝状毛而无开展短柔毛。
　　　　　　　19. 叶片下面始终全面密被蛛丝状绒毛，网脉不可见················ 16. 毛葡萄 V. heyneana
　　　　　　　19. 幼叶下面密被蛛丝状毛，后渐稀疏，成叶下面网脉可见。
　　　　　　　　　20. 基出脉5，侧脉3或4对··························· 18. 龙泉葡萄 V. longquanensis
　　　　　　　　　20. 基出脉3，下部的叶片偶混有5出，侧脉4或5（6）对············ 19. 开化葡萄 V. kaihuaica
　　　16. 叶片明显3～5浅裂至深裂，或全裂、近全裂，稀兼有不裂，或为三出复叶。
　　　　　21. 全为单叶，绝不全裂或近全裂。
　　　　　　　22. 叶片通常3～5深裂或中裂，一回裂片常再浅裂至深裂·············· 22. 蘡薁 V. bryoniifolia
　　　　　　　22. 叶片分裂不如上述。
　　　　　　　　　23. 小枝被灰白色或锈色蛛丝状绒毛，绝不被开展短柔毛；卷须2（3）分枝；叶柄长2.5～6cm
　　　　　　　　　　　··· 17. 桑叶葡萄 V. ficifolia
　　　　　　　　　23. 小枝或多或少被短柔毛；卷须不分枝或混生2分枝；叶柄长1～3.5cm············
　　　　　　　　　　　··· 21. 小叶葡萄 V. sinocinerea
　　　　　21. 掌状三出复叶，常兼有单叶，单叶者常3～5深裂至全裂，有时呈掌状5出复叶状，稀完全不裂或
　　　　　　3浅裂至中裂·· 23. 三出蘡薁 V. sinoternata

1. 刺葡萄 山葡萄 （图6-145）

Vitis davidii (Rom. Caill.) Foëx —— *Spinovitis davidii* Rom. Caill.

木质藤本。茎粗壮；幼枝密生直立或顶端稍弯曲的皮刺，皮刺长2～4mm，枝和刺呈棕红色；卷须2分枝。叶片宽卵形至卵圆形，长5～20cm，宽5～14cm，先端短渐尖，有时不明显3浅裂，基部心形，边缘有波状细锯齿，上面暗绿色，脉上微有短柔毛或近无毛，下面通常灰白色，除主脉和脉腋有短柔毛外，余无毛，基出脉5，侧脉4或5对；叶柄长6～13cm，通常疏生小皮刺。圆锥花序长5～15cm。浆果球形，成熟时呈蓝紫色，直径1～1.5cm。花期4—5月，果期8—10月。

产于湖州、杭州、宁波、衢州、金华、台州、丽水、温州及诸暨、新昌。生于海拔1500m以下的山坡、沟谷林中或灌丛中，攀缘于树冠、岩石上；农家偶见栽培。分布于长江流域及以南多数地区。

果大味甜，可鲜食或酿造果酒；根可药用，有祛风湿、利小便等功效；生性强健，适作葡萄砧木。

图6-145 刺葡萄

1a. 锈毛刺葡萄（变种）（图6-146）

var. ferruginea Merr. et Chun

叶片下面脉上被锈色短柔毛。

产于衢州市区（水门尖）、磐安（风崖谷）、苍南（莒溪）。生于海拔500～800m的山坡林中或灌丛中，攀缘于树冠、岩石上。分布于江西、福建、广东。

果大味甜，可鲜食或酿造果酒。

一一六　葡萄科 Vitaceae

图6-146　锈毛刺葡萄

1b. 蓝果刺葡萄(变种)（图6-147）
var. **cyanocarpa** (Gagnep.) Sarg.

嫩枝上的皮刺十分稀疏或几无，二年生枝上的皮刺呈瘤状突起。

产于衢州市区、景宁、苍南、泰顺。生于沟谷、山坡林中，攀缘于树冠上；农家偶见栽培。分布于安徽、湖北、云南。

果大味甜，可鲜食或酿造果酒。

图6-147　蓝果刺葡萄

2. 秋葡萄 （图6-148）

Vitis romanetii Rom. Caill.

木质藤本。小枝圆柱形，有显著粗棱，密被开展短柔毛和长1~1.5mm、具腺头的刚毛，无皮刺；卷须常2或3分枝。叶片卵圆形或宽卵圆形，长5.5~16cm，宽5~13.5cm，微5裂或不分裂，基部深心形，基缺凹成锐角，稀钝角，有时两侧靠近，边缘有粗锯齿，齿端尖锐，上面绿色，初时疏被蛛丝状绒毛，后脱落变近无毛，下面淡绿色，初时被柔毛和蛛丝状绒毛，后脱落变稀疏，基出脉5，脉基部常疏生具腺头的刚毛，侧脉4或5对，被短柔毛；叶柄长2~6.5cm，密被开展短柔毛和具腺头的刚毛。圆锥花序疏散，长5~13cm，基部分枝发达，花序梗长1.5~3.5cm，密被短柔毛和有柄腺毛。浆果球形，直径0.7~0.8cm。花期4—6月，果期7—9月。

产于富阳、临安、桐庐、淳安、金华市区（婺城北山）。生于海拔200~670m的山坡林中，石灰岩地区较常见。分布于江苏、安徽、河南、湖北、四川、陕西、甘肃。

对霜霉病有抗性；果可食或酿造果酒，并有药效。

图6-148 秋葡萄

3. 秀丽葡萄 （图6-149）

Vitis amoena Z.H. Chen, F. Chen et W.Y. Xie

木质藤本。小枝圆柱形，常带紫红色，无皮刺，连同芽、卷须、叶柄、托叶、叶片、花序轴、花梗均无毛，或仅幼时疏被蛛丝状毛，后迅即脱净；卷须2分枝。叶片厚纸质或薄革质，卵圆形、肾状卵圆形或心状五角形，长5～12cm，宽3.5～9cm，不分裂或3（5）微裂、浅裂，稀中裂，先端急尖或骤渐尖，基部心形或近截形，基部心形者裂缺凹成钝角或近圆形，两侧绝不覆叠，边缘具粗锐锯齿，无缘毛，上面绿色，光亮，干后有白霜析出，下面微被白霜，老时苍白色，脉腋具趾蹼状小孔，内聚生绵毛，基出脉5，最外1对在基缺处常裸露，侧脉3（4）对；叶柄长1～7cm，连同基出脉常紫红色。圆锥花序狭圆柱形，下部偶有短分枝，长3～5cm，花序梗长1～1.5cm。浆果近球形，成熟时呈紫黑色，直径6～9mm，具疣状突起，被白霜。花期5月，果期8月。

产于淳安、衢州市区、开化、金华市区、磐安、武义、天台、莲都、遂昌、景宁。生于海拔300～1500m的山坡林中、灌丛中，攀缘于树冠上。模式标本采自衢州市区（衢江紫微山龙门景区）。

叶柄及基出脉常紫红色，叶片凋落前转紫红色，持久不凋，十分美丽，可供观赏。

张宏伟等（2013）报道本省产小果葡萄 *V. balansana* Planch. ex DC.，经核对标本，确认为本种的误定。

图6-149 秀丽葡萄

4. 东南葡萄 （图6-150）
Vitis chunganensis Hu

木质藤本。幼枝近圆柱形，无毛和皮刺；卷须2分枝。叶片宽卵形或三角状卵形，长9～19cm，宽4～13cm，先端短渐尖，基部深心形，基缺两侧互相靠拢甚至覆叠，边缘稍背卷，疏生小牙齿，两面和叶缘无毛，下面通常多少具白粉，基出脉5（7），最外1对在基缺处不裸露，侧脉5～7对；叶柄长2.5～6.5cm。圆锥花序长约10cm，花序轴和分枝被稀疏柔毛。浆果球形，成熟时呈暗紫色，直径约1cm。花期5—6月，果期9—10月。

产于衢州、丽水、温州及建德、淳安、金华市区、仙居。生于海拔1000m以下的沟谷林中、山坡灌丛中。分布于安徽、江西、福建、湖南、广东、广西。

图6-150　东南葡萄

5. 闽赣葡萄 （图6-151）
Vitis chungii F.P. Metcalf

木质藤本。幼枝无毛和皮刺；卷须2分枝，长5～10cm。叶片薄革质，长椭圆状卵形或卵状披针形，长3.4～11.5cm，宽2.6～6.8cm，先端短渐尖或渐尖，基部微心形或截形，边缘有小牙齿，上面绿色，光亮，无毛，幼叶下面常带淡紫红色，无毛或几无毛，鲜时无白粉，压干后有白霜析出，叶缘无毛，基出脉3，侧脉3或4对，网脉显著突出；叶柄较粗壮，长1.5～4cm，常带紫红色。圆锥花序圆柱形，分枝不发达，长4～9cm，花序梗长1.5～2.5cm，无毛或几无毛。浆果球形，成熟时呈暗紫色，直径约6mm。花期4—5月，果期8—10月。

产于衢州市区、龙泉、庆元、泰顺。生于海拔200～800m的山坡、沟谷林中或灌丛中。分布于江西、福建、广东、广西。

庆元隆宫有1号枝叶标本（浙药2308，浙江自然博物院植物标本馆），形态接近本种，但叶背被白色蛛丝状绒毛，幼时尤密。因未见结果植株，特附记于此，留待今后进一步调查。

图6-151 闽赣葡萄

6. 网脉葡萄 大叶山天萝 （图6-152）

Vitis wilsoniae H.J. Veitch — *V. reticulata* Pamp.

木质藤本。幼枝近圆柱形，有细纵棱纹，疏被白色蛛丝状毛，后变无毛，无皮刺；卷须2分枝。叶片心形或心状卵形，长7~16cm，宽5~12cm，不分裂或不明显3浅裂，边缘有波状牙齿或稀疏小齿，下面沿脉被脱落性蛛丝状毛，稀混生宿存的开展短柔毛，基出脉5，侧脉4或5对，网脉在成叶两面均明显；叶柄长4~7cm。圆锥花序狭长，基部分枝发达，长8~15cm，花序梗长1.5~3.5cm。浆果球形，成熟时呈蓝黑色，直径7~12mm，有白粉。花期5—6月，果期9—10月。

产于杭州、宁波、衢州、金华、丽水、温州及安吉、诸暨、嵊州、新昌、天台、临海、仙居、温岭。生于海拔400~1700m的山坡林下、灌丛中或溪边林中。分布于华东、华中及云南、贵州、四川、陕西、甘肃。

图6-152 网脉葡萄

7. 华东葡萄 野葡萄 （图6-153）

Vitis pseudoreticulata W.T. Wang

木质藤本。小枝常具显著的纵棱，无皮刺，嫩枝连同叶片、叶柄、花序均疏被蛛丝状绒毛，后几脱净；卷须2分枝。叶片厚纸质，心形、心状五角形或肾状卵圆形，长6~13cm，宽5~11cm，不分裂或不明显3浅裂，先端渐尖，基部宽心形，边缘有小牙齿，上面近无毛，基出脉5，侧脉3~5对，下面沿脉有短毛和稀疏蛛丝状柔毛，脉腋间有簇毛，叶脉近平或微隆起，网脉仅在成叶下面明显；叶柄长3~7cm，初时被灰白色蛛丝状绒毛，后变无毛，常混生开展短毛。

圆锥花序，基部分枝发达，长6～16cm，花序轴有白色丝状毛和短柔毛。浆果球形，成熟时呈黑色，直径6～8mm。花期5—6月，果期9—10月。

产于湖州、杭州、宁波、衢州、温州及诸暨、嵊州、普陀、金华市区、兰溪、武义、台州市区、天台、缙云、龙泉。生于海拔50～300m的山坡林中、林缘、路边灌草丛中、荒地上。分布于华东、华中及广东、广西。朝鲜半岛也有。模式标本采自杭州（飞来峰）。

本种耐湿且抗霜霉病的能力强，果实含糖量高，为培育南方葡萄品种的重要种质资源。

图6-153　华东葡萄

8. 浙江蘡薁 （图6-154）
Vitis zhejiang-adstricta P.L. Chiu

木质藤本。小枝纤细，圆柱形，具细纵棱，无皮刺，仅嫩时被蛛丝状毛；卷须2分枝。叶片纸质，卵形或五角状卵圆形，长3～6cm，宽3～5cm，先端急尖或短渐尖，基部心形，基缺圆形，凹成钝角，3～5浅裂至深裂，中裂片菱状卵形，基部缢缩，裂缺凹成钝角或圆形，常混有不裂叶，边缘锯齿较钝，两面除沿主脉被小硬毛外，余疏生极短柔毛，下面淡绿色，基出脉5，侧脉3～5对，常带紫色；叶柄长2～4cm，疏被短柔毛，常带紫色。果序圆锥状，长3.5～8cm，无毛或近无毛，果序梗长1～3cm，果梗长2～3mm，无毛；浆果球形，直径6～8mm。花期6月，果期8月。

产于湖州及临安、淳安、象山、衢州市区、开化、常山、江山、永康、武义、莲都、遂昌、松阳、云和、景宁、青田、乐清、泰顺。生于海拔700m以下的山谷溪边。分布于江苏、江西。模式标本采自临安（昌化鸠甫山）。

图6-154 浙江蘡薁

9. 温州葡萄 （图6-155）
Vitis wenchowensis C. Ling ex W.T. Wang

木质藤本。小枝纤细，直径1～2mm，有纵棱，无毛和皮刺；卷须不分枝。叶片薄革质，三角状戟形或三角状长卵形，下部3（5）浅裂至深裂或不分裂，裂缺呈锐角至钝角，长4～9.5cm，宽2.5～4.5cm，先端长渐尖，基部深心形，基缺凹成锐角，边缘具粗牙齿，有短缘毛，上面亮绿色，沿脉被极短糙伏毛，下面紫红色或淡紫红色，无毛，具白粉，基出脉5，侧脉4或5对；叶柄长1.8～3.2cm，无毛。圆锥花序下部有分枝，花序梗无毛，果时长3.8～6cm。浆果近球形，成熟时呈黑色，直径约8mm。花期5—6月，果期9—10月。

产于衢州市区、武义、仙居、景宁、青田、乐清、永嘉、瑞安、文成、泰顺。生于山坡路边灌丛中、沟谷溪边常绿阔叶林中。模式标本采自瑞安（红双林场）。

图6-155 温州葡萄

10. 红叶葡萄 （图6-156）
Vitis erythrophylla W.T. Wang

木质藤本。小枝纤细，圆柱形，具纵棱，无皮刺，嫩时被短柔毛，后几脱净；卷须不分枝，稀混生2分枝。叶片纸质，卵圆形或卵状披针形，3～5浅裂至中裂，长7～12cm，宽5～7cm，

图6-156 红叶葡萄

中裂片基部宽阔，稀缢缩，先端急尖或渐尖，基部心形，基缺凹成钝角，稀锐角，边缘具不整齐的尖锐浅锯齿，上面幼时紫红色，老后变成紫绿色，干后有白霜析出，沿脉被极短柔毛，下面紫红色，脉上被短柔毛，基出脉5，侧脉5或6对；叶柄长4～6cm，被短柔毛。圆锥花序长6～8cm，下部分枝不发达，花序梗长1～2cm，被短柔毛。果实未见。花期4—5月，果期不详。

产于建德、慈溪、余姚、衢州市区、开化、金华市区、仙居、莲都、景宁、永嘉。生于海拔500m以下的山坡林中、林缘灌丛中。分布于江西。

11. 菱叶葡萄　山毛榉叶葡萄　（图6-157）
Vitis hancockii Hance — *V. fagifolia* Hu

木质藤本。小枝圆柱形，密被灰色开展柔毛，无皮刺；卷须2分枝或不分枝，疏被柔毛。叶片菱状椭圆形或菱状卵形，不分裂，长5～9cm，宽3.5～6cm，先端急尖，基部楔形或宽楔形，常不对称，边缘具低平锯齿，齿端具尖头，上面仅中脉具疏短柔毛，下面沿脉疏生开展柔毛，基出脉3，侧脉3～5对，网脉在上面凹陷；叶柄长2～5mm，被长柔毛。圆锥花序疏散，下部分枝不发达，长2.5～5.5cm，花序轴密被灰色开展长柔毛。浆果近球形，直径5～8mm。花期4—5月，果期8—10月。

图6-157　菱叶葡萄

产于杭州、宁波、衢州、金华、台州、丽水、温州及德清、诸暨、新昌。分布于安徽、江西、福建。生于海拔100～600m的山坡林下或灌丛中。模式标本采自宁波。

12. 仙居葡萄
Vitis wentsaiana P.L. Chiu

木质藤本。小枝圆柱形，具细纵棱，被淡褐色短柔毛，无皮刺；卷须不分枝。叶片狭卵形、卵形或五角形，长4～12cm，宽2～7cm，中部以下3裂，中裂片卵形或长卵形，基部缢缩，2枚侧裂片明显较小，半卵形或不等边，先端锐尖至渐尖，基部楔形至截形，稀截状浅心形，边缘具不等大锯齿或牙齿状锯齿，有时浅波状，具极细短缘毛，上面沿中脉被短柔毛，下面初时密被淡褐色短柔毛，后渐稀疏，基出脉3，侧脉4～6对；叶柄长0.4～3cm，被淡褐色短柔毛。圆锥花序幼时长1.5～2.2cm，花序梗、花序轴均被短柔毛。果实未见。花期5—6月，果期不详。

产于仙居。生于山坡岩下林缘。模式标本采自仙居（下陈村）。

13. 葛藟　葛藟葡萄　（图6-158）
Vitis flexuosa Thunb.—— *V. parvifolia* Roxb.—— *V. flexuosa* var. *parvifolia* (Roxb.) Gagnep.

木质藤本。小枝圆柱形，具纵棱，无皮刺，嫩枝连同叶片下面、叶柄、花序轴仅初时疏被蛛丝状毛，后脱净；卷须2分枝。叶片纸质，宽卵形或卵圆形，长4～12cm，宽4～10cm，先端急尖或渐尖，基部近截形或微心形，心形者基缺顶端凹成钝角，上面和叶缘无毛，下面脉腋有簇毛，基出脉3（5），侧脉4或5对，网脉不明显；叶柄长1.5～7cm。圆锥花序连同花序梗长4～7cm，宽2～3cm。浆果球形，成熟时呈蓝黑色，直径约7mm。花期5—6月，果期9—10月。

产于全省丘陵山区。分布于华东、华中及广东、广西、云南、贵州、四川、陕西、甘肃、山东。生于海拔1000m以下的山坡或沟谷林中、灌丛中，攀缘于树冠、岩石上。

根、茎、果实可分别药用。

图6-158　葛藟

14. 金寨山葡萄 （图6-159）

Vitis jinzhaiensis X.S. Shen

木质藤本。小枝圆柱形，具纵棱，无皮刺，初时连同卷须、叶片、叶柄疏被迅即脱落的蛛丝状毛；卷须2或3分枝。叶片厚纸质，宽卵形或近五角状圆形，长12～15cm，宽11～13cm，基部宽深心形，3浅裂至中裂，中裂片先端急尖，裂缺常凹成圆形，叶缘有较浅的小牙齿或粗锯齿，基出脉5，最外1对在基缺处常裸露，侧脉5或6对，上面脉网深陷而叶面皱缩，下面脉上有短硬毛，脉腋被簇毛；叶柄长4～10cm，常带紫红色。圆锥花序长5～7cm，常具一回至二回分枝的卷须，花序梗长2～3cm。浆果球形，黑色或黑紫色，直径8～9mm，光亮而无蓝色粉霜。花期5—6月，果期8—9月。

产于安吉（龙王山）、临安（天目山、清凉峰、牵牛岗）。分布于安徽（金寨）。生于海拔1400～1600m的山坡、沟谷林中或灌丛中。

抗寒能力强；果可生食或供酿酒。

《中国植物志》将本种作为山葡萄 V. amurensis Rupr.的异名，Flora of China 因资料不全未作处理。作者认为本种基出5脉中最外侧的2脉常裸露于叶片基部，浆果较小，光亮而无蓝色粉霜，加上地理分布间断，宜保留作种级或作山葡萄的亚种。

图6-159　金寨山葡萄

15. 葡萄 （图6-160）
Vitis vinifera L.

木质藤本。小枝圆柱形，具纵棱，无皮刺，无毛或疏被柔毛；卷须2分枝。叶片卵圆形，长7~18cm，宽6~16cm，3~5浅裂或中裂，中裂片先端急尖，裂片常靠合，基部常缢缩，裂缺狭窄，间或宽阔，基部深心形，基缺凹成锐角，稀钝角，两侧靠近或部分覆叠，边缘有不整齐的深而粗的牙齿，下面淡绿色，至少沿脉疏被短柔毛，基出脉5，侧脉4或5对；叶柄长4~9cm，几无毛。圆锥花序紧密，基部分枝发达，长10~20cm，几无毛或疏生蛛丝状绒毛。浆果球形或椭球形，成熟时呈紫红色或淡黄绿色，直径1.5~2cm，被白粉。花期5—6月，果期8—10月。

原产于亚洲西部，现世界各地均有栽培。全国各地均有栽培，有时逸生。全省各地均有栽培。常栽培于低丘、平原的果园、庭园中。

果实为著名水果，可鲜食或制葡萄干，或供酿酒、提取酒石酸；根和藤、茎和叶、果可分别药用。

本省常见栽培的葡萄品种如白香蕉、巨峰等，都是由本种与原产于北美洲的美洲葡萄 *V. labrusca* L.经杂交而育成，但主要保留了本种的特征。美洲葡萄的叶片通常不分裂或稍3裂，稀3深裂，边缘通常具较小而不整齐的牙齿状锯齿，下面密被宿存茸毛。

图6-160 葡萄

16. 毛葡萄 （图6-161）

Vitis heyneana Roem. et Schult.—*V. ficifolia* Bunge var. *pentagona* Pamp.—*V. pentagona* Diels et Gilg—*V. quinquangularis* Rehder

木质藤本。小枝圆柱形，具纵棱，无皮刺，仅被灰色或棕褐色蛛丝状绒毛；卷须2分枝，密被绒毛。叶片卵圆形或五角状卵形，长10~15cm，宽6~8cm，先端急尖，基部浅心形或近截形，基缺顶端凹成钝角，边缘具波状小牙齿，上面初时疏被蛛丝状毛，后脱净，下面始终全面密被灰色或棕褐色蛛丝状绒毛，基出脉5，侧脉4~6对，网脉不可见；叶柄长3~7cm，密被蛛丝状绒毛。圆锥花序长8~11cm，分枝近平展，密被蛛丝状绒毛。浆果近球形，成熟时呈紫色，直径6~8mm。花期6月，果期8—10月。

产于长兴、安吉、临安、建德、淳安、诸暨、嵊州、宁波市区、鄞州、慈溪、象山、宁海、普陀、开化、常山、金华市区、东阳、临海、仙居、莲都、缙云、遂昌、龙泉、景宁、永嘉、瑞安、文成、泰顺。生于海拔500m以下的山坡、沟谷林中或林缘灌丛中，攀缘于树冠上。分布于华东、华中、华南、西南的多数地区及陕西、甘肃、山东、山西。南亚也有。

果可鲜食；叶片两面异色，可供观赏。

图6-161　毛葡萄

16a. 腺枝毛葡萄（变种）（图6-162）

var. **adenoclada** (Hand.-Mazz.) Z.H. Chen, F. Chen et W.Y. Xie —— *V. adenoclada* Hand.-Mazz.

小枝上具针刺状的黑色腺头刚毛；叶片下面的蛛丝状绒毛常带黄褐色。

产于安吉、临安、建德、淳安、诸暨、奉化、衢州市区、开化、常山、江山、武义、莲都、遂昌、龙泉、庆元、瑞安。生于海拔200～500m的沟谷、山坡林中、林缘，攀缘于树冠、岩石上。分布于江西、湖南。

图6-162　腺枝毛葡萄

17. 桑叶葡萄 （图6-163）

Vitis ficifolia Bunge —— *V. heyneana* Roem. et Schult. subsp. *ficifolia* (Bunge) C.L. Li —— *V. thunbergii* Siebold et Zucc.

木质藤本。小枝无皮刺和开展短柔毛，幼枝、叶柄和花序密被灰白色或锈色蛛丝状绒毛，后渐脱落；卷须2（3）分枝。叶片宽卵形，长4～13cm，宽4～10cm，通常3～5浅裂至中裂，并混生有微裂叶者，中裂叶的中间裂片基部常缢缩，裂缺圆，极稀可再分裂，裂片先端急尖或圆钝，基部宽心形或近截形，边缘有小齿，上面无毛或脉上稍有毛，常因叶脉下陷而稍皱，晦暗而无光泽，背面密被灰白色或锈色蛛丝状绒毛，毛被有时较稀疏而可见底，基出脉5，侧脉4~6对；叶柄长2.5~6cm。圆锥花序长5~15cm，分枝开展。浆果球形，成熟时呈黑紫色，直径8~10mm。花期5—7月，果期7—9月。

产于湖州市区、长兴、象山、普陀、嵊泗。分布于江苏、河南、山东、陕西、山西、河北。生于海拔50~200m的山坡、沟谷灌丛或疏林中。

*Flora of China*将其作为毛葡萄的亚种 *V. heyneana* subsp. *ficifolia* (Bunge) C.L. Li，但本种卷须2（3）分枝；叶片常分裂，叶面因叶脉下陷而发皱，晦暗而无光泽，叶片下面毛被有时较稀疏而可见底；地理分布偏北。本志仍作种级处理。

图6-163　桑叶葡萄

18. 龙泉葡萄　（图6-164）
Vitis longquanensis P.L. Chiu

木质藤本。小枝圆柱形，具纵棱，无皮刺，仅被脱落性蛛丝状毛；卷须2分枝。叶片卵圆形、三角状卵形或三角状披针形，长4~12cm，宽4~10cm，通常不分裂，稀上部叶3~5裂，裂缺凹

一一六 葡萄科 Vitaceae

成圆形，先端急尖或渐尖，基部浅心形或近截形，边缘有细牙齿，上面初时疏被蛛丝状绒毛，后脱落变无毛，下面密被锈褐色蛛丝状绒毛，后渐稀疏，基出脉5，最外1对相对着生几呈一直线或微上弯，侧脉3或4对，下面叶脉显著突起，网脉可见；叶柄长2～5.5cm，密被锈褐色蛛丝状绒毛。圆锥花序狭窄，稀最下部具分枝，密被蛛丝状绒毛。果序长3～9cm；浆果近球形，成熟时呈紫黑色，直径5～6mm，被白霜。花期5月，果期7—9月。

产于衢州市区、江山、莲都、遂昌、龙泉、庆元、景宁、青田。生于海拔450～1300m的路旁、山沟、山坡灌丛中或疏林下。分布于江西、福建。模式标本采自龙泉（昂山）。

图6-164 龙泉葡萄

18a. 腺枝龙泉葡萄（变种）（图6-165）
var. **glandulosa** Z.H. Chen, F. Chen et W.Y. Xie

枝、叶柄具开展的腺刚毛；叶片上面仅基部被灰色蛛丝状毛，背面仅脉上被锈色蛛丝状毛；叶柄仅上面被锈色蛛丝状毛。

产于衢州市区（衢江）。生于海拔690m的沟谷林缘。模式标本采自衢州市区（衢江紫微山龙门景区）。

图6-165　腺枝龙泉葡萄

19. 开化葡萄 （图6-166）
Vitis kaihuaica Z.H. Chen, F. Chen et W.Y. Xie

木质藤本。小枝圆柱形，无皮刺，幼时仅被灰白色蛛丝状毛，后渐脱落；卷须2分枝，被白色蛛丝状毛。叶片长卵圆形或三角状宽卵形，稀圆心形，长7～16.5cm，宽5～12.5cm，不裂，下部叶片稀3中裂，中裂片基部缢缩，裂缺凹成圆形，先端渐尖，稀急尖，基部近平截或微心形，基缺凹成钝角，边缘具尖锐细锯齿，上面亮绿色，初时疏被蛛丝状毛，后脱净，基出脉和侧脉被极短的宿存柔毛，下面密被灰白色或锈褐色蛛丝状绒毛，基出脉和侧脉常混生开展短柔毛，基出脉3，下部叶片偶有5出，侧脉4或5（6）对，成叶毛层渐稀而网脉可见；叶柄长2.5～10cm，密被蛛丝状绒毛。圆锥花序长4～15cm，基部分枝发达，长2～4.5cm，有时退化为卷须，花序轴被蛛丝状绒毛和开展的褐色宿存短柔毛。浆果近球形，成熟时呈紫黑色，直径6～7mm，具疣状突起。花期5—6月，果期7—8月。

产于开化、莲都、景宁。生于海拔400～910m的山坡上、溪边、路旁及竹林缘，攀缘于树冠上。分布于安徽、江西。模式标本采自开化（齐溪里秧田）。

图6-166 开化葡萄

20. 庐山葡萄

Vitis hui Cheng

小型木质藤本,在开阔地常呈披散状灌木。小枝圆柱形,略具纵棱,无皮刺,密被开展短柔毛并疏生蛛丝状毛;卷须不分枝或混生2分枝。叶片心状卵形或广卵形,长2.5~6cm,宽2~3.5cm,不分裂,先端锐尖,基部心形,基缺凹成钝角,边缘疏生波状细齿,齿具小短尖头,上面密被短柔毛和稀疏蛛丝状毛,下面密被灰色蛛丝状绒毛,脉上密生短柔毛,基出脉5,侧脉4或5对;叶柄长0.3~1(1.5)cm,密被短柔毛和蛛丝状毛。圆锥花序长2~6cm,基部分枝短,花序轴被褐色绒毛,花序梗长0.5~1.5cm,密被短柔毛。果实近球形,成熟时呈黑色,直径约5mm。花期5—6月,果期7—8月。

产于杭州市区(丁婆岭)、桐庐(桐君山)。生于海拔150~200m的山坡林中。分布于江西。

21. 小叶葡萄 (图6-167)

Vitis sinocinerea W.T. Wang——*V. thunbergii* Siebold et Zucc. var. *cinerea* Gagnep.——*V. thunbergii* var. *taiwaniana* F.Y. Lu

木质藤本。小枝圆柱形,有纵棱,无皮刺,疏被开展短柔毛和稀疏蛛丝状绒毛;卷须不分枝或2分枝。叶片卵形或卵圆形,长3~8cm,宽3~6cm,中部3浅裂或不明显分裂,稀3中裂,先端急尖，基部浅心形或近截形，边缘具小锯齿，上面密被短柔毛或几脱净，下面密被淡褐色蛛丝状绒毛，脉上混生密短柔毛，基出脉5，侧脉约3对；叶柄长1～3.5cm，密被短柔毛。圆锥花序长2.5～7.5cm，基部分枝不发达，被短柔毛。浆果近球形，成熟时呈紫褐色，直径约5mm。花期5—6月，果期9—10月。

产于宁波、舟山、台州、温州沿海各地。生于海拔300m以下的山坡林中或灌丛中。分布于江苏、福建、江西、湖北、湖南、台湾、云南。

图6-167　小叶葡萄

22. 蘡薁 （图6-168）

Vitis bryoniifolia Bunge — *V. adstricta* Hance

木质藤本。小枝圆柱形，具纵棱，无皮刺；幼枝、叶柄、花序轴和分枝均被锈色或灰色蛛丝状绒毛，后脱落变稀疏；卷须2分枝。叶片宽卵形或卵形，长4～8cm，宽2.5～5cm，3～5深裂或中裂，一回裂片再浅裂或深裂，中裂片最大，菱形，下部常收狭，边缘有缺刻状粗齿，侧裂片2裂，有时不分裂，上面疏生短毛，下面密被蛛丝状绒毛和柔毛，后脱落变稀疏，基出脉5，侧脉4～6对；叶柄长1～3cm。圆锥花序长5～8cm。浆果球形，成熟时呈紫色，直径5～8mm。花期4—5月，果期7—8月。

产于宁波、台州及安吉、杭州市区、临安、绍兴市区、定海、义乌、莲都、景宁、温州市区、洞头、乐清、瑞安、平阳、苍南、泰顺。生于海拔500m以下的山谷林中、灌丛中、沟边或田埂上。分布于华东及湖南、湖北、广东、广西、云南、四川、陕西、山东、河北、山西。

全株可药用，有清热解毒、祛风除湿等功效；果可酿果酒。

图6-168 蘡薁

23. 三出蘡薁 （图6-169）

Vitis sinoternata W.T. Wang—*V. bryoniifolia* Hance var. *ternata* (W.T. Wang) C.L. Li—*V. adstricta* Hance var. *ternata* W.T. Wang

小型木质藤本。小枝圆柱形，具纵棱，无皮刺，被蛛丝状毛和短柔毛。掌状三出复叶，常兼有单叶；叶片宽卵圆形或心状五角形，长4～6cm，宽4～6.2cm，三出复叶者，中裂片菱状椭圆形，不分裂，极稀2中裂，先端渐尖，基部楔形至宽楔形，有短柄，侧裂片斜狭卵形，不分裂或不等2浅裂，无柄，单叶者则叶片常3～5深裂至全裂，有时呈掌状5出复叶状，稀完全不裂或3浅裂至中裂，裂片边缘具明显牙齿，稀具不明显齿突，上面疏生短毛，下面被稀疏的白色或褐色蛛丝状绒毛和短柔毛；叶柄长1～3cm，被短柔毛。圆锥花序长3～5cm。浆果球形，成熟时呈紫色，直径5～8mm。花期5—6月，果期8—9月。

产于湖州市区、长兴、德清、杭州市区、临安、淳安、诸暨、兰溪、东阳、永康、武义、莲都。生于海拔50～200m的山坡林缘、路旁、沟边灌丛中。模式标本采自杭州市区（云栖）。

*Flora of China*记载浙江产变叶葡萄*V. piasezkii* Maxim.，据考证系本种的误定。

图6-169 三出蘡薁

一一七　古柯科 Erythroxylaceae

灌木或乔木。单叶互生，稀对生，全缘，偶有钝锯齿；托叶生于叶柄内侧，极少生于叶柄外侧，通常早落。花簇生或组成聚伞花序，两性，稀单性而雌雄异株，辐射对称；萼片5，基部合生，近覆瓦状排列或旋转排列，宿存；花瓣5，分离，内面有舌状体贴生于基部，稀无；雄蕊5、10或20，1或2轮，花丝基部合生成环状或浅杯状，花药椭圆形，2室，纵裂；雌蕊由3～5心皮合生组成，子房3～5室，通常2室不发育或全发育，发育者每室胚珠1或2，胚珠悬垂，花柱1～3或5，分离或多少合生，柱头斜向，头状或棒状，很少渐尖。核果或蒴果。

4属，约250种，分布于全球热带及亚热带地区，主产于南美洲。我国有2属，4种，其中3种分布于西南部至东南部，另引进栽培1种；浙江有1属，1种。

古柯属 Erythroxylum P. Browne

落叶灌木或小乔木，通常无毛。托叶生于叶柄内侧，在短枝上常彼此覆叠。花小，白色或黄色，单生或3～6朵簇生或腋生，通常为异长花柱花；萼片一般基部合生；花瓣有爪，内面有舌状体贴生于基部；雄蕊10，不等长或近等长，花丝基部合生成浅杯状，有腺体或无腺体；子房3室，2室不育，发育者每室胚珠1或2，花柱分离或合生。核果。

约200种，分布于全球热带及亚热带地区，主产于南美洲。我国有1种，另引进栽培1种；浙江有1种。

东方古柯 （图6-170）
Erythroxylum sinensis C.Y. Wu

落叶灌木或小乔木，高1～6m。树皮灰色；小枝无毛，干后黑褐色。叶纸质，长椭圆形、倒披针形或倒卵形，长2～14cm，宽1～4cm，先端尾状尖、短渐尖、急尖或钝，基部狭楔形，中部以上较宽，幼叶带红色，中脉红紫色；托叶三角形或披针形，长1～3mm，有时更长，先端渐尖。花腋生，2～7朵簇生于极短的花序梗上，或单花腋生；萼片5，基部合生成浅杯状，萼裂片深裂至1/2～3/4，裂片宽卵形，顶部短尖；花瓣卵状长圆形，内面有2枚舌状体贴生于基部；雄蕊10，不等长或近等长，基部合生成浅杯状，短花柱花的雄蕊几与花瓣等长，长花柱花的雄蕊几与萼片等长；子房长椭球形，花柱3，分离。核果长椭球形，有3纵棱，稍弯，顶端钝，长0.6～1.7cm，直径0.4～0.6cm。花期4～5月，果期5—10月。

产于江山、仙居、遂昌、松阳、龙泉、庆元、云和、景宁、瑞安、文成、平阳、苍南、泰顺。生于海拔230～1800m的山坡、路旁、谷地林中。分布于江西、福建、湖南、广东、广西、云南、贵州。缅甸、印度也有。

图6-170 东方古柯

一一八 亚麻科 Linaceae

草本，稀灌木。单叶，互生或对生，全缘；无托叶或具不明显托叶。聚伞花序或蝎尾状聚伞花序；花整齐，两性，4或5数；萼片宿存，分离；花瓣辐射对称或呈螺旋状，分离或基部合生，常早落；雄蕊与花被同数或为其的2~4倍，有时具退化雄蕊，花丝基部扩展，合生成筒或环；子房上位，2或3（5）室，心皮常从中脉处延伸成假隔膜，但隔膜不与中轴胎座连合，每室胚珠1或2，花柱与心皮同数，分离或合生。果实为室背开裂的蒴果或含1粒种子的核果。

约12属，300余种，全世界广泛分布，主要分布于温带地区。我国有4属，14种，全国广泛分布，木本类群主要分布于亚热带地区，草本类群主要分布于温带地区；浙江引种1属，1种。

亚麻属 Linum L.

草本或茎基部木质化。单叶，对生或互生，全缘，无柄，1脉或3~5脉，上部叶缘有时具腺睫毛。聚伞花序或蝎尾状聚伞花序；花5数；萼片全缘或边缘具腺睫毛；花瓣长于萼片，红色、白色、蓝色或黄色，基部具爪，早落；雄蕊5，与花瓣互生，花丝下部具睫毛，基部合生；退化雄蕊5，呈齿状；子房5室（或被假隔膜分为10室），每室胚珠2，花柱5。蒴果卵球形或球形，开裂，果瓣10，通常具喙。种子扁平，具光泽。

约200种。我国约有9种；浙江栽培1种。

宿根亚麻 （图6-171）
Linum perenne L.

多年生草本，高20~90cm。茎直立或仰卧，中部以上多分枝，基部木质化，具密集狭条形叶的不育枝。叶互生；叶片狭条形或条状披针形，长8~25mm，宽3~8mm，全缘且内卷，先端锐尖，基部渐狭，具1~3脉。花多数，组成聚伞花序，蓝色、蓝紫色或淡蓝色，直径约2cm；花梗细长，长1~2.5cm，直立或稍向一侧弯曲；萼片5，卵形，长3.5~5mm，外面3枚先端急尖，内面2枚先端钝，全缘，具5~7脉，稍突起；花瓣5，倒卵形，长1~1.8cm，顶端圆形，基部楔形；雄蕊5，短于雌蕊，或与雌蕊近等长，花丝中部以下稍宽，基部合生；退化雄蕊5，与雄蕊互生；子房5室，花柱5，分离，柱头头状。蒴果近球形，直径3.5~7（8）mm，开裂，果实假隔膜边缘无缘毛。种子椭圆形，褐色，长4mm，宽约2mm。花期6—7月，果期8—9月。

原产于西南、西北及河北、山西、内蒙古等地。欧洲、西亚及蒙古、俄罗斯也有。杭州、宁波、温州等地有栽培。

图 6-171　宿根亚麻

一一九　远志科 Polygalaceae

草本或灌木，稀小乔木。单叶，互生、对生或轮生，全缘，具羽状脉；通常无托叶。花两性，两侧对称，排成总状花序、圆锥花序或穗状花序，腋生或顶生；萼片5，分离，稀基部合生，外面3枚小，里面2枚大，常呈花瓣状，或5枚几相等；花瓣5，通常3枚发育，基部通常合生，中间1枚常内凹，呈龙骨瓣状，顶端背面具附属物，稀无；雄蕊4～8，花丝通常合生成向后开放的鞘（管），或分离；子房上位，通常2室，每室倒生下垂胚珠1，稀1室而具胚珠多数，花柱1，柱头（1）2，头状。蒴果，2室，或为翅果、坚果。

13属，近1000种，广泛分布于全世界，尤以热带和亚热带地区最多。我国有4属，51种，南北各地均产，而以西南和华南最盛；浙江有2属，9种。

1 齿果草属 Salomonia Lour.

一年生直立草本或寄生小草本。单叶互生；叶片膜质或纸质，椭圆形、卵形或卵状披针形，全缘。花极小，两侧对称，排列成顶生穗状花序；萼片5，宿存，几相等；花瓣3，白色或淡红紫色，中间1枚龙骨瓣状，盔形或弧形，较侧生花瓣长，无鸡冠状附属物；雄蕊4或5，花丝连合成鞘，并与花瓣贴生；子房2室，每室倒生胚珠1，花柱光滑，向上逐渐增粗，并弯曲，柱头头状。蒴果肾球形、宽圆球形或倒心形，侧扁，室背开裂，两侧边缘具齿或无齿，无翅。

约10种，产于亚洲和大洋洲的热带、亚热带地区。我国有3种，分布于长江流域及以南各地；浙江有2种。

1. 齿果草（图6-172）

Salomonia cantoniensis Lour.

一年生直立草本，高5～25cm。根纤细，芳香。茎多分枝，无毛，具狭翅。叶片膜质，卵状心形或心形，长5～16mm，宽5～12mm，先端钝，具短尖头，基部心形，全缘或微波状，基出脉3；叶柄长1.5～2mm。穗状花序顶生，长1～6cm，花后延长；花长2～3mm，无梗，小苞片极小，早落；萼片5，极小，线形，基部连合，宿存；花瓣3，淡红色，侧瓣长约2.5mm，龙骨瓣舟状，长约3mm，无鸡冠状附属物；雄蕊4，花丝长约2mm，几全部合生成鞘，并与花瓣基部贴生，鞘被蛛丝状柔毛，花药合生成块状；子房肾形，侧扁，直径约1mm，边缘具三角状尖齿，花柱长约2.5mm，光滑，柱头微裂。蒴果肾形，长约1mm，宽约2mm，两侧具2列三角状尖齿，果瓣具蜂窝状网纹。花期7—8月，果期8—10月。

产于温岭、庆元、乐清、永嘉、平阳、泰顺。生于海拔150～300m的山坡疏林下、林缘、灌丛中或草地上。分布于华东、华中、华南、西南。越南、缅甸、泰国、菲律宾、印度至澳大利亚也有。

全草可入药,有解毒消炎、散瘀镇痛等功效。

图6-172　齿果草

2.椭圆叶齿果草 （图6-173）

Salomonia ciliata (L.) DC.——*S. oblongifolia* DC.

一年生直立草本,高10~20cm。茎具纵棱槽。叶片膜质至薄纸质,椭圆形或卵状披针形,长4~8mm,宽1~2.5mm,先端急尖或渐尖,基部近圆形,全缘,稀顶部具1或2缘毛,基出脉3;无柄。穗状花序顶生,长4~10cm;苞片线形,长约1mm,花时不脱落;花长约2.5mm,无柄;萼片5,基部合生,宿存,披针状卵形,几相等,长约1.2mm,先端渐尖,疏具缘毛;花瓣3,红紫色,长2~2.5mm,龙骨瓣较侧瓣长,中部以下与侧瓣合生,顶端无鸡冠状附属物;雄蕊4,花丝合生成鞘,中部以下与花瓣贴生,具蛛丝状长柔毛;子房倒心形,压扁状,两侧具丝状齿,花柱长约2mm，中部以上膨大成圆柱形，光滑，柱头头状。蒴果肾形，宽大于长，宽约2mm，顶端凹陷，边缘具2列丝状长齿，果瓣平滑，无网纹。花期7—8月，果期8—9月。

产于庆元、温州市区（龙湾）。生于草地及田埂上。分布于华南及江苏、江西、福建、湖南、贵州、云南等地。东南亚及朝鲜半岛、日本、印度、澳大利亚也有。

与齿果草的主要区别在于后者茎有狭翅；叶片心形或卵状心形，具叶柄；蒴果边缘具三角状尖齿，果瓣有网纹。

图6-173　椭圆叶齿果草

2 远志属 Polygala L.

一年生或多年生草本、灌木或小乔木。单叶互生，稀对生；叶片纸质或薄革质，全缘。总状花序顶生、腋生或腋外生；花两性，左右对称，具1～3苞片；萼片5，不等大，宿存或脱落，2轮排列，外面3枚小，里面2枚大，常呈花瓣状；花瓣3，侧瓣与龙骨瓣常于中部以下合生，龙骨瓣舟状、兜状或盔状，顶端背部具鸡冠状附属物或无；雄蕊8，花丝连合成开放的鞘，并与花瓣贴生；子房2室，花柱直立或弯曲，柱头1或2。蒴果有翅或无翅。种子2。

约500种，广泛分布于全世界。我国有42种，广泛分布于全国各地，而以西南和华南最盛；浙江有7种。

《浙江种子植物检索鉴定手册》记载浙江有西伯利亚远志 *P. sibirica* L. 分布。作者查阅了中国科学院植物研究所标本馆馆藏的采自本省的该种标本，发现分别是瓜子金和狭叶香港远志的误定。由于未见可靠标本和实物，暂附记于此，留待以后研究。

与齿果草属的主要区别在于后者为一年生直立草本或寄生小草本；雄蕊4或5；蒴果边缘常具齿，无翅。

分种检索表

1. 灌木，稀小乔木，高1~2（5）m……………………………………………………1. 黄花远志 **P. arillata**
1. 矮小亚灌木或草本，高5~30（50）cm。
  2. 矮小亚灌木；叶集生于枝上部，呈莲座状；叶片上面被小刚毛，背面淡红色或暗紫色…………………………………………………………………………………………2. 大叶金牛 **P. latouchei**
  2. 草本或亚灌木状；叶序不如上述；叶片上面无毛或被短柔毛，背面淡绿色，如为紫色，则叶片宽不及1cm。
    3. 一年生草本。
      4. 花后仅1枚外萼片宿存，余全脱落；总状花序顶生，长于叶；龙骨瓣无附属物……………………………………………………………………………………3. 小远志 **P. tatarinowii**
      4. 萼片花后全部宿存；总状花序腋生或腋外生，长不及叶；龙骨瓣具2束多分枝的鸡冠状附属物。
        5. 叶片长5~12mm，宽2~5mm，两面无毛；花白色或紫色……………5. 小花远志 **P. polifolia**
        5. 叶片长2.6~10cm，宽1~1.5cm，两面疏被短柔毛；花淡黄色或白色带淡红色………………………………………………………………………………6. 华南远志 **P. chinensis**
    3. 多年生草本或亚灌木状。
      6. 花序与叶对生或腋外生；叶片疏被短柔毛，至少上面中脉被毛…………4. 瓜子金 **P. japonica**
      6. 总状花序顶生；叶片两面无毛…………………………………7. 香港远志 **P. hongkongensis**

1. 黄花远志　荷包山桂花　（图6-174）
Polygala arillata Buch.-Ham. ex D. Don

落叶灌木，稀小乔木，高1~2（5）m。植株被短柔毛。叶片纸质，椭圆形、长圆状椭圆形至长圆状披针形，长6.5~14cm，宽2~2.5cm，先端渐尖，基部楔形或钝圆，全缘，具缘毛，侧脉5或6对；叶柄长约1cm。总状花序与叶对生，下垂，长7~10cm，果时长达25（30）cm；花长13~20mm，花梗长约3mm，基部具1三角状苞片；萼片具缘毛，花后脱落，外萼片不等大，内萼片花瓣状，红紫色，长圆状倒卵形，长15~18mm，与花瓣几呈直角着生；花瓣3，肥厚，黄色，渐转为橙色，侧生花瓣长11~15mm，较龙骨瓣短，基部外侧耳状，龙骨瓣盔状，鸡冠状附属物狭条状；花柱先端呈喇叭状2裂，柱头生于下裂片内。蒴果宽肾形至略心形，成熟时呈紫红色，边缘具狭翅及缘毛，果瓣具环状肋纹。种子球形，种阜盔状。花期5—6月，果期6—8月。

产于临安、淳安、开化、缙云、遂昌、松阳、龙泉、庆元。生于海拔700~1100m的林下及林缘。分布于西南及安徽、江西、福建、湖北、广西、陕西。越南、缅甸、印度、尼泊尔也有。

根皮可入药，有清热解毒、祛风除湿、补虚消肿等功效。

图6-174 黄花远志

2. 大叶金牛（图6-175）
Polygala latouchei Franch.

常绿矮小亚灌木，高10～20cm。具匍匐茎；茎、枝圆柱形，中下部具圆形突起的黄褐色叶痕。叶集生于枝上部，呈莲座状；叶片厚纸质，卵状披针形至倒卵状或椭圆状披针形，长3.5～8cm，宽1.5～2.2（2.5）cm，先端急尖，具骨质短尖头，基部近圆形，偏斜，上面被白色小刚毛，背面淡红色或暗紫色，无毛，侧脉4或5对，弧曲；叶柄长5～7mm，具狭翅，被短柔毛。总状花序顶生或近顶生，长3～6cm，被短柔毛；花长约7mm，花梗长2～3mm，基部具1苞片；苞片卵状披针形，早落；萼片花后脱落，外萼片卵形，长约1.5mm，内萼片花瓣状，椭圆形，长约5mm，具3脉；花瓣3，膜质，粉红色至紫红色，侧生花瓣长椭圆形，长约8mm，先端圆形，龙骨瓣较侧瓣短，鸡冠状附属物片状3浅裂；花柱顶端微裂。蒴果扁球形，直径约4mm，具翅，果瓣无环状肋纹。种子卵球形，被白色短柔毛，种阜翅状。花果期10月至次年4月。

产于淳安（里商）、莲都、庆元、景宁。生于海拔900～1250m的林下、林缘或山坡路旁。分布于江西、福建、广东、广西等地。

全草可入药，有清热解毒、活血化瘀等功效。

图6-175　大叶金牛

3. 小远志　小扁豆　（图6-176）

Polygala tatarinowii Regel

一年生草本，高5～15cm。茎具纵棱。叶片纸质，卵形或椭圆形至宽椭圆形，长0.8～2.5cm，宽0.6～1.5cm，先端急尖，基部楔形下延，全缘，下面淡绿色，两面被短柔毛，羽状脉；叶柄稍具翅。总状花序顶生，花后延长达6cm；花长1.5～2.5mm，具2小苞片；苞片披针形，早落；萼片绿色，花后除1枚外萼片宿存外，其余全部脱落，外萼片小，卵形或椭圆形，长约1mm，内萼片花瓣状，长倒卵形，长约2mm，先端钝圆；花瓣3，红色至紫红色，侧生花瓣较龙骨瓣稍长，龙骨瓣顶端无鸡冠状附属物，圆形，具乳突；花柱弯曲，顶端呈喇叭状，具倾斜裂片，柱头生于下方的短裂片内。蒴果扁球形，直径约2mm，顶端具短尖头，具翅，疏被短柔毛，果瓣无环状肋纹。种子近椭球形，黑色，被白色短柔毛，种阜小，盔形。花期8—9月，果期9—11月。

产于临安（天目山）。生于山坡草地上、阔叶林下或路旁草丛中。分布于除华南以外的全国各地。日本、马来西亚、菲律宾也有。

全草可入药，有清热解毒、滋补等功效。

图6-176 小远志

4. 瓜子金 （图6-177）
Polygala japonica Houtt.

多年生草本或亚灌木状，高15~20cm。茎具纵棱，被卷曲短柔毛。叶片厚纸质或薄革质，卵形或卵状披针形，稀狭披针形，长1~2.3（3）cm，宽（3）5~9mm，先端钝，具短尖头，基部宽楔形至圆形，疏被短柔毛，至少上面中脉被毛，背面有时带紫色，侧脉3~5对；叶柄长约1mm，被短柔毛。总状花序与叶对生，或腋外生，最上1个花序低于茎顶；花梗长约7mm，被短柔毛；萼片宿存，外萼片披针形，长4mm，外面被短柔毛，内萼片花瓣状，卵形至长圆形，长约6.5mm；花瓣3，白色至紫色，基部合生，侧瓣长圆形，长约6mm，基部内侧被短柔毛，龙骨瓣舟状，具流苏状的鸡冠状附属物；花柱长约5mm，弯曲，柱头2。蒴果扁球形，直径约6mm，短于内萼片，边缘具宽翅，无缘毛。种子2，卵形，长约3mm，直径约1.5mm，黑色，密被白色短柔毛。花期4—5月，果期5—8月。

产于全省各地。生于海拔1100m以下的低山、草地、路旁或耕地附近。分布于除华南以外的全国各地。俄罗斯远东地区、朝鲜半岛、日本、越南、菲律宾、巴布亚新几内亚也有。

全草或根可入药，有镇咳、化痰、活血、止血、安神、解毒等功效。

图6-177　瓜子金

5. 小花远志　（图6-178）

Polygala polifolia Presl——*P. arvensis* Adema, non Willd.

一年生草本，高10～15cm。茎多分枝，铺散，密被卷曲短柔毛。叶片厚纸质，倒卵形、长圆形或椭圆状长圆形，长5～12mm，宽2～5mm，先端钝，具刺毛状锐尖头，基部宽楔形至钝，下面淡绿色，两面无毛，侧脉几不可见；叶柄极短，被短柔毛。总状花序腋生或腋外生，长不及叶，疏被柔毛；花梗短，疏被柔毛，基部具3苞片；苞片卵形，不等大，具缘毛，早落；萼片宿存，具缘毛，外萼片卵形，不等大，内萼片斜长圆形或长椭圆形；花瓣3，白色或紫色，侧瓣三角状菱形，边缘皱波状，无毛，龙骨瓣盔状，较侧瓣长，顶端背部具2束多分枝的鸡冠状附属物；花柱向顶端逐渐增粗，并弯曲，柱头乳突状。蒴果扁球形，直径约2mm，几无翅，疏被极短柔毛。种子2，椭球形，黑色，密被白色短柔毛。花果期7—10月。

产于金华市区（婺城）、临海、仙居、莲都、松阳、龙泉、庆元。生于海拔50～500m的山坡草地、堤埂、路旁等处。分布于华南及江苏、安徽、江西、云南等地。东南亚、南亚也有。

全草可药用，有散瘀止血、化痰止咳、解毒消肿等功效。

图6-178　小花远志

6. 华南远志 （图6-179）

Polygala chinensis L. —*P. glomerata* Lour.

一年生草本，高10～30cm。茎圆柱形，被卷曲短柔毛。叶片纸质，倒卵形、椭圆形或披针形，长2.6～10cm，宽1～1.5cm，先端钝，具短尖头，或渐尖，基部楔形，微反卷，下面淡绿色，两面疏被短柔毛，侧脉少数；叶柄长约1mm，被柔毛。总状花序腋外生，稀腋生，较叶短，长仅1cm；花梗长约1.5mm，基部具2披针形苞片，早落；花大，长约4.5mm；萼片绿色，具缘毛，宿存，外萼片卵状披针形，长约2mm，内萼片花瓣状，镰刀形，长约4.5mm，具明显的4或5脉；花瓣3，淡黄色或白色带淡红色，基部合生，侧瓣较龙骨瓣短，基部内侧具1簇白色柔毛，龙骨瓣长约4mm，顶端具2束条裂鸡冠状附属物；花柱顶部扩大为斜杯状或马蹄形，柱头1，乳突状。蒴果扁球形，直径约2mm，具狭翅及缘毛，顶端微凹。种子卵球形，黑色，密被白色柔毛。花期4—10月，果期5—11月。

产于景宁；金华曾有记录，但未见标本及实物。生于山坡草地上或灌丛中。分布于福建、广东、海南、广西、云南。越南、菲律宾、印度也有。

全草可入药，有清热解毒、消积、祛痰止咳、活血散瘀等功效。

图6-179 华南远志

7. 香港远志 （图6-180）

Polygala hongkongensis Hemsl.

多年生直立草本或亚灌木状，高15～30（50）cm。茎、枝被卷曲短柔毛。叶片纸质或膜质，茎下部叶小，卵形，长1～2cm，宽5～15mm，先端具短尖头，上部叶披针形，长4～6cm，宽2～2.2cm，先端渐尖，基部圆形，多少反卷，下面淡绿色，两面无毛；叶柄长约2mm，被短柔毛。总状花序顶生，长3～6cm，花序轴及花梗被短柔毛；花长7～9mm，花梗长1～2mm，基部具3苞片；苞片钻形，花后脱落；萼片宿存，具缘毛，外萼片舟形或椭圆形，内凹，内萼片花瓣状，斜卵形，先端圆形；花瓣3，白色或紫色，深波状，先端圆形，基部内侧被短柔毛，龙骨瓣盔状，顶端具流苏状的鸡冠状附属物；花柱扁平，弧曲，柱头2。蒴果扁球形，直径约4mm，具宽翅，基部具宿萼，无毛。种子2，卵形，长约2mm，直径约1.5mm，黑色，被白色细柔毛。花期5—6月，果期6—7月。

产于临安、淳安、诸暨、慈溪、衢州市区（衢江）、永康、遂昌、龙泉。生于山谷林下或路旁。分布于江西、福建、广东、四川。

图6-180　香港远志

7a. 狭叶香港远志（变种）（图6-181）
var. **stenophylla** (Hayata) Migo

叶片狭披针形，小，长1.5～3cm，宽3～4mm。内萼片椭圆形。

产于全省丘陵山区。生于海拔1480m以下的山谷林下、路旁或草丛中。分布于华东及湖南、广西。

全草可入药，有祛风等功效。

图6-181 狭叶香港远志

一二〇 省沽油科 Staphyleaceae

乔木或灌木。叶对生或互生，奇数羽状复叶，稀单叶，常有托叶；小叶片边缘有锯齿。花辐射对称，两性或杂性，稀雌雄异株，排列成顶生或腋生的圆锥花序或总状花序；萼片与花瓣各5，覆瓦状排列；雄蕊5，与花瓣互生，花丝常扁平，花药背部着生，内向开裂；花盘常明显，且多少有裂片，有时缺；子房上位，1～3室，合生或分离，每室倒生胚珠1至多粒，花柱各式分离至完全连合，柱头头状。果实蒴果状，常为多少分离的蓇葖果或不裂的浆果状核果。种子1至数粒，种皮肉质、角质或具假种皮。

5属，约60种，分布于亚洲和美洲的热带、亚热带及北温带地区。我国有4属，22种，主要分布于南部和西南部；浙江有4属，6种，其中引入栽培1种。

分属检索表

1. 叶互生；子房1室 ··· 1. 瘿椒树属 Tapiscia
1. 叶对生；子房2或3室。
　　2. 奇数羽状复叶，落叶；果实为蒴果或蓇葖果。
　　　　3. 心皮明显合生；果实为膀胱状蒴果，果皮薄膜质；种子无假种皮 ········· 2. 省沽油属 Staphylea
　　　　3. 心皮仅基部稍合生；果实为蓇葖果，果皮软革质；种子具假种皮 ········· 3. 野鸦椿属 Euscaphis
　　2. 单叶（仅限本省所产种），常绿；果实为浆果状核果 ························ 4. 山香圆属 Turpinia

1 瘿椒树属 Tapiscia Oliv.

落叶乔木。奇数羽状复叶，互生，托叶早落；小叶5～9，有锯齿，有小托叶。雄花与两性花异株；圆锥花序腋生，雄花序由长而纤弱的穗状花序组成；两性花花小，花萼管状，5裂，花瓣5，雄蕊5，常外露，花盘小或缺，子房1室，胚珠1；雄花更小，有退化子房。核果状浆果或浆果，不裂。种子具角质胚乳。

2种，特产于我国长江流域及以南各地；浙江有1种。

瘿椒树　银鹊树　银雀树 （图6-182）
Tapiscia sinensis Oliv.

落叶乔木，高8～15m。树皮灰褐色或灰白色；小枝无毛。一回奇数羽状复叶，长可达30cm，叶柄常紫红色；小叶5～9，狭卵形或卵形，长6～14cm，宽3～6cm，基部圆形或近心形，边缘具锯齿，上面绿色，背面灰白色，密被近乳头状白粉点；侧生小叶柄短，顶生小叶柄长可达12cm；萌枝上的叶有时为二回奇数羽状复叶。雄花与两性花异株；圆锥花序腋生，雄花序长达25cm，两性花的花序长约10cm；花皆小，长约2mm，黄色，有香气；两性花花萼钟状，长约1mm，5浅裂，花瓣5，狭倒卵形，比花萼稍长，雄蕊5，与花瓣互生，伸出花外，子房1室，花柱长过雄蕊；雄花与两性花相似，但较小，且具退化雌蕊。果序长达10cm；核果近球形或椭球形，长达7mm。花期5—6月，果期9—10月。

产于安吉、临安、桐庐、建德、淳安、武义、仙居、遂昌、庆元、永嘉、文成、泰顺等地。生于海拔500~1800m的山谷、坡地、溪边林中。分布于安徽、江西、福建、湖南、湖北、广东、广西、四川、云南、贵州。

图6-182　瘿椒树

❷ 省沽油属 Staphylea L.

落叶灌木或小乔木。奇数羽状复叶，对生，有托叶；小叶3~5，有锯齿，小托叶小，早落。圆锥花序或总状花序，常顶生；花两性；萼片5，脱落；花瓣5，覆瓦状排列；雄蕊5，着生于花盘边缘；心皮2或3，明显合生，胚珠多数，花柱2或3，分离或连合。蒴果，膨胀成膀胱形囊状，常2或3裂；果皮薄膜质，在顶部开裂。种子近球形，无假种皮。

约13种，分布于亚洲、欧洲、北美洲。我国有6种，分布于全国各地；浙江有2种。

一二〇 省沽油科 Staphyleaceae

1. 省沽油 双蝴蝶 马铃柴 （图6-183）
Staphylea bumalda DC.

落叶灌木，稀小乔木，高2～5m。树皮紫红色或灰褐色，有纵棱；小枝开展，绿白色。三出羽状复叶，对生，有长柄；小叶片椭圆形、卵圆形或卵状披针形，长3.5～8cm，宽2～5cm，先端急尖至渐尖；顶生小叶片基部楔形下延，小叶柄长0.5～2cm；侧生小叶片基部宽楔形或近圆形，偏斜，小叶柄短，长仅1～3mm。圆锥花序生于当年生小枝顶端，直立，长可达8cm；萼片长椭圆形，淡黄白色；花瓣5，白色，倒卵状长圆形。蒴果膀胱状，扁平，长1.5～4cm，顶端2裂，基部下延成果颈。种子倒卵球形，黄色，有光泽。花期4—5月，果期7—9月。

产于杭州、台州、丽水及安吉、德清、诸暨、嵊州、鄞州、余姚、奉化、象山、龙游、金华市区（婺城）、磐安、泰顺。生于海拔500～1200m的山谷、坡地、溪边、路旁阔叶林中。分布于东北及江苏、安徽、湖北、四川、陕西、山西、河北。朝鲜半岛、日本也有。

嫩叶可食；茎皮可制纤维；种子油可用于制造肥皂和油漆。

图6-183 省沽油

2. 膀胱果 （图6-184）

Staphylea holocarpa Hemsl.

落叶灌木或小乔木，高3～7m。小枝平滑无毛。三出羽状复叶，对生，有长柄；小叶片薄革质，无毛，椭圆形至长椭圆形，长5～12cm，宽2～6cm，先端急尖至渐尖；顶生小叶片基部宽楔形或近圆形，不下延，小叶柄长2～4cm；侧生小叶片基部近圆形，稍偏斜，小叶柄短或近无。伞房花序着生于当年生枝顶端，花序长达10cm；萼片长约1cm；花瓣比萼片稍长，白色或粉红色。蒴果膀胱状，椭球形或梨形，长3～6cm，顶端常3裂，基部不下延成果颈。种子近椭球形，棕色，有光泽。花期4—5月，果期6—8月。

产于安吉、临安、淳安、衢州市区（衢江）、常山、金华市区（婺城）。生于海拔400～1000m的山坡、碎石堆等生境的落叶阔叶林中，石灰岩地区稍多见。分布于华中、西南及安徽、广东、广西、陕西、甘肃。

为浙江省重点保护野生植物。

与省沽油的区别在于后者顶生小叶片基部楔形下延，小叶柄长0.5～2cm；蒴果顶端2裂。

图6-184　膀胱果

一二〇　省沽油科 Staphyleaceae

③ 野鸦椿属 Euscaphis Siebold et Zucc.

落叶灌木或小乔木。奇数羽状复叶，对生，有托叶，早落；小叶常5~9，有细锯齿。圆锥花序顶生；花两性；萼片5，宿存，覆瓦状排列；雄蕊5，着生于花盘基部外缘；心皮2或3，仅基部稍合生，每心皮胚珠2列，无柄，花柱2或3，基部稍连合。蓇葖果1~3，展开排列；果皮软革质，沿内面腹缝线开裂。种子1或2，黑色，具肉质假种皮。

3种，产于东亚。我国有2种；浙江有2种，其中栽培1种。

1. 野鸦椿　鸟眼睛　鸡肫皮 （图6-185）
Euscaphis japonica (Thunb.) Kanitz——*E. japonica* var. *ternata* Rehder

落叶灌木或小乔木，高可达7m。树皮灰褐色，具纵裂纹；小枝及芽红棕色；枝叶揉碎后有臭味。奇数羽状复叶对生，小叶（3）5~9（11）；小叶片卵圆形至卵状披针形，长4~9cm，宽2~4cm，先端渐尖，基部圆形或宽楔形，两面无毛或下面幼时沿脉被柔毛，边缘具细锐锯齿，齿尖有腺体；侧生小叶柄长0~5mm。圆锥花序顶生；花小，黄绿色，直径4~5mm；心皮3，近基部稍合生。果序长10~20cm，下垂；蓇葖果，长1~2cm；果皮软革质，成熟时呈紫红色，外面具明显的纵脉纹。种子近球形，亮黑色，直径约5mm。花期4—6月，果期8—11月。

产于全省山区、半山区。生于海拔1600m以下的山谷、坡地、溪边、路旁阔叶林中。除西北和东北外，全国均有分布。朝鲜半岛、日本、越南也有。

可供观赏；木材可作器具用材；种子油可制皂；根及干果可入药，有祛风除湿等功效；嫩叶可作野菜食用。

图6-185　野鸦椿

1a. 建宁野鸦椿（变种）（图6-186）

var. **jianningensis** Q.J. Wang —— *E. japonica* (Thunb.) Kanitz var. *pubescens* P.L. Chiu et G.R. Zhong

小枝明显密被柔毛，稀最后近无毛；叶柄、叶轴、小叶柄、花序及小叶片（尤其背面）均密被宿存柔毛。

产于安吉、德清、临安、建德、遂昌。生于山坡灌丛中。分布于福建、甘肃。

图6-186　建宁野鸦椿

2. 圆齿野鸦椿　福建野鸦椿　（图6-187）

Euscaphis konishii Hayata —— *E. fukienensis* Hsu

常绿灌木，高1.5～3m。全株无毛。一年生小枝绿褐色；幼芽被3芽鳞（外2内1），卵形，具缘毛。奇数羽状复叶对生，小叶（5）7～11；小叶片椭圆形、卵状椭圆形或长圆状披针形，长6～8cm，宽2～3cm，先端渐尖或急尖，基部宽楔形或近圆形，边缘具圆钝锯齿，上面绿色或深绿色，下面苍绿色，侧脉5～7对；侧生小叶柄长4～7mm。圆锥花序短小或呈伞房状，顶生；花梗长约2mm；花密集，直径约4.5mm；花瓣黄绿色；心皮3。果序长10～15cm，果密集；蓇葖果1～3，椭球形或近球形，长5～10（15）mm；果皮软革质，外面脉纹不明显。种子近球形，亮黑色，直径约5mm。花期5—6月，果期10—11月。

原产于江西、福建、广东、海南、广西。嘉善、杭州市区、开化、遂昌等地有栽培。

与野鸦椿的主要区别在于后者为落叶灌木或小乔木；小叶片边缘具细锐锯齿；圆锥花序；蓇葖果外面具明显的纵条纹。

*Flora of China*将本种作为野鸦椿的异名，作者认为两者区别甚大，此处仍作种级处理。

一二〇　省沽油科 Staphyleaceae

图6-187　圆齿野鸦椿

4 山香圆属 Turpinia Vent.

乔木或灌木。奇数羽状复叶或单叶，对生；小叶片革质；叶柄在着叶端缢缩。圆锥花序顶生或腋生；花小，白色，整齐，两性，稀为单性；萼片5，覆瓦状排列，宿存；花瓣5，圆形，无柄，覆瓦状排列；雄蕊5，着生于花盘裂齿外面；子房3室，胚珠数粒或更多，排为2列，花柱3，合生或分裂。浆果状核果近圆球形，肉质，不裂。种子扁平，种皮硬膜质或骨质。

约40种，分布于亚洲和美洲热带、亚热带地区。我国有13种，分布于长江流域以南各地；浙江有1种。

锐尖山香圆
Turpinia arguta (Lindl.) Seem.

常绿灌木，高1～3m。老枝灰褐色，光滑，幼枝具灰褐色斑点。单叶，对生；叶片厚纸质，长椭圆形至椭圆状披针形，长7～22cm，宽2～6cm，先端渐尖至长渐尖，基部钝圆或楔形，边缘具锐锯齿，齿尖具硬腺体，上面绿色，下面灰绿色，两面无毛；叶柄长0.5～2.5cm；托叶对生于叶柄内侧。圆锥花序顶生，常比叶短，长5～16cm；花直径8～12mm，花梗中部具2苞片；萼片5，三角形，绿色，边缘具睫毛或无毛；花瓣白色，无毛；花丝长约6mm，疏被短柔毛；子房及花柱均被短柔毛。浆果状核果，椭球形，先端具小尖头，直径12~15mm，幼时呈绿色，后转红色，干后变为黑色。种子1~3。花期3—4月，果期9—10月。

产于温州市区（瓯海）、永嘉、文成、苍南、泰顺等地。分布于安徽、江西、福建、湖南、湖北、广东、广西、贵州。

a. 绒毛锐尖山香圆（变种）（图6-188）
var. **pubescens** T.Z. Hsu

叶片革质，下面被绒毛，沿脉尤密。

产于江山、庆元。生于沟谷林缘。分布于安徽、江西、福建、湖南、湖北、广东、广西、贵州。

图6-188　绒毛锐尖山香圆

一二一　钟萼木科 Bretschneideraceae

落叶乔木。奇数羽状复叶互生。总状花序顶生；花两性，两侧对称；花萼宽钟状，5浅裂；花瓣5，离生，覆瓦状排列，大小稍不相等，后面的2枚较小，有瓣柄，着生于花萼上部；雄蕊8，基部连合，着生在花萼下部，较花瓣略短，花药背部着生；雌蕊1，子房上位，无柄，3～5室，中轴胎座，每室悬垂胚珠2，花柱较雄蕊稍长，柱头头状。蒴果，3～5瓣裂，果瓣木质。种子大。

1属，1种。我国有1种；浙江也有。

钟萼木属　Bretschneidera Hemsl.

属形态特征与科同。

钟萼木　伯乐树　（图6-189）
Bretschneidera sinensis Hemsl.

落叶乔木，高可达25m。树皮灰褐色；芽大，宽圆锥形，芽鳞红褐色；小枝粗壮，幼时密被棕色糠秕状短毛，后渐脱落，具狭条状淡褐色皮孔。奇数羽状复叶互生，长可达60cm；小叶片7～15，对生，全缘，纸质或薄革质，长圆形、椭圆形、狭卵形、卵状披针形或狭倒卵形，两侧不对称，长6～26cm，宽3～9cm，先端渐尖，基部常楔形，偏斜，上面无毛，下面粉白色，有短柔毛，叶脉在两面均隆起，在叶背尤显著，侧脉8～15对；叶柄长10～18cm，与叶总轴被短柔毛，后渐脱落，小叶柄长2～10mm。总状花序顶生，长20～35cm；花序梗、花梗及花萼外面均被棕色绒毛；花冠直径约4cm，花瓣粉红色或白色，内面有红色纵条纹。蒴果木质，椭球形或近球形，三棱状，长3～5.5cm，直径2～3.5cm，被棕褐色柔毛，常混生稀疏白色柔毛；果3瓣开裂，果瓣厚1.2～5mm。种子椭球形，橙红色。花期4—5月，果期9—10月。

产于丽水及衢州市区（衢江）、江山、金华市区（婺城）、永康、武义、仙居、瑞安、文成、苍南、泰顺。生于海拔300～1500m的山地阔叶林中及林缘。分布于江西、福建、湖北、湖南、台湾、广东、广西、云南、贵州、四川。泰国、越南也有。

为国家I级重点保护野生植物。

图6-189　钟萼木

一二二　无患子科 Sapindaceae

乔木或灌木，稀草质或木质藤本。羽状或掌状复叶，稀单叶，互生；仅攀缘藤本具小托叶。聚伞圆锥花序或总状花序，顶生或腋生；花小，单性，雌雄同株或异株，辐射对称或两侧对称。雄花：萼片通常4或5；花瓣4或5，稀无，或有1～4枚发育不全，离生，覆瓦状排列；雄蕊5～10，通常为8，花丝分离，稀基部至中部合生，花药背部着生，纵裂；退化雌蕊小，常密被毛。雌花：花被与雄花同数，不育雄蕊常与雄花中的能育雄蕊相似，但花丝较短，花药有厚壁，不开裂；雌蕊由2～4心皮组成，子房上位，通常3室，每室胚珠1或2，稀多数。蒴果，有时呈核果状、翅果状或浆果状，不裂或深裂为分果瓣，每分果瓣种子1，稀2或多粒。种子有假种皮或无；通常无胚乳。

约135属，1500余种，广泛分布于全球热带和亚热带地区，温带地区较少。我国有21属，52种，多分布于西南部至东南部；浙江有6属，6种，其中栽培3属，3种。

分属检索表

1. 攀缘藤本，稀灌木状；花序的第一对分枝变态为卷须或刺状 ·············· **1. 倒地铃属 Cardiospermum**
1. 乔木或直立灌木；花序无卷须。
    2. 落叶。
        3. 一回偶数羽状复叶；小叶片全缘；果实核果状 ·············· **2. 无患子属 Sapindus**
        3. 一回或二回奇数羽状复叶；小叶片有锯齿或分裂，稀全缘；蒴果泡囊状 ··· **5. 栾树属 Koelreuteria**
    2. 常绿。
        4. 一回偶数羽状复叶；果实核果状，不开裂（栽培）。
            5. 萼片覆瓦状排列，有花瓣；成熟果实的外果皮近平滑 ·············· **3. 龙眼属 Dimocarpus**
            5. 萼片镊合状排列，无花瓣；成熟果实的外果皮有圆锥形小瘤突 ·············· **4. 荔枝属 Litchi**
        4. 单叶；蒴果翅果状，开裂（野生）·············· **6. 车桑子属 Dodonaea**

1 倒地铃属 Cardiospermum L.

草质或木质攀缘藤本，稀灌木状。二回羽状复叶互生。圆锥花序腋生，花序梗长，第一对分枝变态为卷须或刺状；花单性，雌雄同株或异株，花梗有关节；萼片4或5，覆瓦状排列；花瓣4，不等大；花盘分裂成2枚腺体状裂片；雄蕊8；子房椭球形，有3棱角，3室，每室胚珠1。蒴果囊状，3室；果皮膜质或纸质，有脉纹。种子近球形，种脐心形或半球形。

约12种，多数分布在美洲热带地区，仅少数种类广泛分布于全球热带和亚热带地区。我国有1种；浙江有栽培。

倒地铃 （图6-190）
Cardiospermum halicacabum L.

一年生草质攀缘藤本，长达5m。茎纤细，有5或6棱，疏被柔毛。二回三出复叶互生；叶柄长3～4cm；小叶近无柄，薄纸质，顶生者斜披针形或近菱形，长3～8cm，宽1.5～2.5cm，侧生者稍小，卵形或长椭圆形，边缘有粗锯齿或羽状分裂。圆锥花序腋生，花序梗细弱，长5～9cm，具棱；花序的第一对分枝变态为向下的卷须，螺旋状；萼片4，被缘毛，外面2枚卵圆形，内面2枚长椭圆形，比外面2枚长约1倍；花瓣4，乳白色，倒卵形；雄蕊8，与花瓣近等长；子房椭球形，被短柔毛。蒴果膜质，泡囊状，三棱状倒卵球形，直径约4cm。种子黑色，有光泽，直径约5mm，种脐心形，鲜时绿色，干时白色。花期7—8月，果期9—11月。

原产于我国东部、南部和西南部。广泛分布于全球热带和亚热带地区。杭州市区、淳安、诸暨、莲都、乐清等地有栽培或逸生。

全草可药用，有清热解毒、消肿止痛、健胃及发汗利尿等功效；种子可榨油，供工业用。

图6-190 倒地铃

❷ 无患子属 Sapindus L.

落叶乔木或灌木。一回偶数羽状复叶互生；小叶片全缘，常偏斜。聚伞圆锥花序顶生或近顶生，无卷须；花单性，雌雄同株，有时异株，辐射对称或两侧对称；萼片（4）5，覆瓦状排列；花瓣5，具瓣柄；雄蕊常8；子房3室，每室胚珠1。果实核果状，深裂为3分果瓣，常仅1个发育，近球形；果皮肉质，富含皂素。种皮骨质，无假种皮。

约13种，分布于亚洲、大洋洲和美洲较温暖地区。我国有4种，分布于长江流域及以南各地；浙江有1种。

无患子 (图6-191)

Sapindus saponaria L.—*S. mukorossi* Gaertn.

大乔木，高可达25m。树皮灰褐色或黑褐色；嫩枝绿色，无毛。复叶连柄长25~45cm或更长，叶轴上面两侧常具微凹槽；小叶5~8对，常近对生；叶片薄纸质，长椭圆状披针形或稍呈镰形，长7~15cm或更长，宽2~5cm，基部楔形，稍不对称，侧脉15~17对，近平行。圆锥花序顶生；花小，辐射对称，具短梗；萼片卵形或长圆状卵形，外面基部被疏柔毛；花瓣披针形，具瓣柄，鳞片2，小耳状；雄蕊伸出花冠外，花丝中部以下密被长柔毛。发育果瓣近球形，直径2~2.5cm，成熟时呈棕黄色，干时变为黑色；不发育果瓣残留于发育果瓣基部。种子球形，黑色，光滑。花期5—6月，果期8—10月。

产于全省山区、半山区。生于海拔900m以下的山坡林中，较常见于石灰岩、紫色砂页岩地带；寺庙、庭园和平原城乡常见栽培。分布于华东、华中、华南、西南（不含西藏）。朝鲜半岛、日本、越南、泰国、缅甸、印度尼西亚、印度等地也有。

秋叶金黄，为优良的绿化观赏树种；常栽于寺庙中，其种子为佛教中的"菩提子"之一；根和果有小毒，可药用，有清热解毒、化痰止咳等功效；果皮富含皂素，可代肥皂；木材质软，可制箱板和木梳等。

图6-191 无患子

❸ 龙眼属 Dimocarpus Lour.

常绿乔木。一回偶数羽状复叶互生。聚伞圆锥花序顶生或近顶生，无卷须；花单性，雌雄同株，辐射对称；花萼深5裂，裂片覆瓦状排列；花瓣5或退化成1～4；雄蕊8，花丝被毛；子房倒心形，具小疣状突起，2或3室，每室胚珠1。果实核果状，深裂为2或3果瓣，通常仅1或2个发育，球形或椭球形，外果皮革质，近平滑，内果皮纸质，不开裂。种子近球形，褐色，具透明肉质假种皮。

约20种，分布于亚洲热带地区。我国有4种，分布于西南部至东部；浙江栽培1种。

龙眼　桂圆　（图6-192）
Dimocarpus longan Lour.

乔木，高达10m。小枝粗壮，初被锈褐色短星状毛，后脱落，并散生白色皮孔。复叶连柄长15～30cm；小叶4或5对，对生或近对生，薄革质，长椭圆形至长椭圆状披针形，长5～15cm，宽2.5～5cm，全缘，先端急尖，稍钝，基部楔形，不对称，侧脉12～15对，在背面突起。花序大型，多分枝，密被锈褐色短星状毛；花小，直径约5mm；萼片薄革质，三角状卵形，长约2.5mm，两面均被黄褐色绒毛和成束的星状毛；花瓣黄白色，披针形，与萼片近等长，仅外面被微柔毛。果近球形，通常黄褐色，直径1.2～2.5cm，成熟时近平滑。种子球形，茶褐色，具光泽，全部被肉质假种皮包裹。花期4—6月，果期7—8月。

原产于广东、广西、海南、云南。我国南部广泛栽培。东南亚、南亚也常见栽培。瑞安、平阳、苍南有少量栽培。

为我国南方著名果树；假种皮富含维生素和磷，有益脾、健脑等功效；种子含淀粉，经适当处理后，可酿酒；木材坚实、重，暗红褐色，耐水湿，为船舶、家具、细木工等优良用材。

图6-192　龙眼

一二二 无患子科 Sapindaceae

❹ 荔枝属 Litchi Sonn.

常绿乔木。一回偶数羽状复叶互生。聚伞圆锥花序顶生，被金黄色短绒毛，无卷须；花单性，雌雄同株，辐射对称；花萼4或5浅裂，裂片镊合状排列；无花瓣；雄蕊6～8；子房倒心状，2（3）室，每室胚珠1。果实核果状，深裂为2或3果瓣，通常仅1或2个发育，卵球形或近球形，外果皮革质或脆壳质，有龟甲状裂纹，散生圆锥形小瘤突，不开裂。种子卵球形，褐色，具白色肉质假种皮。

1种，产于东南亚，并广泛栽培。我国栽培1种；浙江也有栽培。

荔枝 （图6-193）
Litchi chinensis Sonn.

乔木，高可达20 m。树皮灰黑色；小枝圆柱状，红褐色，密生白色皮孔。复叶连柄长10～25 cm；小叶通常3对，近对生，薄革质或革质，卵圆形或长卵状披针形，长6～15 cm，宽2～4 cm，全缘，先端急尖或尾状短渐尖，侧脉常纤细，在背面明显或稍突起。花序大型，多分枝，被锈色绒毛；花小，绿白色，直径2～3 mm；花萼常4齿裂，裂片钝三角形，内外两面被锈色短绒毛；雄蕊6或7（8）；子房密被小瘤体和锈色硬毛。果卵球形，成熟时呈鲜红色至暗红色，直径2～3.5 cm，具圆锥形小瘤状突起。种子被乳白色肉质假种皮完全包裹。花期2—4月，果期6—8月。

原产于广东西南部和海南。东南亚及我国南方广泛栽培，尤以福建南部和广东栽培最盛。苍南（马站）有少量栽培。

为我国南方栽培历史悠久的著名果树；种子可入药，有行气散结、祛寒止痛等功效。

图6-193 荔枝

5 栾树属 Koelreuteria Laxm.

落叶乔木或灌木。一回或二回奇数羽状复叶互生；小叶有锯齿或分裂，稀全缘。聚伞圆锥花序顶生，大型，广展，无卷须；花杂性，同株或异株；萼片（4）5，裂片镊合状排列；花瓣4（5），具瓣柄，内面基部小鳞片2深裂；雄蕊8，有时较少；子房3室，每室胚珠2。蒴果泡囊状，具3棱，室背开裂为3果瓣，果瓣壁膜质，具网状脉纹，每室种子1。种子球形，无假种皮。

4种，1种产于日本和斐济，3种产于中国。浙江有1种。

复羽叶栾树　（图6-194）
Koelreuteria bipinnata Franch.

乔木，高达20m。二回羽状复叶，平展，长45～70cm；叶轴和叶柄向轴面常有1纵行皱曲的短柔毛；小叶片9～17，互生，稀对生，纸质或薄革质，斜卵形，长3.5～7cm，宽2～3.5cm，先端短尖至短渐尖，基部宽楔形或近圆形，略偏斜，边缘有锯齿。圆锥花序大型，长达70cm，分枝多，与花梗均被柔毛；花萼5裂至中部，裂片宽卵状三角形或长圆形，边缘具缘毛及流苏状腺体，呈啮蚀状；花瓣4，黄色，长圆状披针形，长6～9mm，瓣柄长1.5～3mm，被长柔毛，基部鳞片2深裂；雄蕊8，长4～7mm，花丝被白色、开展的长柔毛，下半部毛较多，花药有短疏毛；子房三棱状椭球形，被柔毛。蒴果椭球形或长卵球形，淡紫红色，成熟时呈褐色，长4.5～5.5cm，先端有小突尖。种子近球形，直径约6mm。花期6—9月，果期8—11月。

原产于湖北、湖南、广西、广东、四川、贵州、云南。本省栽培的黄山栾树中常混生本种。

为优良的观赏和造林树种；种子可榨油，供工业用；根可入药，有消肿、止痛、活血、驱蛔等功效；花亦可入药，有清肝明目、清热止咳等功效，还可提取黄色染料。

图6-194　复羽叶栾树

a. 黄山栾树　全缘叶栾树（变种）（图6-195）
var. integrifoliola (Merr.) T.C. Chen—*K. integrifoliola* Merr.

繁殖枝上的小叶片通常全缘，仅近顶部小叶的一侧边缘偶有锯齿。蒴果近球形，先端钝。

产于长兴、杭州市区（西湖）、临安、富阳、建德、诸暨、衢州市区（衢江）、常山、开化、仙居；全省广泛栽培作行道树，供观赏。分布于江苏、安徽、江西、湖南、湖北、广东、广西、贵州。

*Flora of China*将本变种并入原种，作者认为其叶形稳定，蒴果先端钝，且自然分布多见于石灰岩山地，宜保留。

图6-195　全缘叶栾树

6 车桑子属 Dodonaea Mill.

灌木或乔木。全株或仅嫩部和花序有胶状黏液。单叶互生；无托叶。花单性，雌雄异株，辐射对称，单生于叶腋或组成顶生和腋生的总状、伞房或圆锥花序，无卷须；萼片3～7，通常4；无花瓣；雄蕊5～8；子房2或3室，稀5或6室，每室胚珠2。蒴果翅果状，室背常延展成翅状，开裂，每室种子1或2。种子无假种皮。

60余种，主要分布于大洋洲。我国有1种；浙江也有。

车桑子（图6-196）
Dodonaea viscosa Jacq.

常绿灌木或小乔木状，高可达3m以上。小枝扁，有狭翅或棱角，覆有胶状黏液。单叶，形状和大小变异较大，条形、条状匙形、条状披针形、倒披针形或长圆形，长5～12cm，宽

0.5~4cm，全缘或不明显浅波状，两面有黏液。花序顶生或在小枝上部腋生，比叶短，花密，主轴和分枝均有棱角；萼片4，披针形或长椭圆形；雄蕊7或8，花丝长不及1mm；子房椭圆形，外面有黏液，2或3室。蒴果倒心形或扁球形，具2或3翅，长1.5~2.2cm，连翅宽1.8~2.5cm，果皮膜质或纸质，有脉纹，黄绿色，后呈紫红色，每室种子1或2。种子透镜状，黑色。花期秋末，果期冬季至次年初春。

产于玉环、瑞安、苍南。常生于滨海沙土、干旱山坡及旷地上。分布于我国东南部、南部各地的沿海地区及云南金沙江流域。全球热带和亚热带地区广泛分布。

图6-196　车桑子

一二三 七叶树科 Hippocastanaceae

乔木，稀灌木，落叶，稀常绿。冬芽大，顶生或腋生。掌状复叶对生，有长叶柄；小叶3～9，小叶柄无或有。总花序聚伞圆锥状或筒状，侧生小花序为蝎尾状聚伞花序；花杂性，雄花常与两性花同株；萼片4或5裂，基部连合成钟形或管状，稀完全离生，镊合状或覆瓦状排列；花瓣4或5，与萼片互生，大小不等，基部爪状；雄蕊5～9，长短不等，着生于花盘内侧；花盘全部发育成环状或仅一部分发育，不裂或微裂；子房上位，3室，每室胚珠2。蒴果1～3室，平滑或有刺，常于室背3裂。种子球形，仅1（2）粒发育，种脐大，淡白色，无胚乳。

3属，16种，分布于亚洲、欧洲东南部、北美洲。我国有2属，6种；浙江栽培1属，2种。

七叶树属 Aesculus L.

落叶乔木，稀灌木。掌状复叶对生，小叶通常5～7；小叶片长圆形、倒卵形或披针形，边缘有锯齿；小叶柄短；无托叶。花序顶生，直立；花萼钟形或管状，4或5裂，大小不等；花冠两侧对称，花瓣4或5，倒卵形、倒披针形或匙形，基部爪状，大小不等；雄蕊5～8，通常7。蒴果平滑，稀有刺，室背开裂。种子近球形或梨形，种脐常较宽大。

13种，主要分布于亚洲、欧洲、北美洲。我国有5种，其中栽培2种；浙江栽培2种。

本省偶见栽培的还有欧洲七叶树 A. hippocastanum L. 和园艺品种红花七叶树 A. × carnea Zeyh. 'Briotii'，本志不予收录。

1. 七叶树 （图6-197）
Aesculus chinensis Bunge

落叶乔木。树皮灰褐色；小枝无毛，具皮孔；冬芽大，具4棱，有树脂。掌状复叶对生，小叶5～7；小叶片长圆状披针形至长圆状倒披针形，长10～18cm，宽3～6cm，先端短渐尖，基部楔形，边缘有钝尖的细锯齿，上面无毛，下面仅幼时沿中脉有柔毛，侧脉13～17对；叶柄长5～18cm；小叶柄长0.5～2cm。花序窄圆筒形，连同花序梗长30～50cm，基部小花序长2～2.5cm，花序梗具短柔毛；花萼筒状钟形，5浅裂，外面具短柔毛；花瓣4，白色，下部黄色或橘红色；雄蕊6或7。果实倒卵球形，黄褐色，顶部短尖或钝圆而中部略凹，直径3～4cm，密生斑点。种子近球形，栗褐色，种脐白色，大。花期5月，果期9—10月。

原产于秦岭地区，华东、华中、西南及陕西、河北等地有栽培。杭州、宁波及德清、开化、温岭、莲都、龙泉有栽培；杭州市区（西湖灵隐）有逸生。

为著名观赏树种，可作行道树和庭园树；木材细密，可制造各种器具；种子可药用，有理气宽中、和胃止痛等功效；种子油可制肥皂。

图 6-197　七叶树

1a. 浙江七叶树（变种）（图 6-198）

var. **chekiangensis** (Hu et Fang) Fang——*A. chekiangensis* Hu et Fang

与七叶树的主要区别在于花序梗无毛；花萼无毛。

产于杭州市区，栽培于寺院、山坡林中。模式标本采自杭州市区（虎跑定慧寺）。

图 6-198　浙江七叶树

2. 天师栗（图 6-199）

Aesculus wilsonii Rehder——*A. chinensis* Bunge var. *wilsonii* (Rehder) Turland et N.H. Xia

落叶乔木。树皮平滑，灰褐色，常呈薄片脱落。小枝紫褐色，密被脱落性长柔毛，具皮孔；冬芽卵球形，有树脂。掌状复叶对生，小叶 5~7（9）；小叶片长圆状倒卵形、长圆形或长圆状倒披针形，长 10~25cm，宽 4~8cm，先端锐尖或短锐尖，基部宽楔形或近圆形，稀近心形，边缘有很密集、微内弯、具骨质硬头的小锯齿，上面仅主脉基部微有长柔毛，下面有灰色绒毛或长柔毛，嫩时较密，侧脉20～25对；叶柄长10～15cm；小叶柄长1.5～2.5（3）cm。花序圆筒形，连同花序梗长28～40cm，基部小花序长3～4（6）cm；花具浓香；花萼管状，5浅裂，外面微具短柔毛；花瓣4，白色，前面2枚具黄斑；雄蕊7。蒴果卵球形或近梨形，黄褐色，顶端有短尖头，长3～4cm，有斑点。种子近球形，栗褐色，种脐淡白色，大。花期5月，果期10—11月。

原产于华中、西南及江西、广东。我国南方部分城市有栽培。杭州市区、临安、宁波市区（镇海）、奉化、天台等地有栽培。

树冠球形且宽大，适作行道树或庭荫树，可供观赏；材质坚硬细密，为材用树种。

与七叶树的主要区别在于后者小叶基部楔形，边缘有钝尖细锯齿，上面无毛，下面仅幼时沿中脉有柔毛；花序窄圆筒形，小花序长2～2.5cm。

图6-199　天师栗

一二四　槭树科 Aceraceae

乔木或灌木，落叶，稀常绿。冬芽具多数覆瓦状排列的鳞片，稀仅具2或4枚镊合状排列的鳞片，极少裸露。叶对生；单叶，不裂或掌状分裂，稀羽状或掌状复叶；具叶柄；无托叶。伞房、总状或圆锥花序，顶生或侧生于叶片脱落后的叶腋；花小，辐射对称，单性或两性，或杂性同株或异株；萼片、花瓣各4或5，稀花瓣不发育；雄蕊4~12，通常8；花盘环状、褥状或具裂纹，稀不发育；子房上位，2室，每室胚珠2粒而仅1粒发育，花柱2裂，常仅基部连合，柱头常反卷。果实为2枚相连（最后分离）的小坚果，因在两侧端或周围具翅而常称翅果。种子无胚乳，外种皮很薄，膜质；子叶扁平，折叠或卷折。

2属，200余种，分布于欧洲、亚洲、美洲。我国2属均有，140余种；浙江有1属，29种。本科许多种类为著名的绿化观赏树种，有些种类为纤维植物或具材用和药用价值。

槭树属 Acer L.

属特征基本与科同，但本属小坚果侧端具翅，冬芽具鳞片而与金钱槭属 *Dipteronia* Oliv. 不同。

200余种，分布于亚洲、欧洲、美洲中部和北部的温带至热带地区。我国有140余种；浙江有29种，其中栽培3种。

本省零星栽培的还有元宝槭 *A. truncatum* Bunge、羽扇槭（日本槭、舞扇槭）*A. japonicum* Thunb.、五小叶槭 *A. pentaphyllum* Diels、北美红枫 *A. rubrum* L.、糖槭 *A. saccharum* Marshall 等，本志不予收录。

分种检索表

1. 单叶。
  2. 落叶。
    3. 花序顶生；花与叶同时开放（岭南槭花后于叶开放）。
      4. 叶裂片全缘或波状；叶柄（尤其是基部）具乳汁；小坚果压扁状。
        5. 叶片上面全面被毛，各裂片边缘明显波状而具纤毛；小坚果密被黄色短柔毛；四年生以上枝及树皮具发达的木栓层…………………………… **1. 羊角槭 A. miaotaiense subsp. yangjuechi**
        5. 叶片上面无毛，各裂片边缘全缘而无纤毛；小坚果无毛，稀可被疏毛；枝及树皮无木栓层。
          6. 一年生小枝浅灰色或棕黄色；能育枝近顶部通常无不裂叶………… **2. 五角槭 A. pictum**
          6. 一年生小枝绿色、淡紫色或紫绿色；能育枝近顶部有时兼有不裂叶。
            7. 叶片下面嫩时全面被短柔毛，老时至少沿叶脉被长柔毛………… **3. 锐角槭 A. acutum**

一二四　槭树科 Aceraceae

7. 叶片下面无毛或仅脉腋有丛毛。
  8. 叶片近卵形，长（4）7～9cm，宽4～5（7）cm，3裂、2裂或不裂，先端长尾尖；翅果长2.5～3cm ·· 4. 乳源槭　A. chunii
  8. 叶片近扁椭圆形，长9～16cm，宽10～18cm，5裂，稀3裂或不裂，先端锐尖；翅果长3.5～4.5cm ·· 5. 阔叶槭　A. amplum
4. 叶裂片边缘有锯齿，稀全缘或几全缘；叶柄无乳汁；小坚果突起或略压扁状。
  9. 叶片不裂或3裂，有时混生不裂、2裂或4裂，或萌芽枝上者掌状3或5裂。
    10. 叶片3裂，有时混生不裂、2裂或4裂，或萌芽枝上者掌状5裂。
      11. 花序圆锥状或伞房状；多年生枝非绿色。
        12. 花序圆锥状。
          13. 叶片卵形，长、宽几相等；花5数，与叶同时开放 ·············· 16. 三峡槭　A. wilsonii
          13. 叶片宽卵形，宽大于长；花4数，后于叶开放 ·············· 17. 岭南槭　A. tutcheri
        12. 花序伞房状。
          14. 树皮片状剥落；小枝具皮孔；叶片纸质，卵状椭圆形至倒卵形，长大于宽，3浅裂或兼有不裂或2裂，裂片三角形至三角状卵形，裂缺呈钝角，下面多少具白粉；叶柄长2.5～5cm；翅果黄褐色 ············· 18. 三角槭　A. buergerianum
          14. 树皮不裂；小枝无皮孔；叶片薄革质，宽卵形，宽大于长，3中裂至近深裂，稀4裂或萌芽枝上者掌状5裂，裂片狭卵形或披针形，裂缺呈锐角，下面无白粉；叶柄长1.5～2.5cm；翅果淡紫色 ············· 25. 浙闽槭　A. john-edwardianum
      11. 花序总状；多年生枝绿色 ··· 24. 葛萝槭　A. grosseri
    10. 叶片不裂，或非掌状浅裂而叶缘呈阶梯状收缩，或萌芽枝上者3裂。
      15. 多年生枝黄褐色；叶片不裂或3～5非掌状浅裂，叶缘呈阶梯状收缩，具尖锐重锯齿；伞房花序；翅果两翅张开成锐角或近直立 ············· 12. 苦茶槭　A. tataricum subsp. theiferum
      15. 多年生枝绿色；叶片不裂或萌芽枝上者3裂，边缘具圆钝锯齿；总状花序；翅果两翅张开成钝角或近水平 ············· 23. 青榨槭　A. davidii
  9. 叶片掌状5～9裂，稀可混生3或11裂。
    16. 一年生小枝被宿存毛，或初时被毛，后渐脱落变稀疏至无毛；花序具5～10余花；翅果长1.4～2cm。
      17. 叶片掌状5～9裂，裂片狭披针形、披针形或长圆状披针形。
        18. 叶柄长2～4cm；叶片掌状5～7深裂，稀全为7深裂；一年生小枝、叶柄及叶片下面（至少沿主脉）多少被毛 ············· 7. 毛鸡爪槭　A. pubipalmatum
        18. 叶柄长3～5cm；叶片5～9中裂，常7中裂（鸡爪槭栽培品种可深裂至几全裂，各裂片可再次羽状深裂）；一年生小枝、叶柄仅初时被毛，后渐脱净，仅成叶背面基部脉腋有丛毛 ·· 10. 鸡爪槭　A. palmatum
      17. 叶片掌状5裂，或种下分类群通常为掌状3裂，裂片卵形或长圆状卵形。
        19. 叶片直径4～7cm，下面连同叶柄、一年生小枝密被宿存毛；花瓣开展而与萼片近等长；雄蕊8 ············· 8. 昌化槭　A. changhuaense
        19. 叶片直径3～4cm，下面连同叶柄、一年生小枝的毛被渐稀疏而多少有毛；花瓣内卷而短于萼片；雄蕊5 ············· 9. 稀花槭　A. pauciflorum

16. 一年生小枝光滑无毛；花序具8～60余花；翅果长2～3.2cm。
   20. 叶片掌状7～11裂。
      21. 叶片较小，直径5～10cm，7～9中裂至深裂，常9裂；翅果长2～2.4cm ·· **6. 临安槭 A. linganense**
      21. 叶片较大，直径12～16cm，9～11浅裂至中裂，稀可混有7裂；翅果长2.6～3.2cm ·· **11. 安徽槭 A. anhweiense**
   20. 叶片掌状5裂，稀可混有掌状7裂，或种下分类群通常为掌状3裂。
      22. 花序圆锥状，果时长为宽的1.5～2倍或更长；小坚果椭球形或卵球形，有时近球形。
         23. 叶柄、叶片下面（尤其沿脉）均明显被非平伏的黄色或黄褐色宿存短柔毛；小坚果成熟时具细毛 ·· **13. 毛脉槭 A. pubinerve**
         23. 叶柄仅初时被柔毛，后脱净；叶片下面初时疏被平伏长柔毛，后仅脉腋具丛毛；小坚果成熟时无毛 ·· **14. 秀丽槭 A. elegantulum**
      22. 花序短圆锥状或圆锥式伞房状，果时长与宽几相等或宽大于长；小坚果球形或近球形 ··· **15. 橄榄槭 A. olivaceum**
   3. 花序侧生；花先于叶开放 ··· **26. 天目槭 A. sinopurpurascens**
2. 常绿或半常绿。
   24. 一年生枝及花序被绒毛；叶片下面被白粉，老时多少有毛；翅果嫩时淡红褐色 ··· **19. 樟叶槭 A. cinnamomifolium**
   24. 一年生枝及花序通常无毛；叶片下面无白粉，无毛或脉腋疏被丛毛；翅果嫩时紫红色。
      25. 叶片具基生三出脉。
         26. 叶柄长0.6～1.4cm；基出脉最基部1对延伸达叶片长度的1/3～1/2；伞房花序，具5～10（16）花；萼片边缘或至少内面具毛；翅果长1.4～2.2cm ············· **20. 紫果槭 A. cordatum**
         26. 叶柄长1.5～3cm；基出脉最基部1对延伸达叶片长度的1/4～1/3；伞房状圆锥花序，具30～40（80）花；萼片两面无毛；翅果长2.5～3.5cm ······ **21. 闽江槭 A. subtrinervium**
      25. 叶片具羽状脉 ··· **22. 罗浮槭 A. fabri**
1. 复叶。
   27. 花序顶生，仅具3（5）花；花5数；小叶3，侧生小叶近无柄；翅果长4～5（6）cm ··· **27. 毛果槭 A. nikoense**
   27. 花序生于二年生或三年生无叶小枝的侧面，稀顶生，具多数花；花4数；小叶3～7（9），侧生小叶具柄；翅果长2～3.5cm。
      28. 小叶3；翅果长2～2.5cm ·· **28. 建始槭 A. henryi**
      28. 小叶3～7（9）；翅果长3～3.5cm ································· **29. 复叶槭 A. negundo**

1. 羊角槭（亚种）（图6-200）

Acer miaotaiense P.C. Tsoong subsp. **yangjuechi** (Fang et P.L. Chiu) P.L. Chiu et Z.H. Chen—*A. yangjuechi* Fang et P.L. Chiu

落叶乔木。树皮连同四年生以上枝条具发达的木栓层；一年生枝被淡黄色柔毛。单叶；叶片长6.5～9cm，宽6～8.5cm，基部近心形或近截形，掌状3～5裂，中裂片长圆状卵形，长

3.5～4.5cm，基部宽2.5～3.5cm，先端短急锐尖，侧裂片钝尖，基部裂片钝形或不发育，边缘明显波状并具纤毛，两面均被灰黄色短柔毛，下面沿脉更密；叶柄长4～7cm，被灰黄色短柔毛，具乳汁。伞房状圆锥花序顶生，花序梗长0.8～2cm，密被灰色短柔毛；花杂性，雄花与两性花同株，5数，与叶同时开放；萼片绿色，边缘具短纤毛，外侧被短毛；花瓣淡绿色，短于萼片，外侧及边缘均疏被短纤毛；子房密被短绒毛。翅果长3～3.5cm，小坚果压扁状，近球形，直径1～1.2cm，密被黄色短柔毛，两翅张开近水平或稍向后反卷。花期4月，果期9—10月。

特产于临安（西天目山）。生于海拔800～870m的沟谷阔叶林中；杭州市区、临安、鄞州、普陀等地有引种。模式标本采自临安（西天目山）。

为浙江特有的第三纪孑遗种。为国家Ⅱ级重点保护野生植物。因灾害性天气影响，模式产地的3株野生植株已于2013年死亡。

Flora of China 将其并入庙台槭 *A. miaotaiense* P.C. Tsoong，但后者小枝、叶柄、叶片两面及果序无毛；翅果较小（小坚果连同翅共长2～2.5cm），小坚果直径8mm；分布于甘肃东南部、陕西西南部和河南西南部。

图6-200　羊角槭

2. 五角槭

Acer pictum Thunb.

落叶乔木。树皮灰色，无木栓层；一年生小枝浅灰色或棕黄色，无毛，无木栓层；冬芽近球形，鳞片4对。单叶；叶片纸质，长圆形，长(8)9～11(12)cm，宽(4)6～8(12)cm，掌状5(7)裂，能育枝近顶部通常无不裂叶，裂片三角形或卵形，先端渐尖或近尾状渐尖，上面无毛，下面全面被短直毛，基部近截形，全缘而无纤毛；叶柄长4～6cm，无毛，具乳汁。圆锥状伞房花序顶生，无毛，花序梗长1～2cm；花杂性，雄花与两性花同株，花梗长约1cm，与叶同时开放；萼片5，黄绿色，长2～8mm；花瓣5，白色，长3mm；雄蕊8，短于花瓣；子房无毛或几无毛。翅果长3～3.5cm，成熟时呈淡黄色，小坚果压扁状，无毛或几无毛，两翅张开角度多样。花期4—5月，果期9月。

原产于朝鲜半岛、日本。我国北方有引种。模式亚种浙江不产，但产以下3亚种。

分亚种检索表

1. 小枝无毛；叶片长5～12cm，宽8～15(17)cm，常5裂，稀兼有3或7裂，下面无毛，或仅初时沿脉有短柔毛，裂片先端锐尖或尾状锐尖；子房无毛或几无毛；小坚果无毛。
   2. 叶片长5～8cm，宽8～11cm；叶柄长4～7cm；翅果长2～2.5cm，两翅张开成锐角或近钝角 ·········· **2a. 色木槭** subsp. **mono**
   2. 叶片长8～12cm，宽8～15(17)cm；叶柄长5～6(12)cm；翅果纤瘦，长约2cm，两翅直立张开，常向内弯拱而先端近交接 ·········· **2b. 弯翅色木槭** subsp. **incurvatum**
1. 小枝无毛或被卷曲的淡黄色长柔毛；叶片长4～6cm，宽6～8cm，常(3)5裂，裂片先端近骤钝尖或骤短锐尖；子房被疏柔毛；小坚果多少被弯曲的黄褐色短柔毛 ·········· **2c. 卷毛长柄槭** subsp. **pubigerum**

2a. 色木槭（亚种）（图6-201）

subsp. **mono** (Maxim.) H. Ohashi —— *A. mono* Maxim. —— *A. pictum* Thunb. var. *mono* (Maxim.) Maxim. ex Franch.

小枝无毛。叶片扁椭圆形，长5～8cm，宽8～11cm，常掌状5裂，稀兼有3或7裂，裂片先端锐尖或尾状锐尖，基部截形或近心形，下面无毛，或仅初时沿脉有短柔毛；叶柄长4～7cm，无毛。花瓣淡白色；子房无毛或几无毛。翅果长2～2.5cm，小坚果无毛，两翅张开成锐角或近钝角。花期4月，果期9—10月。

产于安吉、临安、淳安、新昌、余姚、奉化、宁海、开化、磐安、台州市区、天台、临海、仙居、缙云、遂昌。生于海拔750～1200m的山坡、沟谷林中。分布于东北、华北及长江流域各地。东北亚也有。

为优良色叶树种，秋叶红色或黄色，十分艳丽；嫩芽可代茶；树液含糖，可于早春树液流动时采割煎制；木材细密，用途广泛；种子油可供工业用或食用。

图 6-201　色木槭

2b. 弯翅色木槭（亚种）

subsp. **incurvatum** (Fang et P.L. Chiu) H. Ohashi——*A. mono* Maxim. var. *incurvatum* Fang et P.L. Chiu——*A. mono* subsp. *incurvatum* (Fang et P.L. Chiu) T.Z. Hsu

与色木槭相似，但本亚种叶片较大，通常长8～12cm，宽8～15（17）cm；叶柄长5～6（12）cm；翅果纤瘦，较小，长约2cm，两翅直立张开，常向内弯拱而先端近交接。

特产于临安（西天目山）。生于海拔400m的山坡、溪边林中。模式标本采自临安（西天目山）。*Flora of China*将其并入色木槭，但两者区别明显，本志仍予以分立。

2c. 卷毛长柄槭（亚种）（图6-202）

subsp. **pubigerum** (Fang) Y.S. Chen——*A. pictum* Thunb. var. *pubigerum* Fang——*A. mono* Maxim. var. *pubigerum* (Fang) Fang——*A. longipes* Franch. ex Rehder var. *pubigerum* (Fang) Fang

与色木槭的主要区别在于本亚种的小枝无毛或被卷曲的淡黄色长柔毛；叶片较小，长4～6cm，宽6～8cm，常掌状5裂，稀3裂，裂片先端近骤钝尖或骤短锐尖，下面有淡黄色长柔毛，沿主脉较密，稀无毛；花瓣黄绿色；子房被疏柔毛；小坚果连同翅的基部多少被弯曲的黄褐色短柔毛，两翅张开成锐角。

产于安吉、临安、淳安、磐安、天台、仙居。生于海拔1100～1400m的湿润沟谷、山坡阔叶林中或林缘。分布于安徽。合模式标本采自临安（西天目山）和天台（天台山）。

图6-202　卷毛长柄槭

3. 锐角槭（图6-203）

Acer acutum Fang——*A. acutum* var. *quinquefidum* Fang et P.L. Chiu

落叶小乔木。树皮平滑或微有纵裂纹，无木栓层；一年生枝淡紫色或紫绿色，无毛，多年生枝褐色或深褐色，具皮孔，无木栓层。单叶；叶片近扁椭圆形，长9～15cm，宽9～20cm，基部心形或近心形，掌状5或7裂，稀3裂，裂片宽卵形或三角形，中裂片和侧裂片先端锐尖，基部裂片先端锐尖、钝尖或不发育，全缘而无纤毛，上面无毛，下面嫩时全面被短柔毛，老时至少沿叶脉被短柔毛；叶柄长4～12cm，嫩时仅顶端微被短柔毛，具乳汁。伞房花序顶生，微被短柔毛，花序梗长3～5mm；花黄绿色，杂性，雄花与两性花同株，5数，与叶同时开放；萼片边缘具纤毛，外侧疏被微柔毛；花瓣无毛，长于萼片；子房无毛。翅果长3～3.5cm，小坚果压扁状，无毛，两翅张开成锐角或钝角。花期4月，果期10月。

产于安吉、临安、淳安、诸暨、鄞州、余姚、奉化、宁海、龙游、磐安、天台、临海。生于海拔500～1300m的沟谷、山坡林中。后选模式标本采自临安（西天目山）。

图6-203 锐角槭

3a. 天童锐角槭（变种）

var. **tientungense** Fang et Fang f.

叶片下面被宿存的淡黄色短柔毛。翅果较小，长2.5～2.8cm。

产于鄞州、象山、宁海。生于海拔300m以下的湿润沟谷、山坡、路旁林中。模式标本采自鄞州（天童太白山）。

4. 乳源槭 （图6-204）

Acer chunii Fang

落叶小乔木。树皮平滑，连枝条均无木栓层；一年生小枝绿色或淡紫色，具皮孔。单叶；叶片近卵形，长（4）7～9cm，宽4～5（7）cm，常掌状3深裂，能育枝顶部混有2裂或不裂叶，先端长尾尖，基部圆形，分裂者两侧的裂片有时大小不等，全缘而无纤毛，两面无毛或下面仅脉腋有丛毛；叶柄长3～4cm，红色，具乳汁。伞房花序顶生，无毛或疏生柔毛，花序梗长（0.1）0.5～2cm；花杂性，雄花与两性花同株，5数，与叶同时开放；萼片浅绿色，外面具白色柔毛；花瓣淡黄色，长于萼片；子房无毛。翅果紫红色，长2.5～3cm，小坚果压扁状，长卵球形，长10mm，宽6mm，无毛，两翅张开成钝角或近水平。花期3月，果期9月。

产于泰顺（左溪、垟溪）。生于海拔300～800m的沟谷林缘、山坡林中。分布于广东、四川。

图6-204　乳源槭

5. 阔叶槭 （图6-205）
Acer amplum Rehder

落叶乔木。树皮平滑，连枝条均无木栓层；一年生小枝绿色或紫绿色，无毛。单叶；叶片近扁椭圆形，宽常大于长，长9～16cm，宽10～18cm，基部近心形或截形，常掌状5裂，稀3裂或不裂，裂片先端锐尖，裂缺钝形或钝尖，全缘而无纤毛，上面嫩时有稀疏腺体，无毛，下面无毛或仅脉腋有黄色丛毛；叶柄长6～10cm，无毛或嫩时近顶端稍有短柔毛，具乳汁。伞房花序顶生，花序梗长2～4mm，有时无；花黄绿色，杂性，雄花与两性花同株，5数，与叶同时开放；萼片淡绿色，无毛；花瓣白色，较萼片略长；子房有腺体。翅果长3.5～4.5cm，嫩时呈紫色，成熟时呈黄褐色，小坚果压扁状，无毛，翅宽1～1.5cm，两翅张开成钝角。花期4月，果期9—11月。

产于丽水及安吉、临安、建德、淳安、诸暨、新昌、宁波市区、鄞州、余姚、奉化、宁海、衢州市区、开化、常山、金华市区、东阳、磐安、武义、台州市区、天台、仙居、永嘉、泰顺。生于海拔700～1200m的山坡、沟谷林中。分布于江西、安徽、湖南、湖北、广东、四川、云南、贵州。

图6-205　阔叶槭

5a. 天台阔叶槭（变种）（图6-206）

var. **tientaiense** (C.K. Schneid.) Rehder —— *A. longipes* Franch. ex Rehder var. *tientaiense* C.K. Schneid. —— *A. amplum* Rehder subsp. *tientaiense* (C.K. Schneid.) Y.S. Chen

叶片较小，长6～14cm，宽7～16cm，基部截形或近心形，掌状3中裂或浅裂，裂片长圆状卵形，先端长锐尖，边缘浅波状，下面中脉与侧脉间的脉腋无丛毛，侧裂片常向侧面伸展。翅果较小，长2.5～3.5cm，翅较细瘦，宽仅6～8mm。花期4月，果期9—10月。

产于临安、余姚、衢州市区、金华市区、磐安、台州市区、天台、临海、仙居、松阳、庆元、景宁。生于海拔700～1000m的疏林中。分布于江西、福建。模式标本采自天台（天台山）。

*Flora of China*将其作为亚种，但考虑到分布区重叠，作者仍作变种处理。

图6-206　天台阔叶槭

6. 临安槭 (图6-207)

Acer linganense Fang et P.L. Chiu —— *A. duplicatoserratum* Hayata var. *chinense* C.S. Chang, quoad habitat. Zhejiang.

落叶小乔木。小枝无毛，一年生和二年生枝常被蜡质白粉。单叶；叶片近圆形，直径5~10cm，基部深心形，掌状7~9中裂至深裂，常9裂，裂片长圆形，先端锐尖，边缘具多少伸长而紧贴的锐尖锯齿，裂缺锐尖，最基部2裂片有时近平行或相互覆叠，除下面脉腋被黄色丛毛外，两面无毛；叶柄长2.5~5cm，无毛或仅幼嫩时具疏毛，无乳汁。伞房花序顶生，具8~20花，花序梗长2~3cm；花杂性，雄花与两性花同株，5数，与叶同时开放；萼片淡紫绿色，仅内面具疏长柔毛；花瓣淡黄白色；子房密被脱落性淡黄色长柔毛。翅果长2~2.4cm，嫩时呈淡紫色，成熟后呈淡黄色，小坚果突起，近球形，脉纹显著，无毛，两翅张开成锐角至钝角。花期4—5月，果期10月。

产于安吉、临安、淳安、开化、天台、遂昌。生于海拔900~1450m的东南向山坡、沟谷溪边林中。模式标本采自临安(西天目山)。

翅果嫩时呈淡紫色，十分美丽，是很有开发价值的绿化观赏树种，本省园林中已见少量栽培。

图6-207 临安槭

7. 毛鸡爪槭 （图6-208）

Acer pubipalmatum Fang——*A. pubipalmatum* var. *pulcherrimum* Fang et P.L. Chiu

落叶乔木。一年生小枝被宿存的白色绒毛，多年生枝近无毛。单叶；叶片近圆形，长4～5.5cm，宽5～7.5cm，基部截形或近心形，掌状5～7深裂，稀全为7深裂，裂片披针形或长圆状披针形，先端锐尖，边缘具锐尖重锯齿，裂缺狭窄，初时两面被柔毛，后至少下面沿主脉被柔毛；叶柄长2～4cm，初时密被长柔毛，后渐脱落但多少有毛，无乳汁。伞房花序顶生，有毛，常具5～10花，花序梗长2～3cm；花紫色，杂性，雄花与两性花同株，5数，与叶同时开放；萼片红紫色，边缘具纤毛；花瓣淡黄色，与萼片等长；子房密被白色长柔毛。翅果长1.6～2cm，黄褐色，小坚果突起，近球形，直径4mm，嫩时被毛，老时渐脱落或多少有毛，两翅张开成钝角。花期4月，果期10月。

产于安吉、临安、淳安、磐安、台州市区、天台、临海。生于海拔750～1000m的山坡、沟谷较湿润的落叶阔叶林中。分布于安徽。合模式标本采自临安（西天目山）和天台（天台山）。

图6-208 毛鸡爪槭

8. 昌化槭 （图6-209）

Acer changhuaense (Fang et Fang f.) Fang et P.L. Chiu——*A. pauciflorum* Fang var. *changhuaense* Fang et Fang f.

落叶小乔木。一年生小枝、叶柄均密被下倾而宿存的灰色长柔毛。单叶；叶片近圆形，直径4～7cm，基部心形或略心形，常掌状5裂，裂片长圆状卵形，长2～3.5cm，先端钝尖，基部的裂片较小，钝尖，边缘具紧贴的锐尖细锯齿，裂片间凹缺锐尖，上面无毛或沿脉有疏毛，下面密被灰色长柔毛，脉上尤密；叶柄长1～2.3cm，密被宿存长柔毛，无乳汁。伞房花序顶生，仅初时被毛，具5～10余花；花杂性，雄花与两性花同株，与叶同时开放；萼片5，红紫色，边缘具疏纤毛；花瓣5，白色或淡红色，开展而与萼片近等长；雄蕊8；子房密被长柔毛。翅果常仅存2至数个，长1.8～2cm，小坚果突起，近球形，两翅张开成钝角。花期4—5月，果期9—10月。

产于临安、桐庐、建德、淳安、浦江、武义、莲都。生于海拔200～800m的沟谷溪边、山坡林下、林缘石隙中。模式标本采自临安（昌化）。

*Flora of China*将本种并入稀花槭，但本种的一年生小枝、叶下面和叶柄均密被宿存的灰色长柔毛，花瓣开展而与萼片近等长，雄蕊8，翅果较大，张开成钝角，易于辨别。本志仍作独立的种处理。

图6-209 昌化槭

8a. 三裂昌化槭(变种)(图6-210)
var. trilobum Z.H. Chen, Y.R. Zhu et X.F. Jin

叶片通常掌状3裂，中央裂片狭卵形、狭卵状三角形或披针形，先端渐尖，侧裂片显著短小，稀基部具1或2微小裂片。果序梗被柔毛。

产于建德、淳安、武义、莲都。生于海拔90～530m的沟谷溪边、山坡疏林中，常生于陡崖上。模式标本采自武义(大溪口)。

图6-210 三裂昌化槭

8b. 脱毛昌化槭(变种)(图6-211)
var. glabrescens Z.H. Chen, W.Y. Xie et X.F. Jin

小枝无毛。叶片掌状3裂，稀不明显4或5裂，后者基部1或2裂片远较小，上面光亮，下面近无毛或仅沿主脉具柔毛；叶柄疏被柔毛或近无毛。

产于淳安(金紫尖)。生于海拔约530m的山坡林中游步道旁。模式标本采自淳安(金紫尖)。

图6-211 脱毛昌化槭

9. 稀花槭 （图6-212）

Acer pauciflorum Fang

落叶灌木。树皮平滑，淡黄褐色；一年生小枝连同叶柄初时被短柔毛，后渐稀疏但多少有毛，多年生枝无毛，具白色蜡质层。单叶；叶片近圆形，直径3～4cm，基部心形或近心形，掌状5裂，裂片卵形或长圆状卵形，先端钝尖，边缘具锐尖重锯齿或单锯齿，裂缺锐尖，上面无毛，下面初时被平伏长柔毛，后渐脱落但至少沿主脉多少被毛；叶柄长1～1.5cm，无乳汁。伞房花序顶生，具5～10花，花序梗长0.5～1cm，疏被白色柔毛；花杂性，雄花与两性花同株，与叶同时开放；萼片5，红紫色，边缘具疏纤毛；花瓣5，粉红色，内卷而短于萼片；雄蕊5；子房密被白色柔毛。翅果长约1.5cm，嫩时呈淡紫色，成熟后呈淡黄色，小坚果突起，近球形，疏被长柔毛或无毛，两翅张开成直角。花期4月，果期9月。

产于嵊州、宁波市区、鄞州、宁海、磐安、仙居、缙云、温州市区、乐清、永嘉、瑞安、泰顺。生于海拔250～800m的疏林中。模式标本采自仙居。

图6-212　稀花槭

10. 鸡爪槭 小鸡爪槭 簑衣槭 （图6-213）
Acer palmatum Thunb.——*A. palmatum* var. *thunbergii* Pax

落叶小乔木。一年生枝紫色或淡紫绿色，仅初时疏被黄褐色柔毛。单叶；叶片纸质，近圆形，直径4～7cm，基部心形或近心形，掌状5～9中裂，常7裂，裂片狭披针形，先端渐尖或长渐尖，边缘具明显的尖锐锯齿，裂缺钝尖或锐尖，成叶仅下面基部脉腋被白色丛毛；叶柄长3～5cm，仅初时疏被柔毛或无毛，无乳汁。伞房花序顶生，具10余花，无毛，花序梗长3～4cm，下垂；花紫色，杂性，雄花与两性花同株，5数，与叶同时开放；萼片红紫色；花瓣白色微带淡红色；子房无毛或疏被红棕色柔毛。翅果长1.4～1.7cm，嫩时呈紫红色，成熟时呈淡棕黄色，小坚果突起，近球形，长约3mm，宽约2.5mm，翅宽约6mm，长约1.4cm，张开成钝角或近水平。花期5月，果期9月。

原产于朝鲜半岛西南部和日本。江苏、江西、福建、湖南、山东等地有栽培。全省各地园林中也常见栽培。

图6-213 鸡爪槭

10a. 美丽鸡爪槭（变种）（图6-214）

var. **amoenum** (Carrière) Ohwi —— *A. amoenum* Carrière

叶片较大，宽6～10（12）cm，掌状5～7（9）中裂至深裂，甚至近全裂，裂片披针形。翅果较大，长2～2.5cm，小坚果长约4.5mm，宽约4mm，翅宽约8mm，长1.5～2cm。

原产于日本。华中及江苏、安徽、江西、贵州、山东有引种。全省各地常见栽培。

图6-214　美丽鸡爪槭

美丽鸡爪槭在各国早已引种栽培，园艺品种众多。本省园林中常见栽培的品种有红枫'Atropurpureum'（图6-215），叶片深紫红色；羽毛枫'Dissectum'（图6-216），叶片掌状7～9深裂至几全裂，各裂片可再次羽状深裂，边缘疏生细长尖锯齿；红羽毛枫'Dissectum Ornatum'（图6-217），与羽毛枫相似，但叶片呈暗红色或深紫红色。

图6-215　红枫

图6-216 羽毛枫

图6-217 红羽毛枫

11. 安徽槭 （图6-218）

Acer anhweiense Fang et Fang f.

落叶小乔木。树皮平滑，淡灰褐色；小枝无毛，绿色或淡紫绿色。单叶；叶片近圆形，直径12～16cm，基部深心形，掌状9～11浅裂至中裂，稀可混有7裂，裂片长圆状卵形或卵形，先端渐尖至骤尾尖，边缘具紧贴的细锯齿，裂缺钝尖或锐尖，上面无毛，下面初时被灰色短柔毛，沿脉尤密，后渐脱落而仅于中脉与侧脉间有丛毛；叶柄长3～6cm，无乳汁。伞房花序顶生，具8～20花，花序梗长2～3cm；花杂性，雄花与两性花同株，5数，与叶同时开放；萼片紫红色；花瓣淡黄绿色；雄蕊8。果序伞房状，果序总梗长4～5cm；翅果长2.6～3.2cm，小坚果突起，卵球形，长7～9mm，宽6～7mm，脉纹显著，两翅张开成钝角。花期4～5月，果期9—10月。

产于安吉、临安。生于海拔1100～1400m的山坡、沟谷林中及林缘。分布于安徽。

为浙江省重点保护野生植物。

图6-218 安徽槭

11a. 短翅安徽槭(变种)

var. **brachypterum** Fang et P.L. Chiu

叶的裂片通常锐尖，边缘具锯齿而非细锯齿，下面嫩时仅沿叶脉被灰色疏柔毛，后变无毛。翅果较小，翅连同小坚果长2.2～2.5cm。

产于临安(西天目山)。生于海拔1200m左右的落叶阔叶林中。后选模式标本采自临安(西天目山横塘)。

12. 苦茶槭 桑芽茶(亚种) (图6-219)

Acer tataricum L. subsp. **theiferum** (Fang) Z.H. Chen et P.L. Chiu—*A. theiferum* Fang, 1979, non 1966! —*A. tataricum* L. subsp. *theiferum* (Fang) Y.S. Chen et P.C. de Jong in C.Y. Wu, P.H. Raven et D.Y. Hong, comb. rej. et nom. inefficax.—*A. ginnala* Maxim. subsp. *theiferum* (Fang) Fang

落叶灌木或小乔木。树皮微纵裂，灰色；小枝无毛，多年生枝黄褐色，具皮孔。单叶；叶片薄纸质，卵形、卵状长圆形至长椭圆形，长5～10cm，宽3～6cm，先端锐尖或狭长锐尖，基部圆形或近心形，不裂或3～5非掌状浅裂，中裂片远较侧裂片发达，边缘呈阶梯状收缩，具不整齐的尖锐重锯齿，上面无毛，下面有白色疏柔毛；叶柄长2.5～4cm，仅幼时被白色柔毛，无乳汁。伞房花序顶生，长3cm，疏生白色柔毛；花杂性，雄花与两性花同株，5数，与叶同时开放；萼片黄绿色，外侧近边缘被长柔毛；花瓣白色，长于萼片；子房被疏柔毛。翅果长2.5～3.5cm，黄绿色或黄褐色，小坚果稍压扁状，两翅张开成锐角或近直立。花期5月，果期9—10月。

产于湖州、杭州、宁波及诸暨、开化、磐安、台州市区、天台、临海、仙居、遂昌、龙泉。生于海拔50～1200m的山坡、沟谷疏林下、林缘或灌丛中。分布于江苏、安徽、江西、湖北、河南。

嫩叶经炒制后可代茶，有降低血压、明目退热等功效，又为夏季丝织工人的重要饮料，饮后汗水落在丝绸上不会产生黄色斑迹；树皮、叶和果实可提取黑色染料；种子油可供工业用。

与茶条槭 A. tataricum subsp. ginnala (Maxim.) Wesmael 的主要区别在于后者能育枝上的叶片纸质，常为较深的3～5裂，裂片边缘具不规则的钝尖锯齿，下面无毛；花序长达6cm，无毛；子房密被长柔毛；翅果较小，长2.5～3cm；分布于东北、华北及江苏、江西、河南、陕西、甘肃、宁夏；东北亚也有。

图6-219　苦茶槭

13. 毛脉槭 （图6-220）

Acer pubinerve Rehder — *A. wilsonii* Rehder var. *chekiangense* Fang — *A. sinense* Pax var. *pubinerve* (Rehder) Fang — *A. sinense* subsp. *chekiangense* (Fang) A.E. Murray

落叶乔木。树皮深灰色，平滑；小枝无毛。单叶；叶片纸质，长8～12cm，宽10～14cm，基部近心形，掌状5裂，裂片卵形或长圆状卵形，先端尾状锐尖，边缘除近裂片基部全缘外，其余均具紧贴的钝尖锯齿，下面被非平伏的黄色或黄褐色宿存短柔毛，脉上尤密；叶柄长2～5cm，密被非平伏的淡黄色柔毛，无乳汁。圆锥花序顶生，紫色，长6～7cm，果时长为宽的1.5～2倍或更长，具花60朵以上，花序梗长3cm；花杂性，雄花与两性花同株，5数，与叶同时开放；萼片淡紫色；花瓣白色，短于萼片；子房密被淡黄色柔毛。翅果长2.3～2.8cm，嫩时呈紫色，后变淡黄色，小坚果突起，椭球形，连同翅具宿存的细柔毛，两翅张开成钝角或近水平。花期4月，果期10月。

产于宁波、衢州、金华、台州、丽水、温州及安吉、临安、建德、淳安、新昌。生于1200m以下的沟谷溪边、山坡阔叶林中、林缘；本省园林中有栽培。分布于安徽、江西、福建。模式标本采自天台（天台山）。

为嫁接红枫最常用的砧木。

图6-220 毛脉槭

13a. 细果毛脉槭(变种)
var. **apiferum** Fang et P.L. Chiu

叶片边缘有显著的钝尖锯齿。翅果较小,长1.3～2cm,小坚果球形,直径3～4mm,翅倒卵形,宽5～7mm。

产于宁波市区(北仑)。生于海拔60m左右的池边林中。模式标本采自宁波市区(北仑瑞岩寺)。

本变种有多数细小的翅果,状似一群蜜蜂。*Flora of China*将其并入毛脉槭,作者检视了相同季节的毛脉槭果实标本,发现两者区别明显,这里仍作变种处理。

13b. 武义毛脉槭(变种)(图6-221)
var. **wuyiense** X.Y. Zhang, Z.H. Chen et W.J. Chen

叶片基部平截,掌状3裂或不明显5裂,5裂者基部2裂片较小,长不及6mm。

产于江山、金华市区、武义、莲都、龙泉、庆元、景宁。生于海拔700～1000m的山坡、沟谷林中及林缘。模式标本采自武义(牛头山)。

图6-221 武义毛脉槭

14. 秀丽槭（图6-222）

Acer elegantulum Fang et P.L. Chiu——*A. elegantulum* var. *macrurum* Fang et P.L. Chiu

落叶乔木。树皮稍粗糙，深褐色；小枝无毛。单叶；叶片薄纸质或纸质，长5.5～9cm，宽7～12cm，基部深心形或近心形，掌状5裂，中裂片与侧裂片卵形或三角状卵形，有时长圆状卵形，先端短急锐尖，尖尾长0.8～1.8cm，边缘具低平锯齿，裂缺锐尖，上面无毛，下面初时疏被平伏长柔毛，后仅脉腋具丛毛；叶柄长2～5.5cm，初时被柔毛，后脱净，无乳汁。圆锥花序顶生，长6～7cm，果时长为宽的1.5～2倍或更长，花可达60朵以上，花序梗长2～3cm；花杂性，雄花与两性花同株，5数，与叶同时开放；萼片红紫色，无毛；花瓣淡红色，与萼片近等长；子房紫色，密被淡黄色长柔毛。翅果长2～2.8cm，嫩时呈淡紫色，成熟后呈淡黄色，小坚果突起，椭球形或卵球形，有时近球形，无毛，直径约6mm，翅宽常达1cm，两翅张开近水平。花期4—5月，果期10月。

产于丽水及安吉、临安、建德、淳安、慈溪、余姚、衢州市区、开化、江山、磐安、台州市区、天台、三门、临海、仙居、永嘉、文成、泰顺。生于海拔700～1000m的沟谷林中、林缘；本省园林中有栽培。分布于安徽、江西。模式标本采自临安（昌化）。

图6-222 秀丽槭

园艺新品种金秀丽'Winter Gold'（图6-223），枝干光滑，黄色，春季嫩叶红色，嫩枝淡粉红色或深粉色，入夏后叶变为正常绿色，入秋后叶转为金黄色，冬季落叶时枝干呈金黄色。

15. 橄榄槭 （图6-224）
Acer olivaceum Fang et P.L. Chiu

图6-223　金秀丽

落叶小乔木。树皮较粗糙，灰色；小枝无毛。单叶；叶片薄革质或厚纸质，长5～7cm，宽7～9cm，基部心形或近心形，掌状5裂，极稀7裂，裂片三角状卵形或卵形，先端近短急锐尖或渐尖，边缘除近叶片基部全缘外，其余均具紧贴的细尖锯齿，上面无毛，压干后呈橄榄色，下面常仅基部脉腋具丛毛；叶柄长3～3.5cm，仅初时被伏毛，无乳汁。短圆锥状或圆锥式伞房状花序顶生，长3～3.5cm，果时长与宽几相等或宽大于长，具花30朵以上，花序梗长3～3.5cm；花杂性，雄花与两性花异株，5数，与叶同时开放；萼片紫红色，边缘纤毛状，内侧被长柔毛；花瓣淡白色，与萼片等长；子房绿色，密被灰色或淡黄色柔毛。翅果长2～2.8cm，嫩时呈淡紫色，成

图6-224　橄榄槭

熟后呈淡黄色，小坚果突起，球形或近球形，脉纹显著隆起，两翅张开，常呈150°的钝角或近水平。花期4月下旬，果期10月。

产于宁波、衢州、金华、台州、丽水及安吉、富阳、临安、淳安、诸暨；本省园林中已见栽培。生于海拔750～900m的山坡、沟谷林中或林缘。分布于安徽、江西。模式标本采自临安（西天目山）。

*Flora of China*将其并入秀丽槭，但两者区别很大，本志仍予以分立。

16. 三峡槭 （图6-225）
Acer wilsonii Rehder

落叶乔木。树皮深褐色，平滑；小枝无毛，二年生枝紫褐色。单叶；叶片薄纸质，卵形，长8～10cm，宽9～10cm，基部圆形，稀截形或近心形，3裂，裂片卵状长圆形或三角状卵形，先端有长1～1.5cm的尖尾，边缘近先端具细锯齿，上面无毛，下面仅脉腋具丛毛；叶柄长3～7cm，无毛，无乳汁。圆锥花序顶生，无毛，长5～6cm，花序梗长2～3cm；花杂性，雄花与两性花同株，5数，与叶同时开放；萼片黄绿色，无毛；花瓣白色，与萼片等长或略长；子房有长柔毛。翅果长2.5～3cm，黄褐色，小坚果卵球形或卵状椭球形，特别突起，两翅张开，几呈水平。花期4月，果期10月。

产于江山、遂昌、龙泉、庆元、景宁、文成、泰顺。生于海拔750～1200m的山坡林中、沟谷林缘。分布于江西、湖南、湖北、广东、广西、云南、贵州、四川。

图6-225 三峡槭

17. 岭南槭 （图6-226）
Acer tutcheri Duthie

落叶乔木。树皮褐色或深褐色；当年生枝绿色或紫绿色，无毛，多年生枝灰褐色或黄褐色。叶片纸质，宽卵形，长6～7cm，宽8～11cm，基部圆形或近截形，3裂，裂片三角状卵形，稀卵状长圆形，先端锐尖或尾状锐尖，边缘近先端具细锯齿，两面无毛，稀下面脉腋被丛毛；叶柄长2～3cm，无毛，无乳汁。圆锥花序顶生，长6～7cm，花序梗长约3cm；花杂性，雄花与两性花同株，4数，后于叶开放；萼片黄绿色，卵状长圆形；花瓣淡黄白色，倒卵形，略短于萼片；子房被疏柔毛。翅果长2～2.5cm，淡紫色，小坚果突起，脉纹显著，两翅张开成钝角。花期4月，果期9月。

产于景宁（望东垟渔漈坑）。生于海拔1185m的溪边林中。分布于江西、福建、湖南、广东、广西。

图6-226　岭南槭

18. 三角槭　三角枫 （图6-227）
Acer buergerianum Miq.——*A. buergerianum* var. *jiujiangense* Z.X. Yu

落叶乔木。树皮灰黄色，片状剥落；一年生枝被脱落性柔毛，具皮孔，二年生枝褐色。单叶；叶片纸质，卵状椭圆形至倒卵形，长6～10cm，宽3～5cm，基部楔形至近圆形，掌状3浅裂，或兼有不裂或2裂，裂缺呈钝角，中裂片较大，三角形至三角状卵形，先端急尖至短渐尖，全缘或上部具锯齿，下面多少被白粉，初时略被脱落性毛；叶柄长2.5～5cm，无毛，无乳汁。伞房状花序顶生，具短柔毛，花序梗长1.5～2cm；花5数，与叶同时开放；萼片黄绿色；花瓣淡黄色；子房密被淡黄色柔毛。翅果长2～2.5（3）cm，黄褐色，小坚果椭球形、卵球形或近球形，显著突起，两翅张开成锐角、平行或覆叠甚至交叉。花期4月中旬，果期10月下旬。

产于全省各地。生于海拔300m以下的向阳山坡林中、村宅旁。分布于华中及江苏、安徽、江西、广东、贵州、山东。

为优良的秋色叶树种,既耐干旱瘠薄,又耐水湿,对土壤、气候适应性强,适作行道树、园景树、绿篱或护堤树;木材性状优良,用途广泛。

图6-227　三角槭

18a. 宁波三角槭(变种)(图6-228)

var. **ningpoense** (Hance) Rehder —— *A. trifidum* Hook. et Arn. var. *ningpoense* Hance —— *A. ningpoense* (Hance) Fang

一年生小枝和花序密被淡黄色或灰白色宿存绒毛。叶片倒卵形,先端3浅裂或不裂,基部圆形或浅心形,下面被疏柔毛,近基部脉上尤密。

产于湖州市区、杭州市区、临安、淳安、宁波市区、鄞州。生于海拔300m以下的山坡林中、林缘路旁、村宅旁。分布于江苏、江西、湖北、湖南、云南。模式标本采自宁波。

图6-228　宁波三角槭

18b. 平翅三角槭（变种）（图6-229）

var. **horizontale** F.P. Metcalf——*A. buergerianum* var. *yentangense* Fang et Fang f.

落叶灌木或小乔木。叶片通常中部最宽，3中裂，长4～8cm，宽3～6cm。翅果两翅外弯，张开成直角、钝角或近水平。

产于嵊州、宁波市区、鄞州、余姚、奉化、象山、宁海、普陀、东阳、磐安、天台、三门、仙居、温岭、玉环、乐清、永

图6-229　平翅三角槭

嘉。生于海拔1000m以下的沟谷溪边、崖壁石缝间、陡坡灌丛中。模式标本采自仙居。

雁荡三角枫 A. buergerianum var. yentangense 与本变种在叶形、果实大小、两翅张开角度等性状上均存在交叉，难以截然分开，地理分布区也有重叠，故予以归并。

19. 樟叶槭 （图6-230）
Acer cinnamomifolium Hayata

常绿乔木。树皮淡黑灰色；一年生枝密被宿存绒毛，多年生枝近无毛，具皮孔。单叶；叶片革质，长圆状椭圆形或长圆状披针形，长8～12cm，宽4～5cm，先端骤短渐尖，基部圆形或宽楔形，全缘或近全缘，萌芽枝上的叶常3裂，上面无毛，下面被白粉和淡褐色绒毛，成叶多少被毛，中脉、侧脉在上面凹下，侧脉3或4对；叶柄长1～3cm，被绒毛。圆锥花序顶生，被绒毛；花5数，与叶同时开放；花萼淡绿色，长约2mm，外面无毛，内面中下部被白色长绒毛；花瓣白色，倒披针状条形，长约4.5mm；子房密被绒毛，花柱短，柱头2，直伸。果序被绒毛；翅果长2.8～3.2cm，嫩时呈淡红褐色，成熟时呈淡黄褐色，小坚果突起，两翅张开成锐角或近直角。花期4—5月，果期7—9月。

图6-230 樟叶槭

产于乐清、文成、平阳、苍南、泰顺。生于海拔300～500m的潮湿阔叶林中；宁波及杭州市区、临安、诸暨、定海、岱山、玉环等地有栽培。分布于江西、福建、湖北、湖南、广东、广西、贵州。

树冠浓密，四季常青，为良好的园林绿化树种。

*Flora of China*将本种作为革叶槭*A. coriaceifolium* H. Lév.的异名，但后者叶片先端渐尖，叶背面无白粉，侧脉5或6对；叶柄仅嫩时被毛，后脱净；花瓣淡黄色，倒卵形，与萼片近等长；花柱长，柱头向两侧反卷；翅果张开成钝角；分布于四川东南部、湖北西南部、贵州、广西北部。

20. 紫果槭 紫槭（图6-231）

Acer cordatum Pax —— *A. cordatum* var. *microcordatum* F.P. Metcalf

半常绿小乔木。树皮灰色或淡黑灰色，不裂；一年生嫩枝紫色或淡紫绿色；枝、叶、花序通常无毛。单叶；叶片薄革质，卵状长圆形，稀卵形，长3.5～9cm，宽1.5～4.5cm，先端渐尖，基部浅心形或近圆形，近先端疏具细锯齿，其余全缘，上面光亮，下面无白粉，基出脉3，最基部

图6-231 紫果槭

1对延伸达叶片长度的1/3～1/2；叶柄紫色或淡紫色，长0.6～1.4cm。伞房花序顶生，具5～10（16）花，花序梗细瘦，淡紫色；花5数，与叶同时开放；萼片紫红色，边缘或至少内面具毛；花瓣淡白色；子房无毛。翅果长1.4～2.2cm，嫩时呈紫红色，成熟时呈黄褐色，小坚果突起，无毛，两翅张开成钝角或近水平。花期4月中旬，果期10—11月。

产于丽水、温州及建德、淳安、衢州市区、开化、常山、江山、金华市区、武义。生于海拔300～800m的沟谷溪边灌丛中、崖壁上或山坡林缘。分布于安徽、江西、福建、湖南、湖北、广东、广西、贵州、四川。

翅果嫩时紫色，秋叶紫红色，可供园林绿化观赏。

21.闽江械　长柄紫果械　（图6-232）

Acer subtrinervium F.P. Metcalf—*A. cordatum* Pax var. *subtrinervium* (F.P. Metcalf) Fang

半常绿小乔木。枝、叶、花序通常无毛；一年生嫩枝紫色或淡紫绿色，二年生小枝绿色，无白色蜡质层。单叶；叶片薄革质，长圆状狭卵形，基出脉3，最基部1对仅延伸达叶片长度的1/4～1/3，绝不达1/2，下面无白粉；叶柄较长，通常长

图6-232　闽江械

1.5~3cm。花序系由伞房花序组成的主轴伸长的圆锥花序，顶生，具30~40（80）花；花5数，与叶同时开放；萼片狭披针形，先端尖，两面无毛；花瓣倒卵状匙形；雄蕊长于花瓣，花药紫色。翅果长2.5~3.5cm，嫩时呈紫红色，成熟时呈黄褐色，小坚果突起，无毛，两翅张开成钝角或近水平。花期3月下旬至4月上旬，果期10月。

产于衢州市区、江山、遂昌、龙泉、庆元、景宁、文成、瑞安、泰顺。生于海拔300~800m的沟谷溪边、山坡常绿阔叶林中。分布于福建。

21a. 两型叶闽江械（变种）（图6-233）

var. **dimorphifolium** (F.P. Metcalf) Z.H. Chen et W.Y. Xie——*A. dimorphifolium* F.P. Metcalf——*A. reticulatum* Champ. var. *dimorphifolium* (F.P. Metcalf) Fang et W.K. Hu——*A. cordatum* var. *dimorphifolium* (F.P. Metcalf) Y.S. Chen

结果枝同时具有不裂、2或3浅裂至中裂的叶片，不分裂者卵状长圆形，3浅裂者宽卵状长圆形，3中裂者轮廓近圆形，边缘除基部全缘外有锯齿，不裂和浅裂者最基部1对基出脉延伸至叶片长度的1/5~1/3，3中裂者可延伸至叶片长度的1/2。

产于衢州市区（衢江紫微山）、泰顺（乌岩岭）。生于海拔600~1000m的陡坡、沟谷林中。分布于江西、福建和广东东部。

图6-233 两型叶闽江械

22. 罗浮槭　红翅槭　（图6-234）

Acer fabri Hance

常绿小乔木。树皮灰褐色；小枝无毛，一年生枝紫绿色或绿色，多年生枝绿色或绿褐色。单叶；叶片革质，披针形、长圆状披针形或长圆状倒披针形，长7~11cm，宽2~3cm，全缘，基部楔形或钝圆，先端锐尖，上面无毛，下面无毛或脉腋疏被丛毛，羽状脉，侧脉4或5对；叶柄长1~1.5cm，无毛。伞房花序顶生，紫色，无毛；花杂性，雄花与两性花同株，5数，与叶同时开放；萼片紫色，微被短柔毛；花瓣白色，略短于萼片；子房无毛。翅果嫩时呈紫红色，成熟时呈黄褐色，长3~3.5cm，小坚果突起，两翅张开成钝角。花期3—4月，果期9月。

原产于江西、湖北、湖南、广东、广西、贵州、四川。杭州市区、宁波市区、鄞州、奉化、金华市区、莲都等地有栽培，常用作园景树或行道树。

图6-234　罗浮槭

23. 青榨槭 (图6-235)

Acer davidii Franch.—*A. laxiflorum* Pax var. *ningpoense* Pax

落叶乔木。树皮灰褐色；多年生枝青绿色，常纵裂成蛇皮状，小枝无毛。单叶；叶片纸质，长圆状卵形或近长圆形，长6～14cm，宽3.5～8.5cm，不裂或萌芽枝上的叶3裂，先端锐尖或渐尖，常有尖尾，基部近心形或圆形，边缘具不整齐的圆钝锯齿，仅下面嫩时沿脉被短柔毛；叶柄长1.5～6cm，仅嫩时被短柔毛，无乳汁。花黄绿色，杂性，雄花与两性花同株，5数，两性花的花梗长1～1.5cm，常20～30朵组成顶生总状花序，下垂，与叶同时开放；萼片与花瓣等长；子房被红褐色短柔毛。翅果长2.5～3cm，嫩时呈淡绿色，成熟后呈黄褐色，小坚果卵球形，略压扁状，两翅张开成钝角或近水平。花期4月，果期10月。

产于杭州、宁波、衢州、金华、台州、丽水、温州及安吉、德清、诸暨、新昌。生于海拔250～1500m的山坡、沟谷林中。分布于华东、华中、华南、西南、华北。缅甸也有。

多年生枝青绿色，常纵裂成蛇皮状，树冠整齐，春叶淡黄绿色、秋叶先转黄色、再变红色至紫红色，果实成串，十分美丽，且生长迅速，可用作绿化和造林树种；为材用树种；树液含糖2%，可于早春树液流动时采割煎制。

图6-235 青榨槭

24. 葛萝槭 （图6-236）

Acer grosseri Pax —— *A. grosseri* var. *hersii* (Rehder) Rehder —— *A. davidii* Franch. subsp. *grosseri* (Pax) P.C. de Jong —— *A. hersii* Rehder

落叶乔木。树皮光滑，灰色；多年生枝绿色，纵裂成蛇皮状，小枝无毛。单叶；叶片纸质，卵圆形或近圆形，长7～10cm，宽5～8cm，基部近心形，3裂，萌芽枝上的叶可为掌状5裂，中裂片三角形或三角状卵形，先端钝尖，有短尖尾，侧裂片先端锐尖，边缘具重锯齿，上面无毛，下面仅嫩时在主脉基部被淡黄色丛毛；叶柄长2～4.5cm，无毛或幼时被柔毛，无乳汁。总状花序顶生，下垂，具10～15花；花梗长3～4mm；花淡黄绿色，单性，雌雄异株，5数，与叶同时开放；子房紫色，无毛。翅果长2.5～2.9cm，嫩时呈淡紫色，成熟后呈黄褐色，小坚果略压扁状，两翅张开成钝角或近水平。花期4月，果期10月。

产于安吉、临安。生于海拔850～1450m的山坡林中。分布于华中及安徽、江西、四川、甘肃、陕西、河北、山西。

Flora of China 将其作为青榨槭的亚种 *A. davidii* subsp. *grosseri* (Pax) P.C. de Jong，但后者叶片长圆状卵形或近长圆形，不分裂，边缘具不整齐的钝圆齿；雄花与两性花同株，两性花的花梗长1～1.5cm，常20～30朵组成总状花序；子房被红褐色短柔毛；翅果嫩时淡绿色，与本种区别明显，加上地理分布区也不同，这里仍作独立的种处理。

图6-236　葛萝槭

25. 浙闽槭 (图6-237)

Acer john-edwardianum F.P. Metcalf—*A. wilsonii* Rehder var. *serrulata* Dunn—*A. oliverianum* Pax var. *serrulatum* (Dunn) Rehder—*A. confertifolium* Merr. et F.P. Metcalf var. *serrulatum* (Dunn) Fang

落叶灌木或小乔木。树皮不裂；小枝无毛和皮孔，二年生枝淡紫色。单叶；叶片薄革质，光亮，宽卵形，长4～5.5cm，宽5～7.5cm，嫩时淡紫色，基部近圆形至浅心形，3中裂至近深裂，稀4裂或萌芽枝上的叶掌状5裂，裂片狭卵形或披针形，先端渐尖，边缘具细锯齿，裂缺呈锐角，下面无白粉，主脉3～5；叶柄常淡紫色，长1.5～2.5cm，仅初时顶端连同叶背基部脉腋具柔毛，无乳汁。伞房状花序顶生，具4～15花，花序梗长0.1～1.7cm，连同花梗被褐色柔毛；花梗紫红色；花杂性，雄花与两性花同株，5数，与叶同时开放；萼片紫红色，内面被长柔毛，边缘具纤毛；花瓣白色或粉红色；子房被柔毛。每果序翅果1～3，长1.3～1.8cm，淡紫色，小坚果显著突起，卵球形，两翅张开成钝角。花期3月下旬至4月上旬，果期9—10月。

产于泰顺（垟溪）。生于海拔190～580m的沟谷林缘、灌丛中、山坡路旁林下。分布于福建东部。

植株矮小，枝叶扶疏，耐干旱瘠薄，萌芽力强；叶片较小，薄革质，光亮，连同叶柄常带紫色；果翅幼时淡紫色，为优良观赏树种。

图6-237 浙闽槭

26. 天目槭 （图6-238）

Acer sinopurpurascens Cheng

落叶乔木。树皮灰色，不裂；一年生枝紫褐色，嫩时疏被短柔毛，后几脱净，多年生枝具皮孔。单叶；叶片纸质，近圆形，长5～9cm，宽8～10cm，基部心形或近心形，掌状3或5裂，中裂片长圆状卵形，先端锐尖，裂缺以上两侧边缘几平行延伸，全缘，仅顶端具疏钝齿，侧裂片三角状卵形，基部的裂片较小，钝尖形，裂片边缘具疏钝齿，嫩时两面及叶缘均被短柔毛，后渐脱落；叶柄长2～8cm，仅嫩时被脱落性短柔毛。总状花序或伞房式总状花序侧生于二年生小枝上；花紫色，单性，雌雄异株，先于叶开放；萼片5；子房有短柔毛。翅果长3～3.5cm，黄褐色，具特别隆起的脊，脉纹显著，有短柔毛，两翅张开成锐角至近直角。花期4月，果期10月。

产于安吉、临安、淳安、奉化、宁海、磐安、天台、临海、缙云、景宁、泰顺。生于海拔900～1400m的山坡混交林中。分布于安徽、江西、湖北。后选模式标本采自临安（西天目山）。

叶片较大，入秋经霜后变红色，很美丽，可作园林观赏树种。为浙江省重点保护野生植物。

图6-238 天目槭

27. 毛果槭　东部大果槭　（图6-239）
Acer nikoense Maxim.

落叶乔木。树皮灰褐色，粗糙；小枝粗壮，一年生枝密被柔毛，多年生枝近无毛，皮孔明显。羽状复叶具3小叶；小叶片厚纸质，长圆状椭圆形或长圆状披针形，长7～12cm，宽2.5～5.5cm，先端锐尖或短锐尖，疏具钝齿，顶生小叶片基部楔形或钝形，具长0.4～1.2cm的小叶柄，疏被柔毛，侧生小叶片基部斜形，近无柄，各小叶片上面仅沿脉被柔毛，下面粉绿色，微被长柔毛，嫩时较密，侧脉14～16对，连同中脉在上面微凹；叶柄长2～4.5cm，密被灰色长柔毛，后渐脱落。聚伞花序顶生，具3（5）花；花杂性，雄花与两性花异株，5数；萼片黄绿色；子房密被短柔毛。翅果长4～5（6）cm，黄褐色，小坚果强烈突起，近卵球形，密被短柔毛，或后渐脱落，两翅张开成近直角或钝角。花期4月，果期10月。

产于安吉（龙王山）、临安（西天目山、大明山、清凉峰）、淳安（磨心尖）、余姚（四明山）。生于海拔700～1200m的山坡、沟谷阔叶林中。分布于安徽、江西、湖南、湖北、四川。日本也有。

入秋叶片变红，果实特大，非常夺目，适作园林绿化树种；树皮入药，可治眼疾。

图6-239　毛果槭

28. 建始槭 三叶槭 （图6-240）

Acer henryi Pax——*A. henryi* form. *intermedium* Fang

落叶乔木。树皮浅褐色；一年生枝有短柔毛，多年生枝无毛。羽状复叶具3小叶；小叶片纸质，椭圆形或长圆形，长6~12cm，宽3~5cm，先端渐尖，基部楔形、宽楔形或近圆形，边缘中部以上有钝锯齿，稀全缘，嫩时两面有疏短柔毛，后仅下面脉腋有丛毛；叶柄长5~10cm，被短柔毛，顶生小叶柄长1~2cm，侧生小叶柄长3~5mm，有短柔毛。总状花序常生于二年生或三年生无叶小枝的侧面，稀顶生，长达7cm，下垂，有短柔毛，具多数花；花单性，雌雄异株，4数；萼片绿色或带红色，边缘有纤毛；花瓣白色，无毛；子房无毛。翅果长2~2.5cm，小坚果压扁状，椭球形，脊纹显著，两翅张开成锐角或近直立。花期4月，果期10月。

产于安吉、德清、临安、淳安、诸暨、新昌、宁波市区、鄞州、余姚、奉化、宁海、衢州市区、磐安、天台、临海、仙居、遂昌、庆元、泰顺。生于海拔350~1300m的山坡、沟谷阔叶林中。分布于华东、华中及贵州、四川、甘肃、陕西、山西。

树冠球形，叶片入秋后常变红色，适作园林观赏树种。

图6-240　建始槭

29. 复叶槭 梣叶槭 （图6-241）

Acer negundo L.

落叶乔木。树皮黄褐色或灰褐色；小枝无毛，一年生枝绿色，多年生枝黄褐色。羽状复叶具3～7（9）小叶，长10～25cm；小叶片纸质，卵形或椭圆状披针形，长8～10cm，宽2～4cm，先端渐尖，基部圆钝或宽楔形，边缘常具3～5粗锯齿，稀全缘，顶生小叶柄长3～4cm，侧生小叶柄长3～5mm，上面无毛，下面仅脉腋有丛毛；叶柄长5～7cm，仅嫩时被疏毛。花序生于二年生或三年生无叶小枝的侧面，雄花序伞房状，具4花，雌花序总状，具多花，下垂；花雌雄异株，4数；子房无毛。翅果长3～3.5cm，小坚果突起，近椭球形，无毛，两翅张开成锐角或近直角。花期4—5月，果期9月。

原产于北美洲。江苏、江西、湖北、河南、陕西、甘肃、新疆、山东、河北、内蒙古、辽宁等地有引种。海宁、富阳、临安、嵊州、鄞州、慈溪等地有栽培。

春季开花，花蜜丰富，为很好的蜜源植物；品种多样，生长迅速，树冠广阔，适作行道树或庭荫树，但易遭蛀干害虫危害。

图6-241 复叶槭

一二五 橄榄科 Burseraceae

乔木或灌木。含芳香树脂。奇数羽状复叶，稀单叶，互生。圆锥花序，极稀总状或穗状花序，腋生，有时顶生；花小，单性或两性，常杂性，辐射对称；花萼和花冠覆瓦状或镊合状排列，花萼3~6裂，基部多少合生；花瓣3~6，常分离；雄蕊与花瓣同数或为其2倍；子房上位，(1)3~5室，每室胚珠(1)2。核果肉质，不开裂，稀木质化而开裂。种子1，无胚。

16属，约550种，分布于全球热带地区，为热带森林主要树种之一。我国有3属，13种；浙江栽培1属，1种。

橄榄属 Canarium L.

常绿乔木。小枝圆柱形，稀有棱；髓部通常具维管束。奇数羽状复叶互生；托叶常存在。圆锥花序顶生或腋生；花单性；花萼杯状或钟状，3裂，镊合状排列；花瓣3，镊合状或覆瓦状排列；雄蕊6，离生或合生，着生于花盘边缘或花盘外；子房2或3室，每室胚珠2。核果通常三棱状椭球形，有1硬核。

约75种，主要分布于亚洲、非洲的热带地区和大洋洲东北部。我国有7种，分布于华南及福建、云南，多见于季雨林、常绿阔叶林中，也常栽培；浙江栽培1种。

橄榄 青果 （图6-242）
Canarium album (Lour.) Raeusch.—*Pimela alba* Lour.

常绿乔木，高达20m。小枝粗壮，幼时被黄棕色绒毛，后脱落。奇数羽状复叶具小叶3~6对；小叶片纸质至革质，披针形或椭圆形，长6~14cm，宽2~5.5cm，无毛或在背面叶脉上疏生刚毛，先端渐尖至骤狭渐尖，尖头长约2cm，基部楔形至圆形，偏斜，全缘，侧脉12~16对，中脉发达；托叶早落。花序腋生，微被绒毛至无毛，雄花序为聚伞圆锥花序，长15~30cm，具多花，雌花序呈总状，长3~6cm，具花8朵以下；花萼长2.5~3mm，在雄花上具3浅齿，在雌花上近平截；雄蕊6，无毛；雌蕊密被短柔毛，在雄花中细小或缺。果序长1.5~15cm，具1~6果；果卵球形至纺锤形，长2.5~3.5cm，无毛，成熟时呈黄绿色；果核渐尖，横切面圆形至六角形。花期4—5月，果期10—12月。

原产于华南。越南也有。华南、西南及福建有栽培。瑞安、平阳、苍南有引种。

果可生食，味微酸苦，嚼后回甘，有生津止渴、清热解毒、化痰消积、利咽等功效，又可渍制果脯。

一二五　橄榄科 Burseraceae

图 6-242　橄榄

一二六　漆树科 Anacardiaceae

乔木或灌木，稀木质藤本或亚灌木状草本。常有乳状汁液。叶互生，稀对生；奇数羽状复叶、掌状3小叶复叶或单叶；无托叶。聚伞状圆锥花序或总状花序，腋生或顶生；花小，两性、单性或杂性，辐射对称；通常为双被花，稀为单被或无被花；花萼3～5深裂；花瓣3～5，分离或基部合生；雄蕊5～12，着生于花盘外面基部或边缘；心皮1～5，子房上位，1（2～5）室，每室胚珠1。果多为核果，有时花后花托肉质膨大而呈棒状或梨形的假果，或花托肉质下凹包于果的中下部。种子1；胚稍大，肉质，弯曲，子叶膜质，扁平或稍肥厚，无胚乳或有少量薄胚乳。

70多属，600余种，分布于全球热带和亚热带地区，少数延伸至北温带地区。我国有17属，55种；浙江有5属，12种，其中栽培2种。

本省少量栽培杧果 *Mangifera indica* L.，本志不予收录。

分属检索表

1. 核果大，卵球形，直径约2cm，顶端常具5孔穴；心皮5，子房5室；羽状复叶 ·· **1. 南酸枣属 Choerospondias**
1. 核果小，肾形、扁球形、卵球形或近球形，直径不逾1cm，顶端无孔穴；心皮3，子房1室；单叶、3小叶复叶或羽状复叶。
   2. 羽状复叶或3小叶复叶；果时花柄不伸长，无羽毛状长毛。
      3. 常因顶生小叶不发育而呈偶数羽状复叶；花无花瓣；无乳汁 ················ **2. 黄连木属 Pistacia**
      3. 奇数羽状复叶或3小叶复叶；花有花瓣；具乳汁。
         4. 花序顶生；花序直立；果实被腺毛、具节毛或单毛 ·············· **4. 盐肤木属 Rhus**
         4. 花序腋生；花序俯垂；果实无毛、被微柔毛或刺毛，但无腺毛 ······· **5. 漆树属 Toxicodendron**
   2. 单叶；果时不孕花的花柄伸长，具羽毛状长毛 ··· **3. 黄栌属 Cotinus**

1 南酸枣属 Choerospondias Burtt et Hill

落叶乔木。奇数羽状复叶互生；小叶对生，具柄。花单性或杂性异株，紫红色；雄花和假两性花排列成腋生或近顶生的聚伞圆锥花序，雌花常单生于上部叶腋；花萼5裂；花瓣5，覆瓦状排列；雄蕊10；花盘10裂；心皮5，子房5室。核果卵球形，长2～3cm，中果皮肉质糊状，内果皮骨质，顶端常具5孔穴，具膜质盖。种子无胚乳。

单种属，分布于东南亚北部及中国、日本。浙江也有。

南酸枣 （图6-243）

Choerospondias axillaris (Roxb.) Burtt et Hill—*Spondias axillaris* Roxb.

落叶乔木，高15～25m。树皮灰褐色，长片状剥落；小枝粗壮，紫褐色，具明显皮孔。奇数羽状复叶长25～40cm，叶轴无毛，叶柄基部略膨大；小叶7～13；小叶片膜质至纸质，卵形、卵状披针形或卵状长圆形，长4～12cm，宽2～4.5cm，先端长渐尖，基部宽楔形，偏斜，全缘或幼株叶缘具粗锯齿。雄花序长4～10cm，被微柔毛或近无毛；苞片小；花萼杯状，5钝裂，裂片长约1mm，边缘具紫红色腺状睫毛；花瓣长圆形，具褐色脉纹，开花时外卷；雄蕊与花瓣近等长；雄花无不育雌蕊；雌花单生于上部叶腋，较大。核果卵球形，成熟时呈暗黄色，直径约2cm。花期4—5月，果期10月。

产于全省山区。生于海拔300～1300m的山坡、沟谷落叶阔叶林中。分布于华东、华中、华南、西南。东南亚北部及日本也有。

生长快，适应性强，为较好的速生造林树种；果可生食、制糕点或供酿酒；树皮和果可入药，有消炎解毒、止血止痛等功效。

图6-243 南酸枣

❷ 黄连木属 Pistacia L.

乔木或灌木。植株无乳状汁液。奇数羽状复叶常因顶生小叶不发育而呈偶数羽状复叶，稀单叶或3小叶复叶，互生；小叶片全缘。总状圆锥花序腋生；花单性，雌雄异株；花小，无花瓣，果时花柄不伸长，无羽毛状长毛；雄花花被片3～9，雄蕊3～5（7）；雌花花被片4～10，无不育雄蕊，心皮3，合生，子房近球形或卵球形，无毛，1室。核果近球形，直径不逾6mm，外果皮薄，果核骨质，无孔穴。种子扁平，无胚乳。

约10种，分布于亚洲东部、东南部至中部、地中海沿岸、中美洲和南美洲。我国有3种，其中栽培1种；浙江有2种，其中栽培1种。

1. 黄连木 楷树 香莲树 （图6-244）

Pistacia chinensis Bunge

落叶乔木，高可达25m。树皮鳞片状剥落；冬芽红色，有香气。奇数羽状复叶互生，长15～20cm，顶生小叶常缩小或不发育而呈偶数羽状复叶；小叶10～16，对生或近对生；小叶片纸质，披针形、卵状披针形或条状披针形，长5～10cm，宽1.5～2.5cm，全缘，基部偏斜。圆锥花序腋生；花小，先于叶开放；雄花花被片2～4，披针形或条状披针形，不等大，雄蕊3～5；雌花花被片7～9，不等大，子房球形，无毛，直径约0.5mm，花柱极短，柱头3，肉质，红色。核果倒卵状球形，略扁平，直径约5mm，成熟时呈紫红色（多为空粒）或蓝紫色（成熟种子）。花期3—4月，果期10—11月。

产于全省丘陵山区。生于山坡林中、溪谷边、村宅旁，岩性土上较常见。分布于华东、华中、华南、西南、华北。菲律宾也有。

木材鲜黄色，可提取黄色染料，材质坚硬致密，可作家具用材；种子榨油，可作润滑油或制皂；幼叶可代茶，也可腌制食用；为蜜源植物；为秋季优良的色叶观赏树种。

图6-244 黄连木

2. 清香木 （图6-245）

Pistacia weinmanniifolia J. Poiss. ex Franch.

常绿灌木或小乔木，高2～8m。偶数羽状复叶，互生，叶轴具狭翅，上面具槽；小叶8～18；小叶片碧绿色，革质，长圆形或倒卵状长圆形，较小，长1.3～3.5cm，宽0.8～1.5cm，先端微缺，具芒刺状硬尖头，基部略不对称，宽楔形，全缘，略背卷，侧脉在上面微凹，在下面明显突起，揉碎后具花椒与柑橘混合的清香；小叶柄极短。花序腋生，与叶同出，被黄棕色柔毛和红色腺毛；花小，紫红色，无梗；雄花花被片5～8，长圆形或长圆状披针形，长1.5～2mm，膜质，半透明，先端渐尖或呈流苏状；雌花花被片7～10，卵状披针形，长1～1.5mm，膜质，先端细尖或略呈流苏状，无不育雄蕊。核果球形，直径约6mm，成熟时呈红色，先端细尖。花期3—5月，果期6—8月。

原产于西南及广西。缅甸也有。杭州市区、象山、金华市区有栽培。

叶可提取芳香油，民间常用叶碾粉制香；叶及树皮可药用，有消炎解毒、收敛止泻等功效。

图6-245 清香木

③ 黄栌属 Cotinus Mill.

落叶灌木或小乔木。木材黄色，树皮汁液有浓臭味。单叶互生；叶片全缘或略具齿，无托叶。聚伞圆锥花序顶生；花仅少数发育，多数不孕花的花柄花后伸长，被开展的羽毛状长毛；花萼5裂，覆瓦状排列，宿存；花瓣5，长为萼片的2倍；雄蕊5，比花瓣短；心皮3，子房偏斜，扁平，1室，具3枚侧生短花柱。核果小，肾形，极压扁状，直径不逾8mm，侧面中部具残存花柱，果核厚角质，无孔穴。

约5种，分布于东亚、南欧和北美洲温带地区。我国有3种；浙江有1种。

毛黄栌（图6-246）

Cotinus coggygria Scop. var. **pubescens** Engl.

灌木，高1~4m。小枝带红褐色，被白色短柔毛。叶片宽椭圆形或近圆形，长5~9cm，宽4~8cm，先端钝圆，基部宽楔形，全缘或微波状，两面绿色，上面无毛，背面尤其沿脉和叶柄上密被白色绢状短柔毛；叶柄长1~4cm。花序长10~15cm，无毛或近无毛；花小，直径约3mm；不孕花的花柄伸长，密生开展的紫绿色羽毛状长毛。果序长5~10cm；核果小，宽约4mm，肾形，歪斜，红色，有网纹。花期4—6月，果期7—9月。

产于杭州、金华、衢州及诸暨、嵊州、新昌、鄞州、慈溪、余姚、奉化、台州市区（黄岩）、天台、仙居、缙云等地。生于山坡、山冈、溪沟边灌草丛中，较常见于紫色砂页岩地带。分布于江苏、湖北、河南、贵州、四川、陕西、甘肃、山东、山西。欧洲东南部也有。

为秋色叶树种；枝叶可入药，有清热利湿等功效。

图6-246　毛黄栌

园艺品种紫叶黄栌（美国红栌）'Purpurens'（图6-247），叶片终年紫红色。鄞州、永康、温岭等地有栽培。

图6-247　紫叶黄栌

❹ 盐肤木属 Rhus L.

灌木或乔木。植株具乳状汁液。奇数羽状复叶、3小叶复叶或单叶，互生，叶轴具翅或无翅。聚伞圆锥花序或复穗状花序顶生，直立；花小，杂性或单性异株，果时花柄不伸长，无羽毛状长毛；花萼5裂，覆瓦状排列，宿存；花瓣5，白色或绿白色，覆瓦状排列；雄蕊5，着生于花盘基部，在雄花中伸出；心皮3，子房1室。果序直立或俯垂；核果扁球形，直径不逾5mm，外果皮被腺毛、具节毛或单毛，成熟时呈红色，果核无孔穴。

约250种，分布于全球亚热带和暖温带地区。我国有6种，全国广泛分布；浙江有3种。

本属均可作五倍子蚜虫的寄主植物，但以盐肤木上的虫瘿最佳，称"角倍"，其余称"肚倍"，质量较次。

分种检索表

1. 叶轴具翅，小叶边缘具粗锯齿或圆齿……………………………………………………… **1. 盐肤木 R. chinensis**
1. 叶轴无翅，稀上部具极狭的翅，小叶全缘或略具粗锯齿。
   2. 小枝被微绒毛；小叶下面绿白色，被白色绢状微绒毛……………………………… **2. 白背麸杨 R. hypoleuca**
   2. 小枝无毛；小叶下面绿色，沿中脉被微柔毛或无毛…………………………………… **3. 青麸杨 R. potaninii**

1. 盐肤木 五倍子树 （图6-248）
Rhus chinensis Mill.

落叶灌木或小乔木，高2～10m。小枝、叶柄及花序密被锈色柔毛；小枝具圆形小皮孔。奇数羽状复叶互生，长20～45cm，叶轴具宽的叶状翅；小叶5～13；小叶片自下而上逐渐增大，多形，卵形、椭圆状卵形或长圆形，长6～12cm，宽3～7cm，先端急尖，基部圆形，顶生小叶基部楔形，边缘具粗锯齿或圆齿，上面暗绿色，下面粉绿色，被白粉，被锈色柔毛，脉上较密，侧脉和细脉在上面凹陷，在下面突起。圆锥花序宽大，多分枝，雄花序长30～40cm，雌花序较短；花瓣白色，倒卵状长圆形，外卷；子房卵形，密被白色微柔毛。核果扁球形，直径4～5mm，被具节柔毛和腺毛，成熟时呈红色。花期8—9月，果期10月。

产于全省各地。生于向阳山坡上、林缘、沟谷和灌丛中。我国除新疆、青海外，均有分布。东南亚及朝鲜半岛、日本也有。

为五倍子蚜虫的寄主植物，在幼枝和叶片上形成的虫瘿即"五倍子"，可供鞣革、医药等工业用；秋季叶色鲜红，可供观赏；果可生食，有酸味和咸味。

图6-248 盐肤木

2. 白背麸杨 （图6-249）

Rhus hypoleuca Champ. ex Benth.

落叶灌木或小乔木，高2～5m。小枝圆柱形，紫褐色；幼枝、叶柄及花序均被灰色微绒毛，后变无毛。奇数羽状复叶，长20～30cm，叶轴无翅；小叶7～11，对生；小叶片纸质，卵状披针形或披针形，长5～9cm，宽2～3.5cm，先端渐尖，基部偏斜，全缘或略具粗锯齿，上面绿色，脉上被灰色微绒毛，其余被稀疏毛或近无毛，下面绿白色，密被白色绢状微绒毛。圆锥花序长达20cm；花瓣小，白色；子房球形，被白色长柔毛。核果扁球形，直径约4mm，被白色长柔毛和红色腺毛。花期5—6月，果期8—9月。

产于衢州市区（衢江）、开化、遂昌、龙泉、庆元、泰顺。生于海拔800～1500m的山坡、旷野疏林中。分布于福建、湖南、台湾、广东。

一二六　漆树科 Anacardiaceae

图 6-249　白背麸杨

3. 青麸杨 （图 6-250）
Rhus potaninii Maxim.

落叶小乔木，高5～8m。树皮灰褐色；小枝无毛；叶柄下芽，裸芽，密被黄褐色绢状毛。奇数羽状复叶，叶轴无翅或最上部有极狭的翅，被微柔毛；小叶7～11；小叶片卵状长圆形或长圆状披针形，长5～10cm，宽2～4cm，先端渐尖，基部多少偏斜，近圆形，全缘，下面绿色，两面沿中脉被微柔毛或近无毛。圆锥花序长10～20cm，被微柔毛；花直径2.5～3mm；花瓣白色；子房球形，密被白色绒毛。核果近扁球形，直径3～4mm，密被具节柔毛和腺毛，成熟时呈红色。花期5—6月，果期8—9月。

产于诸暨、衢州市区、江山、龙泉、庆元、文成。生于海拔1400m以下的疏林中。分布于安徽、江西、河南、云南、四川、陕西、甘肃、山西。

图 6-250　青麸杨

5 漆树属 Toxicodendron Mill.

落叶乔木或灌木,稀木质藤本。植株具白色乳状汁液,干后变黑色,有特殊气味。奇数羽状复叶,稀掌状3小叶复叶,互生;小叶对生。聚伞圆锥状或聚伞总状花序腋生,俯垂;花小,单性异株,果时花柄不伸长,无羽毛状长毛;花萼5裂,宿存;花瓣5,覆瓦状排列,通常具褐色羽状脉纹,开花时先端常外卷;心皮3,子房1室。果序下垂;核果近球形或扁球形,直径不逾1cm,无毛、被微柔毛或刺毛,但不被腺毛,果核骨质,无孔穴。

20余种,分布于亚洲、北美洲。我国有16种,主要分布于长江以南各地;浙江有5种。本属植物乳液中富含漆酚,易引起人体过敏。

分种检索表

1. 乔木或灌木;奇数羽状复叶。
   2. 植物各部无毛或近无毛;小叶片坚纸质至薄革质 ························ 1. 野漆树 T. succedaneum
   2. 小枝、叶轴、叶柄及花序均被毛;小叶片膜质、薄纸质或纸质。
      3. 花序长不超过复叶的一半(野生)。
         4. 小枝、叶轴及花序密被柔毛;小叶片边缘无睫毛,具短柄;核果无毛······ 2. 木蜡树 T. sylvestre
         4. 小枝、叶轴及花序密被硬毛;小叶片边缘具睫毛,近无柄;核果被短刺毛 ······················· 3. 毛漆树 T. trichocarpum
      3. 花序与复叶近等长(栽培)·· 4. 漆树 T. vernicifluum
1. 攀缘状灌木;掌状3小叶复叶 ·· 5. 刺果毒漆藤 T. radicans subsp. hispidum

1. 野漆树 (图6-251)

Toxicodendron succedaneum (L.) Kuntze——*Rhus succedanea* L.

乔木或小乔木,高达10m。植株各部无毛或近无毛。小枝粗壮;顶芽大,紫褐色。奇数羽状复叶,叶轴和叶柄圆柱形;小叶9~15,对生或近对生;小叶片坚纸质至薄革质,长圆状椭圆形、宽披针形或卵状披针形,长5~16cm,宽2~5.5cm,先端渐尖或长渐尖,基部多少偏斜,圆形或宽楔形,全缘,上面光亮,下面常具白粉,侧脉15~22对。圆锥花序腋生,长7~15cm,为复叶长度的1/2,多分枝;花小,黄绿色;花瓣长圆形,长约2mm,中部具不明显羽状脉或近无脉,开花时外卷。核果斜菱状近扁球形,偏斜,直径约8mm,淡黄色,无毛。花期5—6月,果期8—10月。

产于全省丘陵山区。生于山坡、山谷溪边林中。分布于秦岭以南各地。东南亚、南亚及朝鲜半岛、日本也有。

根、叶及果可药用,有清热解毒、散瘀生肌、止血、杀虫等功效;为秋色叶树种。

一二六 漆树科 Anacardiaceae

图 6-251　野漆树

2. 木蜡树（图 6-252）

Toxicodendron sylvestre (Siebold et Zucc.) Kuntze —— *Rhus sylvestris* Siebold et Zucc.

乔木或小乔木，高达 10 m。嫩枝和冬芽均被棕黄色柔毛。奇数羽状复叶，叶轴和叶柄圆柱形，密被黄褐色柔毛；小叶 7～13（15）；小叶片纸质，卵形、卵状椭圆形或长圆形，长 4～10 cm，宽 2～4 cm，先端渐尖或急尖，基部不对称，圆形或宽楔形，全缘，上面中脉密被卷曲微柔毛，其余被平伏微柔毛，下面密被柔毛或仅脉上较密，边缘无睫毛，侧脉 15～25 对，显著；小叶片具短柄。圆锥花序长 8～15 cm，为复叶长度的 1/2，密被锈色柔毛；花黄色；花瓣长圆形，具暗褐色脉纹。核果斜扁圆球形，先端偏于一侧，宽约 8 mm，淡棕黄色，无毛。花期 4—5 月，果期 7—8 月。

图 6-252　木蜡树

产于全省丘陵山区。生于海拔100～1000m的向阳山坡林中、溪边。分布于长江流域及以南各地。朝鲜半岛、日本也有。

3. 毛漆树 （图6-253）

Toxicodendron trichocarpum (Miq.) Kuntze —— *Rhus trichocarpa* Miq.

灌木或小乔木。小枝灰色，具褐色长圆形突起皮孔，嫩枝密被开展的黄褐色微硬毛；顶芽大，密被黄色绒毛。奇数羽状复叶，叶轴圆柱形，上面具槽，稀最上部具不明显狭翅，连同叶柄密被开展的黄褐色微硬毛；小叶9～15；小叶片纸质，卵形、倒卵状长圆形或椭圆形，自下而上逐渐增大，长4～10cm，宽2.5～4.5cm，先端渐尖，具钝头，基部略偏斜，圆形至截形，全缘，稀边缘具粗齿，上面脉上被卷曲微柔毛，其余被平伏疏柔毛，下面沿中脉密被黄色柔毛，其余疏被柔毛，边缘具睫毛；小叶柄近无。圆锥花序长10～20cm，密被黄褐色微硬毛，为复叶长度的1/2；花黄绿色；花瓣倒卵状长圆形，长约2mm，无毛，先端开花时外卷。核果扁球形，直径约7mm，黄色，疏被开展短刺毛。花期6月，果期7—9月。

产于安吉、临安、淳安、宁波市区、衢州市区（衢江）、江山、开化、龙游、遂昌、景宁、龙泉、庆元、温州市区（瓯海）、瑞安、泰顺。生于海拔900m以上的山坡密林下或灌丛中。分布于安徽、江西、福建、湖南、湖北、贵州。朝鲜半岛、日本也有。

图6-253 毛漆树

4. 漆树 （图6-254）

Toxicodendron vernicifluum (Stokes) F.A. Barkl.——*Rhus vernciflua* Stokes

乔木，高达20m。树皮灰白色，粗糙，不规则纵裂；小枝粗壮，具明显大叶痕和突起皮孔，被棕黄色柔毛。奇数羽状复叶，叶轴圆柱形，近基部膨大，半圆形，连同叶柄被微柔毛；小叶9～15；小叶片膜质至薄纸质，卵形、卵状椭圆形或长圆形，长6～13cm，宽3～6cm，先端急尖或渐尖，基部偏斜，圆形或宽楔形，全缘，上面无毛或仅沿中脉疏被微柔毛，下面沿脉上被平展黄色柔毛，稀近无毛。圆锥花序长15～30cm，与复叶近等长，被灰黄色微柔毛；花小，黄绿色；花瓣长圆形，具褐色羽状脉纹。核果肾形或扁球形，不偏斜，黄色。花期5—6月，果期7—10月。

原产于我国。我国除黑龙江、吉林、内蒙古和新疆外，其余地区均有分布或栽培。本省历史上各地村舍附近多有栽培，目前仅在建德、诸暨、浦江、磐安、仙居、景宁等地偶见栽培和逸生。

本种曾是我国重要的特有经济树种，其树干韧皮部割取的生漆，是一种优良的防腐、防锈涂料；生漆干后又可药用，名"干漆"，有通经、驱虫、镇咳等功效。

图6-254　漆树

5. 刺果毒漆藤　漆葛（亚种）（图6-255）

Toxicodendron radicans (L.) Kuntze subsp. **hispidum** (Engl.) Gillis——*Rhus toxicodendron* L. var. *hispida* Engl.

攀缘状灌木。小枝棕褐色，具条纹，幼枝被锈色柔毛。掌状3小叶复叶；叶柄长5～10cm，被黄色柔毛，上面平或略具槽；顶生小叶片倒卵状椭圆形或倒卵状长圆形，中上部最宽，长8～16cm，宽4～8.5cm，先端急尖或短渐尖，基部渐狭，侧生小叶片长圆形或卵状椭圆形，长6～13cm，宽4～7.5cm，基部圆形，偏斜，全缘，偶有粗大锯齿，上面无毛，下面沿中脉和侧脉疏被柔毛或近无毛，脉腋具赤褐色髯毛。圆锥花序腋生，长约5cm，被黄褐色微硬毛；花黄绿色；花梗长约2mm，粗壮，被毛；花瓣长圆形，无毛，长约3mm，开花时外卷，具不明显褐色羽状脉。核果斜扁卵球形，黄色，被刺毛。花期5月，果期6—9月。

产于临安、缙云、遂昌、龙泉、景宁、青田、文成。生于海拔1000m以上的林下、林缘灌丛中。分布于福建、湖南、湖北、台湾、云南、贵州、四川。

汁液具毒性，易引起漆疮。

图6-255　刺果毒漆藤

一二七　苦木科 Simaroubaceae

乔木或灌木。树皮通常有苦味。羽状复叶，稀单叶，互生，稀对生。总状、圆锥或聚伞花序，稀穗状花序，腋生或顶生；花小，单性或杂性，极少两性，辐射对称；萼片3～5，稍连合；花瓣3～5，分离，稀退化；花盘环状或杯状；雄蕊与花瓣同数或为花瓣的2倍，花丝基部通常有鳞片；子房上位，2～5室，每室胚珠1或2，倒生或弯生于中轴胎座。翅果或核果，常不裂。种子常单生。

约20属，近100种，分布于全球热带和亚热带地区。我国有3属，10余种；浙江有3属，3种，其中栽培1种。

分属检索表

1. 小叶片基部的粗大锯齿背面有腺体；花序顶生；果为翅果 ·· 1. 臭椿属 Ailanthus
1. 小叶片基部的锯齿背面无腺体；花序腋生；果为核果。
　　2. 小叶片边缘锯齿细小；萼片宿存 ·· 2. 苦木属 Picrasma
　　2. 小叶片边缘锯齿较粗大；萼片早落 ·· 3. 鸦胆子属 Brucea

1 臭椿属　Ailanthus Desf.

落叶，稀常绿乔木。小枝被柔毛，有髓；芽近圆球形，鳞片2～4。奇数羽状复叶或偶数羽状复叶，互生；小叶对生或近对生；小叶片纸质或薄革质，基部偏斜，先端渐尖，全缘或有锯齿，基部两侧常各有1～3粗钝齿，齿背面有腺体。花杂性或单性，集成顶生大圆锥花序；花小，萼片5，花瓣5；雄花无退化雌蕊；雌花中的雄蕊不发育或退化，心皮2～5，每室胚珠1。翅果，长椭圆形。种子1，扁平，位于翅果中央。

约10种，分布于亚洲、大洋洲。我国有6种；浙江有1种。

臭椿　樗　（图6-256）

Ailanthus altissima (Mill.) Swingle—*Toxicodendron altissimum* Mill.

落叶乔木，高可达20m。树皮平滑而有直纹；嫩枝叶揉碎后具特殊气味；小枝有髓，初时被黄色或黄褐色柔毛，后脱落。奇数羽状复叶，长30～60cm；小叶13～25，对生或近对生；小叶片纸质，卵状披针形，先端长渐尖，基部偏斜，两侧各具1～3粗钝齿，齿背有1腺体，上面深绿色，下面灰绿色。圆锥花序，长10～30cm；花小，淡绿色。翅果扁平，梭状长椭圆形，长3～5cm，成熟时呈黄褐色。种子1，位于翅果中央。花期4—5月，果期8—10月。

产于全省各地。喜生于向阳山坡上或灌丛中；村镇多有栽培。我国除黑龙江、吉林、青海、宁夏、甘肃和海南以外，各地均有分布。世界各地广为栽培。

本种耐干旱及盐碱，为工矿区和石灰岩地区的优良绿化树种；树皮、根皮、果实均可入药，有清热利湿、收敛止痢等功效；叶可饲养椿蚕；种子可供榨油。

《浙江种子植物检索鉴定手册》记载浙江产大果臭椿 A. altissima var. sutchuenensis (Dode) Rehder et E.H. Wilson，作者检视了相关标本，确认属于本种。

图6-256　臭椿

❷ 苦木属 Picrasma Blume

　　落叶乔木。全株有苦味；枝条有髓部，无毛；芽裸露。奇数羽状复叶，常集生于枝顶；小叶对生或近对生；小叶柄基部和叶柄基部常膨大成节；小叶片全缘或有细小锯齿，锯齿背面无腺体。花序腋生，由聚伞花序组成圆锥花序；花单性或杂性，花柄下半部具关节；萼片小，果时常增大而宿存；花瓣于芽中镊合状排列或近镊合状排列，先端具内弯短尖，较萼片长；心皮2～5，离生。果由1～5小核果组成，小核果浆果状。

　　约9种，分布于全球热带和亚热带地区。我国有2种；浙江有1种。

苦木　苦树　黄楝树　（图6-257）
Picrasma quassioides (D. Don) Benn. — *Simaba quassioides* D. Don

　　落叶小乔木，高可达10m。树皮紫褐色，平滑，有灰色斑纹；小枝有白色皮孔；叶和树皮均极苦。奇数羽状复叶，长15～30cm；小叶9～15；小叶片卵状披针形或广卵形，先端渐尖，基部楔形，除顶生小叶外，其余小叶基部均不对称，边缘具不整齐钝锯齿，上面无毛，下面仅幼时沿中脉和侧脉有柔毛，后变无毛；叶柄脱落后留有明显的半圆形或圆形叶痕。花雌雄异株，组成腋生复聚伞花序，花序轴密被黄褐色微柔毛；花绿色；萼片（4）5，外面被黄褐色微柔毛；花瓣与

图6-257　苦木

萼片同数，卵形或宽卵形；雄花的雄蕊长为花瓣的2倍，雌花的雄蕊短于花瓣；心皮2～5，分离，每心皮胚珠1。核果卵球形，1～5个并生，成熟后呈蓝绿色，长6～8mm，萼片宿存。花期4—5月，果期6—9月。

产于全省丘陵山区。生于海拔100～1100m的山坡、山谷、溪边林中。分布于黄河流域及以南各地。南亚及朝鲜半岛、日本也有。

根、茎干及枝皮极苦，有毒，可入药，有清热燥湿、解毒、杀虫等功效；也可制植物源农药；木材供制器具。

3 鸦胆子属 Brucea J.F. Miller

灌木或小乔木。根皮及茎皮有苦味；植株幼嫩部分被柔毛或微柔毛。奇数羽状复叶；小叶3～5；小叶片卵形至披针形，先端渐尖，基部稍偏斜，全缘或有锯齿，锯齿背面无腺体；无托叶。花小，单性，稀两性，雌雄同株或异株；圆锥花序腋生，狭窄；萼片4，细小，基部连合，早落；花瓣4，细小，分离，在芽中覆瓦状排列；花盘厚，4裂；雄蕊4，着生于花盘外缘裂片间；心皮4，分离。核果卵球形，多少肉质，无宿萼。

约6种，分布于亚洲、非洲、大洋洲。我国有2种，分布于南方各地；浙江栽培1种。

鸦胆子　鸦蛋子　苦参子（图6-258）
Brucea javanica (L.) Merr.— *Rhus javanica* L.

常绿灌木或小乔木状，高达3m。嫩枝、叶柄和花序均被黄色柔毛；小枝具黄白色皮孔。奇数羽状复叶，长20～40cm；小叶3～15；小叶片卵状披针形，长5～10cm，宽2.5～5cm，先端渐尖，基部宽楔形，略偏斜，边缘有疏钝粗锯齿，背面密被柔毛，脉上尤密，叶脉在下面隆起。聚伞圆锥花序腋生；雄花序长15～25cm，雌花序长约为雄花序的1/2；花细小，暗紫色，直径约2mm。核果1～4，分离，长卵球形，长6～8mm，直径4～6mm，成熟时呈灰黑色，干后具突起网纹。花期4—6月，果期8—10月。

原产于华南及福建、云南。南亚、东南亚、大洋洲也有。苍南有栽培。

种子可药用，有清热利湿、杀虫、止痢、止疟等功效；种子可榨油。

图6-258　鸦胆子

一二八 楝科 Meliaceae

乔木或灌木。羽状复叶，稀3小叶复叶或单叶；叶互生，稀对生；小叶对生或近对生，稀互生；小叶片全缘，稀具锯齿，基部稍偏斜；无托叶。花两性或杂性异株，辐射对称，排成圆锥花序，稀总状花序或穗状花序；花萼小，4或5裂；花瓣4或5，稀3~10，分离或连合；雄蕊4~10，数量常为花瓣的2倍，花丝合生成短管状；子房上位，与花盘离生或多少合生，2~5室，稀多室，每室胚珠1或2，稀更多。果为蒴果、浆果或核果。种子有翅或无翅。

约50属，650种，分布于全球热带和亚热带地区，少数分布至温带地区。我国有17属，约40种；浙江有4属，6种，其中栽培2属，3种。

分属检索表

1. 蒴果；种子具翅。
 2. 能育雄蕊5，分离；子房5室；蒴果长椭球形 ·· 1. 香椿属 Toona
 2. 能育雄蕊10，合生成管；子房3~5室；蒴果近球形或椭球形 ················ 2. 麻楝属 Chukrasia
1. 浆果或核果；种子无翅。
 3. 一回羽状复叶；花柱极短或缺；浆果 ·· 3. 米仔兰属 Aglaia
 3. 一回至三回羽状复叶；花柱长；核果 ·· 4. 楝属 Melia

1 香椿属 Toona (Endl.) M. Roem.

乔木。树皮粗糙；芽有鳞片。叶互生，偶数羽状复叶；小叶片全缘，稀具疏齿。大型聚伞状圆锥花序顶生或腋生；花小，两性；花萼短，管状，5齿裂或分裂为5萼片；花瓣5，远长于花萼，离生，白色或绿色，花芽时覆瓦状或旋转排列；能育雄蕊5，分离；退化雄蕊5或缺；花盘厚，呈1枚具5棱的短柱；子房5室，每室胚珠8~12。蒴果长椭球形，室轴开裂，果瓣5，革质或木质，每室种子多数。种子一端或两端具翅。

约5种，分布于亚洲、大洋洲。我国有4种；浙江有2种。

1. 香椿 （图6-259）

Toona sinensis (A. Juss.) M. Roem.——*Cedrela sinensis* A. Juss.

落叶乔木，高达25m。树皮浅纵裂，薄片状脱落。偶数羽状复叶，长25~50cm或更长，有特殊香气；小叶16~20，对生；小叶片纸质，卵状披针形或卵状长椭圆形，长9~15(22)cm，宽2.5~4(5.6)cm，先端尾尖，基部不对称，全缘或有疏离小锯齿，下面脉腋常有簇毛，幼叶紫红色，成叶绿色，叶背红棕色；叶柄红色。圆锥花序顶生，与复叶等长或更长；花萼5齿裂或浅波状；花瓣5，白色，长卵圆形；退化雄蕊5，与发育雄蕊互生。蒴果狭椭球形，先端尖，上举，长1.5~3.5cm，深褐色，无粗大皮孔，果瓣薄。种子圆锥状，一端有膜质长翅。花期5—7月，果期8—11月。

产于松阳、文成、泰顺等地。生于向阳山坡或溪谷林缘；全省各地有栽培，常栽植于房前屋后。分布于华北及以南各地。

幼嫩芽和叶可作蔬菜食用，俗称"香椿头"；树皮、根皮、叶和果实均可入药，功效多样；种子可榨油，供食用或制漆、制皂等；木材耐腐，材色美丽，可供各种用材。

图6-259　香椿

2. 红花香椿　（图6-260）

Toona fargesii A. Chev.

落叶乔木，高可达30m。树皮灰色，有纵裂缝；小枝圆柱形，有线纹和皮孔，疏生短柔毛。偶数或奇数羽状复叶，连叶柄长35~40cm；小叶8或9对，对生或近对生；小叶片纸质，卵状长圆形至卵状披针形，长10~20cm，宽2~8cm，先端尾状渐尖，基部歪斜，全缘或波状，中脉在上面稍隆起，在下面隆起，侧脉10~15对，在下面隆起，脉腋有簇毛，除中脉密生短柔毛及侧脉被稀疏细柔毛外，其余近无毛。圆锥花序顶生，长达60cm或更长，下垂；花序轴具稀疏皮孔，常密被短柔毛；花蕾圆锥形；萼片5，宽三角形，黄绿色；花瓣5，红褐色至紫黑色，覆瓦状排列，卵形。蒴果长椭球形，先端钝圆，下垂，棕色，干后变黑色，密生苍白色粗大皮孔。种子两端具翅，不等长。花期6—7月，果期9—12月。

产于全省山区。生于沟谷林中，多零星分布，有时可形成小面积优势群落。分布于福建、湖北、广东、广西、云南、四川。

与香椿的区别在于后者的树皮浅纵裂，薄片状脱落；花白色；蒴果上举，先端尖，无粗大皮孔；种子一端具翅。据考证，《浙江植物志》和《浙江种子植物检索鉴定手册》记载的毛红椿 *T. ciliata* M. Roem. var. *pubescens* (Franch.) Hand.-Mazz. 和毛椿 *T. sinensis* (A. Juss.) M. Roem. var. *schensiana* (C. DC.) H. Li ex X.M. Chen 均系本种的误定，主要区别在于本种花瓣红褐色至紫黑色，而后两者花均为白色。

图 6-260　红花香椿

❷ 麻楝属 Chukrasia A. Juss.

落叶乔木。偶数羽状复叶,稀为奇数,螺旋状排列;小叶全缘,常互生。花两性,组成聚伞圆锥花序;花萼短,4或5齿裂;花瓣4或5,离生,旋转排列;雄蕊10,合生成管,圆筒状,较花瓣略短,顶端全缘或有10齿裂,每裂具1花药;子房3～5室,每室胚珠多粒。蒴果近球形或椭球形,室间开裂,果瓣3(5),2层,木质,每室种子多数。种子顶端具翅。

1种,分布于亚洲热带和亚热带地区。我国有1种;浙江有引种。

麻楝 (图6-261)
Chukrasia tabularis A. Juss.

乔木,高达25m。老茎树皮纵裂;幼枝红褐色,无毛,具苍白色皮孔。通常偶数羽状复叶,长30～50cm;小叶10～16,互生;小叶片纸质,卵形至长圆状披针形,长7～12cm,宽3～5cm,先端渐尖,基部偏斜,两面无毛或背面具短柔毛。聚伞圆锥花序顶生,长约为复叶的一半,疏散;花长1.2～1.5cm,芳香;花梗短,具关节;花萼浅杯状,长约2mm,裂齿短而钝,被微柔毛;花瓣黄色至略带紫色,长圆形,长1.2～1.5cm;雄蕊管圆筒形,花药10。蒴果灰黄色或褐色,近球形或椭球形,长4.5cm,直径3.5～4cm,常3瓣裂,表面粗糙,具淡褐色小疣点。种子扁平,长椭球形,具膜质宽翅。花期4—5月,果期7月至次年1月。

原产于福建、广东、广西、海南、云南、贵州和西藏。南亚也有。温州市区、平阳、苍南有栽培。

木材坚硬、耐腐、芳香、有光泽、易加工,为建筑、船舶、家具等良好用材。

图6-261 麻楝

③ 米仔兰属 Aglaia Lour.

乔木或灌木。植株幼嫩部分常被鳞片或星状短柔毛。一回羽状复叶或3小叶复叶，稀单叶，互生或近对生；小叶片全缘。花小，杂性异株，排成腋生或顶生的聚伞圆锥花序；花萼3～5齿裂或深裂；花瓣3～5；雄蕊管较花瓣稍短，花药常5或6，着生于雄蕊管里面的顶部之下；子房1～3室，每室胚珠1或2，花柱极短或缺。浆果。种子1至数粒，通常被肉质胶黏状假种皮包裹，无翅。

约120种，分布于亚洲热带和亚热带地区、大洋洲。我国有8种；浙江栽培1种。

米兰　米仔兰　树兰　（图6-262）
Aglaia odorata Lour.

常绿灌木或小乔木。茎多分枝，幼嫩部分常被星状锈色鳞片。奇数羽状复叶互生，长5～12cm，叶轴和叶柄具狭翅；小叶3～5，对生；小叶片厚纸质，倒卵形至长圆状倒卵形，长2～7cm，宽1～3.5cm，顶生小叶明显大于下部侧生小叶，先端钝，基部楔形，两面均无毛。圆锥花序腋生，长5～10cm；花极芳香，直径约2mm；花萼5裂，裂片圆形；花瓣5，黄色，长圆形或近圆形；雄蕊5，花丝合生成管，略短于花瓣，顶端全缘或有圆齿，花药5，内藏；子房卵球形，密被黄色粗毛。浆果，卵球形或近球形，疏被星状鳞片，后脱落。种子具肉质假种皮。花期5—11月，果期7月至次年3月。

原产于福建、广东、海南、广西、云南、四川。东南亚也有。全国各地常见栽培。全省各地庭园、温室常见栽培，温州有露地栽培。

花芳香馥郁，可供观赏及提取芳香油。

图6-262　米兰

4 楝属 Melia L.

乔木或灌木。幼枝常被粉质星状毛；小枝有明显叶痕和皮孔。一回至三回羽状复叶，互生；小叶片通常有锯齿。多个二歧聚伞花序组成圆锥花序，腋生；花两性；花萼5或6深裂，覆瓦状排列；花瓣5或6，白色或紫色，分离，旋转排列；雄蕊花丝连合成管，管顶10~12齿裂，花药10~12，着生于雄蕊管上部的裂齿间；子房3~6室，每室叠生胚珠2，花柱细长。核果，外果皮常肉质，核骨质，每室种子1。种子无翅。

3种，分布于亚洲热带至温带地区和非洲热带地区的南部地带。我国有2种，黄河以南各地普遍分布；浙江有2种，其中引入栽培1种。

1. 楝树　苦楝　楝　（图6-263）
Melia azedarach L.

落叶乔木，高15~20m。树皮灰褐色，浅纵裂；分枝广展；小枝有叶痕。二回或三回奇数羽状复叶，长20~50cm；小叶对生；小叶片卵圆形至椭圆形，顶生1枚通常略大，长3~7cm，宽2~3cm，基部偏斜，边缘有钝锯齿，深浅不一。圆锥花序约与复叶等长；花芳香；花萼5深裂，裂片卵形或长圆状卵形；花瓣淡紫色，倒卵状匙形，长约1cm，两面均被微柔毛；雄蕊10，花丝合生成管，紫色，管口有10枚具2或3裂齿的狭裂片；子房5或6室。核果球形至椭球形，成熟时呈淡黄色，长1~2cm，直径8~15mm，内果皮木质，坚硬，具钝脊和凹窝。花期4—5月，果期9—12月。

产于全省各地。生于向阳旷地上、路边，常栽于路边和滨水地带。我国中部和南部均有分

图6-263　楝树

一二八　楝科 Meliaceae

布。东南亚、南亚、大洋洲也有。

树皮、根皮、叶和果实均可药用,有驱虫、止痛、收敛等功效;也可制植物源农药;花美丽而芳香,果长挂枝头,可供观赏。

2. 川楝 (图6-264)

Melia toosendan Siebold et Zucc.

落叶乔木,高达10m。幼枝密被褐色星状鳞片,老时脱净,暗红色。二回羽状复叶长35~45cm,每一羽片有小叶4或5对,具长柄,对生;小叶片膜质,椭圆状披针形,长4~10cm,宽2~4.5cm,全缘或有不明显钝齿。圆锥花序腋生,长约为复叶的1/2,密被灰褐色星状鳞片;花具梗,较密集;萼片5或6,灰绿色,长椭圆形至披针形;花瓣5或6,淡紫色,匙形;雄蕊10~12,花丝合生成管,紫色,无毛而有细脉,管口有10枚具3裂齿的狭裂片;子房6~8室。核果较大,椭球形,长约3cm,直径约2.5cm,成熟后呈黄色或栗棕色,内果皮木质,坚硬,具显著的钝脊和凹窝。花期3—4月,果期9—12月。

原产于华中及云南、贵州、四川、甘肃。全国各地有栽培;温州及杭州市区(西湖)、上虞、诸暨、慈溪、余姚、宁海、龙游、临海、温岭、遂昌、龙泉等地有栽培。

果实中药名"川楝子",有小毒,入药有清热利湿、理气止痛、杀虫疗癣等功效;树皮所含的川楝素,杀虫效果显著;木材耐腐防蛀,可供建材。

与楝树的主要区别在于后者二回或三回羽状复叶,小叶片有锯齿;雄蕊10;子房5或6室;果小,直径8~15mm。*Flora of China*将本种并入楝树,作者认为两者区别明显,故予以保留。

图6-264　川楝

一二九　芸香科 Rutaceae

乔木、灌木或草本，稀木质藤本。全体含芳香油。单叶或复叶，互生或对生；叶片常有半透明油点；无托叶。聚伞状、伞房状或圆锥花序，稀总状花序或单花；花两性或单性，稀杂性同株，常辐射对称；萼片4或5，离生或部分合生；花瓣（2或3）4或5，多离生；雄蕊4或5，或为花瓣的倍数，花药2室，纵裂，药隔顶端常有油点；子房上位，稀半下位，心皮2～5或多数，分离至完全合生，每室胚珠1至多粒，花柱分离或合生，柱头头状，常增大。果为蓇葖果、蒴果、核果、浆果或柑果，稀为翅果。

约155属，1600余种，分布于世界各地，主产于热带和亚热带地区，少数分布至温带地区。我国连栽培共22属，126种及众多杂交种；浙江有14属，37种，其中栽培4属，13种。《浙江种子植物检索鉴定手册》记载的白鲜 Dictamnus dasycarpus Turcz.，目前已不见栽培，本志不予收录。

分属检索表

1. 乔木、灌木或木质藤本。
    2. 叶互生。
        3. 枝通常有刺，如无刺，则为柑果。
            4. 羽状或掌状三出复叶；落叶或常绿。
                5. 奇数羽状复叶；蓇葖果 ………………………………………………… 1. 花椒属 Zanthoxylum
                5. 掌状三出复叶；核果或柑果。
                    6. 常绿木质藤本；小枝细，圆柱形，具短小皮刺，刺长约2mm，下弯；叶柄无翼；核果 ……………………………………………………………………………………… 6. 飞龙掌血属 Toddalia
                    6. 落叶灌木或小乔木；小枝粗壮，扁形，枝刺粗壮，长可达4cm，通常直伸；叶柄具狭翼；柑果 …………………………………………………………………………………… 11. 枳橘属 Poncirus
            4. 单身复叶，稀单叶；常绿。
                7. 果小，直径通常不逾3cm；子房3～6室，每室胚珠2 ………… 12. 金橘属 Fortunella
                7. 果大，直径常超过4cm；子房7～15室或更多，每室胚珠多数 ………… 13. 柑橘属 Citrus
        3. 枝无刺。
            8. 单叶；蓇葖果或浆果状核果。
                9. 落叶；叶不集生于枝顶；叶片薄纸质，两面侧脉明显；心皮4，基部合生；蓇葖果 ……………………………………………………………………………………… 2. 臭常山属 Orixa
                9. 常绿；叶近轮状集生于枝顶；叶片革质，侧脉在下面不明显；心皮2～5，合生；浆果状核果 ……………………………………………………………………………………… 8. 茵芋属 Skimmia
            8. 复叶；浆果。
                10. 小叶片两侧偏斜；圆锥花序；花蕾圆球形，稀卵球形；花柱与子房等长或稍短，柱头与花柱近等粗 ……………………………………………………………………………… 9. 黄皮属 Clausena

10.小叶片两侧对称；伞房状聚伞花序；花蕾短筒状或椭球形；花柱远较子房纤细且长，柱头增粗，头状 …………………………………………………………………………………… **10. 九里香属 Murraya**
　2.叶对生。
　　11.落叶；奇数羽状复叶，稀单叶。
　　　12.小枝具顶芽，腋芽外露；蓇葖果 ………………………………………………… **3. 四数花属 Tetradium**
　　　12.小枝无顶芽，腋芽被叶柄基部包被；核果 ………………………………… **7. 黄檗属 Phellodendron**
　　11.常绿；掌状三出复叶，稀2小叶或单小叶 ……………………………………… **4. 蜜茱萸属 Melicope**
1.多年生草本。
　13.花白色或先端淡红色；圆锥状聚伞花序；二回或三回掌状三出复叶（野生）………………………………
　　…………………………………………………………………………… **5. 石椒草属 Boenninghausenia**
　13.花黄色；聚伞花序或伞房花序，稀单花顶生；二回至三回羽状复叶（栽培）……… **14. 芸香属 Ruta**

1 花椒属 Zanthoxylum L.

　　乔木、灌木或木质藤本。茎干、小枝常具皮刺。奇数羽状复叶，互生；小叶常对生，全缘或有锯齿，齿缝处常有较大的油点。圆锥花序，或伞房状、聚伞状圆锥花序，顶生或腋生；花小，单性；花被分化，2轮排列，萼片、花瓣均4或5，或花被不分化，1轮排列，花被片5~9；雄花的雄蕊5~8，退化雌蕊垫状突起；雌花的退化雄蕊呈鳞片状、短柱状或无，雌蕊由1~5离生心皮组成，每心皮胚珠2，花柱靠合或彼此分离而略向背弯，柱头头状。蓇葖果，卵球形，具油点，成熟时开裂。种子1，近球形，黑色，有光泽。

　　约250种，广泛分布于亚洲、非洲、大洋洲、北美洲的热带和亚热带地区，温带地区种类较少，为芸香科分布最广的属。我国有40余种，南北各地均有；浙江有13种，其中栽培1种。

分种检索表

1.常绿。
　2.木质藤本；茎攀缘；叶轴无翼叶，或具狭翅。
　　3.小叶3~11，对生；叶轴无翅；小叶片两面中脉具皮刺 …………………………… **1. 两面针 Z. nitidum**
　　3.小叶13~31，互生或近对生；叶轴具狭翅；小叶片两面中脉无皮刺 …………… **2. 花椒簕 Z. scandens**
　2.灌木；茎直立；叶轴有翼叶或至少有狭窄、绿色的叶质翼痕 ………………………… **9. 竹叶椒 Z. armatum**
1.落叶。
　4.花被片分化，2轮排列，萼片、花瓣、雄蕊均为5。
　　5.乔木；小叶片宽1~10cm，两面无毛，或下面被毛。
　　　6.着生花序的小枝无刺或少刺，枝的横切面木质部充实，髓部甚小；叶轴具狭窄的叶质边缘………
　　　　………………………………………………………………………………… **3. 小花花椒 Z. micranthum**
　　　6.着生花序的小枝具刺且空心或为薄片状，枝的横切面木质部狭窄，髓部甚大；叶轴无叶质边缘。
　　　　7.小叶片两面无毛，油点多且大，肉眼可见。
　　　　　8.小叶片下面灰绿色，有灰白色粉霜 ………………………………… **4. 椿叶花椒 Z. ailanthoides**

　　　　8. 小叶片下面淡绿色，无灰白色粉霜 ····················· **5. 大叶臭椒 Z. myriacanthum**
　　　　7. 小叶片背面被毡状绒毛，油点不明显 ···················· **6. 朵椒 Z. molle**
　5. 灌木；小叶片宽0.4～1.2cm，上面具细短毛或毛状突体，在放大镜下可见，下面无毛。
　　　　9. 心皮3（4或5）；小叶片先端急尖或钝，边缘平整 ············ **7. 青花椒 Z. schinifolium**
　　　　9. 心皮2；小叶片先端微凹，边缘波皱起伏 ················ **8. 日本花椒 Z. piperitum**
4. 花被片不分化，1轮排列，稀近2轮排列，雄花的雄蕊通常为5～8。
　10. 分果瓣基部浑圆，不呈短柄状。
　　　11. 叶轴有狭窄的翼状边缘；小叶片仅叶缘齿缝处有油点 ············ **10. 花椒 Z. bungeanum**
　　　11. 叶轴浑圆，有时上半段腹面略平坦或有浅纵沟；小叶油点较多 ··· **11. 岭南花椒 Z. austrosinense**
　10. 分果瓣基部渐狭并延长，呈短柄状。
　　　12. 小叶片3～9（11），较大，长2.5～7cm，宽1.5～4cm，上面常有刚毛状细刺 ···················
　　　·· **12. 野花椒 Z. simulans**
　　　12. 小叶片7～17（21），较小，长1～3cm，宽很少超过1cm，上面无刺 ·······················
　　　·· **13. 梗花椒 Z. huangianum**

1. 两面针　光叶花椒　（图6-265）

Zanthoxylum nitidum (Roxb.) DC. —— *Fagara nitida* Roxb.

常绿木质藤本。茎攀缘，幼时直立；茎、小枝、叶轴及小叶两面中脉均有下弯或劲直的皮刺，老茎有三角形翼状木栓层及具细小针刺的叶枕。小叶3～11，对生；叶轴无翅，无翼叶；小叶

图6-265　两面针

片硬革质，宽卵形、近圆形或狭长椭圆形，长3～12cm，宽1.5～6cm，先端渐尖，顶端钝或具小凹口，凹口处具油点，边缘有疏浅裂齿，齿缝处有油点。花序腋生；花4基数；萼片上部紫红色，宽约1mm；花瓣淡黄绿色，卵状椭圆形或长圆形，长约3mm；雄蕊长5～6mm，花药宽椭球形至近圆球形，退化雌蕊半球形，垫状，顶部4浅裂；雌花的花瓣较宽，退化雄蕊无或为极细小的鳞片状，子房圆球形，花柱粗而短。蓇葖果红棕色，果梗长2～5mm，分果瓣直径5.5～7mm，顶端具喙。花期3—5月，果期9—12月。

产于温岭、玉环、乐清、瑞安、平阳、苍南。生于沿海和岛屿的疏林下、灌丛中。分布于华南及福建、云南、贵州。

叶、果皮可提取芳香油；根、茎、叶可入药，有散瘀活络、祛风解毒等功效。

2. 花椒簕 （图6-266）

Zanthoxylum scandens Blume —— *Z. cuspidatum* Champ. ex Benth.

常绿木质藤本。茎攀缘，幼时直立；茎、小枝、叶轴有短皮刺。小叶13～31，互生或位于叶轴上部者对生；叶轴具狭翅，无翼叶；小叶片革质，卵形、卵状椭圆形或斜长圆形，长4～10cm，宽1.5～4cm，先端短尖至长尾状尖，顶端钝，常微凹缺，凹口处具1油点，余处油点不明显，或少而小且肉眼不可见，全缘或上半段有细裂齿，两面中脉无刺。花序常腋生；花被2轮，萼片及花瓣均4；萼片淡黄绿色，先端常带紫色，宽卵形，长约0.5mm；花瓣淡黄绿色，长约3mm；雄花的雄蕊4，花时伸出花瓣外，药隔顶部有1油点，退化雌蕊半球形，垫状突起；雌花心皮3或4，退化雄蕊鳞片状。蓇葖果紫红色，直径4.5～5.5mm，具粗大油点，顶端有短喙。种

图6-266 花椒簕

子近圆球形,两端微尖,亮黑色,直径4～5mm。花期3—5月,果期7—11月。

产于杭州、宁波、舟山、衢州、金华、台州、丽水、温州及新昌。生于海拔1300m以下的山坡、沟谷林缘、灌丛中或疏林下。分布于长江流域及以南各地。东南亚至大洋洲也有。

种子可榨油,供工业用。

3. 小花花椒 （图6-267）
Zanthoxylum micranthum Hemsl.

落叶乔木,高达10m。植株无毛。茎干有锥形鼓钉状突起的大皮刺;小枝横切面木质部充实,髓部甚小,有稀疏短锐刺;着花小枝及花序轴均无刺或少刺。小叶9～17,对生或不整齐对生;叶轴在上面常有狭窄的叶质边缘;小叶片披针形,长5～8cm,宽1～3cm,先端渐尖,基部圆或宽楔形,两侧常对称,叶面油点多,对光透视清晰可见,叶缘有钝或圆裂齿。花序顶生,花多;花被片分化,2轮排列,萼片和花瓣均为5;萼片宽卵形,宽约0.3mm;花瓣淡黄白色,长1.5～2mm;雄花的雄蕊5,花盛开时长约3mm,退化雌蕊极短,3浅裂或不裂;雌花心皮3(4)。蓇葖果成熟时淡紫红色,干后浅黄色至灰棕色,直径约5mm,顶端无喙,油点小。种子卵形,亮黑色,长不超过4mm。花期7—8月,果期10—11月。

产于长兴、杭州市区(西湖)、临安、淳安、衢州市区(衢江)。生于石灰岩丘陵山坡落叶阔叶林及灌丛中。分布于华中及云南、贵州、四川。为浙江省重点保护野生植物。

图6-267 小花花椒

4. 椿叶花椒 （图6-268）

Zanthoxylum ailanthoides Siebold et Zucc.

落叶乔木，高达15m。植株无毛。茎干有锥形鼓钉状突起的大皮刺；嫩枝粗壮，横切面木质部狭窄，髓部甚大，常中空或薄片状；着花小枝顶部及花序轴常散生短直刺。小叶11～27，或稍多，对生；小叶片狭长披针形，长7～18cm，宽2～6cm，先端渐尖，基部圆，对称或一侧稍偏斜，下面灰绿色，具灰白色粉霜，叶缘有明显裂齿，油点多且大，肉眼可见。花序顶生，花多；花被片分化，2轮排列，萼片和花瓣均为5；花瓣淡黄白色，长约2.5mm；雄花的雄蕊5，退化雌蕊极短，2或3浅裂；雌花心皮3（4）。果梗长1～3mm；分果瓣淡红褐色，干后呈淡灰色或棕灰色，顶端无芒尖，直径约4.5mm，油点多，干后凹陷。种子直径约4mm。花期8—9月，果期10—12月。

产于宁波、舟山、台州、温州及湖州市区、安吉、杭州市区、临安、新昌、开化、江山、常山、东阳、遂昌、龙泉、庆元、景宁、青田。生于海拔1100m以下的向阳或滨海路旁、阔叶林中。分布于江西、福建、台湾、广东、广西、云南、贵州、四川。朝鲜半岛、日本、菲律宾也有。

果实可作调味料；种子可榨油；茎、叶及根可作兽药；速生，抗逆性强，树冠伞形而平顶，秋叶金黄，可用于景观林营造，在滨海地区常成为群落建群种。

《浙江植物志》记载浙江产毛椿叶花椒 Z. ailanthoides var. pubescens Hatusima，经作者考证，系朵椒的误定。

图6-268 椿叶花椒

5. 大叶臭椒 （图6-269）

Zanthoxylum myriacanthum Wall. ex Hook. f.—*Z. rhetsoides* Drake

落叶乔木，高达15m。植株无毛。茎干有锥形鼓钉状突起的大皮刺；嫩枝的横切面木质部狭窄，髓部甚大而中空；着花小枝顶部及花序轴有较多略斜上弯的皮刺。小叶7～17，对生；叶轴及小叶无刺；小叶片宽卵形、卵状椭圆形或长圆形，长10～20cm，宽4～10cm，先端渐尖，基部圆或宽楔形，两侧常对称，油点多且大，肉眼可见，下面淡绿色，无灰白色粉霜，叶缘具浅圆齿，齿缝处有1大油点。花序顶生，花多；花被片分化，2轮排列，萼片和花瓣均为5；萼片宽卵形；花瓣白色，长2.5～3mm；雄花的雄蕊5，花丝比花瓣长，退化雌蕊顶部3浅裂；雌花的退化雄蕊极短，心皮（2）3（4）。果序轴紫红色；蓇葖果成熟时呈红褐色，直径约4.5mm，顶端无喙，油点多。种子直径约4mm。花期6—8月，果期9—11月。

产于丽水、温州及余姚、武义、磐安。生于海拔500～1150m的向阳山坡上、路旁、阔叶林中。分布于江西、福建、湖南、广东、广西、海南、云南、贵州。东南亚也有。

《浙江种子植物检索鉴定手册》记载浙江产毛大叶臭椒 var. *pubescens* (C.C. Huang) C.C. Huang，但作者未见可靠标本，疑为朵椒幼树的误定。

图6-269　大叶臭椒

6. 朵椒 （图6-270）
Zanthoxylum molle Rehder

落叶小乔木，高可达10m。茎干有锥形鼓钉状突起的大皮刺；嫩枝暗紫红色，横切面木质部狭窄，髓部甚大且中空；着花小枝顶部及花序轴散生较多的短直刺。小叶13～19，小枝顶部者常5～11，对生；叶轴浑圆，常被短毛；小叶片厚纸质，宽卵形或椭圆形，稀近圆形，长8～15cm，宽4～9cm，先端急尖，基部近圆心形，两侧常对称，全缘或有细裂齿。上面无毛，下面密被白灰色或黄灰色毡状绒毛而覆盖油点，幼树嫩叶背面仅脉上被伏贴柔毛。花序顶生，花多，花序梗常有疏短皮刺；花梗黄绿色，密被短毛；花被片分化，2轮排列，萼片和花瓣均为5；花瓣白色，长2～3mm；雄花的雄蕊5，退化雌蕊约与花瓣等长，顶端3浅裂；雌花的退化雄蕊极短，心皮3。蓇葖果及果梗淡紫红色，干后淡黄色至灰棕色，顶端无喙，直径4～5mm，油点多，干后凹陷。种子直径3.5～4mm。花期6—8月，果期10—11月。

产于湖州、杭州、衢州、金华及诸暨、仙居、天台、莲都、遂昌、龙泉、庆元、景宁。生于海拔1200m以下的路旁、阔叶林中。分布于安徽、江西、湖南、河南、云南、贵州。

叶、果可提取芳香油；叶、根、果壳、种子均可入药，有散寒健胃、止吐、利尿等功效。

本种幼树嫩叶背面脉上被伏贴柔毛，易被误定为毛大叶臭椒。

图6-270 朵椒

7. 青花椒 崖椒 （图6-271）
Zanthoxylum schinifolium Siebold et Zucc.

落叶灌木，高1～3m。茎干具基部锥状的短皮刺或盘状突起的长皮刺，小枝具基部侧扁的皮刺；嫩枝暗紫红色。小叶7～19，对生，叶轴基部者常互生；小叶片纸质，宽卵形至披针形，或宽卵状菱形，长5～10(25)mm，宽4～6(15)mm，先端急尖或钝，基部圆形或宽楔形，两侧常对称，上面在放大镜下可见细短毛或毛状突体，下面无毛，叶缘平整，有细裂齿，齿缝处油点明显，余处不明显。花序顶生，花多或少；花被片分化，2轮排列，萼片和花瓣均为5；花瓣淡黄白色，长约2mm；雄花的雄蕊5，退化雌蕊甚短，2或3浅裂；雌花心皮3（4或5）。蓇葖果红棕色，干后呈暗苍绿色或黑褐色，直径4～5mm，顶端无喙，油点小。种子直径3～4mm。花期7—9月，果期9—12月。

产于湖州、杭州、宁波、舟山、台州、丽水、温州。生于海拔1400m以下的较湿润的阔叶林中、林缘。辽宁以南大部分地区均有分布。朝鲜半岛、日本也有。

果可提取芳香油；种子可榨油；根、叶、果实可入药，有散寒解毒、健胃消食等功效。

图6-271　青花椒

8. 日本花椒 （图6-272）

Zanthoxylum piperitum (L.) DC.

落叶灌木，高1～3m。多分枝；茎干具皮刺；小枝无毛，在叶柄基部两侧具1对基部宽大扁平的皮刺，刺长5～15mm，红褐色。小叶11～31，对生，无柄；叶轴具狭翼；小叶片卵状长椭圆形，长1～3.5cm，宽6～12mm，先端微凹，基部楔形至圆钝，上面在放大镜下可见细短毛或毛

一二九　芸香科 Rutaceae

状突体，下面无毛，边缘因具齿端上翘的圆齿而波皱起伏，齿缝处油点明显。圆锥花序顶生及腋生；花单性，小而多；花被片分化，2轮排列，萼片和花瓣均为5；花瓣黄绿色；雄花的雄蕊5；雌花心皮2，离生。蓇葖果近球形，直径5mm，顶端具喙，成熟时呈红褐色。种子黑色，有光泽。花期4—5月，果期7—10月。

产于普陀、象山、洞头。生于滨海山坡阔叶林及灌丛中。朝鲜半岛、日本也有。

图 6-272　日本花椒

本省尚有变型胡椒木 form. **inerme** (Makino) Makino（图6-273）：植株近无刺；分枝稠密；小叶片小，边缘锯齿不明显，揉碎后具强烈的胡椒香味。原产于朝鲜半岛、日本。我国除东北外，各地常见盆栽。全省各地城镇也常见栽培。

图 6-273　胡椒木

9. 竹叶椒 （图6-274）
Zanthoxylum armatum DC.

常绿灌木。茎直立；小枝具对生皮刺，刺基部宽扁，红褐色。小叶3～9（11），对生；叶轴具翼叶，至少有狭窄、绿色的叶质翼痕，具皮刺；小叶片披针形、椭圆形或卵形，长3～12cm，宽1～3cm，顶端1枚最大，向下渐小，叶缘具小且疏离的裂齿，或近全缘，齿缝处常具油点，上面无毛，下面基部中脉两侧有丛状褐色短柔毛，两面中脉上有少数皮刺。花序近腋生或兼有顶生，长2～5cm；花被片6～8，不分化，排成1轮，形状与大小几相同，长约1.5mm；雄花的雄蕊5或6，药隔顶端有1油点，不育雌蕊垫状突起，顶端2或3浅裂；雌花心皮2或3，背部近顶侧各有1油点，花柱斜向背弯，不育雄蕊短线状。蓇葖果紫红色，直径4～5mm，散生球状突起油点。种子直径3～4mm，黑褐色。花期4—5月，果期8—11月。

产于湖州、杭州、宁波、衢州、金华、台州、温州及普陀、莲都、遂昌、龙泉、庆元、景宁。生于丘陵低山疏林下或灌丛中。分布于秦岭以南各地。东南亚及朝鲜半岛、日本也有。

果实、枝、叶均可提取芳香油，入药有散寒止痛、消肿、杀虫等功效；种子含脂肪油；果皮可代花椒作调味料。

图6-274　竹叶椒

9a. 毛竹叶椒（变种）（图6-275）

var. **ferrugineum** (Rehder et E.H. Wilson) C.C. Huang—*Z. alatum* form. *ferrugineum* Rehder et E.H. Wilson

嫩枝、花序轴均有锈褐色短柔毛，有时叶轴也有。

产于长兴、临安、磐安等地。用途同竹叶椒。

图6-275　毛竹叶椒

10. 花椒（图6-276）

Zanthoxylum bungeanum Maxim.

落叶灌木或小乔木。茎、小枝被短柔毛并密生基部膨大的皮刺。小叶5～13，对生，无柄；叶轴常有狭窄叶翅；小叶片卵形或椭圆形，稀披针形，叶轴顶部者较大，长2～7cm，宽1～3.5cm，

图6-276　花椒

叶缘有细裂齿，齿缝处有油点，余处几无油点，下面中脉基部两侧有褐色柔毛。花序顶生，花序轴及花梗密被短柔毛或无毛；花被片5~8，不分化，排成1轮，黄绿色，形状与大小几相同；雄花的雄蕊5~8，退化雌蕊顶端叉状浅裂；雌花很少有发育雄蕊，心皮2或3（4），花柱斜向背弯。蓇葖果紫红色，直径4~5mm，散生球状突起油点，基部浑圆，不呈短柄状，顶端有极短喙。种子黑色，直径3.5~4.5mm。花期4—5月，果期8—10月。

原产于我国、不丹。我国除东北及新疆外，各地均有栽培。临安、慈溪等地有栽培。

果实为著名调味料，也用作中药，有温中行气、逐寒、止痛、杀虫等功效。

11. 岭南花椒 （图6-277）
Zanthoxylum austrosinense C.C. Huang —— *Z. austrosinense* var. *stenophyllum* C.C. Huang

落叶灌木。植株各部无毛；茎干具基部锥状突起的皮刺；小枝常紫褐色，具皮刺。小叶5~11，对生，常无柄，仅顶生小叶有长1~3cm的柄；叶轴浑圆，有时上半段腹面略平坦或有浅纵沟；小叶片披针形至卵形，长6~11cm，宽3~5cm，先端渐尖，基部圆心形，油点多而清晰，齿缝处油点大而明显。花序顶生，花少且疏散；花被片7~9，不分化，排成近似2轮，长约

图6-277 岭南花椒

1.5mm，紫红色；两性花的雄蕊3或4，心皮4；雄花的雄蕊6～8；雌花心皮3或4，花柱比子房长，稍向背弯，柱头头状。果梗紫红色，长1～2cm；蓇葖果紫红色，直径约5mm，散生微突起的油点，基部浑圆，不呈短柄状，顶端具极短喙。种子长约4mm，顶端略尖。花期4—5月，果期7—8月。

产于开化、金华市区、遂昌、庆元、景宁、瑞安、文成、泰顺。生于海拔300m以上的山谷林缘、路旁或山地岩石上。分布于安徽、江西、福建、湖南、湖北、广东、广西。

12. 野花椒 （图6-278）

Zanthoxylum simulans Hance — *Z. podocarpum* Hemsl.

落叶灌木或小乔木。茎干具基部锥状突起的皮刺；小枝具基部宽扁的皮刺；嫩枝无毛。小叶3～9（11），对生，常无柄；叶轴具窄翅，腹面呈沟状凹陷，无毛；小叶片卵形、卵状椭圆形或披针形，长2.5～7cm，宽1.5～4cm，先端急尖或短尖，常凹缺，全面密布油点，上面常有刚毛状细刺，两面无毛，叶缘有疏浅钝裂齿。花序顶生，长1～5cm，无毛；花被片5～8，不分化，排成1轮，淡黄绿色，形状与大小相同，长约2mm；雄花的雄蕊5～8（10），花丝淡绿色，药隔顶端有1油点；雌花的花被片狭长披针形，心皮2或3。蓇葖果成熟时呈红褐色，直径约5mm，基部渐狭并延长成长1～2mm的柄状体，油点多，微突起。种子长4～4.5mm。花期3—5月，果期7—9月。

产于长兴、安吉、杭州市区、临安、建德、诸暨、慈溪、普陀、岱山、嵊泗、开化、常山、金华市区、东阳、龙泉、瑞安、泰顺。分布于黄河以南各地。

果、叶、根可入药，有散寒健胃、止吐、利尿等功效，又可提取芳香油及脂肪油；叶及果实可作食品调味料。

图6-278　野花椒

12a. 毛野花椒(亚种)（图6-279）

subsp. **calcareum** Z.H. Chen, F. Chen et W. Zhu

一年生小枝、叶柄、叶轴、小叶柄、小叶片背面中脉与侧脉、果序轴、果梗均密被宿存的开展灰色短柔毛。

产于长兴、富阳、临安、金华市区（婺城）。生于海拔930m以下的石灰岩地区的山坡灌丛中、林缘。模式标本采自长兴（煤山）。

石灰岩地区特有。用途同野花椒。

图6-279 毛野花椒

13. 梗花椒 （图6-280）

Zanthoxylum huangianum Z.H. Chen et F. Chen—*Z. stipitatum* C.C. Huang, nom. illeg.

落叶灌木或小乔木状，高可达3m。茎、小枝具基部宽而扁的皮刺，长达1.5cm，稍斜向上弯钩；小枝无毛，干后呈黑褐色。小叶7～17（21），对生，几无柄；小叶片披针形或卵形，长1～3cm，宽很少超过1cm，全面疏被油点，上面无毛和刺，中脉至少下半段呈裂缝状凹陷，下面基部中脉两侧有丛毛，叶缘有细裂齿。花序顶生；花被片6～8，不分化，排成1轮，大小几相等，通常披针形，长2～3mm；雄花的雄蕊5～8，药隔顶端有1油点；雌花心皮3或4，花柱比子房略短，向背弯。果轴、果梗、蓇葖果均为紫红色；果直径约5mm，分果瓣基部渐狭并延长成长1～3mm的柄状体，顶端具短喙。种子长约4mm，直径约3.5mm。花期4—5月，果期7—8月。

产于莲都、景宁。分布于福建、湖南、广东、广西。

一二九　芸香科 Rutaceae　　　283

图6-280　梗花椒

2 臭常山属 Orixa Thunb.

落叶灌木。茎、小枝无刺；顶芽四棱状圆锥形，芽鳞片尖锐而稍开展。单叶，互生，不集生于枝顶；叶片薄纸质，全缘，散生细小油点，两面侧脉明显。花单性，雌雄异株，整齐，着生于二年生枝上。雄花：总状花序，下垂，花后整个花序脱落；花梗基部有1膜质苞片；花细小，淡黄绿色；萼片与花瓣各4；雄蕊4，花丝比花瓣短，花盘增大，四棱状。雌花：单生；不孕雄蕊4；心皮4，基部合生，每心皮胚珠1，花柱短。蓇葖果，成熟时顶端瓣裂为4分果，基部连合，外果皮厚，硬壳质，内果皮软骨质。种子圆球形，黑色；胚乳肉质。

1种，分布于中国、日本、朝鲜半岛。浙江也有。

臭常山 日本常山 （图6-281）
Orixa japonica Thunb.

落叶灌木，高1~3m。枝、叶有腥臭气味；小枝髓部大，常中空。叶片薄纸质，宽倒卵形，稀椭圆形，长4~15cm，宽2~6cm，先端急尖，基部楔形，上面中脉及侧脉被短毛，下面仅嫩时被长柔毛，散生黄色半透明的细油点。花序轴纤细，初时被毛；苞片1；萼片4，细小；花瓣4，黄绿色，比苞片小，狭长圆形，上部较宽，有3~5脉；雄花的雄蕊比花瓣短，插生于花盘四周，花盘近正方形，花丝线状，花药宽椭球形；雌花的萼片和花瓣形状、大小均与雄花近似，4枚靠合的心皮圆球形，花柱短，黏合，柱头头状。蓇葖果的分果瓣近肾形，直径6~8mm。种子1，近球形。花期4—5月，果期9—11月。

产于临安、宁波市区、余姚、衢州市区（衢江）、天台、仙居、莲都、遂昌、龙泉、景宁、文成、泰顺。分布于秦岭以南至南岭以北各地。朝鲜半岛、日本也有。

根可入药，有清热解毒等功效。

图6-281 臭常山

③ 四数花属 Tetradium Lour.

常绿或落叶灌木或乔木。植株无刺；小枝具顶芽；腋芽外露。奇数羽状复叶，稀单叶，对生；小叶对生，小叶片具明显或不明显油点。聚伞花序或伞房状圆锥花序，顶生或腋生；花单性，雌雄异株；萼片4或5，基部合生；花瓣4或5。雄花：雄蕊4或5，离生，长度为花瓣的1.5倍，花丝中部以下被长柔毛；退化子房顶端3~5裂。雌花：雄蕊不发育，舌状，远短于花瓣或缺失；心皮4或5，基部合生，每室胚珠1或2，花柱贴合，柱头盾形。蓇葖果，1~

5个基部合生，每分果瓣种子1或2，外部果皮（外果皮和中果皮）干燥或多少肉质，内果皮软骨质。胚乳肉质，含油丰富。

9种，分布于东亚、东南亚、南亚。我国有7种；浙江有2种。

1. 吴茱萸 （图6-282）

Tetradium ruticarpum (A. Juss.) T.G. Hartley——*Euodia rutaecarpa* (A. Juss.) Benth.——*E. rutaecarpa* (A. Juss.) Benth. var. *officinalis* (Dode) C.C. Huang——*E. rutaecarpa* form. *meionocarpa* (Hand.-Mazz.) C.C. Huang

落叶灌木或小乔木，高3～5m。嫩枝暗紫红色，连同芽被灰黄色或红锈色绒毛，或疏短毛。小叶5～13；小叶片卵形、椭圆形或披针形，长6～18cm，宽3～7cm，叶轴下部者较小，全缘或浅波浪状，两面及叶轴被柔毛，毛密如毡状，或仅中脉两侧被短毛，油点大而显著。花序顶生；雄花序的花疏散，雌花序的花密集或疏离；萼片及花瓣均（4）5；雄花花瓣腹面被疏长毛，退化雌蕊4或5深裂，下部及花丝均被白色长柔毛；雌花花瓣腹面被长毛，退化雄蕊常短线状，子房及花柱下部被疏长毛。果暗紫红色，具球状突起油点，2～4瓣裂，每分果瓣种子1。种子近圆球形，直径4～5mm，黑褐色，有光泽。花期6—8月，果期9—11月。

产于湖州、杭州、宁波、衢州、丽水及诸暨、金华市区、浦江、武义、三门、天台、临海、仙居、温岭、永嘉、文成、平阳、泰顺；淳安、建德、磐安、缙云等地有栽培。生于海拔1000m以下的山坡林缘、疏林中，常见于石灰岩丘陵山地。分布于长江流域及以南各地。缅甸、印度、尼泊尔也有。

果实可入药，有散寒止痛、降逆止呕、助阳止泻等功效。

图6-282　吴茱萸

2. 臭辣树 楝叶吴萸 （图6-283）

Tetradium glabrifolium (Champ. ex Benth.) T.G. Hartley —— *Boymia glabrifolia* Champ. ex Benth. —— *Euodia fargesii* Dode —— *E. glabrifolia* (Champ. ex Benth.) C.C. Huang

落叶乔木，高达20m。树皮暗灰色，不开裂，密生扁圆微凸的小皮孔；小枝暗紫色，幼时被长毛。小叶7～11，稀5或更多；小叶片斜卵状披针形，长6～16cm，宽3～7cm，两侧明显不对称，全缘或具不明显细钝齿，油点不明显或稀少，仅在齿缝处可见，下面灰绿色，沿中脉疏生柔毛，基部及小叶柄上较密。花序顶生，花多；萼片和花瓣均（4）5；花瓣白色，长约3mm；雄花的退化雌蕊短棒状，顶部4或5浅裂；雌花的退化雄蕊鳞片状或仅具痕迹，成熟心皮（3）4或5。果成熟时呈淡紫红色，4或5瓣裂，每分果瓣种子1。种子长约4mm，宽约3.5mm，黑褐色。花期7—9月，果期10—12月。

产于全省丘陵山区。生于海拔1800m以下的山坡、山谷、山脊的湿润林中或路旁。分布于秦岭以南各地。东南亚也有。

果实可入药，有温中散寒、下气止痛等功效。

与吴茱萸的区别在于后者叶片上的油点大而显著，两面被柔毛。

图6-283 臭辣树

4 蜜茱萸属 Melicope J.R. Forst. et G. Forst.

常绿乔木或灌木。掌状三出复叶，稀2小叶或单小叶，对生或轮生；小叶片透明油点甚多。聚伞花序腋生；花单性；萼片和花瓣各4；雄蕊4~8，在雌花中退化；雌蕊心皮4，在雄花中退化或缺失，子房基部合生，每室胚珠2。蓇葖果，4瓣裂，每分果瓣种子1。种子细小，黑褐色或蓝黑色，有光泽；胚乳肉质，含油丰富。

240余种，分布于亚洲东部、东南部、南部至澳大利亚、太平洋及印度洋岛屿。我国有8种；浙江有1种。

三叉苦 三桠苦
Melicope pteleifolia (Champ. ex Benth.) T.G. Hartley —— *Euodia lepta* Merr.

常绿灌木或小乔木。树皮灰白色；全株具苦味。掌状三出复叶，偶有2小叶或单小叶并存；小叶片长椭圆形，有时倒卵状椭圆形，长6~20cm，宽2~8cm，两端尖，全缘，油点多；小叶柄甚短。花序腋生，长4~12cm，花多；萼片和花瓣均4；萼片细小，长约0.5mm；花瓣淡黄色或白色，长1.5~2mm，常有透明油点；雄花的退化雌蕊垫状突起，密被白色短毛；雌花的不育雄蕊有花药而无花粉，花柱与子房等长或略短，柱头头状。分果瓣淡黄色或茶褐色，散生肉眼可见的透明油点。种子近椭球形，长3~4mm，宽2~3mm，蓝黑色，有光泽。花期4—6月，果期7—10月。

分布于华南及江西、福建、云南、贵州。生于低山丘陵的灌丛或疏林中。东南亚及印度也有。《浙江植物志》记载平阳有产，但作者未见标本及实物。

5 石椒草属 Boenninghausenia Reichb. ex Meisn.

多年生草本，具浓烈刺激气味。二回或三回掌状三出复叶，互生；小叶片全缘，具油点。圆锥状聚伞花序顶生，花枝基部有小叶片；花小而多，白色或先端淡红色，两性，辐射对称；萼片和花瓣均4；雄蕊8；雌蕊心皮4，基部贴生，每心皮胚珠6~8。蓇葖果，成熟时4瓣裂，内、外果皮分离，每分果瓣种子数粒。种子肾形，种皮具细微瘤状体；胚乳肉质，胚弧状。

1种。我国有1种；浙江也有。

松风草 臭节草 （图6-284）
Boenninghausenia albiflora (Hook.) Reichb. ex Meisn.

多年生宿根草本，高40~80cm。茎多分枝，基部稍木质化；嫩枝的髓部大而空心。小叶片薄纸质，倒卵形、菱形或椭圆形，长1~2.5cm，宽0.5~2cm，先端圆，有时微凹，基部楔形或钝，下面灰绿色，老叶常变褐红色，具细小油点。花序多花，分枝及花梗纤细，基部有小叶；萼片小；花瓣白色，有时先端淡红色，长圆形或倒卵状长圆形，长6~9mm，有透明油点；雄蕊8，长短相间，花丝白色，花药红褐色；子房绿色，基部有细柄，果时长4～8mm。分果瓣长约5mm，每分果瓣种子(3)4(5)。种子肾形，长约1mm，黑褐色，表面有细瘤状突体。花期4—8月，果期9—11月。

产于全省山区。生于环境较湿润的山坡林下、溪沟边、路旁等处。分布于长江以南各地。南亚、东南亚及日本也有。

全草可入药，有解表、截疟、活血、解毒等功效。

图6-284　松风草

6 飞龙掌血属 Toddalia Juss.

木质藤本。茎、小枝具皮刺，刺长约2mm，下弯；小枝细，圆柱形。掌状三出复叶，互生；小叶片具透明油点；叶柄无翼。伞房状聚伞花序或圆锥花序；花单性；萼片和花瓣均4或5；萼片基部合生；雄花的雄蕊4或5，退化雌蕊短棒状；雌花的退化雄蕊短小，长约为雌蕊的1/2，无花药，心皮4或5，合生，每室胚珠2，上下叠生。核果近圆球形，有黏胶质液，具4～8分核。种子肾形，种皮脆骨质；胚乳肉质，胚弯曲。

仅1种。我国有1种；浙江也有。

飞龙掌血 （图6-285）
Toddalia asiatica (L.) Lam. — *Paullinia asiatica* L.

常绿木质藤本。茎、小枝具皮刺，刺长约2mm，下弯；小枝褐色，幼时淡绿色或黄绿色，常被锈褐色短柔毛。掌状三出复叶，叶柄长；小叶片革质，卵形、倒卵形、椭圆形或倒卵状椭圆形，长5～9cm，宽2～4cm，先端尾状长尖或急尖而钝头，有时微凹缺，对光可见透明油点，揉之有类似柑橘叶的香气，叶缘有细裂齿；小叶无柄。花单性，雄花序为伞房状圆锥花序，雌花序呈聚伞状圆锥花序；花淡黄白色；萼片长不及1mm，边缘被短毛；花瓣长2～3.5mm。核果近球形，橙红色或朱红色，直径8～10mm，有4～8条纵向浅沟纹，干后明显。种子肾形，长5～6mm，宽约4mm，亮黑色，种皮硬骨质。花期几乎全年，果期多在秋、冬季。

产于温州及象山、普陀、开化、莲都、龙泉、庆元、景宁、青田。生于海拔500m以下的山坡疏林下及林缘灌丛中。广泛分布于长江以南各地。亚洲热带、亚热带地区至非洲东部也有。

根、皮可入药，有祛瘀止痛等功效。

图6-285 飞龙掌血

⑦ 黄檗属 Phellodendron Rupr.

落叶乔木。树皮厚，有发达木栓层，纵裂，内皮黄色，味苦；小枝无顶芽，腋芽被叶柄基部包被，位于马蹄形的叶痕之内。奇数羽状复叶，对生；小叶片边缘常有锯齿，齿缝处有较明显油点。圆锥状聚伞花序，顶生；花细小，单性，5基数；花丝基部两侧或腹面常被长柔毛，退化雌蕊短小，5叉裂；心皮5，合生，子房5室，每室胚珠2。核果近圆球形，具4～10分核。

种子卵状椭球形，种皮骨质；胚乳薄，肉质，胚直立。

2～4种，主要分布于亚洲东部和东南部。我国有2种；浙江有1种。

秃叶黄檗　秃叶黄皮树　（图6-286）
Phellodendron chinense C.K. Schneid. var. **glabriusculum** C.K. Schneid.

落叶乔木，高达10m。枝无毛，灰褐色。小叶7～11，小叶柄长1～3mm；叶轴、叶柄及小叶柄均近无毛，或仅在上面被稀少短毛；小叶片厚纸质，椭圆状卵形，长5～10cm，宽2～4cm，先端急尖至渐尖，基部宽楔形至近圆形，边缘具浅波状齿至近全缘，上面绿色，仅中脉有短毛，有时叶面有疏短毛，下面常呈青灰色，沿中脉两侧被稀疏短柔毛，或几无毛但有极细小的鳞片状体。果序轴及果梗粗壮，密被短柔毛；果较疏散，黑色，近球形，直径8～10mm。花期6—7月，果期10—11月。

产于湖州市区（吴兴）、安吉、临安、余姚、三门、天台。生于疏林中。分布于江苏、福建、湖北、湖南、广东、广西、云南、贵州、四川、陕西、甘肃。为浙江省重点保护野生植物。

与川黄檗 P. chinense 的区别在于后者叶轴、叶柄密被锈褐色短柔毛；小叶片背面密被或至少叶脉上有长柔毛；果序上的果较密集成团；分布于华中及安徽、云南、四川。

图6-286　秃叶黄檗

8 茵芋属 Skimmia Thunb.

常绿灌木或小乔木。枝的皮层光滑且厚。单叶，近轮状集生于枝顶，互生；叶片革质，侧脉在下面不明显，全缘或先端有疏浅细齿，密生细小透明油点。聚伞状圆锥花序顶生；花单性或杂性，白色或黄色；萼片4或5，基部合生；花瓣4或5，具油点，比萼片长2～4倍，盛花时常反折；雄蕊4或5，花丝分离；雄花的退化雌蕊棒状或垫状；雌花的退化雄蕊比子房短；杂性花的雄蕊具早熟性；心皮2～5，合生，每室胚珠1。浆果状核果，红色或蓝黑色，有(1)2～5小核。种子细小，扁卵球形；胚乳肉质，含油丰富。

5或6种，分布于亚洲东部、南部、东南部。我国有5种；浙江有2种。

1. 茵芋 （图6-287）
Skimmia reevesiana (Fortune) Fortune —— *Ilex reevesiana* Fortune

灌木，高0.5～1m。小枝灰褐色，髓中空，幼枝有短柔毛，后脱落。叶互生，常近轮状集生于枝顶；叶片革质，狭长圆形或长圆形，长7～11cm，宽2～3cm，先端短尖或短渐尖，基部楔形，全缘，稀先端有疏浅细齿，上面中脉被微柔毛，有明显细小油点，下面无毛，侧脉在两面均不明显。聚伞状圆锥花序顶生，花序梗和花梗被短柔毛；花杂性，5数；萼片宽卵形，有短缘毛；花瓣白色，上端外侧常粉红色，卵状长圆形，长3～5mm；子房4或5室。果椭球形，红色，长8～15mm，萼片宿存。种子2或3。花期3—5月，果期8—11月。

产于丽水、温州及临安、桐庐、淳安、新昌、余姚、宁海、衢州市区、开化、武义、天台。生于海拔500～1500m的山地沟边、林下阴湿处。分布于华中、华南及安徽、江西、福建、云南、贵州、四川。越南、缅甸、菲律宾也有。

叶有毒，可入药，有祛风除湿等功效。

图6-287 茵芋

2. 日本茵芋 （图6-288）
Skimmia japonica Thunb.

灌木，高0.5～1m。小枝灰褐色，有短柔毛，髓中空。叶互生，常近轮状集生于枝顶；叶片革质，椭圆形至长椭圆状倒披针形，长5～8cm，宽1.5～3cm，先端短渐尖，有疏浅细齿，稀全缘，两面仅中脉被短柔毛，有半透明油点，两面侧脉不明显或在上面稍明显。花序顶生，花序梗和花梗有短柔毛；花单性，雌雄异株，4数；萼片宽卵形，微具缘毛；花瓣白色，狭长椭圆形，长4～5mm。果球形，红色，直径约8mm。种子约4粒。花期4—5月，果期9—11月。

产于遂昌、龙泉、庆元、景宁。生于海拔1100m以上的山地沟边、林下阴湿处。日本也有。

叶有毒，用途同茵芋。

与茵芋的区别在于后者叶片全缘，稀先端有疏浅细齿；花杂性，5数。

图6-288 日本茵芋

❾ 黄皮属 Clausena Burm. f.

灌木或乔木。植株无刺，各部常具油点。奇数羽状复叶互生；小叶片两侧偏斜。圆锥花序；花蕾圆球形，稀卵球形；花两性；花萼4或5裂；花瓣4或5；雄蕊8或10，2轮排列，花丝顶端钻尖，中部呈膝曲状，基部增宽，稀线形；子房4或5室，稀合生成1～3室而无隔膜，每室胚珠(1)2,中轴胎座,花柱短而增粗,与子房等长或稍短,柱头与花柱近等粗。浆果。种子1~4,种皮膜质,棕色;无胚乳。

约28种,分布于亚洲、非洲、大洋洲。我国有10种,分布于长江以南各地;浙江栽培1种。

黄皮 (图6-289)

Clausena lansium (Lour.) Skeels

常绿小乔木。小枝、叶轴、花序轴、小叶片下面脉上散生较多明显突起的细油点且密被短直毛。小叶5~11,小叶柄长4~8mm;小叶片卵形或卵状椭圆形,长6~14cm,宽3~6cm,基部近圆形或宽楔形,两侧不对称,边缘波浪状或具浅圆裂齿,上面中脉常被短细毛。圆锥花序顶生;花蕾圆球形,有5条稍突起的纵脊棱;花萼裂片宽卵形,长约1mm,外面被短柔毛;花瓣长圆形,长约5mm,两面被短毛或内面无毛;雄蕊10,长短相间,长者与花瓣等长,花丝线状,下部稍增宽;子房密被长直硬毛。果椭球形,浅黄色,长1.5~3cm,直径1~2cm,果肉乳白色,半透明。种子1~4。花期4—5月,果期7—8月。

原产于华南及福建、云南、贵州、四川。越南也有。全球热带和亚热带地区均有栽培。杭州市区(西湖)、鄞州、苍南有栽培。

果味清甜,可食用,有消食、顺气、解暑等功效;叶、根可入药,有行气、消滞、解表等功效。

图6-289 黄皮

⑩ 九里香属 Murraya Koenig ex L.

灌木或小乔木，无刺。奇数羽状复叶互生；小叶片基部对称；叶轴很少有翼叶。伞房状聚伞花序，顶生或兼有腋生；花两性；花蕾短筒状或椭球形；萼片和花瓣均（4）5；雄蕊8或10；子房2～5室，每室胚珠（1）2，花柱通常远较子房纤细而长，柱头增粗，头状。浆果。种子1～4，光滑或有绵毛；无胚乳。

约12种，分布于亚洲东部、南部、东南部和大洋洲。我国有9种；浙江栽培1种。

九里香（图6-290）
Murraya exotica L.

常绿灌木或小乔木。一年生枝绿色；老枝灰白色至浅黄灰色。小叶3～7，互生；小叶片椭圆状倒卵形，长1～6cm，宽0.5～3cm，先端圆或钝，有时微凹，基部楔形，两侧对称，平展，全缘。花多朵聚成伞状，为缩短的圆锥状聚伞花序；花芳香；萼片5，卵形，长约2mm，宿存；花瓣5，白色，长椭圆形，长1～2.5cm，盛花时反折；雄蕊10，长短不等，比花瓣略短，花丝白色，花药背部有2细油点；花柱远较子房纤细且长，柱头黄色，粗大，头状。果朱红色，卵球形至纺锤形，顶部短尖，略歪斜，长1～2cm，直径6～12mm。花期4—8月，有时秋后开花，果期9—12月。

原产于华南及福建、贵州。全球热带和亚热带地区广泛栽培。全省各地有盆栽。

花极芳香，可提取芳香油，也供观赏。

图6-290　九里香

11 枸橘属 Poncirus Raf.

落叶灌木或小乔木。小枝粗壮，曲折，扁而具棱，绿色，具粗壮的枝刺，刺长，通常直伸，长可达4cm。三出复叶，互生；叶柄具狭翼。花先于叶开放；花单生或成对生于叶腋；花两性；萼片5，下部合生；花瓣5，白色；雄蕊为花瓣数的4倍或与花瓣同数，花丝分离；子房被毛，6~8室，每室胚珠4~8，花柱粗短，柱头头状。柑果，球形，淡黄色，被短柔毛，油点多。种子卵球形，多粒。

1种。我国有产；浙江有野生或栽培。

Flora of China 将本属并入柑橘属，但作者认为两者的形态、习性区别较大，宜分立。

枸橘　枳　枳壳（图6-291）
Poncirus trifoliata (L.) Raf. —— *Citrus trifoliata* L.

落叶灌木或小乔木，高可达5m。分枝多且常曲折，有长枝和短枝之分，短枝上生叶，腋生枝刺多而尖锐，基部扁平，长可达4cm。掌状三出复叶；小叶片倒卵形或椭圆形，先端圆钝或微凹，基部楔形，边缘具细钝齿或全缘，嫩叶中脉具毛。花单朵或成对生于叶腋，先于叶开放，具短柄；萼片和花瓣均5；花瓣白色，匙形，长1.5~3cm；雄蕊通常20，花丝分离，不等长；子房6~8室，被短柔毛，具油点。柑果橙黄色，球形，果顶微凹，直径3~6cm，密被细柔毛；瓤囊6~8瓣。种子卵球形，白色。花期4—5月，果期9—11月。

产于安吉（龙王山）。生于海拔750m的阔叶林中。分布于长江中游及淮河流域一带，现全国各地均有栽培或逸生。全省各地有栽培或逸生。

图6-291　枸橘

果可入药，有健胃理气、散结止痛等功效；种子可榨油；叶、花及果皮可提取芳香油；可作砧木和绿篱。

⑫ 金橘属 Fortunella Swingle

常绿灌木或小乔木。植株无毛。嫩枝略扁而具棱，青绿色；老枝浑圆；叶腋间具枝刺或无刺。单身复叶，稀单叶，互生；叶片密生油点；翼叶明显或仅有痕迹。花单朵或数朵簇生于叶腋，两性，芳香；花萼4或5裂；花瓣5；雄蕊为花瓣数的3~4倍，花丝不同程度合生成4或5束；子房近圆球形，3~6室，每室胚珠2，花柱长，柱头大。柑果卵球形、椭球形或球形，直径常不逾3cm，果皮肉质，味酸或甜。种子宽卵球形，顶端尖。

约6种，分布于亚洲东南部。我国有5种及少数杂交种，见于长江以南各地；浙江有4种，其中栽培2种。

Flora of China 将本属并入柑橘属，但两者果实区别较大，本志仍予以分立。

分种检索表

1. 果直径0.6~1cm；瓤囊2~4瓣；野生种。
  2. 单叶；果有2或3瓣瓤囊 ·· **1. 金豆 F. venosa**
  2. 单身复叶，稀兼有少数单叶；果有3或4瓣瓤囊 ·········· **2. 山橘 F. hindsii**
1. 果直径1.5~3.5（4）cm；瓤囊4~9瓣；栽培种。
  3. 枝通常有刺；果圆球形或宽卵球形 ····················· **3. 圆金橘 F. japonica**
  3. 枝通常无刺；果椭球形或长椭球形 ····················· **4. 金橘 F. margarita**

1. 金豆 （图6-292）

Fortunella venosa (Champ. ex Benth.) C.C. Huang—*F. hindsii* (Champ. ex Benth.) Swingle var. *chintou* Swingle

常绿灌木。植株无毛。枝具腋生枝刺，刺长常不逾2cm。单叶互生；叶片椭圆形，稀倒卵状椭圆形，长2~4cm，宽1~1.5cm，顶端圆或钝，稀短尖，基部楔形，全缘，中脉在上面稍隆起。单花腋生，常位于叶柄与枝刺之间；花萼5，淡绿色；花瓣5，白色，卵形；雄蕊为花瓣数的2~3倍，花丝合生成筒状，花柱短，柱头不增粗。果圆球形或椭球形，直径6~8mm，果顶稍浑圆，有短突柱，果皮橙红色，极薄，无苦酸味；瓤囊2或3瓣，果肉味酸。种子2~4，宽卵球形，平滑无棱。花期4—5月，果期10月至次年3月。

产于舟山至温州滨海地区和岛屿。生于松林、阔叶林下或岩缝中。分布于江西、福建、湖南、广东；常见栽培。

图6-292　金豆

2. 山橘 （图6-293）

Fortunella hindsii (Champ. ex Benth.) Swingle

常绿灌木。植株无毛。枝具长约2cm的枝刺；嫩枝具细棱。单身复叶，稀兼有少数单叶，互生；叶片卵状椭圆形，长3.5～8cm，宽1.5～4cm，先端圆钝，稀短尖，基部圆或宽楔形，全缘或具不明显细圆齿；翼叶宽约1mm或仅有痕迹。花单生或少数簇生于叶腋；花小，5基数；花瓣白色，长约4mm；雄蕊约20，花丝合生成4或5束；子房3或4室，每室胚珠2。果圆球形或稍呈扁球形，直径0.8～1cm，果皮成熟时呈橙黄色或朱红色，极薄；瓤囊3或4瓣，果肉味酸。种子3或4，宽卵球形，饱满，顶端短尖，平滑，无脊棱。花期5—6月，果期11月至次年3月。

产于武义、天台、三门、温岭、玉环、缙云、龙泉、景宁、乐清、洞头、瑞安、文成、平阳、

图6-293　山橘

苍南、泰顺。生于海拔100~600m的山坡林下、林缘或岩缝中，常栽培于庭园。分布于安徽、江西、福建、湖南、广东、广西、海南。

果皮含芳香油，可作调味料；根、果可入药，有理气止咳、消食等功效。

3. 圆金橘　金柑　（图6-294）
Fortunella japonica (Thunb.) Swingle —— *Citrus japonica* Thunb.

常绿灌木。植株无毛。枝通常有刺；小枝绿色，扁圆，具棱，光滑。单身复叶，互生；叶片卵状椭圆形或长圆状披针形，长4~8cm，宽1.5~3.5cm，先端钝或短尖，基部楔形，全缘或具细锯齿，散生细小油点；叶柄具狭翼。花单生或成对生于叶腋；萼片4或5，卵形；花瓣5，椭圆形，长5~11mm，白色；雄蕊15~25，比花瓣稍短，花丝不同程度合生成数束，间有个别离生；子房4~6室，花柱约与子房等长。果圆球形或宽卵球形，直径1.5~3cm，果皮橙黄色，薄，味甜；瓤囊4~9瓣，果肉酸或略甜。种子2~5，卵球形，顶端尖或钝，基部圆。花期4—5月，果期11月至次年3月。

原产于广东、海南。日本、印度也有。秦岭以南各地有栽培。全省沿海各地多有栽培。

果可鲜食或制作蜜饯，入药有理气、解郁、化痰、醒酒等功效；可供观赏。

图6-294　圆金橘

4. 金橘　（图6-295）
Fortunella margarita (Lour.) Swingle

常绿灌木或小乔木。植株无毛。枝通常无刺；小枝绿色，扁圆，具棱，光滑。单身复叶，互生；叶片卵状披针形或长椭圆形，长5~11cm，宽2~4cm，先端略尖或钝，基部宽楔形或近圆形；叶柄长0.7~1.5cm，翼叶甚窄。花单朵或2朵、3朵生于叶腋；花萼5裂；花瓣5，白色，长8~10mm；雄蕊16~25；子房椭球形，花柱细长，通常为子房长度的1.5倍，柱头稍增大。果椭球形或长椭球形，直径2~3cm，果皮橙黄色至橙红色，厚约2mm，味甜；瓤囊4或5瓣，果肉味酸。种子2~5，卵球形，顶端尖。花期5—8月，果期10—12月；盆栽者多次开花，常保留其7—8月的花期座果，至春节前果成熟。

原产于广东、广西、海南。我国南方常有栽培，其耐寒性远不如圆金橘，故五岭以北地区较少见。全省各地有盆栽。

果可鲜食或制作蜜饯，入药有理气止咳等功效；可供观赏。

图6-295　金橘

常见品种有：金弹'Chintan'（图6-296），果近圆球形或宽卵球形，果皮较厚，瓣囊5~8瓣，果皮和果肉味均甜，全省沿海各地常见栽培；四季橘'Calamondin'（图6-297），叶片椭圆形，夏梢上的叶通常倒卵状椭圆形，果扁球形，两端中央凹陷，顶端最明显，高2~3cm，直径3~4cm，味略甜而绵质，瓣囊8或9瓣，果肉甚酸，种子约10粒，一年四季均开花结果，全省各地常见盆栽。

图6-296　金弹

图6-297　四季橘

⑬ 柑橘属 Citrus L.

常绿灌木或乔木。常具枝刺；嫩枝扁，具棱，深绿色。单身复叶，稀单叶，互生；叶片密生具芳香气味的油点，叶缘有细钝裂齿，稀全缘。单花腋生或数花簇生，或为具少花的总状花序；花两性，偶单性，芳香，花萼杯状，3～5浅裂；花瓣5，开放时常背卷，白色或背面带紫红色；雄蕊20～25（60）；子房7～15室或更多，每室胚珠4～8或更多，柱头大，花盘明显，有蜜腺。柑果，圆球形、卵球形、扁球形或梨形，直径常逾4cm，外果皮密生明显油胞，中果皮的内层为白色网格状，内果皮由多枚心皮发育而成，成熟后称为瓤囊；瓤囊内壁上的细胞发育成纺锤状或卵球状、半透明、多汁液的汁胞，汁胞具纤细小柄。种子多，一些栽培品种的种子少或无，纺锤状、楔状或卵球状，种皮平滑或有肋状棱；子叶及胚乳白色或绿色；单胚或多胚；种子萌发时子叶不出土。

约30种，分布于亚洲东部、东南部、南部和大洋洲，现全球热带及亚热带地区广泛栽培。我国原产及引入栽培共约15种，多数为栽培种；浙江栽培7种。

本属植物多为著名水果，栽培种、杂交种、品种繁多，形态变异大。目前，对于柑橘类水果的谱系，植物学家们达成了一个共识，即这些种类（或品种）均由香橼 C. medica L.、柚 C. maxima (Burm.) Merr. 和柑橘 C. reticulata Blanco 经过多次杂交、回交及变异而形成。

分种检索表

1. 叶为单叶，稀兼有单身复叶，后者仅有关节而无翼叶；果皮比果肉厚 ············· **1. 香橼 C. medica**
1. 单身复叶，翼叶甚狭窄或宽阔；果皮比果肉薄。
  2. 花蕾和花瓣通常白色，稀外面稍带紫红色（柚花蕾淡紫红色，稀白色）；果实顶端圆、平或微凹；果肉味甜、酸甜适度或酸。
    3. 子叶乳白色，单胚或多胚；果皮较易剥离或不易剥离。
      4. 总状花序，有时兼有腋生单花；果皮不易剥离。
        5. 果实直径通常12cm以上，果皮淡黄色至黄绿色；可育种子常呈不定形的多面体 ············· **2. 柚 C. maxima**
        5. 果实直径通常10cm以内，果皮橙黄色、橙红色或朱红色；可育种子的种皮圆滑，或有细肋纹。
          6. 果皮橙黄色至朱红色；果肉味酸，有时带苦味或兼有特异气味 ············· **5. 酸橙 C. × aurantium**
          6. 果皮橙黄色至橙红色；果肉味甜或酸甜适度 ············· **6. 甜橙 C. × sinensis**
      4. 单花腋生；果皮较易剥离 ············· **3. 香圆 C. × junos**
    3. 子叶绿色、淡绿色或兼有近乳白色，通常多胚；果皮易剥离 ············· **7. 柑橘 C. reticulata**
  2. 花蕾和花瓣外面带紫红色；果实顶部通常较狭长并有乳头状突尖；果肉味酸至甚酸 ············· **4. 柠檬 C. × limon**

1. 香橼 枸橼 （图6-298）
Citrus medica L.

小乔木。茎、枝多枝刺，刺长可达4cm；嫩枝、芽及花蕾均暗紫红色。单叶，稀兼有单身复叶，后者仅有关节而无翼叶；叶片椭圆形或卵状椭圆形，长6～12cm，宽3～6cm，或更大，先端圆或钝，稀短尖，叶缘有浅钝裂齿；叶柄短。总状花序，花可达12朵，或兼有腋生单花；花两性，有单性花趋向者则雌蕊退化；花瓣5，长1.5～2cm；雄蕊30～50；子房圆筒状，花柱粗长，柱头头状。果椭球形、近球形或纺锤形，果皮比果肉厚，淡黄色，粗糙，难剥离，内皮白色或略淡黄色，绵质，松软；瓢囊10～15瓣，果肉无色，近透明或淡乳黄色，爽脆，味酸或略甜，有香气。种子小，平滑；子叶乳白色；多胚或单胚。花期4—5月，果期10—11月。

原产于印度东北部至缅甸。我国广泛栽培，长江以北地区多为盆栽。桐乡、常山、金华市区、台州市区（黄岩）等地有栽培。

果有浓郁香气，味酸苦，不能鲜食，可糖渍，入药有理气宽中、消食、祛痰等功效。

图6-298　香橼

栽培品种佛手'Fingered'（图6-299），叶先端钝，有时微凹；子房在花柱脱落后即分裂并发育形成手指状肉条；通常无种子。花期4—10月，果期7—11月。全省各地有零星盆栽，以"金华佛手"最为著名。花、果可入药，有理气、平肝、和胃等功效。

图6-299　佛手

2. 柚　香泡　抛（图6-300）

Citrus maxima (Burm.) Merr. — *C. grandis* (L.) Osbeck

乔木。枝刺长，稀无刺；嫩枝扁且有棱，连同叶背、花梗、花萼及子房均被柔毛。单身复叶；叶片宽卵形或椭圆形，连翼叶长7～20cm，宽4～12cm，先端钝或圆，有时短尖，基部圆；翼叶长2～4cm，宽0.5～3cm，个别品种可甚狭窄。总状花序，有时兼有腋生单花；花蕾淡紫红色，稀乳白色；花萼不规则3～5浅裂；花瓣长1.5～2cm；雄蕊25～35，有时部分不育；花柱粗长，柱头略大于子房。果圆球形、扁球形、梨形或宽倒圆锥状，顶端圆、平或稍凹陷，直径12～30cm或更大，果皮淡黄色或黄绿色，比果肉薄，海绵质，油胞大，突起，不易剥离；果心实，松软，瓤囊10～15或多至19瓣，汁胞白色、粉红色或鲜红色，少有带乳黄色。种子多达200余粒，亦有无种子者，形状不规则，有明显纵肋棱，可育种子常呈不定形的多面体；子叶乳白色；

图6-300　柚

单胚。花期4—5月，果期9—12月。

原产于东南亚，大约在公元前1世纪被引种至我国南方。现长江以南各地广泛栽培，最北见于河南信阳、南阳一带。全省各地广泛栽培。

果实含有丰富的维生素C，营养价值高，可供鲜食或榨果汁；果皮、幼果供制蜜饯或盐渍，中果皮可作蔬菜；果皮可入药，名"五爪红"，有理气化痰、消食宽中等功效。

品种多，自然杂交种也有，根据果肉颜色的不同，主要有白色和红色两大类。目前省内主要品种有：文旦'Wentan'（图6-301），果扁球形，顶部宽平，表皮黄绿色，常无籽，玉环、温岭等地有栽培；四季抛'Szechipaw'（图6-302），果卵球形，果顶圆，常有放射沟，基部狭而圆，油胞小而密，果皮光滑，果肉柔嫩，多汁，酸甜适口，种子甚少，四季开花，四季挂果，平阳、苍南等地有栽培。此外，本省尚有佛香柚（舟山）、南港柚（瑞安、平阳）、古磉红柚（平阳）、早香柚（永嘉）、青田红心柚（青田）等地方品种以及浙柚1号等新品种。

图6-301　文旦

图6-302　四季抛

3. 香圆　香橙　蟹橙（杂种）（图6-303）
Citrus × junos Siebold ex Tanaka——*C. grandis* (L.) Osbeck var. *shangyuan* Hu

小乔木。枝刺长而粗；小枝、叶和叶柄幼时疏生短柔毛。单身复叶；叶片长约8cm，宽约5.5cm，性状、质地与柚相似，但网状叶脉甚明显；翼叶远较狭窄。单花腋生，花白色，大小如柚花，但除萼片顶缘被毛外，其余无毛；雄蕊20～25，不同程度合生成5束；柱头与子房几等大。果近球形，直径4～8（10）cm，稍扁，顶端稍凹陷，有明显环圈，或有乳头状突起，蒂部平坦或微凹，有放射沟，果皮比果肉薄，淡橙黄色，甚粗糙，油胞大，油量多，甚芳香，绵质，较易剥离；果心疏松或稍充实，瓤囊9～11瓣，瓣壁颇厚且韧，果肉淡黄白色，甚酸，常带苦味。种子略多，具略明显的脊棱；子叶乳白色；多胚或单胚。花期4—5月，果期10—11月。

桐乡、杭州市区、临安、桐庐、诸暨、新昌、慈溪、衢州市区、常山有零星栽培。我国长江中下游流域均有栽培。

果实可入药,有理气宽中、化痰、止痛等功效;果皮含芳香气味,古人用其作薰香代品。

图6-303　香圆

4. 柠檬　黎檬　红黎檬(杂种)（图6-304）
Citrus × limon (L.) Osbeck

常绿灌木或小乔木。枝少刺或近无刺;嫩叶及花芽暗紫红色。单身复叶;叶片厚纸质,卵形或椭圆形,长8～14cm,宽4～6cm,先端通常短尖,边缘有明显钝裂齿;翼叶宽或狭,或仅具痕迹。单花腋生或少花簇生;常有单性花,即雄蕊发育,雌蕊退化;花萼杯状,4或5浅齿裂;花瓣长1.5～2cm,外面淡紫红色,内面白色;雄蕊20～25或更多;子房近筒状或桶状,顶部略狭,柱头头状。果椭球形或卵球形,两端狭,顶部通常较狭长并有乳头状突尖,果皮比果肉薄,蜡黄色或淡黄绿色,通常粗糙,难剥离,富含具柠檬香气的油点;瓤囊8～11瓣,汁胞淡黄色,果肉味酸至甚酸。种子小,卵球形,顶端尖,种皮平滑;子叶乳白色;单胚或兼有多胚。花期4—5月,果期9—11月。

原产于东南亚,由香橼(父本)和酸橙(母本)杂交形成。现东南亚及美国、意大利、西班牙、希腊等地均有栽培。我国长江以南各地有栽培。本省也有少量栽培。

果味酸或甚酸,含有丰富的柠檬酸、维生素C,可调制饮料、菜肴,也可入药,有生津、止渴、祛暑等功效;叶可提取香料;果表皮可提取柠檬香精油;胚可生产果胶、橙皮苷;种子可榨油。

图 6-304　柠檬

5. 酸橙（杂种）（图 6-305）
Citrus × aurantium L.

小乔木。枝干多枝刺，徒长枝的刺长可达 8cm。单身复叶；叶片卵状长圆形或倒卵形，长 5～10cm，宽 2.5～5cm，先端急尖，基部宽楔形，全缘或具微波状锯齿，两面无毛；叶柄具倒卵形翼叶，翼叶基部狭尖，长 1～3cm，宽 0.6～1.5cm，个别品种几无翼叶。总状花序具少数花，有时兼有腋生单花；有单性花倾向，即雄蕊发育，雌蕊退化；花蕾椭球形或近圆球形；花萼 4 或 5 浅裂，有时花后增厚，无毛，个别品种被毛；花白色，大小不等，直径 2～3.5cm；雄蕊 20～25，通常基部合生成多束。果圆球形或扁球形，直径 7～8cm，顶端圆或平，果皮比果肉薄，橙黄色至朱红色，难剥离，油胞大小不均匀，凹凸不平；果心实或半充实，瓤囊 10～13 瓣，果肉味酸，有时带苦味或兼有特异气味。种子多且大，常有肋状棱；子叶乳白色；单胚或多胚。花期 4—5 月，果期 9—12 月。

原产于东南亚，由柑橘（父本）和柚（母本）一次杂交形成。全球热带、亚热带地区有栽培。我国秦岭以南各地均有栽培。全省有零星栽培。

果实可入药，有行气宽中、消食除胀、破气消积等功效；也可作甜橙类的砧木。

图 6-305 酸橙

本省习见栽培的品种有：代代花 'Daidai'（图 6-306），果近球形，蒂部有浅放射沟，果皮橙红色，至次年夏季又变为暗绿色，略粗糙，油胞大，果心充实，果萼增厚而呈肉质，全省各地有栽培；朱栾 'Zhulan'（图 6-307），叶片椭圆形，两端钝，果橙红色，扁球形，果皮光滑，果心空或半充实，果肉无香味，台州市区（黄岩）、温州市区有栽培；常山柚橙（胡柚）'Changshan-huyou'（图 6-308），叶柄、花序梗和花萼外面有微短毛，果橙黄色，直径 6～13cm，果皮较薄，平滑或粗糙，顶端平，有环圈或无，果心中空，果肉多汁，爽口，略有香气，味偏酸，原产于常山，全省各地均有栽培，用其小青果加工而成的"衢枳壳"，已纳入《浙江省中药炮制规范》（2015）。

图 6-306 代代花

图6-307 朱栾

图6-308 常山柚橙

6. 甜橙 广柑(杂种)（图6-309）
Citrus × sinensis (L.) Osbeck

小乔木。枝干少枝刺或近无刺。单身复叶；叶片卵形或卵状椭圆形，长6～10cm，宽3～5cm；翼叶狭长，明显或仅具痕迹。总状花序具少数花，或兼有腋生单花；花白色，稀背面带淡紫红色；花萼3～5浅裂；花瓣长1.2～1.5cm；雄蕊20～25；花柱粗壮，柱头增大。果圆球形、扁球形或椭球形，直径6～10cm，橙黄色至橙红色，顶端圆或平，昊皮比果肉薄，难或稍易剥离；果心实或半充实，瓢囊9～12瓣，果肉淡黄色、橙红色或紫红色，味甜或酸甜适度。种子少或无，种皮略有肋纹；子叶乳白色；多胚。花期3—5月，果期10—12月，迟熟品种至次年2—4月。

原产于亚洲，由柑橘和柚多次杂交形成。世界许多国家有栽培。我国秦岭以南各地有栽培。衢州、丽水、温州及台州市区(黄岩)等地有栽培。

为世界著名水果，可鲜食或榨汁；果皮可作食品调味料和提取香精；未成熟果皮可入药，称作"青皮"，有理气、化痰、健胃、导滞等功效。

图6-309　甜橙

7. 柑橘　宽皮橘
Citrus reticulata Blanco

小乔木。分枝多,枝扩展或略下垂;枝刺较少。单身复叶;叶片椭圆状披针形、椭圆形或宽卵形,长5.5~8cm,宽2.5~4cm,大小变异较大,顶端常凹缺,中脉由基部至凹缺附近呈叉状分枝,叶缘上半段常有钝或圆裂齿,稀全缘;翼叶通常狭窄,或仅有痕迹。花单生或2朵、3朵簇生;花萼不规则3~5浅裂;花瓣通常长1.5cm以内;雄蕊20~25;花柱细长,柱头头状。果形多种,通常扁球形至近球形,直径4~8cm,顶端圆、平或微凹,果皮比果肉薄,淡黄色、朱红色或深红色,光滑或粗糙,易剥离;果心大而常空,稀充实,瓤囊7~14瓣,稀较多,囊壁薄或略厚,柔嫩或颇韧,汁胞通常纺锤形,短而膨大,稀细长,果肉酸或甜,或有苦味,或兼有特异气味。种子多或少,稀无籽,通常卵球形,顶部狭尖,基部浑圆;子叶深绿色、淡绿色或兼有近乳白色,合点紫色;多胚,少有单胚。花期4—5月,果期10—12月。

原产于我国南方。现秦岭-淮河以南广大地区均有栽培。除北部平原少见外,全省各地普遍栽培。

果实酸甜适口,可供鲜食、榨果汁或制罐头,为我国著名水果之一;果皮可入药,称"陈皮",含陈皮素、橙皮苷等,有理气、化痰、和胃等功效。此外,橘叶能疏肝行气、消肿散毒;橘核能理气、散结、止痛;橘络能通络化痰。

目前品种、品系甚多且亲系来源繁杂,有来自自然杂交的,有属于自身变异(芽变、突变等)的,也有人工育成的多倍体($2n=36$)。我国产的柑、橘,其品种、品系之多,可谓世界之冠。本省主要有以下栽培品种:

椪柑'Ponkan'(图6-310),果扁球形,或蒂部隆起成短颈状的宽圆锥形,顶部平而宽,中央凹,有浅放射沟,高5~6cm,直径6~8cm,果皮橙黄色至橙红色,粗糙,油胞大,油量多,松脆,瓤囊10~12瓣,果肉味甜;杭州、衢州、丽水、温州广泛种植。瓯柑'Suavissima'

（图6-311），果扁球形或稍近圆锥形，顶端平圆，微凹，有细沟纹或无，蒂部隆起，高4.5~6cm，直径5~5.6cm，果皮橙黄色，粗糙，油胞密生，平或凹入，果心实或半充实，瓤囊9或10瓣，果肉味甜带苦；温州、丽水及台州市区（黄岩）、临海有栽培。早橘'Subcompressa'（图6-312），果扁球形，顶端浅凹，蒂部有纵沟纹，高3.6~4.5cm，直径5~7.5cm，果皮橙黄色，光滑，疏松，油胞小，密生，微香，果心大，中空，瓤囊10~13瓣，果肉味甜微酸，风味略淡；建德、台州市区（黄岩）、临海、温州市区广泛栽培。本地早'Succosa'（图6-313），果扁球形，顶端常有1小圆盘状凹入，中央具乳头状突起，高3.5~4.2cm，直径4~6.1cm，果皮深橙黄色，略粗糙，疏松，油胞小，疏生，突起或凹入，有香气，果心小，瓤囊9~12瓣，果肉甚甜；建德、台州市区（黄岩）、天台、临海有栽培。槾橘'Tardiferax'（图6-314），果短圆锥形或扁球形，顶端微凹，蒂部略隆起，高4~5cm，直径4~6cm或更大，果皮金黄色，粗糙，油胞疏生，在果下部者突起，上部者凹入，有香气，果心大而空，瓤囊9或10瓣，果肉贮藏后变甜，种子约26粒；建德、台州市区（黄岩）、临海、温州市区有栽培。无核橘'Unshiu'（图6-315），果扁球形，直径5~8cm，两端微凹入，果皮橙黄色至橙红色，油胞大，突起或微凹，果心中空，瓤囊8~13瓣，果肉酸甜适度，通常无种子；衢州及建德、台州市区（黄岩）、临海广泛种植。

图6-310　椪柑

图6-311 瓯柑

图6-312 早橘

图6-313 本地早

图6-314 樱橘

图6-315 无核橘

14 芸香属 Ruta L.

多年生草本。植株具浓烈气味。茎基部木质化，各部油点甚多。二回至三回羽状复叶，互生。聚伞花序或伞房花序，稀单花顶生；花小，两性，辐射对称；萼片和花瓣均4或5，花瓣黄色；雄蕊8～10；雌蕊由4或5枚上部分离、下部靠合的心皮组成，4或5室，每室胚珠3或多粒。果为蒴葖果，开裂为4或5分果瓣。种子有脊棱，外种皮具细小的瘤状突体；胚乳肉质，胚略弯生。

约10种，分布于亚洲西南部和地中海沿岸。我国引入栽培1种；浙江也有栽培。

芸香（图6-316）
Ruta graveolens L.

多年生草本，高达1m。植株各部具浓烈特殊气味。二回或三回羽状复叶，长6～12cm；小叶片灰绿色或带蓝绿色，末回小羽裂片全缘或深裂。花直径约2cm；萼片和花瓣均4，花瓣金黄色；雄蕊8，花初开放时与花瓣对生的4枚贴附于花瓣上，与萼片对生的另4枚斜展且外露，较长，花盛开时全部并列在一起，挺直且等长；花柱短，子房通常4室，每室胚珠多粒。果长

一二九 芸香科 Rutaceae

6～10mm，由顶端开裂至中部，果皮具突起的瘤状点。种子甚多，肾形，长约1.5mm，黑褐色。花期4—6月，果期7—9月。

原产于地中海沿岸地区。我国长江以南各地有栽培，多盆栽。杭州市区、临安有零散栽培。

全草含芳香油，可作调香原料；全草可入药，有祛风镇痉、通经、杀虫等功效；可供观赏。

图6-316 芸香

一三〇 蒺藜科 Zygophyllaceae

多年生草本、亚灌木或灌木，稀一年生草本。有关节。叶对生或互生，偶数羽状复叶，稀奇数羽状复叶或单叶；托叶对生，宿存，常呈刺状。花单生或2朵并生于叶腋，有时呈总状花序或聚伞花序；花两性，辐射对称或两侧对称；萼片（4）5；花瓣4或5；雄蕊与花瓣同数，或比花瓣多1~3倍，通常长短相间，外轮与花瓣对生，花丝下部常具鳞片，花药"丁"字形着生，纵裂；子房上位，3~5室，稀2~12室。果革质或脆壳质，或为2~10个分离或连合果瓣的分果，或为室间开裂的蒴果，或为浆果状核果。

约27属，350种，分布于全球热带、亚热带和温带地区，主产于亚洲、非洲、欧洲、美洲及澳大利亚。我国有6属，31种，以西北为多；浙江有1属，1种。

蒺藜属 Tribulus L.

草本，平卧。偶数羽状复叶。花单生于叶腋；萼片5；花瓣5，覆瓦状排列，开展；花盘环状，10裂；雄蕊10，外轮5枚较长，与花瓣对生，内轮5枚较短，基部有腺体；心皮5，每室种子3~5。果由不开裂的果瓣组成，具锐刺。种子斜悬。

约20种，主要分布于全球热带和亚热带地区。我国有2种；浙江有1种。

蒺藜 （图6-317）
Tribulus terrestris L.

一年生草本。全体被白色硬毛或绢丝状长柔毛。茎平卧，淡褐色，从基部分枝，枝长30~60cm，柔软强韧。偶数羽状复叶互生，长1.5~5cm；小叶10~12，对生；小叶片长圆形或斜长圆形，长6~15mm，宽2~5mm，先端锐尖或钝，基部稍偏斜，全缘；托叶短刺状。花单生于叶腋；萼片5，宿存；花瓣5，黄色；雄蕊10，生于花盘基部，其中5枚较短的花丝基部有鳞片状腺体；子房5室，每室胚珠3或4，柱头5裂。果由5分果瓣组成，直径约1cm，中部边缘有2锐刺，下部常有2小锐刺，其余部位常有短硬毛及小瘤体。花期5—9月，果期6—10月。

产于萧山、象山、岱山、金华市区（婺城）、天台、温岭。生于沙地、荒地、山坡、居民点附近。全国各地均有分布。全世界广泛分布。

果可入药，有平肝明目、散风行血等功效。

一三〇 蒺藜科 Zygophyllaceae

图 6-317 蒺藜

一三一　酢浆草科 Oxalidaceae

一年生或多年生草本，极稀灌木或乔木。根状茎或鳞茎状块茎常肉质，或有地上茎。指状或羽状复叶，或小叶萎缩而呈单叶，互生；托叶细小或无。花两性，辐射对称，单花，或组成近伞形花序或伞房花序，稀总状、圆锥或聚伞花序；萼片5；花瓣5，旋转排列；雄蕊10，2轮，5长5短，外轮与花瓣对生，花丝基部通常连合，有时5枚无花药；雌蕊由5枚合生心皮组成，子房上位，5室，每室胚珠1至数粒，中轴胎座，花柱5，离生，宿存，柱头头状，有时2浅裂。果为开裂的蒴果或为肉质浆果。

7～10属，1000余种。我国有3属，约13种；浙江有2属，10种，其中栽培1属，6种。

1 阳桃属 Averrhoa L.

常绿乔木。叶互生或近对生，奇数羽状复叶，小叶全缘。花小，微香，数朵至多朵组成聚伞花序或圆锥花序，自叶腋抽出，或着生于枝干上；萼片5，近肉质；花瓣5，白色、淡红色或紫红色；雄蕊10，长短相间，基部合生，全部发育或5枚无花药；子房5室，每室胚珠多数，花柱5。浆果肉质，下垂，有明显的3～6棱，通常5棱，横切面呈星芒状。种子数粒。

2种，原产于亚洲热带地区，现多栽培。我国栽培2种；浙江有1种。

阳桃 （图6-318）
Averrhoa carambola L.

乔木，高可达12m。幼枝密被褐色曲柔毛。奇数羽状复叶，互生；小叶5～13；小叶片卵形或椭圆形，长3～7cm，宽2～3.5cm，先端渐尖，基部圆，一侧歪斜，全缘，疏被柔毛或无毛。花小，微香，数朵至多朵组成聚伞花序或圆锥花序，生于叶腋或枝干上；萼片5，基部合成细杯状；花瓣5，淡紫红色或白色；雄蕊10；子房5室，每室胚珠多数，花柱5。浆果肉质，下垂，有(3)5(6)棱，横切面呈星芒状，长5～8cm，淡绿色或蜡黄色，有时带暗红色。花期5—6月，果期9—10月。

原产于马来西亚、印度尼西亚。华南及福建、云南有栽培。温州市区、平阳、苍南(马站)有栽培。

果芳香，可食，入药有生津止渴等功效；根、皮、叶可入药，能止痛、止血。

图6-318 阳桃

❷ 酢浆草属 Oxalis L.

一年生或多年生草本。常具肉质鳞茎状或块茎状地下根状茎。掌状复叶互生或基生，小叶通常3，无小叶柄；小叶片在闭光时闭合下垂。近伞形或伞房状聚伞花序，具花1至数朵或多朵；萼片5，覆瓦状排列；花瓣5，黄色、红色、淡紫色或白色；雄蕊10，5长5短，花丝分离或基部合生为1束；花柱5，分离。蒴果，室背开裂，成熟时将种子弹出，果瓣宿存于中轴上。

约800种，全世界广泛分布，主要分布于南美洲及南非。我国有10种；浙江有9种，其中引入栽培5种。

本省少量栽培的白花酢浆草 O. acetosella L.，本志不予收录。

与阳桃属的区别在于后者为乔木；奇数羽状复叶；肉质浆果。

分种检索表

1. 植株具球状鳞茎、肉质块茎或肥厚根状茎（栽培或归化）。
 2. 叶片深紫色 ······ 1. 紫叶酢浆草 O. triangularis
 2. 叶片绿色，稀小叶上面具紫斑。
  3. 花瓣黄色；小叶上面具紫斑 ······ 2. 黄花酢浆草 O. pes-caprae
  3. 花瓣淡紫色至紫红色；小叶上面无紫斑。
   4. 叶下面有橙黄色小腺体；萼片先端有2枚橙黄色小腺体。
    5. 叶下面全部散生橙黄色小腺体；花心绿色 ······ 3. 红花酢浆草 O. corymbosa
    5. 叶下面仅边缘有橙黄色小腺体；花心紫色 ······ 4. 关节酢浆草 O. articulata
   4. 叶下面无橙黄色小腺体；萼片先端无腺体 ······ 5. 大花酢浆草 O. bowiei
1. 植株无地下球茎，根状茎不发达（野生）。
 6. 花瓣黄色或浅黄色；花集成近伞形花序，或兼有单花；地上茎明显。
  7. 植株铺地状丛生；托叶明显，基部与叶柄合生；果梗下弯至水平 ······ 6. 酢浆草 O. corniculata
  7. 植株直立至俯卧；托叶缺如或不明显；果梗直立 ······ 7. 直立酢浆草 O. stricta
 6. 花瓣白色或粉红色，具紫色脉纹；花单生；地上茎短缩而不明显。
  8. 根状茎直径5～8mm（含鳞片）；叶两侧角稍尖；苞片生于花基部；蒴果长圆锥形 ······ 8. 三角叶酢浆草 O. obtriangulata
  8. 根状茎直径6～12mm（含鳞片）；叶两侧角钝圆；苞片生于花序梗中部或中上部；蒴果椭球形 ······ 9. 山酢浆草 O. griffithii

1. 紫叶酢浆草 （图6-319）
Oxalis triangularis A. St.-Hil.

多年生直立草本。无地上茎；地下部分有时有球状鳞茎，有根状茎，密被淡紫色鳞片。叶基生，小叶3；小叶片深紫色，通常具浅紫色斑点，钝三角形至倒卵状三角形，直径3～5cm，裂片短，先端平截，中间微凹，基部宽楔形，两面密被细小腺点；托叶具长缘毛，基部与叶柄合生。近伞形聚伞花序，花序梗基生，长15～35cm，具（1）2～5（9）花；萼片先端有2枚橙色小腺体；

图6-319 紫叶酢浆草

花瓣白色至粉红色或浅紫色，直径1.5~2.2cm；雄蕊10，5长5短。蒴果卵球形至椭球形，长1.2~1.8cm，无毛。花果期4—12月。

原产于南美洲热带地区。本省有栽培或逸生。

可供观赏。

2. 黄花酢浆草 （图6-320）
Oxalis pes-caprae L.

多年生草本，高5~10cm。根状茎匍匐，具肉质块茎；地上茎短缩而不明显或无地上茎，基部具褐色膜质鳞片。叶多数，基生，小叶3；小叶片半肉质，倒心形，长约2cm，宽2~2.5cm，先端深凹陷，基部楔形，上面绿色，具紫斑，两面被柔毛；叶柄基部具关节；无托叶。伞形花序基生，明显长于叶，花序梗被柔毛；苞片狭披针形，先端急尖；花梗与苞片近等长或稍长，被柔毛，下垂；萼片披针形，先端急尖，边缘白色膜质，具缘毛；花瓣黄色，宽倒卵形，长为萼片的4~5倍，先端圆形，微凹，基部具爪；雄蕊10，5长5短，花丝基部合生；子房被柔毛。蒴果圆柱形，被柔毛。花果期4—9月。

原产于南非。陕西、新疆等地有引种。杭州市区、临安有栽培。

可供观赏。

图6-320 黄花酢浆草

3. 红花酢浆草 （图6-321）
Oxalis corymbosa DC.

多年生直立草本。无地上茎；地下部分有球状鳞茎，外层鳞片膜质，褐色，被长缘毛，内层鳞片呈三角形，无毛。叶基生，小叶3；小叶片扁圆状倒心形，长1～4cm，宽1.5～6cm，先端凹入，两侧角圆形，基部宽楔形，上面绿色，无紫斑，边缘和下面散生橙黄色小腺体；托叶长圆形，顶部狭尖，与叶柄基部合生。二歧聚伞花序，通常排列成伞形花序式，花序梗长10～40cm或更长，被毛；花梗、苞片、萼片均被毛；花梗长5～25mm；苞片2，披针形，干膜质；萼片5，披针形，长4～7mm，先端有2枚橙黄色的长圆形小腺体，顶部腹面被疏柔毛；花瓣5，倒心形，长1.5～2cm，长为萼片的2～4倍，淡紫色至紫红色，下部有紫色脉纹，花心绿色；雄蕊10，5长5短，花丝被长柔毛；子房5室，花柱5，被锈色长柔毛，柱头2浅裂。花果期3—12月。

原产于南美洲热带地区。我国北方各地作为观赏植物引入，南方各地已逸生。本省均有栽培或逸生；因其鳞茎极易分离，故繁殖迅速，常见。

全草可入药，有消炎止血等功效；可供观赏。

图6-321 红花酢浆草

4. 关节酢浆草 （图6-322）
Oxalis articulata Savigny

多年生草本，高20～35cm。鳞茎状块茎近球形至扁球形，1至数个层叠，新块茎叠生于老块茎上，外面有棕色鳞片残留体；小鳞茎少数，不易与老鳞茎状块茎脱离；无地上茎，植株簇生。叶基生，小叶3；小叶片宽心形，宽大于长，长约2.5cm，宽约3.5cm，上面绿色，无紫斑，无毛，下面有短伏毛，仅在边缘散生橙黄色小腺体；叶柄长约25cm，基部淡红褐色，有疏柔毛。聚伞花序近伞形，具6～25花，花序梗较叶柄长，有疏短柔毛；花直径约1.6cm；萼片5，椭圆形，长约5mm，先端有2枚橙黄色小腺体；花瓣5，倒长卵形，长约1.2cm，先端近平截，内面紫红色，基部有深色脉纹，花心紫色，外面带粉白色；雄蕊10，5长5短，花丝粉红色，有微毛；花柱5，柱头鲜绿色。蒴果有毛。花果期4—11月。

原产于美洲。世界各地广泛栽培。我国有栽培。杭州市区、宁波市区、慈溪等地有栽培或逸为野生。

常栽培于花坛或绿地中，可供观赏，也是蜜源植物。繁殖极为迅速，不易芟除，在有些地方已成为田间害草。

《浙江植物志》记载的多花酢浆草 O. martiana Zucc.，系本种的误定。

图 6-322　关节酢浆草

5. 大花酢浆草 (图6-323)
Oxalis bowiei Aiton ex G. Don

多年生草本，高10～15cm。具肥厚的纺锤形根状茎；地上茎短缩而不明显或无地上茎，基部围以膜质鳞片。叶多数，基生，小叶3；小叶片宽倒卵形或倒卵圆形，长1.5～2cm，宽2.5～3cm，先端钝圆或微凹，基部宽楔形，上面绿色，无紫斑，无毛，下面被疏柔毛，无橙黄色小腺体。伞形花序基生或近基生，明显长于叶，具4～10花，花序梗被柔毛；苞片披针形，被柔毛；花梗不等长，长为苞片的3～4倍；萼片5，披针形，长10～12mm，宽4～5mm，先端无腺体，边缘具睫毛；花瓣5，紫红色，宽倒卵形，长为萼片的2.5～3倍，先端钝圆，基部具爪；雄蕊10，5长5短，花丝基部合生；子房被柔毛。花期5—8月，果期6—10月。

原产于南非。江苏、陕西、新疆等地有栽培。杭州市区、临安、温州市区等地有栽培。

图6-323　大花酢浆草

6. 酢浆草 (图6-324)
Oxalis corniculata L.

多年生草本，高10～35cm。植株铺地状丛生，茎、叶被柔毛而无具节毛。根状茎稍肥厚，无地下球茎；地上茎细弱，多分枝，直立或匍匐，匍匐茎节上生根。叶基生或在茎上互生，小叶3；小叶片倒心形，长4～16mm，宽4～22mm，先端凹入，基部宽楔形，两面被柔毛或上面无毛，沿脉毛较密，边缘具伏贴缘毛；叶柄基部具关节；托叶小，长圆形或卵形，边缘密被长柔毛，基部与叶柄合生，或同一植株的下部托叶明显而上部托叶不明显。花单生或数朵集生成近伞形花序，腋生，花序梗与叶柄近等长；花梗长4～15mm，果后延伸；小苞片2，披针形；萼片5，披针形或长圆状披针形，宿存；花瓣5，黄色，长圆状倒卵形；雄蕊10，5长5短；子房5室，被短伏毛，花柱5，柱头头状。果梗下弯至水平；蒴果长圆柱形，具5棱。种子长卵球形，具横向肋状网纹。花果期2—9月。

产于全省各地。生于山坡草地上、河谷沿岸、路边、田边、荒地上或林下阴湿处。全国广泛分布。亚洲、欧洲、北美洲也有。

全草可入药，有解热利尿、消肿散瘀等功效。

图6-324 酢浆草

7. 直立酢浆草（图6-325）
Oxalis stricta L.

一年生或短寿命多年生草本。植株直立至俯卧，茎、叶被柔毛或具节毛。通常具地下匍匐茎，无地下球茎；地上茎不分枝，或具少量直立分枝，后期常弯曲，但节上不生根。叶互生，有时近对生或轮生，小叶3；小叶片倒心形，先端深凹；托叶缺如或不明显。近伞形花序具2～5（7）花；花梗基部具膨胀关节；苞片条形；萼片5，条形至狭椭圆形，边缘具缘毛；花瓣5，浅黄色,长圆状倒卵形;雄蕊10,5长5短。果梗直立;蒴果圆筒状,具5棱。花果期5—10月。

产于全省丘陵山区。生于林下、路旁和沟谷潮湿处。分布于华北、东北。北美洲东部及朝鲜半岛、日本也有。

在桐庐、余姚、景宁等地有一类群,花瓣基部具红色条纹,与黄戈晗等(2021)报道的归化种得州酢浆草 *O. texana* (Small) Fedde 相似,但果实被长柔毛而不同,因种子性状未详,特附记于此,留待以后观察研究。

图6-325　直立酢浆草

8. 三角叶酢浆草 （图6-326）

Oxalis obtriangulata Maxim. —— *O. acetosella* L. subsp. *japonica* auct., non Hara

多年生草本,高5~10cm。根状茎横生,直径5~8mm(含鳞片),节间具长1~2mm的褐色小鳞片和细弱不定根,无地下球茎;地上茎短缩而不明显,基部围以覆瓦状排列的淡棕色鳞片状叶柄残基。叶基生,小叶3;小叶片宽倒三角形,长5~20mm,宽14~22mm,先端截形至近截形,凹缺,两侧角稍尖,基部楔形,上面无毛,下面被毛或无毛;叶柄长4~25cm,近基部具关节;托叶宽卵形,被柔毛或无毛。花序梗基生,单花,与叶柄近等长或更长;花梗长2~3cm,被柔毛;苞片2,在花基部对生,卵形,长约3mm,被柔毛;萼片卵状长圆形,先端钝,宿存;花瓣白色,长圆状倒卵形,先端凹陷。蒴果长圆锥形,具5纵棱,先端渐尖。花果期5—6月。

产于临安。生于山地阴湿林下、灌丛中和溪流边。分布于辽宁、吉林。俄罗斯、朝鲜半岛、日本也有。

图6-326 三角叶酢浆草

9. 山酢浆草 （图6-327）

Oxalis griffithii Edgew. et Hook. f.——*O. acetosella* L. subsp. *griffithii* (Edgew. et Hook. f.) Hara

多年生草本。根状茎斜卧，直径6~12mm（含鳞片），节间具长1~2mm的褐色小鳞片，无地下球茎；地上茎短缩而不明显，基部围以深棕褐色鳞片状叶柄残基。叶基生，小叶3；小叶片倒三角形或宽倒三角形，先端凹陷，两侧角钝圆，基部楔形，上面无毛，下面具短柔毛；叶柄长6~20cm，近基部具关节；托叶宽卵形，被柔毛。花序梗基生，单花，与叶柄近等长或更长；花梗长2~3cm，被柔毛；苞片2，在花序梗中部或中上部对生，披针形，被柔毛；萼片5，披针形，宿存；花瓣白色或粉红色，具紫色脉纹，狭倒心形，先端凹陷，基部狭楔形。蒴果椭球形。花期3—4月，果期8—10月。

产于临安、淳安、武义、仙居、莲都、遂昌、松阳、龙泉、庆元、云和、景宁、泰顺。生于海拔660~1500m的密林、灌丛和沟谷等阴湿处。分布于华东、华中、西南及陕西、甘肃。印度、尼泊尔也有。

全草可入药，有利尿解热等功效。

图 6-327　山酢浆草

一三二　牻牛儿苗科 Geraniaceae

草本，稀亚灌木或灌木。叶互生或对生，叶片通常掌状或羽状分裂；具托叶。聚伞花序，稀单花；花两性，整齐；萼片（4）5；花瓣（4）5，覆瓦状排列；雄蕊10～15，2轮，外轮与花瓣对生，花丝基部合生或分离，花药"丁"字形着生，纵裂；蜜腺通常5，与花瓣互生；子房上位，心皮2或3（5），通常3～5室，每室倒生胚珠1或2，花柱与心皮同数，通常下部合生，上部分离。蒴果，由中轴延伸成喙，稀无喙，室间开裂，稀不开裂，每果瓣种子1，成熟时果瓣爆裂，稀不开裂，开裂的果瓣常由基部向上反卷或呈螺旋状卷曲，顶部通常附着于中轴顶端。

11属，约750种，广泛分布于全球温带、亚热带和热带山地。我国有4属，约67种，主要分布于温带地区，少数分布于亚热带山地；浙江有3属，12种，其中栽培1属，5种。

分属检索表

1. 花辐射对称或稍不对称；花萼无距。
   2. 外轮雄蕊无花药；果实成熟时果瓣由基部向上呈螺旋状卷曲或扭曲 ·················· **1. 牻牛儿苗属 Erodium**
   2. 雄蕊全部具花药；果瓣成熟时由基部向上反卷 ······································ **2. 老鹳草属 Geranium**
1. 花通常两侧对称；花萼具距 ··· **3. 天竺葵属 Pelargonium**

❶ 牻牛儿苗属　Erodium L'Hér.

草本，稀亚灌木状。茎分枝或无茎，常具膨大的节。叶对生或互生，叶片羽状分裂；托叶干膜质。伞形花序，花序梗腋生，稀仅具2花；花辐射对称或稍不对称；萼片5，边缘常膜质，无距；花瓣5；蜜腺5，与花瓣互生；雄蕊10，2轮，外轮无花药，与花瓣对生，内轮具药，与花瓣互生，花丝中部以下扩展，基部稍合生；子房5裂，5室，每室胚珠2，花柱5。蒴果5室，具5果瓣，每果瓣种子1，蒴果成熟时果瓣由基部向上呈螺旋状卷曲或扭曲，果瓣内面具长糙毛。种子无胚乳。

约90种，主要分布于欧亚大陆温带地区、地中海地区、非洲、南美洲及澳大利亚。我国有4种，为典型的温带地区分布，主要分布于西北、华北、东北及四川、西藏等地；浙江归化1种。

芹叶牻牛儿苗 （图6-328）

Erodium cicutarium (L.) L'Hér. ex Aiton

一年生或二年生草本，高10～20cm。茎直立、斜展或蔓生，被灰白色柔毛。叶对生或互生；叶片长圆形或披针形，长5～12cm，宽2～5cm，二回羽状深裂，裂片7～11对，小裂片短小，全缘或具1或2齿，两面被灰白色伏毛；基生叶具长柄，茎生叶具短柄或无柄；托叶三角状披针形或卵形，干膜质，棕黄色，先端渐尖。伞形花序腋生，明显长于叶，花序梗被白色早落长腺毛；花梗长为花的3～4倍，花时直立，果时下折；苞片多数，卵形或三角形，合生至中部；萼片卵形，长4～5mm，宽2～3mm，具3～5脉，先端锐尖，被腺毛或具枯胶质糙长毛；花瓣紫红色，倒卵形，稍长于萼片，先端钝圆或凹，基部楔形，被糙毛；雄蕊稍长于萼片，花丝紫红色；雌蕊密被白色柔毛。蒴果长2～4cm，被短伏毛。种子卵状椭球形，长约3mm，直径近1mm。花期6—7月，果期7—10月。

原产于西北、华北、东北及江苏、四川、西藏。欧洲、北非及印度也有。临安有归化。生于园林草地上、路边草丛中。

图6-328 芹叶牻牛儿苗

2 老鹳草属 Geranium L.

草本，稀亚灌木或灌木，通常被倒向毛。茎具明显的节。叶对生或互生；叶片掌状分裂，稀二回羽状分裂或仅边缘具齿；通常具长叶柄；具托叶。聚伞花序具2至多花，稀单花，花序梗具腺毛或无；花辐射对称；花萼5，无距；花瓣5；腺体5；雄蕊5，或为花瓣数的2~3倍，全部具花药；每室胚珠2。蒴果具长喙，果瓣5，每果瓣种子1，果瓣在喙顶部合生，成熟时沿主轴从基部向上反卷开裂，弹出种子或种子与果瓣同时脱落，附着于主轴顶部，果瓣内无毛。种子具胚乳或无。

约400种，分布于全世界，主要分布于温带及热带山区。我国有50余种，广泛分布，主要分布于西南山地和西北温带落叶阔叶林区；浙江有6种，其中3种归化。

Flora of China 记载浙江有汉荭鱼腥草 *G. robertianum* L. 分布，但作者未见明确的实物或标本，有待进一步研究。

分种检索表

1. 花大，直径2~3cm ··· **1. 湖北老鹳草 G. rosthornii**
1. 花小，直径3~10mm。
   2. 一年生或二年生草本；顶生花序常数个集生于茎端而呈聚伞花序。
      3. 叶片5~7深裂至近基部；花淡紫红色；果实被短糙毛 ················· **2. 野老鹳草 G. carolinianum**
      3. 叶片5全裂；花玫瑰红色；果实具腺毛 ································· **3. 刻叶老鹳草 G. dissectum**
   2. 多年生草本；花序梗通常具2花，无集生现象。
      4. 茎生叶片3裂；花粉白色 ·· **4. 老鹳草 G. wilfordii**
      4. 茎生叶片5裂，仅茎上部叶3~5裂；花白色、淡紫红色至紫红色。
         5. 花紫红色或淡紫红色 ··· **5. 中日老鹳草 G. thunbergii**
         5. 花白色 ··· **6. 鼠掌老鹳草 G. sibiricum**

1. 湖北老鹳草 （图6-329）
Geranium rosthornii R. Knuth

多年生草本，高30~60cm。被短柔毛。具多数纤维状根和纺锤形块根。茎直立或仰卧，具明显棱槽，假2叉状分枝。基生叶早枯，茎生叶对生，具长柄；叶片五角状圆形，掌状5深裂，裂片菱形，再羽状深裂；托叶三角形，长8~12mm，宽5~6mm。花序腋生和顶生，明显长于叶，花序梗具2花；苞片狭披针形，长5~6mm，宽约1mm；花紫红色，直径2~3cm；萼片卵形或椭圆状卵形，长6~7mm，宽3~4mm，外被短柔毛，先端具长1~2mm的尖头；花瓣倒卵形，长为萼片的1.5~2倍，先端圆形，基部楔形，下部内面脉上及边缘具长糙毛；雄蕊稍长于萼片，花丝和花药紫红色；雌蕊密被短柔毛，花柱分枝长2~3mm，深紫色。蒴果长约2cm，被短柔毛；果梗直立。花期6—7月，果期8—9月。

产于临安(千顷塘)。生于海拔1200m左右的季节性湿地中。分布于安徽、湖北、河南、四川、陕西、甘肃和山东。

本省所产的本种曾被误定为突节老鹳草 G. krameri Franch. et Sav.，但后者具束生、细长的纺锤形块根，花瓣基部具簇生糙毛，花梗果时下弯而与本种不同。

图 6-329　湖北老鹳草

2. 野老鹳草　（图6-330）
Geranium carolinianum L.

一年生或二年生草本，高20～60cm。茎直立，被倒向短柔毛。茎生叶互生或最上部对生；叶片圆肾形，长2～3cm，宽4～6cm，基部心形，掌状5～7深裂至近基部，裂片楔状倒卵形或菱形，下部楔形或全缘，上部羽状深裂，小裂片条状长圆形，先端急尖，被短伏毛；叶柄被倒向短柔毛；托叶披针形或三角状披针形，长5～7mm，宽1.5～2.5mm，外被短柔毛。花序长于叶，被倒生短柔毛和开展长腺毛，腋生花序每花序梗具2花，顶生花序常数个集生而呈聚伞花序；苞片钻状，长3～4mm，被短柔毛；花淡紫红色，直径5～8mm；萼片长卵形或近椭圆形，长5～7mm，宽3～4mm，先端急尖，具尖头，外被短柔毛或沿脉被开展糙柔毛和腺毛；花瓣倒卵形，稍长于萼片，先端圆形，基部宽楔形；雄蕊稍短于萼片，中部以下被长糙柔毛；雌蕊密被糙柔毛。蒴果长约2cm，被短糙毛，果瓣由喙上部先裂，向下卷曲。花期4—7月，果期5—9月。

原产于美洲。安徽、江苏、江西、湖南、湖北、四川、云南、山东有归化。全省各地均有归化。生于平原和低山荒坡杂草丛中。

全草可入药,有祛风收敛、止泻等功效。

图6-330 野老鹳草

3. 刻叶老鹳草 （图6-331）
Geranium dissectum L.

一年生或二年生草本。具直根。茎直立。叶对生;叶片圆肾形,长1.5～3cm,宽3～5cm,基部心形,掌状5全裂,裂片羽状分裂,末回裂片条形,宽1～3mm,两面被短柔毛;叶有长柄至无柄,叶柄密被开展柔毛;托叶三角状披针形,长1.5cm,宽3～5mm,向上极度简化。腋生花序具2花,顶生花序常数个集生而呈聚伞花序,花序梗被柔毛;花梗被腺毛;苞片锥形,长达5mm,宽1～2mm,被纤毛;花玫瑰红色,直径6～9mm;萼片5,直立,长4～6mm,先端具长1～2mm

的钻形尖头，内面被柔毛，边缘被纤毛，背面被柔毛及腺毛；花瓣长4～6mm，顶端微凹，基部具丛生毛，背面被腺毛；雄蕊10，直立，花丝基部扩展，具纤毛，花药黄色，略带紫色，长2mm；子房被腺毛，花柱长1～1.5mm，顶端深粉红色，具腺毛。果成熟时呈暗褐色或黑色，果体长2～3cm，喙长8～12mm，密被腺毛。花果期4—6月。

原产于欧洲。江苏、台湾有归化。遂昌有归化。生于路旁。浙江归化新记录。

本种与野老鹳草极为相似，区别在于后者叶片裂至近基部，小裂片条状长圆形；花瓣淡紫红色。

图6-331　刻叶老鹳草

4. 老鹳草（图6-332）
Geranium wilfordii Maxim.

多年生草本，高30～50cm。根状茎直生，粗壮，具簇生、细长的纤维状须根。茎直立，假2叉状分枝，被倒向短柔毛，有时混生腺毛。茎生叶对生；基生叶片圆肾形，长3～5cm，宽4～9cm，掌状5深裂达2/3处；茎生叶片3裂至3/5处，裂片长卵形或宽楔形，上部齿状浅裂，先端长渐尖，上面被短伏毛，下面沿脉被短糙毛；叶具长柄至无柄，叶柄被倒向短柔毛；托叶卵状三角形或狭披针形，长5～8mm，宽1～3mm。花序稍长于叶，无集生现象，花序梗被倒向短柔毛，有时混生腺毛，每花序梗具2花；苞片钻形，长3～4mm；花粉白色，直径6～8mm；萼片长卵形或卵状椭圆形，长5～6mm，宽2～3mm，先端具细尖头，背面被短柔毛，偶混生腺毛；花瓣倒卵形，与萼片近等长，内面基部被疏柔毛；花丝淡棕色，被缘毛；雌蕊被短糙状毛，花柱分枝紫红色。蒴果长约2cm，被短柔毛和长糙毛。花期6—8月，果期8—9月。

产于安吉、德清、临安、宁波市区、余姚、武义、天台、仙居、缙云、景宁、乐清。生于海拔1800m以下的山坡草地上、林下、林缘、溪边、路旁或田野灌草丛中。分布于华东、华中、华北、东北及四川、陕西、甘肃。俄罗斯远东地区、朝鲜半岛、日本也有。

全草可药用，有祛风通络等功效。

图6-332 老鹳草

5. 中日老鹳草　高山老鹳草　（图6-333）

Geranium thunbergii Siebold ex Lind. et Paxt.—*G. chinensis* Migo—*G. nepalense* Sweet var. *thunbergii* (Siebold ex Lind. et Paxt.) Kudo—*G. wilfordii* Maxim. var. *chinense* (Migo) H. Hara

多年生草本，高30~50cm。具直根，纤维状。茎细弱，多分枝，仰卧，被倒生柔毛。叶对生；叶片五角状肾形，基部心形，掌状5深裂，裂片倒卵形，长2~4cm，宽3~5cm，先端锐尖或钝圆，基部楔形，中部以上边缘齿状浅裂或缺刻状，上面被疏伏毛，下面被疏柔毛，沿脉被毛较密；上部叶片具短柄，较小，通常3裂；下部叶具长柄，叶柄被开展的倒向柔毛；托叶披针形，棕褐色，干膜质，长5~8mm，外被柔毛。花序梗腋生，长于叶，被倒向柔毛，每花序梗具（1）2花，无集生现象；苞片披针状钻形，棕褐色，干膜质；花紫红色或淡紫红色，直径7~9mm；萼片卵状披针形或卵状椭圆形，长4~5mm，被疏柔毛，先端锐尖，具短尖头，边缘膜质；花瓣倒卵形，长为萼片的1.5倍，先端平截或圆形，基部楔形；雄蕊下部扩大，具缘毛；花柱不明显，柱头分枝长约1mm。蒴果长1.5~1.7cm，果瓣被长柔毛，喙被短柔毛。花期4—9月，果期5—10月。

产于杭州、绍兴、宁波、衢州、金华、台州、丽水、温州及安吉、定海。生于山坡林缘、灌丛和杂草丛中。分布于福建、湖南、台湾。日本也有。

全草可入药，有强筋骨、祛风湿、收敛和止泻等功效。

图6-333　中日老鹳草

6. 鼠掌老鹳草 （图6-334）
Geranium sibiricum L.

多年生草本，高30~70cm。具直根，粗壮，分枝少。茎纤细，仰卧或近直立，多分枝，被倒向疏柔毛。叶对生；上部叶片具短柄，3~5裂；下部叶片具长柄，肾状五角形，基部宽心形，长3~6cm，宽4~8cm，掌状5深裂，裂片倒卵形、菱形或长椭圆形，中部以上齿状羽裂或具齿状深缺刻，两面被疏伏毛，下面沿脉被毛较密；托叶披针形，棕褐色，长8~12mm，先端渐尖，基部抱茎，外被倒向长柔毛。花序梗单生于叶腋，长于叶，被倒向柔毛或伏毛，具2花，无集生现象；苞片对生，棕褐色，钻形，膜质，生于花梗中部或基部；花白色，直径8～10mm；萼片卵状椭圆形或卵状披针形，长约5mm，先端急尖，具短尖头，背面沿脉被疏柔毛；花瓣倒卵形，等于或稍长于萼片，先端微凹或缺刻状，基部具短爪；花丝扩大，具缘毛，花药蓝色；花柱淡黄绿色。蒴果长1.5～1.8cm，被疏柔毛；果梗下垂。花期6—7月，果期8—9月。

原产于西南、西北、华北、东北及湖北。东北亚、中亚、欧洲及高加索地区也有。泰顺有归化。生于路边荒地上。浙江归化新记录。

图6-334 鼠掌老鹳草

❸ 天竺葵属 Pelargonium L'Hér.

草本、亚灌木或灌木，具浓烈气味。茎略呈肉质。叶对生或互生；叶片圆形、肾圆形或扇形，边缘波状，具齿；具托叶。伞形或聚伞花序，腋生或与叶对生；具苞片；花通常两侧对称；萼片5，基部合生，近轴1枚延伸成长距并与花梗合生；花瓣5，上方2枚较大而同形，下方3枚同形；无蜜腺；雄蕊10，花丝基部通常合生或偏生，其中1~3枚无花药或花药发育不全；子房合生，心皮5，5室，每室胚珠2，花柱分枝5。蒴果具喙，5裂，成熟时果瓣由基部向上卷曲，附着于喙的顶端，每室种子1。

约250种，主要分布于全球热带地区，特别集中分布于南非。我国普遍引种约5种，无野生种；浙江均有栽培。

为重要观赏花卉，多为盆栽。

《浙江植物志》尚收录麝香天竺葵（豆蔻天竺葵）P. odoratissimum (L.) L'Hér.、马蹄纹天竺葵 P. zonale (L.) L'Hér. ex Aiton、小花天竺葵 P. inquinans Aiton，目前已很少见，本志不予收录。

分种检索表

1. 茎攀缘或缠绕，光滑或几无毛；叶柄盾状着生；叶缘无锯齿 ················ **1. 盾叶天竺葵 P. × peltatum**
1. 茎直立，被各种毛茸；叶柄基部着生；叶缘有锯齿。
　2. 叶片不分裂或波状浅裂，有时浅裂。
　　3. 植株有浓烈鱼腥气味；茎肉质；叶片上面有时具暗红色或紫红色马蹄形环纹，边缘具圆齿 ········
　　　·················· **2. 天竺葵 P. × hortorum**
　　3. 植株无鱼腥气味；茎非肉质；叶片上面无马蹄形环纹，边缘具不规则的锐齿 ···············
　　　·················· **3. 家天竺葵 P. × domesticum**
　2. 叶片掌状5~7中裂至深裂。
　　4. 植株有浓烈香味；叶片深裂达中部或近基部，裂片长圆形或倒披针形，边缘不规则齿裂 ·········
　　　·················· **4. 香叶天竺葵 P. graveolens**
　　4. 植株无香味；叶片深裂至近基部或近二回羽裂，裂片彼此远离，条形，边缘具锐齿 ············
　　　·················· **5. 菊叶天竺葵 P. radens**

1. 盾叶天竺葵　藤本天竺葵　蔓天竺葵　（图6-335）
Pelargonium × peltatum (L.) L'Hér. ex Aiton

多年生攀缘或缠绕草本，长0.4~1m。茎细弱，具棱角，多分枝，光滑或几无毛。叶互生；叶片略呈肉质，近圆形，直径5~7cm，掌状浅裂成五角状，偶近全缘，裂片宽三角形，先端微钝，边缘无锯齿而被睫毛；叶柄盾状着生；托叶大，心状长卵圆形。伞房花序腋生，具4~8花，花序梗和花梗被柔毛；花单瓣或复瓣，花梗长6~10mm；花萼下部连合成细管状，背部与边缘被开展柔毛；花瓣倒卵形，较花萼裂片长1倍，红色、粉红色、深红色、鲜红色、紫红色或白色，上面2枚较大，有紫色斑纹，有时所有花瓣同色。花期4月。

原产于非洲南部。我国各地引进栽培。本省各城市有栽培。

为观叶、观花植物，宜盆栽。

图6-335　盾叶天竺葵

2. 天竺葵　洋葵　洋绣球　（图6-336）
Pelargonium × hortorum L.H. Bailey

多年生直立草本，高20～60cm。全株密被短柔毛，具浓烈鱼腥气味。茎肉质，基部木质化，多分枝或不分枝，具节。叶互生；叶片圆肾形，基部心形，直径3～7cm，掌状5～7脉，边缘波状浅裂，具圆齿，上面有时具暗红色或紫红色马蹄形环纹；叶柄基部着生；托叶宽三角形或宽卵圆形，连同叶柄被细柔毛和腺毛。伞形花序生于茎上部叶

图6-336　天竺葵

腋，具多花，花序梗长于叶；花梗长3～4mm，花蕾时下垂，被柔毛和腺毛；萼片长圆状披针形，基部合生，外面被腺毛和长柔毛；花瓣倒卵圆形，长12～15mm，先端圆形，基部具短爪，红色、橙红色、粉红色或白色，下面3枚常较大；子房密被短柔毛。蒴果长约3cm，具喙，被柔毛。花期4—7月，果期6—9月。

原产于南非。我国各地普遍引种。全省各地均有栽培。

3. 家天竺葵　洋蝴蝶　大花天竺葵　（图6-337）
Pelargonium × domesticum L.H. Bailey

多年生灌木状直立草本，高30～45cm。全株被绒毛，无鱼腥气味。茎分枝，呈丛生状，非肉质，基部木质化，被开展长柔毛。叶互生；叶片宽心状卵圆形或近肾形，基部心形、截形或宽楔形，直径5～10cm，边缘具不规则的锐锯齿，有时3～5浅裂，上面常微皱缩，无马蹄形环纹；叶柄基部着生，下部者长8～13cm，被柔毛；托叶三角状宽卵形。伞形花序与叶对生，明显长于叶，具数花；花大而美丽，直径可达5cm，花梗长不超过1.5cm，被疏柔毛和腺毛；萼片披针形，长0.5～1.5cm；花瓣粉红色、淡红色、深红色、紫色或白色，长2.5～3cm，先端钝圆，上面2枚较宽大，基部具2块明显的黑紫色条纹，似蝴蝶的双翅；子房密被绒毛。花期7—8月（温室冬季也开花）。

原产于南非好望角一带。我国各地均有栽培。本省各城市有栽培。

图6-337　家天竺葵

4. 香叶天竺葵　香草　驱蚊香草　（图6-338）
Pelargonium graveolens L'Hér. ex Aiton

多年生直立草本或灌木状，高可达1m。全株密被具光泽的白色长柔毛和腺毛，有浓烈香气。茎基部木质化，多分枝。叶互生或茎上部者对生；叶片宽心形至近圆形，直径2～10cm，基部心形，掌状5~7裂达中部或近基部，裂片长圆形或倒披针形，顶端圆钝，边缘不规则齿裂；叶柄基部着生，长6~10cm，基部膨大抱茎；托叶2，宽卵圆形，长6~8mm，先端长渐尖。伞形花序与叶对生，具2~12花，花序梗长约12cm；花梗长3~8mm；萼片宽披针形至椭圆形，基部合生，距长4~9mm，背面被长柔毛；花瓣玫瑰色或粉红色，中下部有深紫色斑纹，先端钝圆，上面2枚较大，长达1.2cm；子房密被白色绢状毛。蒴果长约2cm，被柔毛。花期4—7月，果期8—9月。

图6-338　香叶天竺葵

原产于南非。全国各地多有引种。本省各城市有栽培。

5. 菊叶天竺葵 （图6-339）

Pelargonium radens H.E. Moore —— *P. radula* (Cav.) L'Hér.

多年生直立草本或灌木状，高达1m。全株被软毛，无香味。茎基部木质化，上部非肉质或稍肉质。叶互生；叶片近圆形或心形，直径3~10cm，掌状5~7深裂达近基部或近二回羽裂，裂片彼此远离，条形，宽8~9mm，边缘具明显锐齿，两面被糙毛；叶柄基部着生，与叶片近等长或稍长，被糙毛；托叶宽卵圆形，长近1cm，先端急尖。伞形花序与叶对生，长于叶；花小；萼片披针形，长6~8mm，先端急尖，外被柔毛；花瓣玫瑰红色或粉红色，倒卵形，长约为萼片的2倍或稍过之，先端钝圆；子房被茸毛。蒴果长约2cm，被短柔毛。花期5—7月，果期8—9月。

原产于南非。全国各地多有栽培。本省各城市有栽培。

图6-339　菊叶天竺葵

一三三 旱金莲科 Tropaeolaceae

一年生或多年生肉质草本，多浆汁。叶互生；叶片盾状，全缘或分裂；具长柄。花两性，不整齐；萼片5，二唇形，基部合生，其中1枚延长成长距；花瓣5或少于5，异形；雄蕊8，2轮，分离，长短不等；子房上位，3室，中轴胎座，每室倒生胚珠1，花柱1，柱头线状，3裂。果成熟时分裂为3个具1粒种子的瘦果。种子无胚乳。

1属，约80种，主产于南美洲。我国引入1种；浙江也有栽培。

旱金莲属 Tropaeolum L.

属特征与科同。

旱金莲（图6-340）
Tropaeolum majus L.

一年生或多年生肉质草本。茎蔓生。叶互生；叶片圆形，直径3～12cm，边缘具波浪形的浅缺刻；叶柄盾状着生于叶片近中心处。单

图6-340 旱金莲

花腋生，花梗长6～13cm；花黄色、紫色、橘红色或杂色，直径2.5～6cm；花托杯状；萼片5，长椭圆状披针形，基部合生，其中1枚延长成长距；花瓣5，通常圆形，边缘有缺刻，上部2枚着生于距的开口处，下部3枚基部狭窄成爪，近爪处边缘具睫毛；雄蕊8，长短相间，分离；子房3室，花柱1，柱头3裂，线形。果扁球形，成熟时分裂成3个具1粒种子的瘦果。花果期3—11月。

原产于秘鲁、巴西等地。我国有引种。杭州市区、临安、宁波市区、慈溪、温岭、温州市区等地有栽培。

可供观赏。

一三四　凤仙花科 Balsaminaceae

　　一年生或多年生草本，稀亚灌木。茎通常肉质，下部节常膨大。单叶，互生、对生或轮生，叶片边缘具圆齿或锯齿，齿端有小尖头，基部齿常有腺体。花两性，两侧对称，排列成总状花序或近伞形花序，或无花序梗而簇生，或单花腋生；萼片3或5，侧生萼片2或4，常离生，全缘或具齿，下面倒置的1枚萼片(唇瓣)大，花瓣状、漏斗状、囊状或舟状，基部常收缩成具蜜腺的距，距内弯、拳卷或直，顶端钝、尖或2裂，稀无距；花瓣5，位于背面的1枚(旗瓣)离生，扁平或兜状，背面常增厚，或有鸡冠状或龙骨状突起，下部的侧生花瓣成对合生成2裂的翼瓣，翼瓣下部裂片小于上部裂片，或全部花瓣均分离；雄蕊5，花丝短，花药2室；雌蕊心皮4或5，子房上位，4或5室，每室倒生胚珠2至多粒，花柱1，极短或无，柱头1~5裂。果为4或5瓣弹裂的蒴果，稀为不开裂的假浆果。种子无胚乳。

　　2属，约1000种，主要分布于亚洲热带地区和非洲，少数种类分布至欧洲、美洲和亚洲温带地区。我国2属均产，270余种，全国各地广泛分布，主要分布于西南山区；浙江有1属，19种，其中栽培3种。

凤仙花属　Impatiens L.

　　属特征基本与科同，除其侧生花瓣成对合生为2裂的翼瓣，非全部离生。

　　近1000种，主要分布于东半球热带、亚热带山区，少数种类产于欧亚大陆温带地区和北美洲。我国有270余种，主要分布于西南山区；浙江有19种，其中栽培3种。

分种检索表

1. 花1~3朵簇生于叶腋，无花序梗。
    2. 叶互生，具柄；侧生萼片、唇瓣均被柔毛；蒴果密被柔毛 ·················· **1. 凤仙花　I. balsamina**
    2. 叶对生，无柄或近无柄；侧生萼片、唇瓣均无毛；蒴果无毛 ·················· **2. 华凤仙　I. chinensis**
1. 花1至数朵排成总状花序或近伞形花序，花序梗明显。
    3. 蒴果宽纺锤形，中部膨大；翼瓣无柄，下部裂片与上部裂片近等大而同形，完全分离。
        4. 叶片卵形或宽卵形，稀近圆形，边缘具圆钝锯齿 ·················· **3. 苏丹凤仙花　I. walleriana**
        4. 叶片狭卵状长圆形至披针形，边缘具芒状锯齿 ·················· **4. 新几内亚凤仙花　I. hawkeri**
    3. 蒴果纺锤形、棒状或长圆柱形；翼瓣具柄，稀无柄或近无柄，下部裂片小，上部裂片大，2枚裂片多少合生。
        5. 花序梗仅具1花。
            6. 花黄色；唇瓣先端的距2浅裂；翼瓣下部裂片先端急尖成丝状；花药顶端钝 ·················· **5. 牯岭凤仙花　I. davidii**

6. 花淡紫色或蓝紫色；唇瓣先端的距不裂；翼瓣下部裂片先端圆钝；花药顶端尖。
　　7. 茎平卧，具短糙毛；花蓝紫色；翼瓣上部裂片外缘无小耳 ········ **6. 鸭跖草状凤仙花 I. commelinoides**
　　7. 茎直立，无毛；花淡紫色；翼瓣上部裂片外缘具月牙形小耳 ········ **7. 浙皖凤仙花 I. neglecta**
5. 花序梗具2～7花，偶具单花。
　　8. 花通常排列成近伞形花序；花序梗短于花梗。
　　　　9. 苞片膜质，淡红色，卵形或卵状披针形，长10～12mm ········ **8. 阔萼凤仙花 I. platysepala**
　　　　9. 苞片草质，绿色，披针形，长3～5mm。
　　　　　　10. 唇瓣宽漏斗状，基部渐狭成长3～4cm的距 ········ **9. 括苍山凤仙花 I. kuocangshanica**
　　　　　　10. 唇瓣囊状，基部急狭成长约2cm的距 ········ **10. 黄岩凤仙花 I. huangyanensis**
　　8. 花排列成明显的总状花序，稀单生；花序梗明显长于花梗，稀近等长。
　　　　11. 叶片先端圆钝，边缘具粗圆齿；花药顶端尖 ········ **11. 艺林凤仙花 I. yilingiana**
　　　　11. 叶片先端渐尖至长渐尖，边缘通常具锯齿或圆齿状齿；花药顶端钝。
　　　　　　12. 侧生萼片4；唇瓣囊状。
　　　　　　　　13. 叶常密集生于茎上部；花序梗粗壮；花淡黄色或白色；翼瓣上部裂片外缘无小耳；唇瓣距端不裂 ········ **12. 管茎凤仙花 I. tubulosa**
　　　　　　　　13. 叶生于茎中上部；花序梗较纤细；花淡紫红色；翼瓣上部裂片外缘具半圆形反折小耳；唇瓣距端2浅裂 ········ **13. 安徽凤仙花 I. anhuiensis**
　　　　　　12. 侧生萼片2；唇瓣漏斗状。
　　　　　　　　14. 花黄色，较小，长约1.5cm；翼瓣上部裂片顶端缺刻状 ········ **14. 遂昌凤仙花 I. suichangensis**
　　　　　　　　14. 花白色、粉红色、淡紫红色或淡蓝紫色至蓝白色；翼瓣上部裂片顶端尖、钝、圆形或微凹。
　　　　　　　　　　15. 唇瓣基部具直的距；翼瓣上部裂片披针形 ········ **15. 九龙山凤仙花 I. jiulongshanica**
　　　　　　　　　　15. 唇瓣基部具内弯或卷曲的距；翼瓣上部裂片斧形或宽倒卵形。
　　　　　　　　　　　　16. 翼瓣上部裂片外缘具斜三角形或半月形的反折小耳。
　　　　　　　　　　　　　　17. 花序梗直立；苞片膜质，宽卵形，粉红色，脱落；唇瓣狭漏斗形，口部斜上；叶片基部楔形 ········ **16. 封怀凤仙花 I. fenghwaiana**
　　　　　　　　　　　　　　17. 花序梗曲折下垂；苞片草质，卵状披针形，绿色，宿存；唇瓣宽漏斗形，口部近平展；叶片基部宽楔形至近圆形 ········ **17. 天目山凤仙花 I. tienmushanica**
　　　　　　　　　　　　16. 翼瓣上部裂片外缘无小耳。
　　　　　　　　　　　　　　18. 花序仅具1花；唇瓣口部宽5～6mm；下部叶对生 ········ **18. 泰顺凤仙花 I. taishunensis**
　　　　　　　　　　　　　　18. 花序具2～8花；唇瓣口部宽10～13mm；叶常互生 ········ **19. 浙江凤仙花 I. chekiangensis**

1. 凤仙花 （图6-341）

Impatiens balsamina L.—*I. cosmia* Hook. f.

一年生草本，高40～80cm。茎粗壮，肉质，直立，无毛或幼时被疏柔毛，下部节膨大。叶互生，上部者常集生于茎顶；叶片椭圆状长圆形、长圆形、披针形或倒披针形，长5～12cm，宽1.5～3cm，先端渐尖，基部楔形下延，边缘有圆锯齿，两面无毛，侧脉5～7对；叶柄长

0.8~1.5cm，常有1~3对黑褐色的无柄腺体。花常2或3朵簇生于上部叶腋，无花序梗，粉红色或红色，稀白色，单瓣或重瓣；花梗长1~1.5cm，密被柔毛；苞片条形，生于花梗基部；萼片3，侧生萼片2，卵形或卵状椭圆形，长2~3mm，被柔毛；唇瓣舟状，长约1.5cm，被柔毛，基部急缩成长约1.5cm的距；旗瓣近圆形，先端微凹，背面中肋有狭龙骨状突起，顶端具小尖；翼瓣具短柄，长2~3cm，2裂，下部裂片小，倒卵形，上部裂片近圆形，先端2浅裂，外缘近基部有小耳；花药卵球形，顶端钝；子房纺锤形，密被柔毛。蒴果宽纺锤形，长1~2cm，密被柔毛。花果期5—9月。

原产于东亚。我国各地庭园、苗圃和房前屋后常见栽培。全省各地普遍栽培。

为观赏植物；茎及种子可入药；茎亦可腌食。

图6-341　凤仙花

2. 华凤仙 （图6-342）
Impatiens chinensis L.

一年生草本，高30～60cm。茎纤细，无毛，上部直立，下部横卧，节略膨大。叶对生；叶片条形或条状披针形，稀倒卵形，长2～10cm，宽0.5～1cm，先端尖或稍钝，基部近心形或截形，有托叶状腺体，边缘疏生刺状锯齿，仅上面被微糙毛，侧脉5～7对；无柄或几无柄。花单生，或2朵、3朵簇生于叶腋，无花序梗，粉紫红色；花梗细，长2～4cm，一侧常被硬糙毛；苞片条形，生于花梗基部；萼片3，侧生萼片2，长条形，长约1cm，先端尖，无毛；唇瓣漏斗状，长约1.5cm，具条纹，无毛，基部渐狭成内弯或旋卷的长距；旗瓣圆形，直径约1cm，先端微凹，背面中肋具狭翅，顶端具小尖；翼瓣无柄，长1.4～1.5cm，2裂，下部裂片小，近圆形，上部裂片宽倒卵形至斧形，先端钝圆，外缘近基部具小耳；花药卵球形，顶端钝；子房纺锤形，直立，稍尖。蒴果椭球形，中部膨大，顶端具喙尖，无毛。花果期7—9月。

产于龙泉、庆元、云和。生于海拔100～1200m的田边、池塘中或水沟旁。分布于华东、华南及湖南、云南。泰国、老挝、缅甸、马来西亚、印度也有。

图6-342 华凤仙

3. 苏丹凤仙花 玻璃翠 （图6-343）
Impatiens walleriana Hook. f.

多年生草本，高20～45cm。茎粗壮，肉质，无毛，稀在枝顶被柔毛，下部节膨大。叶互生，上部者常集生于茎顶；叶片卵形或宽卵形，稀近圆形，长2～8cm，宽1.8～5.5cm，先端渐尖，基部楔形，边缘具圆钝锯齿，齿端具小尖，两面无毛，侧脉4～6对；叶柄长1～3cm，常有1或

2对具柄腺体。花常2朵组成近伞形花序，有时单生或更多，单瓣或重瓣，深红色、粉红色、紫红色、淡紫色或蓝紫色，稀白色；花序梗生于上部叶腋，长2～4cm；花梗长0.5～1.5cm；苞片条状披针形，长约2mm；萼片3，侧生萼片2，卵状披针形或条状披针形，长3～7mm；唇瓣浅舟状，长1～1.5cm，基部急缩成长2.5～3.5cm的距；旗瓣宽倒心形或倒卵形，先端微凹，长1.5～1.8cm，宽1.5～2.2cm，背面中肋有狭鸡冠状突起，顶端具小尖；翼瓣无柄，长2～2.5cm，2裂，下部裂片与上部裂片同形且近等大，倒卵形或倒卵状匙形，完全分离，全缘；花药卵球形，顶端钝；子房纺锤形，无毛。蒴果宽纺锤形，中部肿大，长1.5～2cm，无毛。花果期6—10月。

原产于非洲东部和中部。我国南方常见栽培。本省庭园、花圃、花坛常见栽培。

图6-343 苏丹凤仙花

4. 新几内亚凤仙花 四季凤仙 五彩凤仙 （图6-344）
Impatiens hawkeri W. Bull

多年生草本，高30～60cm。茎粗壮，肉质，无毛，稀在枝顶被柔毛，下部节膨大。叶互生，上部者常集生于茎顶；叶片狭卵状长圆形至披针形，长3.5～11cm，宽1.5～2.5cm，先端渐尖，基部楔形，边缘具芒状锯齿，两面无毛，侧脉5～8对；叶柄长2～5cm，常有1或2对具柄腺体。花常2朵组成近伞形花序，有时单生或更多，单瓣或重瓣，深红色、粉红色、紫红色或白色；花序梗生于上部叶腋，长2～5cm；花梗长1～2cm；苞片条状披针形，长约2mm；萼片3，侧生萼片2，卵状披针形或条状披针形，长3～7mm；唇瓣浅舟状，长1～1.5cm，基部急缩成长2.5～5cm的距；旗瓣宽倒心形或倒卵形，先端微凹，长1.5～2cm，宽1.5～2.5cm，背面中肋有狭鸡冠状突起，顶端具小尖；翼瓣无柄，长2～3cm，2裂，下部裂片与上部裂片同形且近等大，倒卵形或倒卵状匙形，完全分离，全缘；花药卵球形，顶端钝；子房纺锤形，无毛。蒴果宽纺锤形，中部肿大，长2～3cm，无毛。花果期6—10月。

原产于太平洋热带岛屿，现世界各地均有引入栽培，品种繁多。我国常见栽培。本省庭园、花圃、花坛常见栽培。

图6-344 新几内亚凤仙花

5. 牯岭凤仙花 （图6-345）
Impatiens davidii Franch.

一年生草本，高可达90cm。茎粗壮，肉质，直立或下部斜展，无毛，下部节膨大。叶互生；叶片卵状长圆形或卵状披针形，稀椭圆形，长5～10cm，宽3～4cm，先端尾状渐尖，基部楔形，边缘有粗圆齿状齿，两面无毛，侧脉5～7对；叶柄长4～8cm。花单生，黄色；花序梗连同花梗长约1cm，果时长可达2cm，中上部具2苞片；苞片草质，卵状披针形，长约3mm，宿存；萼片3，侧生萼片2，宽卵形，长约10mm，宽5～6mm，先端具小尖，全缘；唇瓣囊状，具橙红色条纹，基部急狭成长约8mm的钩状距，距先端2浅裂；旗瓣近圆形，直径约1cm，先端微凹，背面中肋具绿色鸡冠状突起，或在中肋龙骨状增厚并有指状突起，顶端具短喙尖；翼瓣具柄，长1.5～2cm，2裂，多少合生，下部裂片小，长圆形，先端急尖成丝状，上部裂片大，斧形，先端钝，外缘近基部具钝角状小耳；花药卵球形，顶端钝；子房纺锤形，直立，具短喙尖。蒴果条状圆柱形，长3～3.5cm。花果期7—11月。

产于湖州市区（吴兴）、安吉、德清、临安、淳安、鄞州、宁海、衢州市区、磐安、天台、莲都、缙云、遂昌、松阳、云和、青田、永嘉、文成、泰顺。生于海拔460～1200m的溪沟边、林下阴湿处、草丛中。分布于华东及湖北、湖南、广东。

本种分布较广，变异大，在松阳、庆元、泰顺还有植株唇瓣呈漏斗状，基部渐狭成长而直的距，在此仍鉴定为本种。

图6-345　牯岭凤仙花

6. 鸭跖草状凤仙花　（图6-346）
Impatiens commelinoides Hand.-Mazz.

一年生草本，高20～40cm。茎平卧，上部被疏短糙毛，下部节略膨大。叶互生；叶片卵形或卵状菱形，长2.5～6cm，宽1～3cm，先端急尖或短渐尖，基部楔形，边缘具疏锯齿，有糙缘毛，上面沿脉有短糙毛，下面无毛，侧脉5～7对；叶柄长达2cm，被短糙毛。花单生，蓝紫色；花序梗连同花梗长2～4cm，被短糙毛，中上部具1苞片；苞片草质，披针形或条状披针形，长3～5mm，宿存；萼片3，侧生萼片2，宽卵形，长约5mm，宽约3mm，先端突尖；唇瓣宽漏斗状，基部渐狭成长约15mm、内弯或螺旋状卷曲的距，距先端不裂；旗瓣圆形，直径约1cm，先端微凹，背面中肋有绿色狭龙骨状突起，顶端具小尖；翼瓣具柄，长1.2～1.5cm，2裂，裂片多少合生，均近圆形，先端圆钝，上部裂片较大，外缘无明显小耳；花药卵球形，顶端尖；子房纺锤形，直立，顶端5齿裂。蒴果长圆柱形或纺锤形，长约1.8cm，顶端短尖。花果期7—10月。

产于龙泉、庆元、云和、景宁、文成。生于海拔900～1200m的路边、林下阴湿处。分布于江西、福建、湖南、广东。

图 6-346 鸭跖草状凤仙花

7. 浙皖凤仙花 （图6-347）

Impatiens neglecta Y.L. Xu et Y.L. Chen——*I. blepharosepala* auct., non E. Pritz. ex Diels

一年生草本，高30～60cm。全株无毛。茎直立。叶互生；叶片长圆状卵形，长7～13cm，宽3～6cm，先端渐尖，基部楔形，常具1～3对球形腺体，边缘具粗锯齿，齿端具小尖，侧脉5～7对；叶柄长1.5～4cm。花单生，淡紫色；花序梗直立，连同花梗长2～3cm，中上部具苞片；苞片披针形，长2mm，宿存；萼片3，侧生萼片2，卵状圆形，两侧不等，长6～7mm，顶端圆形，具小尖，无睫毛，中肋背面增厚，具狭翅；唇瓣宽漏斗形，长约4.5cm，口部平展，宽约1.5cm，先端尖，基部渐狭成长约3.5cm的内弯距，距先端不裂；旗瓣宽卵形，长约1cm，宽约1.2cm，顶端圆形，基部微心形，中肋背面具翅；翼瓣具柄，长1.7cm，2裂，多少合生，下部裂片小，椭圆形，先端圆钝，上部裂片大，长圆形，外缘具月牙形反折小耳；花药

图 6-347 浙皖凤仙花

卵球形,顶端尖;子房纺锤形,长约4mm。蒴果狭长圆柱形,长3～4cm。花果期7—10月。

产于临安、桐庐、建德、淳安、开化、金华市区、武义、龙泉。生于海拔700～1500m的溪边、林下阴湿处。分布于安徽。模式标本采自临安(龙塘山)。

本种以往被误定为睫毛萼凤仙花 *I. blepharosepala* E. Pritz. ex Diels,与本种的主要区别在于其花序具1或2花,侧生萼片边缘具睫毛,花药顶端钝。

8. 阔萼凤仙花 (图6-348)
Impatiens platysepala Y.L. Chen

一年生草本,高30～50cm。茎粗壮,肉质,直立或基部俯卧,无毛,下部节膨大。叶互生;叶片卵状披针形,长8～17cm,宽2.5～5cm,先端渐尖或短尾尖,基部楔形下延,边缘具圆齿状锯齿或圆齿状齿,齿端具内弯小尖,两面无毛,侧脉9～11对;叶柄长3～6cm,中上部两侧通常有数枚腺体。花2～4朵排列成近伞形花序,淡红色;花序梗粗短,长约1cm;花梗长1.5～2.5cm,基部具1苞片;苞片膜质,淡红色,卵形或卵状披针形,长1～1.2cm,早落;萼片3,侧生萼片2,宽卵形或近圆形,长1～1.5cm,宽1～1.4cm,先端短尖,背面中肋具狭龙骨状突起,具5脉;唇瓣宽漏斗状,口部近平展,先端急尖,基部渐狭成长3～4cm、弧状弯曲或卷曲的距;旗瓣近圆形,长1.6～1.8cm,先端凹入,背面中肋具绿色鸡冠状突起,顶端具小喙尖;翼瓣具柄,长2～2.5cm,2裂,多少合生,下部裂片小,倒卵状长圆形,上部裂片大,宽斧形,先端钝,外缘具近肾形内折小耳;花药卵球形,顶端钝;子房纺锤形,直立或略弯。蒴果纺锤形,长2.5～3cm,具长喙尖。花果期5—11月。

产于江山、莲都、龙泉、庆元、景宁、青田、文成、泰顺。生于海拔350～610m的林下阴湿处、水沟边。分布于江西。

图6-348 阔萼凤仙花

8a. 淡黄绿凤仙花 （图6-349）

var. chloroxantha (Y.L. Chen) X.F. Jin et Y.L. Xu—*I. chloroxantha* Y.L. Chen

与阔萼凤仙花的区别在于本变种花萼和花瓣各部淡黄绿色，苞片淡黄绿色；花果期5—8月。

产于衢州市区、江山、遂昌。生于海拔650～800m的路边潮湿草丛中、林下阴湿处。模式标本采自遂昌（九龙山）。

图6-349 淡黄绿凤仙花

9. 括苍山凤仙花 （图6-350）

Impatiens kuocangshanica (X.F. Jin et F.G. Zhang) X.F. Jin et Y.L. Xu—*I. platysepala* Y.L. Chen var. *kuocangshanica* X.F. Jin et F.G. Zhang

一年生草本，高30～50cm。茎粗壮，肉质，直立，无毛，下部节膨大。叶互生，常集生于茎顶；叶片卵形、卵状椭圆形或卵状披针形，长5～8.5cm，宽2.5～4.5cm，先端渐尖，基部楔形下延，边缘具圆齿状齿，齿端具内弯的小尖，两面无毛，侧脉5～9对；叶柄长2～6cm，两侧有数枚腺体。花2～4朵排列成近伞形花序，淡红色；花序梗粗短，长约1cm；花梗长1.5～2.2cm，基部具1苞片；苞片草质，绿色，披针形，长3～5mm，宿存；萼片3，侧生萼片2，宽卵形或卵形，长5～8mm，宽3.5～6mm，先端短尖，背面中肋具狭龙骨状突起；唇瓣宽漏斗状，口部近平展，先端急尖，基部渐狭成长3～4cm、弧状弯曲的距；旗瓣近圆形，长1.2～1.5cm，先端凹入，背面中肋具鸡冠状突起，顶端具小喙尖；翼瓣具柄，长2～2.5cm，2裂，多少合生，下部裂片小，倒卵状长圆形，上部裂片大，宽斧形，先端钝，外缘具近肾形内折小耳；花药卵球形，顶端钝；子房纺锤形，无毛，直立。蒴果长圆柱形，长2.5～3cm，具长喙尖。花果期6—10月。

产于临海、仙居、乐清、永嘉、文成。生于海拔50～450m的荒草地上、林下岩石上、路边阴湿处。分布于福建。模式标本采自临海（括苍山）。

图6-350　括苍山凤仙花

10. 黄岩凤仙花 （图6-351）

Impatiens huangyanensis X.F. Jin et B.Y. Ding

一年生草本，高20～40cm。全株无毛。茎肉质，直立或基部斜展，下部节膨大，具纤维状根。叶互生；叶片卵状椭圆形，长2～6cm，宽1.5～4cm，先端渐尖，基部楔形，并下延成长1～3cm的柄，边缘有圆齿状锯齿，齿端具小尖，两面无毛，侧脉6～8对，弧状弯曲。花2～4朵排列成近伞形花序，有时为单花，粉紫色，长3～3.3cm，宽1.6～1.9cm；花序梗长约1cm；花梗长1～2cm，基部具苞片；苞片草质，绿色，披针形，长3～4mm，宿存；萼片3，侧生萼片2，卵形，长5～6mm，宽4～5mm，先端急尖；唇瓣囊状，有紫红色细条纹，长约2.5cm，口部平展，长1.4～1.5cm，先端钝，基部黄色，急狭成长约2cm的内弯距；旗瓣近圆形，直径约1.3cm，先端微凹，背面中肋有鸡冠状突起；翼瓣长2.2cm，具短柄，柄长3～4mm，2裂，多少合生，下部裂片小，倒卵形，长约8mm，上部裂片斧形，长1.7～2cm，宽6～9mm，外缘有黄色内折小耳；花药卵球形，先端钝；子房纺锤形，长约5mm。蒴果长圆柱形，长约3cm，具喙尖。花果期7—8月。

产于台州市区（黄岩）。生于海拔300～330m的林下阴湿处。分布于福建。模式标本采自台州市区（黄岩沙埠）。

图6-351　黄岩凤仙花

10a. 渐尖距凤仙花 （图6-352）
subsp. attenuata X.F. Jin et Z.H. Chen

与黄岩凤仙花的主要区别在于本亚种翼瓣长1～1.3cm，唇瓣基部渐狭成长距；花果期8—9月。

产于三门。生于海拔约150m的路边。模式标本采自三门（横渡）。

图6-352 渐尖距凤仙花

11. 艺林凤仙花 （图6-353）
Impatiens yilingiana X.F. Jin, S.Z. Yang et L. Qian——*I. noli-tangere* auct., non L.

一年生草本，高40～100cm。茎肉质，直立，下部节膨大，具纤维状根。叶互生；叶片卵形、卵状椭圆形或长圆形，长1.5～5.5cm，宽1～3cm，先端钝圆，基部楔形或近圆形，边缘具粗圆齿状齿，齿端具小尖，两面无毛，侧脉5或6对；叶柄长5～25mm。花2或3朵排列成总状花序，偶有单花，金黄色；花序梗长1～2cm；花梗长约5mm，中部具1苞片；苞片长条形，长2～3mm，宿存；萼片3，侧生萼片2，狭卵形，长5～6mm，宽2.5～3mm，先端渐尖；唇瓣宽漏斗状，长2.5～3cm，无橙红色斑点，口部斜截，先端具短尖，基部渐狭成长约2cm的弯曲距；旗瓣圆形至肾形，长7～8mm，宽1.1～1.2cm，先端凹入，背面中肋具龙骨状突起，顶端具喙；翼瓣长2.2～2.8cm，无橙红色斑点，具长4～5mm的柄，2裂，多少合生，下部裂片小，长圆形，上部裂片舌状，先端2浅裂，内缘具反折小耳；花药顶端尖；子房纺锤形，直立，长约3mm。蒴果长圆柱形，长2～3cm，具喙尖。花果期7—10月。

产于安吉、临安。生于海拔900～1300m的溪边、路边林下、岩石上。模式标本采自临安（西天目山）。

本种以往被误定为水金凤*I. noli-tangere* L.，但后者侧生萼片卵形或宽卵形，旗瓣背面中肋具鸡冠状突起，翼瓣无柄，近基部具橙红色斑点，唇瓣喉部具橙红色斑点而与本种明显不同。

图6-353 艺林凤仙花

12. 管茎凤仙花 （图6-354）

Impatiens tubulosa Hemsl.—*I. plebeia* Hemsl.

一年生草本，高30~40cm。茎较粗壮，肉质，直立，无毛，下部节膨大。叶互生，上部叶常密集；叶片披针形或长圆状披针形，长6~13cm，宽2~3cm，先端渐尖或长渐尖，基部狭楔形下延，边缘具圆齿状齿，齿端具小尖，两面无毛，侧脉7~10对；叶柄长0.5~1.5cm，较粗。花3或4朵排成总状花序，淡黄色或白色；花序梗粗壮，长2~4cm；花梗长2~4cm，基部具1苞片；苞片膜质，卵状披

图6-354 管茎凤仙花

一三四　凤仙花科 Balsaminaceae

针形，长5~7mm，果时脱落；萼片5，侧生萼片4，外面2枚斜卵形，长5~6mm，先端急尖，背面中肋具狭翅，内面2枚狭披针形或条状披针形，长9~10mm，先端长渐尖；唇瓣囊状，口部略斜上，先端具小尖，基部渐狭成长约2cm的弯距，距先端不裂；旗瓣倒卵状椭圆形，长约1cm，背面中肋具绿色狭龙骨状突起，顶端具小喙尖；翼瓣长约1.5cm，具短柄，2裂，多少合生，下部裂片小，长圆形，上部裂片倒卵形，外缘无小耳；花药卵球形，顶端钝；子房纺锤形，直立，顶端5细齿裂。蒴果棒状或纺锤形，长2~2.5cm，上部膨大，具喙尖。花果期4—10月。

产于龙泉、庆元、泰顺。生于海拔400~490m的溪沟边、林下岩石边阴湿处。分布于江西、福建、湖南、广东。

13. 安徽凤仙花 （图6-355）
Impatiens anhuiensis Y.L. Chen

一年生草本，高50~60cm。全株无毛。茎直立，下部节膨大。叶互生，散生于茎中上部；叶片长圆形或卵状长圆形，长7~13cm，宽2.5~4cm，先端渐尖或长渐尖，基部宽楔形至圆形，具1或2对具柄球状腺体，边缘具圆齿状锯齿，齿端具小尖，侧脉7~9对；叶柄长1.5~3cm。花2

图6-355　安徽凤仙花

或3朵排成总状花序，淡紫红色；花序梗较纤细，明显短于叶；花梗长1～2cm，中部或中上部具苞片；苞片卵形，长3～4mm，先端长渐尖，宿存；萼片5，侧生萼片4，外面2枚斜宽卵形，长约7mm，宽约5mm，先端短尖，具5～7脉，内面2枚狭长圆形，长约6mm，宽约1.5mm，顶端钝；唇瓣囊状，长2.5～2.8cm，具红色斑点，口部斜上，宽1.5cm，顶端渐尖，具小尖，基部急狭成长8～10mm的弯距，距先端2浅裂；旗瓣近圆形，长约1.1cm，宽约1cm，顶端凹，背面中肋具不明显龙骨状突起，先端具小突尖；翼瓣近无柄，长2.2～2.3cm，2裂，多少合生，下部裂片小，近长圆形，上部裂片大，斧形，先端钝，外缘具半圆形反折小耳；花药卵球形，顶端钝；子房纺锤状，长3～4mm，具喙尖。蒴果纺锤形，长2.5～3cm，顶端具喙尖。花果期7—10月。

产于临安（天目山老庵）。生于海拔600m的林缘水沟边。分布于安徽。浙江分布新记录。

14. 遂昌凤仙花 （图6-356）
Impatiens suichangensis Y.L. Xu et Y.L. Chen

一年生草本，高20～50cm。全株无毛。茎直立。叶互生；叶片卵形或长圆状卵形，长2.5～7.5cm，宽1.5～2.8cm，先端渐尖，基部楔形，具1对具柄腺体，边缘具圆齿状齿，齿端具小尖，侧脉4或5对；叶柄长2～4cm。花2朵排成总状花序，有时为单花，黄色，较小，长约1.5cm；花序梗生于上部叶腋，直立，长1～2.5cm；花梗细，长5～10mm，基部具苞片；苞片膜质，披针形，长约2.5mm，顶端尖，宿存；萼片3，侧生萼片2，卵形，长约2.5mm，顶端尖；唇瓣漏斗状，长约1.6cm，口部平展，宽约5mm，先端突尖，基部渐狭成长约1.1cm的内弯距；旗瓣宽卵形，长约3.5mm，宽约4mm，顶端圆形，具小尖，背面中肋具狭龙骨状突起；翼瓣无柄，长8～10mm，2裂，多少合生，下部裂片小，卵形，上部裂片大，斧形，顶端具缺刻；花药卵球形，顶端钝；子房纺锤形，长约2mm。蒴果纺锤形，长1.2～1.8cm，顶端具短喙尖。花果期8—11月。

产于遂昌（九龙山）。生于海拔1100～1570m的林中空地上。模式标本采自遂昌（九龙山）。本种分布区域狭，数量极其稀少，建议加强保护。

图6-356　遂昌凤仙花

15. 九龙山凤仙花 （图6-357）

Impatiens jiulongshanica Y.L. Xu et Y.L. Chen

一年生草本，高18～70cm。全株无毛。茎直立。叶互生；叶片卵状椭圆形或椭圆形，长10～15cm，宽3～5cm，先端短尾尖，基部楔形，具2或3对刚毛状腺体，边缘具圆齿，齿间具刚毛，侧脉7～9对；叶柄长2～4cm，最上部叶密集，具短柄。花4～6朵排成总状花序，白色、淡粉色、淡粉紫色或蓝白色，长达3.5cm；花序梗粗，直立，单生于上部叶腋，长3～5.5cm；花梗细，长8～17mm，基部具苞片；苞片膜质，宽卵形，长约3mm，顶端突尖，脱落；萼片3，侧生萼片2，卵形，长约5mm，宽约3mm，具小尖；唇瓣漏斗状，长2.5～2.8cm，口部平展，宽1～1.2cm，先端急尖，基部渐狭成长1.5～1.8cm的直距；旗瓣近圆形，长约7mm，宽约6mm，顶端微凹，背面中肋具狭龙骨状突起；翼瓣具柄，长1.6～1.8cm，2裂，多少合生，下部裂片小，宽三角形，上部裂片大，披针形，顶端尖，背部无小耳；花药卵球形，顶端钝；子房纺锤形，长3～4mm。蒴果长圆柱形，长3～3.5cm，顶端具喙尖。花果期8—11月。

产于临安、衢州市区（衢江）、开化、遂昌、庆元、云和、景宁、泰顺。生于海拔900～1400m的林下潮湿处、阴湿岩石缝中。模式标本采自遂昌（九龙山）。

图6-357 九龙山凤仙花

16. 封怀凤仙花 （图6-358）
Impatiens fenghwaiana Y.L. Chen

一年生草本，高30～50cm。茎肉质，直立，稀基部斜展，绿色，下部常具黑色斑点，下部节膨大。叶互生或在茎上端密集；叶片卵形或卵状披针形，先端渐尖，基部楔状狭窄成长1.5～2.5cm的叶柄，无腺体，边缘具粗圆齿状齿，齿端具小尖，两面无毛，侧脉7～9对。花常2或3朵排成总状花序，有时单生或更多，粉红色；花序梗直立，单生于上部叶腋，明显短于叶；花梗纤细，长5～12mm，短于花序梗，基部具1苞片；苞片膜质，宽卵形，粉红色，顶端微具小尖，脱落；萼片3，侧生萼片2，长圆状卵形，长8～9mm，宽约7mm，具不明显小尖；唇瓣狭漏斗状，口部斜或斜上，先端具小尖，基部渐狭成长2.5cm的内弯距；旗瓣近圆形，长约1.2cm，宽约1.4cm，顶端凹陷，基部微心形，背面具狭龙骨状突起；翼瓣近无柄，长达1.7cm，2裂，多少合生，下部裂片小，长圆状倒卵形，长约4mm，基部楔形，上部裂片宽斧形，宽1.7～1.8cm，顶端钝，外缘具半月形反折的小耳；花药卵球形，顶端钝；子房纺锤状，长2～3mm，直立。蒴果长圆柱形，长达2cm，顶端具喙状尖。花果期6—8月。

产于淳安、衢州市区、常山、永康。生于海拔200～670m的溪边或林下阴湿处。分布于江西。

图6-358　封怀凤仙花

17. 天目山凤仙花 （图6-359）
Impatiens tienmushanica Y.L. Chen—*I. tienmushanica* var. *longicalculata* Y.L. Xu et Y.L. Chen in Acta Phytotax. Sin. 37 (2): 200. fig. 4. 1999, syn. nov.

一年生草本，高30～50cm。茎粗壮，肉质，直立或下部膝曲，无毛，下部节膨大。叶互生；叶片卵状长圆形或卵状椭圆形，长5～12cm，宽2～5cm，先端渐尖或短尾尖，基部宽楔形至近圆形，边缘具圆齿状齿，齿端具小尖，两面无毛，侧脉7～9对；叶柄长1.5～3cm或更短。花3～7朵排成总状花序，上部淡紫色或粉紫色，下部近白色，具紫红色条纹，无斑点；花序梗曲折下垂，长1.5～2cm；花梗长1～1.5cm，基部具1苞片；苞片草质，绿色，卵状披针形，长2～3mm，宿存；萼片3，侧生萼片2，宽卵形，长约4mm，先端喙尖，具3～5细脉；唇瓣宽漏斗状，口部近平展，先端具小尖，基部渐狭成长1～3cm的上弯距，距先端2浅裂；旗瓣近圆形，长8～10mm，背面中肋具绿色鸡冠状突起，顶端具上弯的喙尖；翼瓣具柄，长约2.3cm，2裂，多少合生，下部裂片小，卵状长圆形，上部裂片大，斧形，先端钝，外缘有斜三角形内折小耳；花药卵球形，顶端钝；子房纺锤形，直立，顶端尖。蒴果长纺锤形，长2～2.5cm，具长喙。花果期8—10月。

产于临安、诸暨、开化、磐安、仙居、遂昌。生于海拔110～980m的山坡林下、岩石旁阴湿处。模式标本采自临安（西天目山）。

本种与日本产的薄叶凤仙花 *I. hypophylla* Makino 极为接近，后者也是形态变异很大的种，在日本有不少种下类群。两者的区别在于本种花有紫红色条纹而无斑点，唇瓣距的先端2浅裂，而薄叶凤仙花唇瓣距的先端不凹，翼瓣具紫红色斑点，故暂作独立的种处理。

本种唇瓣距的长度变异较大，故将长距天目山凤仙花（变种）*I. tienmushanica* var. *longicalculata* 作异名处理。

图6-359　天目山凤仙花

18. 泰顺凤仙花 （图6-360）

Impatiens taishunensis Y.L. Chen et Y.L. Xu

一年生草本，高10～20cm。全体无毛。茎肉质，直立，纤细，不分枝，下部淡红色。上部叶互生，下部叶对生；叶片卵状披针形，长1～4cm，宽0.7～2cm，先端渐尖，基部楔形，无腺体，边缘具粗锯齿，侧脉3～5对；叶柄长0.5～1cm。花单生于上部叶腋，粉红色，长约2.5cm；花序梗连同花梗长1.5cm，中上部具1苞片；苞片草质，椭圆形，长约2mm，宿存，有时在对面有1枚刚毛状细小苞片；萼片3，侧生萼片2，卵圆形，长约3.5mm，宽约2.5mm，全缘，先端具明显小尖，具3脉；唇瓣狭漏斗状，长约1.8cm，口部平展，宽5～6mm，先端具小尖，基部渐狭成长约1.2cm的内弯距；旗瓣近圆形，长约4.5mm，宽约5mm，先端钝，背面中肋具狭龙骨状突起；翼瓣长约8mm，2裂，多少合生，下部裂片小，卵状长圆形，上部裂片大，斧形，顶端圆形，外缘无小耳；花丝长约2mm，花药卵球形，顶端钝；子房纺锤形，长约2mm。蒴果未成熟时纺锤形，顶端具喙尖。花期4月。

产于武义（三笋坑）、泰顺（交溪）。生于山坡路边、村旁。模式标本采自泰顺（交溪）。

本种花序为单花，花小，植株下部叶对生，叶片基部无腺体，唇瓣口部平展，宽5～6mm，与浙江凤仙花 *I. chekiangensis* 似有明显的区别。但浙江凤仙花变异极大，植株细弱时下部叶极少出现对生或近对生的现象。因为本种现有的标本极少，作者尚未掌握其变异情况，在此作为独立的种处理。

图6-360　泰顺凤仙花

19. 浙江凤仙花 （图6-361）
Impatiens chekiangensis Y.L. Chen

一年生草本，高20~50cm。茎直立或下部稍弯，下部节膨大。叶互生，下部叶极少对生或近对生，花时常凋落，上部叶较密集；叶片卵形、卵状长圆形或狭椭圆形，长3~7cm，宽2~3.5cm，先端短渐尖，基部楔形，具2或3对具柄刚毛状腺体，边缘具锯齿或圆齿状齿，齿端具小尖，两面无毛，侧脉5~7对；叶柄长2~3cm，上部叶柄较短。花2或3朵排成总状花序，淡紫红色或粉红色；花序梗纤细，长1.2~4cm；花梗长1~2cm，果时略伸长，基部具1苞片；苞片绿色，草质，长条形或披针形，长3~5mm，宽约1.5mm，宿存；萼片3，侧生萼片2，卵圆形，长约6mm，宽4~5mm，先端具小突尖；唇瓣狭漏斗状，口部斜上，宽1~1.3cm，先端具弯曲的小尖，基部渐狭成长2~2.5cm的上弯距；旗瓣卵圆形，长1.2~1.3cm，向上微缢缩，先端凹入，背面中肋具较明显的绿色鸡冠状突起，顶端具后弯的喙尖；翼瓣近无柄，长1.8~2cm，2裂，多少合生，下部裂片小，卵状长圆形，上部裂片大，宽倒卵形，先端圆形或微凹，外缘无小耳；花药卵球形，顶端钝；子房纺锤形，具长喙尖。蒴果纺锤形，长1.5~2.5cm，具喙尖。花果期5—11月。

产于临安、建德、淳安、衢州市区、常山、金华市区、武义、遂昌、龙泉、缙云、景宁、乐清、瑞安、泰顺。生于海拔250~960m的山坡路边、溪沟边、草丛阴湿处、乱石滩上、路边林下。模式标本采自龙泉。

图6-361　浙江凤仙花

19a. 苍南凤仙花 （图6-362）
var. **cangnanensis** Y.L. Xu et X.F. Jin

与浙江凤仙花的区别在于本变种苞片膜质，卵形，粉紫色，长3～4mm，宽2～2.5mm，早落；唇瓣口部近平展，宽约7mm；花果期9月。

产于苍南。生于海拔180～260m的水沟边。模式标本采自苍南（蓝岭富源村）。

本变种与封怀凤仙花极为接近，很有可能是同一类群，区别仅在于本变种翼瓣外缘无小耳。暂附记于此，待今后进一步研究。

图6-362　苍南凤仙花

19b. 多花凤仙花 （图6-363）
var. **multiflora** Y.L. Xu et X.F. Jin

与浙江凤仙花的区别在于本变种总状花序具3～8花；唇瓣口部较狭，宽7～10mm；花果期6—10月。

产于临安。生于海拔200～800m的水沟路边、山谷溪边、林缘。分布于安徽。模式标本采自临安。

图6-363　多花凤仙花

一三五　五加科 Araliaceae

乔木、灌木或木质藤本，稀多年生草本。具刺或无刺。叶互生，稀轮生；单叶、掌状复叶或羽状复叶；托叶常与叶柄基部合生成鞘状。伞形或头状花序，或再组成复花序；花两性或杂性，辐射对称；花萼5（6）齿裂或不裂，萼筒与子房合生；花瓣5～10，常离生；雄蕊与花瓣同数而互生，或为其倍数，着生于花盘边缘，花药长圆形或卵形，"丁"字形着生；花盘上位，肉质，扁圆锥形或环形；子房下位，1～15室，花柱与子房室同数，离生，或下部合生但上部离生，或全部合生成柱状，胚珠倒生，单粒悬垂于子房室顶端。浆果或核果。

约50属，1350余种，广泛分布于全球热带至温带地区。我国有23属，180余种；浙江有13属，29种，其中栽培1属，5种。

本科许多种类为名贵药材和民间常用中草药，有些为油料或速生丰产材用树种，有些可供园林观赏。本省园林中尚有熊掌木 × *Fatshedera lizei* (Hort. ex Cochet) Guillaumin 栽培，本志不予收录。

分属检索表

1. 叶互生；单叶、羽状复叶、掌状复叶或三出叶；木本，如为草本，则叶为二回至三回羽状复叶。
  2. 乔木或灌木，或为攀缘状灌木；茎直立或拱曲，稀匍匐，无气生根。
    3. 叶为单叶、掌状复叶或三出复叶。
      4. 单叶。
        5. 常绿；植株无刺。
          6. 叶一型；叶片全为掌状分裂。
            7. 无托叶；子房5或10室···1. 八角金盘属 Fatsia
            7. 托叶与叶柄合生，锥形；子房2室·····································2. 通脱木属 Tetrapanax
          6. 叶二型；叶片不分裂与掌状分裂兼有·····································4. 树参属 Dendropanax
        5. 落叶；植株常有刺···6. 刺楸属 Kalopanax
      4. 掌状复叶或三出复叶。
        8. 常绿小乔木或灌木；植株无刺；茎直立或攀缘；小枝无长枝和短枝之分。
          9. 花梗近顶端无关节···3. 鹅掌柴属 Schefflera
          9. 花梗近顶端有关节···9. 大参属 Macropanax
        8. 落叶灌木；植株有刺，稀无刺；茎直立或拱曲，稀匍匐；小枝有长枝和短枝之分。
          10. 植株有刺，稀无刺；茎常拱曲，稀匍匐·······························7. 五加属 Eleutherococcus
          10. 植株无刺；茎直立···8. 萸叶五加属 Gamblea
    3. 叶为羽状复叶。
      11. 叶为二回至五回羽状复叶，稀一回至二回羽状复叶。
        12. 常绿乔木或灌木；植株无刺；小叶片全缘·····························10. 幌伞枫属 Heteropanax

12.落叶灌木或小乔木,稀草本;植株常有刺;小叶片有锯齿,稀波状或具深缺刻 ·················
·· 12.楤木属 Aralia
11.叶为一回羽状复叶 ··· 11.羽叶参属 Pentapanax
2.木质藤本;茎匍匐,具气生根 ·· 5.常春藤属 Hedera
1.叶在茎顶轮生;掌状复叶;草本 ·· 13.人参属 Panax

1 八角金盘属 Fatsia Decne. et Planch.

常绿灌木或小乔木。植株无刺;茎直立,无气生根。单叶互生;叶片全为掌状分裂;无托叶。伞形花序组成顶生圆锥花序;花两性或单性;花梗有关节或无;花萼筒全缘或有5小齿;花瓣5,镊合状排列;雄蕊5;花盘隆起;子房下位,5或10室,花柱5或10,离生。果实卵球形。

2种,1种分布于日本,另1种特产于我国台湾。我国有2种,其中引入1种;浙江栽培1种。

八角金盘 (图6-364)

Fatsia japonica (Thunb.) Decne. et Planch.

常绿灌木,高达5m。茎常呈丛生状,有白色大髓心。叶片革质,近圆形,直径15~35(45)cm,掌状7~9深裂,基部心形,裂片长椭圆形,先端渐尖,凹处圆形,边缘有疏离粗锯齿,上面深绿色,无毛,有光泽,下面淡绿色,幼时下面连同叶柄被褐色茸毛,后无毛,侧脉在两面隆起;叶柄长10~40(55)cm。伞形花序组成大型顶生圆锥花序;伞形花序具多花,直径3~5cm;花梗长0.5~1.5cm;花黄白色,直径约3mm;花萼近全缘,无毛;花瓣5,卵状三角形,长2.5~3mm;雄蕊5,花丝与花瓣等长;花盘呈半圆形突起;子房5室,花柱5,离生。果卵球形,直径约8mm,成熟时呈紫黑色。花期10—12月,果期次年4—5月。

原产于日本。我国各地有引种。全省各地均有栽培。

可供绿化观赏。

图6-364 八角金盘

一三五 五加科 Araliaceae

❷ 通脱木属 Tetrapanax K. Koch

常绿灌木或小乔木。植株无刺；茎直立，无气生根；具地下匍匐茎。单叶，互生；叶片大，全为掌状分裂；叶柄长；托叶2，锥形，与叶柄基部合生。伞形花序组成顶生圆锥花序，稀腋生；花两性；花梗无关节；花萼全缘或具齿；花瓣4(5)，镊合状排列；雄蕊4(5)；子房下位，2室，花柱2，离生。浆果状核果。

我国特有属，仅2种，分布于我国中部以南各地；浙江有1种。

通脱木　通草　（图6-365）
Tetrapanax papyrifer (Hook.) K. Koch

常绿灌木或小乔木，高1～6m。茎粗壮，髓心大，白色；嫩茎、叶、花序均密被黄色星状厚绒毛。叶集生于茎顶；叶片近圆形，直径50～70cm，掌状5～11分裂，每枚裂片常又具2或3小裂片，全缘或疏生粗齿；叶柄粗壮，长30～50cm，无毛；托叶与叶柄基部合生，锥形。伞形花序组成顶生圆锥花序；苞片披针形；伞形花序具多花，花序梗长1～1.5cm；花梗长3～5mm；小苞片条形；花淡黄白色；花萼近全缘；花瓣4或5；雄蕊和花瓣同数；子房下位，2室，花柱2，离生。果扁球形，直径约4mm，紫黑色。种子2。花期10—11月，果期次年4—5月。

产于临安、江山、磐安、天台、缙云、龙泉、庆元、景宁、瑞安、文成等地。偶见于山脚至山谷疏林中，常栽培于村旁。分布于江西、福建、湖南、湖北、台湾、广东、广西、云南、贵州、四川、陕西。

茎髓可药用，为中药"通草"，有清热、利尿、催乳、止咳等功效；可供绿化观赏。

图6-365 通脱木

3 鹅掌柴属 Schefflera J.R. Forst. et G. Forst.

常绿乔木或灌木,有时呈攀缘状。植株无刺;茎直立或拱曲,无长枝和短枝之分,无气生根。掌状复叶具6～19小叶,稀单叶;小叶片全缘;叶柄基部与托叶合生。伞形或总状花序,稀头状或穗状花序,再组成圆锥花序;花两性;花梗无关节;花萼全缘或5齿裂;花瓣5～11,镊合状排列;雄蕊和花瓣同数;子房(4)5(6～11)室,花柱离生,或合生成柱状,或无花柱。核果球形,具5～11棱。种子侧扁。

约200种,分布于全球热带、亚热带地区。我国有38种;浙江有2种。

Flora of China 和《浙江种子植物检索鉴定手册》记载浙江尚产星毛鸭脚木 S. *minutistellata* Merr. ex H.L. Li,其小叶片长圆状披针形至卵状披针形;花柱细长,果时长达2mm。作者未查到可靠标本,野外调查也未及,故存疑。

1. 鹅掌藤　七叶莲　(图6-366)
Schefflera arboricola (Hayata) Merr.

常绿攀缘灌木,栽培时常呈灌木状,高达4m。掌状复叶具7～9小叶;叶柄长5～18cm;托叶与叶柄基部合生成鞘状,宿存或与叶柄一起脱落;小叶片革质,倒披针形或倒卵状长圆形,先端急尖或钝形,基部渐狭,两面无毛,全缘,侧脉4～6对;小叶柄长1.5～3cm。伞形花序组成顶生圆锥花序,长约20cm,主轴和分枝幼时密被脱落性星状绒毛;伞形花序具3～10花,花序梗长1～5mm;花梗长1.5～2.5mm,疏生星状绒毛;花萼近全缘;花瓣5或6,白色,无毛;雄蕊和花瓣同数而等长;子房5或6室,柱头5或6,无花柱,柱头直接生于子房上。果梗长3～6mm;果球形,直径约4mm,具5或6棱,成熟时呈红黄色。花期7—10月,果期9—11月。

原产于台湾、海南。本省常见盆栽。

全株可药用,有止痛、活血、消肿等功效;可供观赏。

图6-366　鹅掌藤

园艺品种斑叶鹅掌藤 'Variegata'（图6-367），叶有花斑。全省各地庭园、室内常见盆栽。

图6-367 斑叶鹅掌藤

2. 鹅掌柴 鸭脚木 鸭母树 （图6-368）
Schefflera heptaphylla (L.) Frodin——*S. octophylla* (Lour.) Harms

常绿小乔木，常呈灌木状。树皮灰褐色；小枝粗壮，幼时密被脱落性星状毛。掌状复叶具6~11小叶；叶柄长15~30cm；小叶片革质，椭圆形、卵状椭圆形或倒卵状椭圆形，长5~12cm，宽3~5cm，先端渐尖，基部宽楔形或近圆形，全缘，萌发枝上者有锯齿或羽状缺裂，初时两面密被脱落性星状毛，侧脉5~10对；小叶柄长2~5cm。伞形花序组成

图6-368 鹅掌柴

顶生圆锥花序，幼时密被脱落性星状毛；花萼近全缘或具小齿；花瓣5或6，白色；雄蕊5或6；子房5～7室，花柱合生，呈粗短柱状，长约1mm。果球形，直径约5mm，成熟时呈紫黑色。花期10—12月，果期次年5—6月。

产于温州及玉环、龙泉、庆元。生于山坡林中向阳处、山脚溪边旷地及海边裸岩上。分布于华南及江西、福建、湖南、云南、西藏。日本、越南、泰国和印度也有。

为冬季蜜源植物；叶及根皮可药用，有祛风除湿、消肿止痛、发汗解表等功效；可供绿化观赏。

与鹅掌藤的区别在于后者常为攀缘灌木；叶先端急尖或钝形，两面均无毛，侧脉4～6对；雌蕊无花柱，柱头直接生于子房上。

4 树参属 Dendropanax Decne. et Planch.

灌木或乔木。植株无刺，无毛；茎无气生根。单叶互生；叶二型，不分裂者和掌状分裂者兼有；叶片常有半透明红棕色腺点；托叶与叶柄基部合生，或无。伞形花序单生或组成复伞形花序；花两性或单性；苞片小或缺；花梗无关节；花萼全缘或5齿裂；花瓣5，镊合状排列；雄蕊5；花盘肉质；子房5室，花柱离生或合生成柱状。核果球形或椭球形，具明显至不明显的棱。种子扁平或近球形。

约80种，分布于美洲热带地区、亚洲东部。我国有16种；浙江有1种。

树参 木荷枫 （图6-369）
Dendropanax dentiger (Harms) Merr. —— *Gilibertia sinensis* Nakai

常绿小乔木。叶二型；叶片厚纸质或革质，不分裂者常椭圆形，长6～11cm，宽1.5～6.5cm，先端渐尖，基部圆楔形，基出脉3，网脉在两面隆起，有半透明红棕色腺点；分裂者轮廓倒三角形，掌状2或3（5）深裂或浅裂；叶柄长0.5～8cm。伞形花序具6～25花或更多，单个顶生或2～5个聚成复伞形花序，花序梗粗壮；苞片卵形，早落；小苞片三角形，宿存；花梗长5～10mm；花萼具5小齿；花瓣5，卵状三角形，淡绿色；雄蕊5；子房下位，5室，花柱5，基部合生，顶端离生。果梗长1～3cm；果椭球形，紫黑色，长4～12mm，具5棱，每棱有3纵脊。花期7—8月，果期9—10月。

产于全省丘陵山区。生于海拔200～1200m的山谷溪边石隙旁，或山坡林中、林缘。分布于华南及安徽、江西、福建、湖南、湖北、云南、贵州、四川等地。越南、老挝、柬埔寨也有。

根及枝、皮、叶可入药，有祛风除湿、舒筋活血、强筋壮骨等功效；嫩叶可作野菜。

图6-369 树参

5 常春藤属 Hedera L.

常绿木质藤本。茎匍匐，具气生根。单叶；叶二型，全缘或分裂；叶柄细长；无托叶。伞形花序单生，或几个组成顶生短圆锥花序；花两性；花梗无关节；苞片小；花萼筒近全缘或5齿裂；花瓣5，镊合状排列；雄蕊5；子房下位，5室，花柱合生成短柱状。浆果球形。种子3~5，卵圆形。

约15种，分布于亚洲、欧洲和非洲北部。我国有2种，另引入栽培1种；浙江有3种，其中栽培1种。

分种检索表

1. 嫩枝、叶和花序上被星状毛；果实成熟时呈黑色。
   2. 不育枝上的叶片扁圆形或近圆形，每侧有2～5裂片或牙齿；能育枝上的叶片卵形、卵圆形至菱形，基部圆楔形或截形（栽培）·················· 1. 洋常春藤 H. helix
   2. 不育枝上的叶片宽卵形或宽卵状三角形，或掌状3～5浅裂；能育枝上的叶片宽卵形、卵状披针形至披针形，基部楔形至近圆形（野生）·················· 3. 菱叶常春藤 H. rhombea
1. 嫩枝、叶和花序上被锈色鳞片；果实成熟时呈橙色·················· 2. 中华常春藤 H. nepalensis var. sinensis

1. 洋常春藤 （图6-370）
Hedera helix L.

常绿木质藤本。嫩枝、叶及花序均被灰白色脱落性星状毛。叶二型；不育枝上的叶片扁圆形或近圆形，长3～8cm，每侧有2～5裂片或牙齿，顶端急尖或钝形，基部心形或浅心形，全缘，上面暗绿色，叶脉基出，带白色，在两面微隆起；能育枝上的叶片常为卵形、卵圆形至菱形，全缘，基部圆楔形至截形。伞形花序圆球形，常再组成总状花序；花梗纤细；花黄色；花萼近全缘；花瓣5；雄蕊5；子房下位，5室，花柱合生成短柱状。果球形，成熟时呈黑色。花期9—12月，果期次年4—5月。

原产于欧洲。全国各地均有栽培。全省各地公园中常有栽培，多盆栽或攀附于假山、墙壁、岩石上。

可供庇荫、观赏用。

栽培品种较多，本省常见的有黄斑叶常春藤'Aureovariegata'（图6-371），叶缘具黄斑或全为黄色；斑叶常春藤'Argenteovariegata'（图6-372），叶缘具彩色斑或为不整齐白色。

图6-370　洋常春藤

图6-371 黄斑叶常春藤

图6-372 斑叶常春藤

2. 中华常春藤 （图6-373）

Hedera nepalensis K. Koch var. **sinensis** (Tobl.) Rehder

常绿木质藤本。嫩枝、叶背、叶柄、萼片和花瓣均被锈色鳞片。叶二型；不育枝上的叶片常三角状卵形，长5~12cm，宽3~10cm，先端渐尖，基部截形；能育枝上的叶片常椭圆状披针形，长5~16cm，宽1.5~10.5cm，先端渐尖，基部楔形，常全缘，上面深绿色，有光泽；叶柄长

图6-373 中华常春藤

1~9cm；无托叶。伞形花序单生或2~7个组成总状或伞房状；花序梗长1~3.5cm；苞片小；花梗长0.4~1.2cm；花绿白色，芳香；花萼近全缘；花瓣5，长3~4mm；雄蕊5；花盘隆起，黄色；子房下位，5室，花柱合生成柱状。果球形，直径7~13mm，成熟时呈橙色，具宿存花柱。花期10—11月，果期次年3—5月。

产于全省各地。生于海拔1300m以下的山坡、山麓林中或村宅旁，攀附于树上、墙上或岩石上。分布于华东、华南、西南、华北各地。越南也有。

全株可药用，有祛风活血、消肿等功效；可供垂直绿化和园林观赏。

与常春藤 H. nepalensis 的主要区别在于后者不育枝上的叶片较狭长，每侧有2~5羽状裂片；产于尼泊尔。

3. 菱叶常春藤　日本常春藤　（图6-374）

Hedera rhombea (Miq.) Paul

常绿木质藤本。嫩枝、叶和花序均被星状毛。叶二型；不育枝上的叶片宽卵形或宽卵状三角形，或掌状3~5浅裂，先端钝尖，基部心形；能育枝上的叶片宽卵形、卵状披针形至披针形，先

图6-374　菱叶常春藤

端渐尖或急尖，基部楔形至近圆形，上面亮绿色；叶柄长1～5.5cm。伞形花序近伞房状排列；花小，黄绿色；花瓣5，三角状卵形；雄蕊5，花药紫红色；花盘隆起；子房下位，5室，花柱合生成柱状。果球形，直径6～7mm，成熟时呈黑色。花期11月，果期次年3—6月。

产于舟山及宁波市区（镇海、北仑）、慈溪、象山、台州市区、临海、温岭、玉环。生于海拔10～150m的岩质海岸海蚀崖、山岙、海滨丘陵阴坡林中、村宅旁，常攀附于岩石、树干、墙垣上。朝鲜半岛、日本也有。

四季常绿，可供垂直绿化，作地被植物等，也供室内盆栽观赏。

⑥ 刺楸属 Kalopanax Miq.

落叶乔木。树干及小枝被宽扁皮刺。单叶，在长枝上疏散互生，在短枝上簇生；叶片掌状分裂；叶柄长；无托叶。伞形花序组成顶生圆锥花序；花两性；花梗无关节；花萼有5小齿；花瓣5，镊合状排列；雄蕊5；子房下位，2室，花柱2，合生成柱状、柱头离生。核果近球形。种子2，扁平。

1种，分布于亚洲东部。我国有1种；浙江也有。

刺楸　鼓钉刺　五叶刺枫　刺桐 （图6-375）

Kalopanax septemlobus (Thunb.) Koidz.—*K. ricinifolius* Harms et Rehder var. *chinense* Nakai—*K. septemlobus* var. *magnificus* (Zabel) Hand.-Mazz.—*K. septemlobus* var. *maximowiczi* (V. Houtte) Hand.-Mazz.—*K. pictus* auct., non (Thunb.) Nakai

落叶乔木，高10～30m。树皮灰褐色，纵裂；小枝粗壮，散生基部宽扁的皮刺。叶片纸质，在长枝上互生，在短枝上簇生，近圆形，直径9～30cm，掌状3～9浅裂，裂片三角状宽卵形至卵状长椭圆形，有细锯齿，先端渐尖，基部心形，上面暗绿色，几无毛，下面仅幼时疏生短柔毛，基出脉3～9；叶柄长6～20cm。伞形花序聚生成圆锥花序；伞形花序具多花，花序梗长2～3.5cm；花梗长5～12mm，果时增长；花白色或淡绿黄色；花萼有5小齿；花瓣5；雄蕊5；子房下位，2室，花柱合生成柱状，柱头2裂。果近球形，直径约5mm，成熟时呈蓝黑色。花期7—10月，果期9—12月。

产于宁波及杭州市区、临安、建德、新昌、普陀、天台等地。生于海拔50～1350m的山坡、溪边林中或林缘旷地上、裸岩旁，或山脚路边、村旁。分布于华东、华中、华南、西南、华北、东北。俄罗斯、朝鲜半岛、日本也有。

木材纹理美观，材质硬，有光泽，可作建筑、家具、车辆、乐器、雕刻等用材；根皮可入药，有清热凉血、祛风除湿、消肿止痛等功效；嫩叶可作野菜食用。

毛叶刺楸 *K. septemlobus* var. *magnificus* 和深裂刺楸 var. *maximowiczi* 两个变种主要基于小叶分裂的深浅和毛被的多少而建立。作者在查阅标本时发现上述性状存在迆渡和交叉，与刺楸区别不大，故赞同归并。

图6-375 刺楸

7 五加属 Eleutherococcus Maxim.

落叶灌木或小乔木。植株有刺,稀无刺;茎直立或拱曲,稀匍匐,无气生根;小枝有长枝和短枝之分。掌状或三出复叶;无托叶或托叶不明显。伞形或头状花序,单生或组成复伞形或圆锥花序;花常两性;花梗无关节或关节不明显;花萼具4或5齿;花瓣常5,镊合状排列;雄蕊5,花丝细长;子房2～5室,花柱2～5。核果状浆果,近球形,具2～5棱。种子2～5。

约40种,分布于亚洲。我国有18种;浙江有6种。

分种检索表

1. 小叶3,稀2、4或5。
  2. 匍匐灌木;枝无刺;小叶(2)3,无小叶柄 ·················· **1. 匍匐五加 E. scandens**
  2. 攀缘状灌木;枝具刺;小叶3(4或5),小叶柄长2～8mm ·················· **2. 白簕 E. trifoliatus**
1. 小叶(3或4)5。
  3. 子房2(3)室,花柱离生 ·················· **3. 细柱五加 E. nodiflorus**
  3. 子房5室,花柱多少合生。
    4. 花柱基部合生;小枝常密生红棕色刺毛 ·················· **4. 细刺五加 E. setulosus**
    4. 花柱全部合生成柱状;小枝被锥形刺或扁钩刺。
      5. 具锥形刺,通常不弯曲;小叶片两面无毛或幼时下面被柔毛,边缘有尖锐重锯齿 ·················· **5. 藤五加 E. leucorrhizus**
      5. 具扁钩刺,向下弯曲;小叶片上面脉上通常散生小刺毛,下面脉上生短柔毛,边缘在中部以上有明显细锯齿 ·················· **6. 糙叶五加 E. henryi**

1. 匍匐五加 (图6-376)

Eleutherococcus scandens (G. Hoo) H. Ohashi —— *Acanthopanax scandens* G. Hoo

匍匐灌木。小枝无刺,无毛。小叶(2)3;叶柄长2～4.5cm;中央小叶片卵状椭圆形,长4～8cm,宽2.5～5cm,先端渐尖,基部宽楔形,两侧小叶片菱状卵形,基部外侧圆形,内侧歪斜,具重锯齿,齿有刺尖,上面脉上疏生刚毛,下面近无毛或疏生刚毛,侧脉4～6对,明显隆起;无小叶柄。伞形花序1～3个顶生,中央者较大,具10～20花,侧生者较小,具2～6花;花黄绿色;花梗长约8mm,无毛;花萼钟形,具5齿;雄蕊5;子房2室,花柱2,合生至中部,先端反曲或不反曲。果扁球形,直径约8mm,成熟时呈黑色;果序梗细长,下垂。种子肾球形,白色。花期6—7月,果期9—10月。

产于临安(顺溪坞、龙塘山)、余姚(四明山)。生于山坡路旁林中。分布于安徽、江西。模式标本采自余姚(四明山)。

图 6-376　匍匐五加

2. 白簕　三加皮　（图6-377）

Eleutherococcus trifoliatus (L.) S.Y. Hu —— *Acanthopanax trifoliatus* (L.) Merr.

攀缘状灌木。小枝疏生向下的宽扁钩刺。小叶3（4或5）；叶柄长2～6cm，常有刺；小叶片椭圆状卵形至长圆形，长2～8cm，宽1.5～5.5cm，先端尖至渐尖，基部宽楔形，两侧小叶基部歪斜，具细锯齿或钝齿，两面无毛或沿脉疏生刺毛，侧脉5或6对；小叶柄长2～8mm。伞形花序3～10个或更多，组成顶生复伞形或圆锥花序，花序梗长2～7cm，无毛；花黄绿色；花梗长1～2cm；花萼具5齿；花瓣5，三角状卵形，长约2mm，花时反曲；雄蕊5；子房2室，花柱2，合生至中部。果扁球形，直径约5mm，成熟时呈黑色。花期9—10月，

图 6-377　白簕

果期11—12月。

产于临安、开化、常山、江山、遂昌、龙泉、景宁、平阳、苍南、泰顺等地。生于海拔470～840m的山坡林下、林缘或山谷溪边。广泛分布于我国中部和南部。越南、菲律宾、印度也有。

根、叶可入药，有祛风除湿、通络、解毒等功效。

3. 细柱五加 （图6-378）

Eleutherococcus nodiflorus (Dunn) S.Y. Hu—*E. gracilistylus* var. *nodiflorus* (Dunn) Ohashi—*Acanthopanax nodiflorus* Dunn—*A. hondae* Matsuda—*A. hondae* var. *armatum* Nakai—*A. gracilistylus* W.W. Smith—*A. gracilistylus* var. *major* G. Hoo—*A. gracilistylus* var. *pubescens* (Pamp.) H.L. Li

落叶灌木。枝蔓生状，无毛，节上常疏生反曲扁刺，小枝较粗。小叶常5，在长枝上互生，在短枝上簇生；叶柄长3～9cm，无毛，常有细刺；小叶片倒卵形至倒披针形，长3～14cm，宽1～5cm，先端尖，基部楔形，具细钝齿，两面无毛或疏生刚毛，侧脉4或5对，下面脉腋具淡棕色簇毛；小叶柄近无。伞形花序常单生，花序梗长1～5cm；花黄绿色；花梗长5～10mm；花萼具5小齿；花瓣5，长圆状卵形；雄蕊5；子房下位，2（3）室，花柱2（3），离生而开展。果扁球形，直径约

图6-378 细柱五加

6mm，成熟时呈紫黑色，宿存花柱反曲。花期4—8月，果期6—10月。

产于全省丘陵山区。生于灌丛中、林缘、山坡路旁和村落边。分布地区甚广，四川西部、云南西北部以东，山西西南部、陕西北部以南的广大地区均有分布。

根皮作"五加皮"入药，有祛风除湿、补益肝肾、利水消肿等功效；嫩茎叶可作野菜。

3a. 三叶细柱五加（变种）（图6-379）

var. **trifoliolatus** (C.B. Shang) S.L. Zhang et Z.H. Chen——*E. gracilistylus* var. *trifoliolatus* (C.B. Shang) Ohashi——*Acanthopanax gracilistylus* var. *trifoliolatus* C.B. Shang

小枝较细，无刺或极少刺；小叶3（5）。

产于临安、淳安、天台、龙泉、庆元等地。生于山谷、山麓林缘草丛中或沟边石隙旁阴湿处。分布于安徽、江西、湖南等地。模式标本采自临安（昌化顺溪坞）。

图6-379　三叶细柱五加

4. 细刺五加　浙江五加　（图6-380）

Eleutherococcus setulosus (Franch.) S.Y. Hu——*Acanthopanax setulosus* Franch.——*A. zhejiangensis* X.J. Xue et S.T. Fang——*E. zhejiangensis* (X.J. Xue et S.T. Fang) Ohashi

落叶灌木。小枝细弱，拱垂，密生红棕色刺毛，节上常有1~3倒钩状刺。小叶（3或4）5；叶柄长1~10.5cm；小叶片长圆状卵形至长圆状倒卵形，长2~5cm，宽1~2cm，先端急尖至短渐尖，基部狭尖，上面脉上散生刚毛，下面近无毛，边缘中部以上有细锯齿，侧脉4~6对，明显；

无小叶柄。伞形花序具12～16花，单生，花序梗长2～3cm，密生脱落性刚毛；花淡黄绿色；花梗长0.5～1cm；花萼无毛，具5齿；花瓣4或5，卵状长圆形，花时反曲；雄蕊5；子房5室，花柱5，基部合生。果球形，具5棱，成熟时呈黑褐色。花期3—4（7）月，果期6—9月。

产于临安（天目山）、开化。生于海拔约400m的林缘及山谷沟边。分布于安徽、四川、甘肃。

根可入药，有祛风湿、强筋骨等功效。

图6-380　细刺五加

5. 藤五加 （图6-381）

Eleutherococcus leucorrhizus Oliv.——*Acanthopanax leucorrhizus* (Oliv.) Harms

落叶灌木，有时呈攀缘状。小枝无毛，节上具锥形刺，向下不弯曲，稀节间散生多数倒刺。小叶（3或4）5；叶柄长3～10cm；小叶片长圆形至披针形，长5～14cm，宽2～5cm，先端渐尖，

图6-381　藤五加

基部楔形,两面无毛或幼时下面被柔毛,边缘具尖锐重锯齿,侧脉6~10对,两面明显隆起;小叶柄长2~6mm,无毛。伞形花序单生于枝顶或数个组成伞房状,花序梗长2~14cm;花黄绿色;花梗长1~2cm;花萼无毛,具5小齿;花瓣5,卵形,长约2mm,花时反曲;雄蕊5,花丝长2mm;子房5室,花柱全部合生成柱状。果卵球形,具5棱,直径5~7mm,成熟时呈黑色,宿存花柱短。花期6—8月,果期8—10月。

产于遂昌(九龙山)。生于山坡沟边及林下阴湿处。分布于安徽、江西、福建、湖南、湖北、广东、云南、贵州、四川、陕西、甘肃。

根皮和树皮可入药,有祛风除湿、强筋壮骨等功效。

5a. 糙叶藤五加(变种)
var. **fulvescens** (Harms et Rehder) Nakai —— *Acanthopanax leucorrhizus* (Oliv.) Harms var. *fulvescens* Harms et Rehder

小叶片椭圆形,边缘具锐尖锯齿或重锯齿,上面有糙毛,下面脉上有黄色短柔毛;小叶柄密生黄色短柔毛。

产于景宁(荒田湖)。生于海拔800m的北向山谷溪边针阔叶混交林中。分布、用途同藤五加。

*Flora of China*记载浙江产狭叶藤五加var. *scaberulus* (Harms et Rehder) Nakai,小叶片较狭细,上面粗糙,下面脉上有黄色短柔毛,中脉和小叶柄有细刺。作者未见可靠标本,野外调查也未及,故存疑。

6. 糙叶五加 亨利五加 (图6-382)
Eleutherococcus henryi Oliv. —— *Acanthopanax henryi* (Oliv.) Harms

落叶灌木。幼枝密生脱落性短柔毛,疏生扁钩刺,向下弯曲。小叶(3)5;叶柄长4~11cm,密生粗短毛;小叶片椭圆形或倒披针形,长5~12cm,宽3~6cm,先端急尖或渐尖,基部窄楔形,上面脉上常散生小刺毛,下面脉上被短柔毛,边缘仅中部以上具明显细锯齿;小叶柄短或近无柄。伞形花序数个簇生于枝顶,花序梗粗壮,长1~4cm;花梗长0.8~1.5cm,与花序梗连接处具淡黄色簇毛;花萼长3mm,无毛,具5小齿;花瓣5,长卵形,长约2mm,花时反曲,无毛或稍有毛;雄蕊5;子房下位,5室,花柱全部合生成柱状。果椭球形,有5浅棱,长约8mm,成熟时呈黑色,宿存花柱长约2mm。花期7—8月,果期9—10月。

产于临安、淳安、遂昌等地。生于沟谷、溪边林下阴湿处。分布于华中及安徽、福建、云南、贵州、四川、陕西、甘肃、山西、河北等地。

根皮可入药,有祛风湿、壮筋骨、活血祛瘀等功效。

图6-382 糙叶五加

6a. 毛梗糙叶五加（变种）（图6-383）

var. **faberi** (Harms) S.Y. Hu —— *Acanthopanax henryi* var. *faberi* Harms

小叶片下面无毛；伞形花序较小；花梗通常密生短柔毛；子房（2）3（5）室，宿存花柱有时微裂。

产于临安（天目山、龙塘山）、余姚（四明山）。生于海拔750～1400m的山坡林中或路旁灌丛中。分布于安徽、陕西。合模式标本采自宁波。

图6-383 毛梗糙叶五加

❽ 萸叶五加属 Gamblea C.B. Clarke

灌木或小乔木。植株无刺；茎直立，无气生根；小枝有长枝和短枝之分。掌状复叶互生，具3～5小叶；小叶片全缘或具细锯齿，齿端常具芒状刺，下面脉腋具簇毛；小叶无柄或几无柄；托叶早落。伞形、复伞形或圆锥状伞形花序生于短枝顶端；花梗无关节；花萼全缘或具4或5齿；花瓣4或5；子房2～5室，花柱2～5，离生或多少合生。核果近球形。种子2～5；具平整胚乳。

4种，分布于东南亚。我国有2种；浙江有1种。

吴茱萸叶五加 树三加 （图6-384）

Gamblea ciliata Clarke var. **evodiifolia** (Franch.) C.B. Shang, Lowry et Frodin — *Acanthopanax evodiifolius* Franch.

落叶灌木或小乔木。树皮平滑；小枝无刺，有长枝和短枝之分。掌状复叶具3小叶，在长枝上互生，在短枝上簇生；叶柄长3.5～8cm；中央小叶片卵形、卵状椭圆形或长椭圆状披针形，长5~9（14）cm，宽3~6（9）cm，先端渐尖，基部楔形，两侧小叶片基部歪斜，全缘或具锯齿，齿有刺尖，侧脉5~8对；小叶几无柄。伞形花序常数个组成顶生复伞形花序，花序梗长，无毛；苞片膜质；花梗花后延长；花萼全缘，无毛；花瓣4，绿色，反曲；雄蕊4；花盘略扁平；子房下位，2（3）室，花柱2（3），仅基部合生。果近球形，直径5~7mm，黑色，有2~4浅棱，宿存花柱长约2mm。花期5月，果期9月。

产于全省山区。生于海拔400~1550m的山坡阔叶林中、林缘或山岙、岗地岩缝中。分布于西南及安徽、江西、湖南、湖北、广西、陕西。

根皮可入药，有祛风除湿、强筋壮骨等功效；叶色秋季变黄，可供观赏。

与萸叶五加 *G. ciliata* 的主要区别在于后者中央小叶片较大，长（8）10~20cm，侧脉（6）8~14对；花柱（2）3或4（5）；分布于云南、四川、西藏；缅甸、印度、不丹、尼泊尔也有。

图6-384　吴茱萸五加

⑨ 大参属 Macropanax Miq.

常绿乔木或小乔木。植株无刺；茎直立，无气生根。掌状复叶互生；托叶与叶柄基部合生或不存在。花杂性，聚生为伞形花序，再组成顶生圆锥花序；苞片小，早落；花梗近顶端有关节；花萼筒边缘有5小齿，或近全缘；花瓣5，在花芽中镊合状排列；雄蕊与花瓣同数；子房2（3）室，花柱合生成柱状，稀先端离生。核果近球形或卵球形。种子扁平。

6或7种，分布于亚洲南部和东部。我国有6种；浙江有1种。

短梗大参 （图6-385）
Macropanax rosthornii (Harms) C.Y. Wu ex G. Hoo

常绿灌木或小乔木，高2～9m。全体无毛。掌状复叶有3～5（7）小叶；叶柄长2～20cm；叶片倒卵状披针形，先端短渐尖或长渐尖，尖头长1～3cm，基部楔形，上面深绿色，边缘疏生钝齿或锯齿，齿端具小尖头，侧脉8～10对，两面明显；小叶柄长0.3～1cm。伞形花序组成顶生圆锥花序；伞形花序直径约1.5cm，具5～10花，花序梗长0.8～1.5cm；花梗长3～5mm，近顶端有关节；花白色；花萼长约1.5mm，近全缘；花瓣5，三角状卵形；雄蕊5，花丝长2～2.5mm；花盘隆起，半球形；子房2室，花柱合生成柱状，先端2浅裂。果实卵球形，长约5mm，宿存花柱长1.5～2mm。花期7—9月，果期10—12月。

产于淳安、金华城区(婺城)、松阳、遂昌。生于海拔500～1300m的林中、灌丛中和林缘路旁。分布于江西、福建、湖南、湖北、广东、广西、云南、贵州、四川、甘肃等地。

根、叶可入药，有祛风除湿、化瘀通络、健脾等功效。为浙江省重点保护野生植物。

图6-385 短梗大参

⑩ 幌伞枫属 Heteropanax Seem.

常绿灌木或乔木。植株无刺。叶大型，二回至五回羽状复叶；小叶片全缘；托叶与叶柄基部合生。伞形花序组成大型圆锥花序；花杂性；顶生伞形花序常为两性花，侧生伞形花序常为雄花；苞片及小苞片宿存；花梗无关节；花萼筒边缘具5小齿；花瓣5，镊合状排列；雄蕊5；子房下位，2室，花柱2，离生。核果近球形，侧扁。种子扁平。

约5种，分布于亚洲南部和东南部。我国均有；浙江有2种，其中栽培1种。

1. 短梗幌伞枫 （图6-386）
Heteropanax brevipedicellatus H.L. Li

常绿灌木或小乔木，高3~7m。幼枝、叶轴、叶柄、花序轴、苞片、花梗、花萼、花瓣均密生锈色绒毛。叶大型，四回至五回羽状复叶，长约90cm，宽约60cm；小叶片椭圆形至狭椭圆形，长2~8.5cm，宽0.8~3.5cm，先端渐尖，基部楔形，侧生者略歪斜，全缘或稍反卷，上面深绿色，下面灰绿色，两面无毛，侧脉5或6对；小叶柄长2~10mm。伞形花序在花序主轴上呈总状排列，长达70cm，花序梗长1~2cm；苞片卵形，长5~12mm；小苞片条形，长1.5~2mm；花梗长1.5~2.5mm；花淡黄白色；花萼有5小齿；花瓣5，三角状卵形；雄蕊5；子房下位，2室，花柱2，离生。果扁球形，直径1cm，成熟时呈黑色；果梗长4mm，花柱宿存。花期11—12月，果期次年1—3月。

产于泰顺（垟溪）。生于低海拔的林中和林缘路旁的荫蔽处。分布于江西、福建、广东、广西。越南也有。

根及树皮可入药，治跌打损伤、烫伤及疮毒。

图6-386 短梗幌伞枫

2. 幌伞枫 （图6-387）

Heteropanax fragrans (Roxb. ex DC.) Seem.

常绿乔木，高5~30m。三回至五回羽状复叶，长约1m；叶柄长15~30cm；小叶对生，纸质，椭圆形，长5.5~13cm，宽3.5~6cm，先端短渐尖，基部楔形，全缘，两面无毛，侧脉6~10对；小叶柄甚短，顶生小叶柄有时长1~2cm。伞形花序密集成头状，直径约1.2cm，花序梗长1~1.5cm，总状排列，组成顶生圆锥花序，长达40cm，密被锈色星状绒毛，后渐脱落；花梗长不及2mm；花萼、花瓣均被毛。果扁球形，直径约7mm；果梗长约8mm。种子2，扁平。花期10—12月，果期次年2—3月。

原产于广东、海南、广西、云南。东南亚、南亚也有。全省各地有盆栽，称"富贵树"，温州见露地栽培。

根及树皮可药用；为优美观赏树种。

与短梗幌伞枫的主要区别在于后者的小叶片长2~8.5cm，宽0.8~3.5cm；果梗长4mm。

图6-387　幌伞枫

⑪ 羽叶参属 Pentapanax Seem.

乔木或灌木。植株无刺。一回奇数羽状复叶具3~9小叶；无托叶。总状或伞形花序组成圆锥花序或复伞形花序；基部常有托叶状革质苞片，宿存；花两性或杂性；花梗有关节；花萼有5齿；花瓣5（7或8），覆瓦状排列；雄蕊与花瓣同数；子房5（7或8）室，花柱合生成柱状或上部离生。核果球形，具5棱。种子侧扁。

约18种，分布于美洲、大洋洲、亚洲南部和东南部。我国约有9种；浙江有1种。

锈毛羽叶参 黄山五叶参 （图6-388）

Pentapanax henryi Harms —— *P. henryi* var. *wangshanensis* Cheng

落叶灌木或小乔木，高1.5～8m。奇数羽状复叶具3～5小叶；叶柄长2.5～11cm；小叶片卵形或卵状长圆形，长5～12cm，宽3～7cm，先端急尖或短渐尖，基部圆钝，具锯齿，齿有刺尖，上面无毛，下面脉腋有簇毛，侧脉6～8对，下面明显隆起；侧生小叶柄长5mm，顶生者长达3cm。伞形花序组成顶生圆锥花序，长可达30cm，密被锈色柔毛；伞形花序直径1.2～2cm，花序梗长2～5cm；花梗长5～10mm，被柔毛；苞片披针形，长5～10mm；花白色；花萼5齿裂，无毛；花瓣5，三角状卵形；雄蕊5；子房下位，5室，花柱5，合生成柱状。果球形，直径6～7mm，具5棱，黑色。花期8—10月，果期10—12月。

产于安吉、临安、缙云（大洋山）。生于海拔800～1200m的山谷岩缝中或山坡乱石堆中。分布于安徽、江西、湖北、广西、云南、四川。

根皮可入药，有祛风除湿、活血化瘀等功效。为浙江省重点保护野生植物。

图6-388　锈毛羽叶参

12 楤木属 Aralia L.

小乔木、灌木或多年生草本。植株常有刺。一回至三回羽状复叶；小叶片有锯齿，稀波状或具深缺刻；托叶与叶柄基部合生，先端离生。伞形或头状花序，再组成圆锥花序或伞房花序；花杂性；苞片和小苞片常宿存；花梗具关节；花萼具5小齿；花瓣5，覆瓦状排列；雄蕊5；花盘肉质；子房下位，2～5室，花柱2～5，离生或仅基部合生。浆果或核果，球形、卵球形或扁球形，具2～5棱。种子侧扁。

40余种，分布于亚洲、大洋洲、北美洲。我国有30种；浙江有7种。

分种检索表

1. 小乔木或灌木；植株常具刺，稀无刺。
　2. 花无梗或几无梗，聚生为头状花序，再组成圆锥花序；叶轴和花序轴密生淡黄棕色绒毛 ··· 5. 头序楤木 A. dasyphylla
　2. 花具明显花梗，聚生为伞形花序，再组成圆锥花序；叶轴和花序轴毛被不如上述。
　　3. 叶、花序疏被长刺和刺毛；花梗被刺毛 ··· 1. 长刺楤木 A. spinifolia
　　3. 叶、花序无刺毛；花梗无刺毛。
　　　4. 叶片无毛。
　　　　5. 茎、小枝、叶轴密被红棕色细长针状直刺；花梗长5～15（30）mm ··· 2. 棘茎楤木 A. echinocaulis
　　　　5. 茎、小枝、叶轴疏被灰色圆锥状刺；花梗长2～5mm ············· 3. 波缘楤木 A. undulata
　　　4. 叶片至少脉上多少被毛 ··· 4. 楤木 A. hupehensis
1. 多年生草本；植株无刺。
　6. 植株高1～1.5m；花序圆锥状，一级分枝长于10cm；羽片有3～5小叶，顶生小叶柄长达5cm ··· 6. 食用土当归 A. cordata
　6. 植株高0.3～0.5m；花序伞房状，一级分枝长约5cm；羽片有3小叶，顶生小叶柄长约2cm ··· 7. 柔毛土当归 A. henryi

1. 长刺楤木 （图6-389）
Aralia spinifolia Merr.

落叶灌木，高1～3m。小枝、叶柄、叶轴、花序轴及分枝均密被长刺及刺毛。二回羽状复叶；羽片具5～11小叶，基部有1对小叶；小叶片长圆状卵形或卵状椭圆形，长5～11cm，宽2.5～6cm，先端渐尖或长渐尖，基部圆形，有时略歪斜，两面脉上疏被小刺和刺毛，下面淡绿色，边缘具细锯齿，侧脉5～7对；侧生小叶近无柄，顶生小叶柄长1～3cm。伞形花序组成大型圆锥花序，长达35cm；顶生伞形花序直径约2.5cm；花梗长8～15mm，被刺毛；花萼无毛，具5尖齿；花瓣5，淡绿白色；子房下位，5室，花柱离生。果卵球形，具5棱，黑褐色，花柱宿存。花期8—10月，果期10—11月。

产于瑞安、文成、平阳、苍南、泰顺。生于海拔1000m以下的山坡或林缘阳光充足处。分布于江西、福建、湖南、广东、广西等地。

根、树皮可入药,有祛风除湿、利水消肿、散瘀等功效。

图6-389 长刺楤木

2.棘茎楤木 红楤木 鸟不踏 红刺桐 (图6-390)
Aralia echinocaulis Hand.-Mazz.

落叶灌木或小乔木状,高2~4m。茎干、小枝、叶轴密生红棕色细长针状直刺。二回羽状复叶;羽片有5~9小叶,基部有1对小叶;小叶片长圆状卵形至披针形,长5~14cm,宽2.5~6cm,先端长渐尖,基部圆形至宽楔形,略歪斜,两面无毛,下面灰白色,边缘疏生细锯齿,侧脉6~9对;小叶近无柄。伞形花序组成顶生圆锥花序,长30~50cm,主轴和分枝常带紫褐色,被糠屑状毛;顶生伞形花序直径1.5cm;花梗长5~15(30)mm;花萼具5小齿,淡红色;花瓣5,白色;雄蕊5;子房下位,5室,花柱离生。果球形,具5棱,紫黑色。花期6—7月,果期8—9月。

产于全省丘陵山区。生于山坡疏林下、林缘或边坡乱石堆中。分布于安徽、江西、福建、湖南、湖北、广东、广西、云南、贵州、四川、陕西等地。

根及根皮可入药,有祛风除湿、行气活血、解毒消肿等功效。

图6-390 棘茎楤木

3. 波缘楤木 （图6-391）
Aralia undulata Hand.-Mazz.

落叶灌木或乔木，高达10m。茎、小枝、叶轴疏被灰色圆锥状刺，无毛或几无毛。二回羽状复叶；羽片有5～15小叶，基部有1对小叶；小叶片卵形至卵状披针形，基部圆形，侧生小叶片基部歪斜，边缘具波状齿，两面无毛，侧脉7～9对；顶生小叶柄长1.5～4.5cm。圆锥花序大型，主轴长5～10cm，一级分枝长达55cm，指状排列，又分生多数总状排列的二级分枝，密生短柔毛或几无毛；二级分枝顶端为由3～5个伞形花序组成的复伞形花序，其下有3～8个总状排列的伞形花序；花梗长2～5mm；花白色；花萼具5齿；花瓣5，长圆形；子房5室，花柱离生。果球形，具5棱，黑色。花期6—8月，果期10月。

产于临安（昌化）、临海（括苍山）、庆元（百山祖）。生于海拔500～1000m的山坡林中。分布于湖南、广东、广西、贵州、四川等地。

根皮可入药，有活血化瘀、除湿止痛等功效。

图6-391　波缘楤木

4. 楤木　鸟不宿　（图6-392）

Aralia hupehensis G. Hoo——*A. chinensis* L. var. *nuda* Nakai——*A. subcapitata* G. Hoo——*A. chinensis* auct. pl., non L.

落叶灌木或小乔木，高2～8m。茎疏生粗壮直刺；小枝、叶轴和花序密被灰色绒毛并疏生细刺。二回至三回羽状复叶；羽片有5～11（13）小叶，基部有1对小叶；小叶片卵形至卵状椭圆形，长3～12cm，宽2～8cm，基部圆形，上面粗糙，疏生糙毛，下面疏被灰色短柔毛，脉上尤密，边缘具细锯齿，侧脉7～10对；顶生小叶柄长2～3cm。伞形花序组成顶生圆锥花序；顶生伞形花序直径约1.5cm；花梗长2～6mm，密生短柔毛；花白色，芳香；花萼无毛，具5小齿；花瓣5；雄蕊5；子房下位，5室，花柱离生或基部合生。果球形，具5棱，黑色。花期6—8月，果期9—10月。

产于全省各地。生于海拔1500m以下的山坡疏林下、灌丛中或林缘路旁。分布于华东、华南、西南、华北。

根皮和茎皮可入药，有祛风除湿、利尿消肿、活血止痛等功效；嫩芽叶可作野菜。

本种的学名曾采用 *A. chinensis* L.，但据文军（2000）研究，后者仅产于江西、福建、广东、海南、广西和贵州，即黄毛楤木，而广泛分布于华东、华南、西南至华北的是 *A. elata* (Miq.)

Seem.；向其柏（2015）基于形态差异、地理隔离等因素，认为 *A. elata* 只产于日本，并恢复了 *A. hupehensis* G. Hoo 作为国产楤木的合法名称，作者赞同其观点。

图 6-392　楤木

5. 头序楤木　铁扇伞　毛叶楤木　（图6-393）
Aralia dasyphylla Miq.

落叶灌木或小乔木，高2～10m。小枝具短而直的粗刺；幼枝、叶轴、花序密被淡黄棕色绒毛。二回羽状复叶；羽片具7～9小叶，基部有1对小叶；小叶片卵形至长圆状卵形，长5～11cm，宽3～7.5cm，具细锯齿，上面粗糙，侧脉7～10对，在下面较上面明显；侧生小叶无柄或近无柄，顶生小叶柄长达4cm。头状花序聚生成大型圆锥花序，三级分枝长2～3cm；花无梗或几无梗；花萼具5小齿，无毛；花瓣5，淡绿白色；雄蕊5；子房下位，5室，花柱离生。果球形或卵球形，具5棱，直径约3.5mm，紫黑色。花期9—10月，果期10—11月。

产于临安、建德、开化、江山、武义、缙云、遂昌、松阳、龙泉、庆元、景宁、永嘉、瑞安、文成、泰顺等地。生于海拔400～1000m的山坡疏林下或沟谷林缘。分布于安徽、江西、福建、湖南、湖北、广东、广西、云南、贵州、四川等地。

根皮可入药，有祛风除湿、杀虫等功效。

图6-393 头序楤木

6. 食用土当归　土当归　（图6-394）

Aralia cordata Thunb.

多年生草本，高1～1.5m。具粗壮多节的根状茎；新枝疏被脱落性短柔毛。二回至三回羽状复叶；羽片具3～5小叶；小叶片长卵形，长4～20cm，宽3～10cm，先端急尖，基部圆形，具粗锯齿，下面脉上疏被短柔毛，侧脉6～8对；顶生小叶柄长可达5cm。圆锥花序，一级分枝长于10cm；花梗丝状，长10～12mm，密生短柔毛；花白色；花萼无毛，5齿裂；花瓣5，卵状三角形；雄蕊5；子房下位，5室，花柱离生。果球形，具5棱，直径3mm，紫黑色。花期7—8月，果期9—10月。

产于临安、遂昌、龙泉、永嘉。生于山坡草丛中或林下阴处。分布于华东及湖北、河南、台湾、广西、云南、贵州、四川、河北等地。

根可入药，有祛风燥湿、活血止痛、消肿等功效；嫩叶可供食用。

图6-394 食用土当归

7. 柔毛土当归　柔毛龙眼独活 （图6-395）
Aralia henryi Harms

多年生草本，高0.3~0.5m。根状茎短；茎具纵纹，疏生长柔毛。二回至三回羽状复叶；羽片有3小叶；小叶片长圆状卵形，长3~10cm，宽2~6cm，先端尾尖，基部浅心形，侧生小叶片基部歪斜，具钝锯齿，两面脉上疏生长柔毛，侧脉6~8对，稍明显；顶生小叶柄长约2cm，侧生者长约5mm，均被长柔毛。伞形花序组成伞房状花序，一级分枝长约5cm；伞形花序具2~10花，花序梗长5~10mm；花梗短，丝状；花萼无毛，具5钝齿；花瓣5，宽三角状卵形；雄蕊5；子房下位，(3) 5室，花柱离生。果近扁球形，具5棱，直径3~5mm，鲜红色。花期7—8月，果期9—11月。

产于临安（大明山）、淳安（铜山）、景宁（坑底）、文成（铜铃山）。生于山坡草丛中及林缘。分布于安徽、湖北、四川、陕西等地。

根状茎可入药，有祛风燥湿、活血止痛、消肿等功效。

图6-395 柔毛土当归

⑬ 人参属 Panax L.

多年生草本。有肉质根状茎或根；地上茎单生，基部有鳞片。掌状复叶轮生于茎顶；常无托叶。顶生伞形花序2至数个；结实花的花梗有关节；花萼有5小齿；花瓣5，覆瓦状排列；雄蕊5，花丝短；花盘肉质，环状；子房下位，2～5室，花柱与子房室同数，或在雄花的不育雌蕊上退化为1条。核果状浆果，近球形。种子2或3，三角状卵球形。

约8种，分布于北美洲、亚洲东部和中部。我国有7种；浙江有2种，其中引入栽培1种。本属植物的根状茎和肉质根可药用，有些为著名的中药材。

1. 三七 参三七 田七（图6-396）

Panax notoginseng (Burk.) F.H. Chen ex C.Y. Wu et K.M. Feng——*P. pseudoginseng* Wall. var. *notoginseng* (Burk.) G. Hoo et Tseng

多年生草本，高20～60cm。根状茎短；主根肉质，1至多数，纺锤形。掌状复叶3～6枚轮生于茎顶；叶柄长5～10cm；小叶3～7；中央小叶片长椭圆形，长5～10cm，宽3.5～4cm，侧生者较小，有重锯齿，齿端有刺尖，两面脉上均有刚毛，主脉与侧脉在两面突起；小叶柄长0.2～3.5cm。伞形花序单个顶生，具80～100花或更多，花序梗长7～25cm；花淡黄绿色；花萼有5齿；花瓣5，长圆状卵形；雄蕊5；子房2（3）室，花柱离生或下部合生。果扁球状肾形，成熟时呈红色。种子2，白色，三角状卵球形。花期7—9月，果期8—10月。

原产于云南东南部。越南北部也有。江西、福建、广西等地有栽培。德清、建德、莲都、遂昌、龙泉、庆元、乐清、文成、平阳等地有引种。常种植于海拔400～1700m的山谷、山坡林下或人工凉棚内。

纺锤形肉质根为著名的跌打损伤特效药"三七"，有散瘀止血、消肿止痛等功效；花、叶、果也可药用。

图6-396 三七

2. 竹节参 竹鞭三七 竹节人参 大叶三七 （图6-397）
Panax japonicus (Nees) C.A. Mey. —*P. schin-seng* Nees var. *japonicus* Nees —*P. pseudoginseng* var. *japonicus* (Nees) G. Hoo et Tseng

多年生草本，高达1m。根状茎横生，竹鞭状，常一年生一节，肉质肥厚；主根常不膨大；地上茎直立，无毛。掌状复叶3～5枚轮生于茎顶；叶柄长5～10cm；小叶常5；中央小叶片椭圆形，长5～15cm，宽2.5～6.5cm，先端渐尖或急尖，基部楔圆形，常偏斜，有锯齿，两面无毛或

图6-397 竹节参

脉上具毛；小叶柄长0.2～2cm。伞形花序单生于茎顶，直径0.5～2cm，具50～80花，花序梗长9～28cm；花小，深绿色；花萼有5齿；花瓣5，长卵形；雄蕊5；子房2～5室，花柱中部以下合生，果时外弯。果近球形，成熟时上半部黑色，下半部红色。种子白色，三角状长卵球形。花期6—8月，果期8—10月。

产于安吉、临安、天台、遂昌、龙泉、庆元、景宁、泰顺等地。生于海拔800～1400m的山谷林下水沟边或阴湿岩石旁、毛竹林下。分布于华中、西南及安徽、江西、福建、陕西、甘肃。朝鲜半岛、日本也有。

根状茎名"竹三七"，有滋补强壮、散瘀止血等功效；叶有生津止渴、清热解毒等功效。为浙江省重点保护野生植物。

与三七的主要区别在于后者根状茎短；主根发育，肉质，1至多数，纺锤形；果红色。

2a. 羽叶人参　　羽叶三七　疙瘩七（变种）（图6-398）

var. bipinnatifidus (Seem.) C.Y. Wu et K.M. Feng —— *P. pseudoginseng* var. *bipinnatifidus* (Seem.) H.L. Li

根状茎多为串珠状，有时为竹鞭状，也有竹鞭状与串珠状的混合型；小叶片一回至二回羽状浅裂至深裂，裂片整齐或不整齐。

产于龙泉、庆元、泰顺。生于海拔1500m左右的阔叶林下阴湿处。分布于湖北、云南、四川、西藏、陕西、甘肃。缅甸、印度、尼泊尔也有。

根状茎民间作"三七"代用品，有强壮、疗伤、止血等功效。为浙江省重点保护野生植物。

图6-398　羽叶人参

一三六　伞形科 Apiaceae

　　草本，常含挥发油。主根通常发达而直生。茎常中空，具纵棱。复叶，稀单叶，互生；叶片掌状分裂、羽状分裂或不分裂；叶柄基部常扩大成鞘状。花小，两性或杂性；复伞形花序，稀单伞形花序；复伞形花序基部具总苞片或缺；小伞形花序基部常有小总苞片；花萼与子房贴生，萼齿5或无；花瓣5，先端钝圆或有内折的小舌片；雄蕊5；子房下位，2室，每室胚珠1，顶部有圆锥状或盘状的花柱基，花柱2。双悬果，每分生果外面具5主棱（1背棱、2中棱、2侧棱），有时主棱间有次棱，外果皮表面平滑或有毛、皮刺、瘤状突起，中果皮层内的棱槽和合生面常有油管1至多数；分生果背腹压扁状或两侧压扁状。种子具软骨质的胚乳，胚小。

　　约250属，3300多种，广泛分布于全球温带至热带地区。我国约有100属，600余种，南北各地均有分布；浙江有31属，65种，其中栽培5属，11种。

　　梅爱君等（2017）报道临安西天目山产山芹 *Conioselinum chinense* (L.) Britton, Sterns et Poggenb.。作者未见花、果标本，故不予收录。

分属检索表

1. 单叶，稀三出式分裂或掌状分裂。
　　2. 茎匍匐或向上伸展；单伞形花序；果实的棱槽内和合生面油管不明显。
　　　　3. 伞形花序具多花；总苞片无或小；果实背棱突出，侧棱藏于合生面，棱间光滑··············**1. 天胡荽属 Hydrocotyle**
　　　　3. 伞形花序具3或4花；总苞片2；果实背棱和侧棱突出，棱间有网状横纹····**2. 积雪草属 Centella**
　　2. 茎直立，有时退化；复伞形花序；果实的棱槽内和（或）合生面有油管。
　　　　4. 叶片近圆形至心状五角形，叶缘具齿；果实覆盖鳞片、小瘤或皮刺·········**3. 变豆菜属 Sanicula**
　　　　4. 叶片形状不如上述，全缘；果实无鳞片、小瘤或皮刺······················**10. 柴胡属 Bupleurum**
1. 复叶，稀基生叶为单叶。
　　5. 果实有刺、刺毛或刚毛。
　　　　6. 果实狭长卵球状或棍棒状，顶端具明显的喙，无次棱。
　　　　　　7. 小总苞片向外反折；果实上部尖细成喙，基部圆钝，具1环刚毛，主棱平钝··············**4. 峨参属 Anthriscus**
　　　　　　7. 小总苞片早落或缺；果实顶端尖细成喙，基部尖细成尾状，主棱尖锐，棱上和果梗上部具刺毛··············**5. 香根芹属 Osmorhiza**
　　　　6. 果实卵球形至椭球形，顶端圆钝，具次棱。
　　　　　　8. 总苞片和小总苞片不分裂；果实的主棱线形，次棱及棱槽间具基部小瘤状的皮刺··············**6. 窃衣属 Torilis**
　　　　　　8. 总苞片和小总苞片羽状分裂；果实的主棱不明显，有2列刚毛，次棱具狭翅，其上具1行短钩刺··············**31. 胡萝卜属 Daucus**
　　5. 果实无刺或刚毛，但有时具柔毛。

9. 果棱无翅。
　10. 果实柱状椭球形或狭长椭球形。
　　11. 叶片一回三出式分裂，裂片宽大，边缘有齿；圆锥状复伞形花序，伞幅极不等长；花瓣基部不呈囊状 ·· **13. 鸭儿芹属 Cryptotaenia**
　　11. 叶片一回至三回三出式分裂或三出式羽状分裂，裂片狭小，全缘；复伞形花序，伞幅不等长或近等长；花瓣基部内弯成囊状 ·················· **14. 囊瓣芹属 Pternopetalum**
　10. 果实球形、卵球形、椭球形至卵状椭球形，如为长圆柱形，则叶片的末回裂片细条形。
　　12. 萼齿明显，大小不等；果实球形，外果皮坚硬 ·············· **7. 芫荽属 Coriandrum**
　　12. 萼齿明显，大小相等或近相等，或不明显；果实形状各样，外果皮柔软。
　　　13. 小伞形花序央花和缘花的花瓣一型。
　　　　14. 胚乳的腹面凹陷成沟槽。
　　　　　15. 茎不具白霜；分生果具5条明显突起的果棱，棱槽内油管2或3 ·· **8. 东俄芹属 Tongoloa**
　　　　　15. 茎具白霜；分生果具10~12条不明显的纹状棱，棱槽内油管3 ·· **9. 明党参属 Changium**
　　　　14. 胚乳的腹面平直、近平直或略凹陷。
　　　　　16. 棱槽内油管1或无。
　　　　　　17. 叶片的末回裂片丝线状或细条形，全缘。
　　　　　　　18. 全株无浓烈茴香气味；伞幅2~5；花白色或略带绿色、粉红色；果实卵球形至球形 ·················· **11. 细叶旱芹属 Cyclospermum**
　　　　　　　18. 全株具浓烈茴香气味；伞幅6~27；花黄色；果实长圆柱形 ·· **20. 茴香属 Foeniculum**
　　　　　　17. 叶片的末回裂片形状不如上述，边缘有锯齿。
　　　　　　　19. 棱槽内油管1；花柱短，反曲 ·············· **12. 旱芹属 Apium**
　　　　　　　19. 棱槽内无油管；花柱细长，开展，顶端叉开成羊角状 ·· **16. 羊角芹属 Aegopodium**
　　　　　16. 棱槽内油管1~4或更多。
　　　　　　20. 总苞片和小总苞片不发达，小而早落，不反折，或无；果实有柔毛或无毛 ·· **15. 茴芹属 Pimpinella**
　　　　　　20. 总苞片和小总苞片发达，大而宿存，反折；果实光滑。
　　　　　　　21. 叶片二回或三回羽状分裂；总苞片1~4；果棱线形 ·· **17. 白苞芹属 Nothosmyrnium**
　　　　　　　21. 叶片一回羽状分裂至全裂；总苞片6~10；果棱显著 ·········· **18. 泽芹属 Sium**
　　　13. 小伞形花序央花和缘花的花瓣二型，缘花的外围花瓣扩大成辐射瓣 ··· **19. 水芹属 Oenanthe**
9. 果棱全部或部分呈翅状。
　22. 背棱、中棱和侧棱均具狭翅。
　　23. 萼齿明显。
　　　24. 植株全体无毛；茎直立而明显；叶片一回至二回羽状分裂或三出式羽状分裂，末回裂片长条形或条状披针形，全缘 ·· **22. 翅棱芹属 Pterygopleurum**

一三六　伞形科 Apiaceae

24. 植株全体具多细胞柔毛；茎缩短或几无；叶片三出式羽状分裂或二回至三回羽状深裂，末回裂片倒卵形或倒卵状椭圆形，有锯齿 ………………………………………… 27. 珊瑚菜属 Glehnia
23. 萼齿不明显或细小。
　25. 根不具浓香；茎基部无纤维状的叶柄残基 ……………………………… 23. 蛇床属 Cnidium
　25. 根具浓香；茎基部常具纤维状的叶柄残基 ………………………… 24. 藁本属 Ligusticum
22. 背棱粗钝而呈波状突起，或稍隆起，或呈狭翅状，侧棱则发达成或宽或狭的翅。
　26. 果实无小瘤状或颗粒状突起。
　　27. 复伞形花序的外缘花无辐射瓣，先端不分裂；油管的长度与分生果等长。
　　　28. 分生果的侧棱翅宽而薄，成熟后自合生面易于分开。
　　　　29. 一年生草本，植株有浓烈香气；叶片三回至四回羽状全裂，末回裂片丝状 ………………………………………………………………………………… 21. 莳萝属 Anethum
　　　　29. 多年生草本，植株无强烈香气；叶片一回至三回三出式羽状分裂，末回裂片多型而非丝状。
　　　　　30. 萼齿小或不明显；果皮厚，外果皮无瘤状突起 ……………… 25. 当归属 Angelica
　　　　　30. 萼齿大，果时宿存；果皮薄，外果皮有颗粒状突起 ……… 26. 山芹属 Ostericum
　　　28. 分生果的侧棱翅狭而厚，成熟后自合生面不易分开 ………… 28. 前胡属 Peucedanum
　　27. 复伞形花序的外缘花具辐射瓣，先端2裂；油管的长度仅达分生果全长的一半或略过半 ……………………………………………………………………………… 29. 独活属 Heracleum
　26. 果实幼时具小瘤状突起，后渐平滑 ……………………………… 30. 防风属 Saposhnikovia

1 天胡荽属 Hydrocotyle L.

多年生草本。茎细长，匍匐或向上伸展。单叶；叶片心形、圆形、肾形或五角形，齿裂或掌状分裂；叶柄细长，无叶鞘；托叶小，膜质。单伞形花序具多花，密集成头状；总苞片无或小，早落；萼齿无；花瓣白色、绿色或淡黄色，卵形，镊合状排列。果实心状球形，两侧压扁状，背部圆钝；背棱突出，侧棱常隐于合生面，棱间光滑；棱槽内和合生面油管不明显。

75～100种，分布于全球热带至温带地区。我国有14种，分布于华东、华中、西南；浙江有7种，其中栽培1种。

分种检索表

1. 叶片非盾状着生（野生）。
　2. 花序数个簇生，花序梗短于叶柄 ……………………………………… 1. 红马蹄草 H. nepalensis
　2. 花序单生，稀双生，花序梗长于、近等长于或短于叶柄，或无梗。
　　3. 叶片长0.5～3.5cm，宽0.5～4cm；花序梗无或短于叶柄。
　　　4. 花序无梗，极少有长1～3mm的梗；果实被白色毛或无毛 … 2. 密伞天胡荽 H. pseudoconferta
　　　4. 花序梗长0.5～2.5cm；果实无毛 ………………………………… 3. 天胡荽 H. sibthorpioides
　　3. 叶片长1～7cm，宽1～8cm；花序梗长于或近等长于叶柄。

5. 花较疏散；花梗长 2.5～7mm ··· 4. 中华天胡荽 **H. hookeri** subsp. **chinensis**
5. 花密集成头状；花梗无或极短，或长约 2mm。
  6. 叶片两面光滑或下面脉上疏被短硬毛，基部弯缺处开展，稀闭合状；花序梗长于或近等长于叶柄
    ··· 5. 肾叶天胡荽 **H. wilfordii**
  6. 叶片两面疏生短硬毛，基部弯缺处稍开展成锐角或近闭合；花序梗比叶柄长 1～2 倍 ···············
    ·· 6. 长梗天胡荽 **H. ramiflora**
1. 叶片盾状着生（栽培）·· 7. 香菇草 **H. vulgaris**

1. 红马蹄草 塌菜 八角金钱 大叶止血草 （图 6-399）
Hydrocotyle nepalensis Hook.

多年生草本，高 5～45cm。茎匍匐，分枝斜展，节上生根。叶片圆形或肾形，长 2～6cm，宽 2.5～8cm，常 5～9 浅裂，有钝锯齿，基部心形，掌状脉 7～9，两面疏生短硬毛；叶柄具短硬毛，基部不呈鞘状膨大；托叶膜质，近圆形。单伞形花序数个簇生于茎端和叶腋，花序梗短于叶柄，密被柔毛；小总苞片卵形或倒卵形，膜质；花多数，常密集成球形；花梗极短；萼齿无；花瓣白色或乳白色，卵形；花柱幼时内卷，花后向外反曲，基部隆起。果实近球形，基部心形，两侧压扁状，光滑或有紫色斑点，成熟后常呈黄褐色或紫黑色，中棱和背棱明显，丝状，侧棱藏于合生面。花果期 5—11 月。

产于丽水、温州及德清、临安、淳安、衢州市区、开化、江山、天台等地。生于较高海拔的山坡路旁阴湿处和溪沟边。分布于西南及安徽、江西、湖南、湖北、广东、海南、广西、陕西。东南亚、南亚也有。

全草可入药，能消肿解毒、活血止血。

图 6-399 红马蹄草

2. 密伞天胡荽 （图6-400）
Hydrocotyle pseudoconferta Masamune

多年生匍匐草本。茎细弱，多分枝，节上生根。叶片圆肾形或近圆形，长1～3.5cm，宽1～4cm，5～7浅裂，基部心形，裂片边缘有钝圆齿，两面疏生短柔毛；叶柄长2～10cm，基生叶柄长可达23cm；托叶膜质，细小。单伞形花序双生于茎顶，或单生于节上，无花序梗，稀具长1～3mm的短花序梗；花少至多数；花无梗或有极短梗；花瓣白色或淡绿色，卵形；花柱略外曲。果实近球形，直径1～2mm，两侧压扁状，背棱和中棱明显，黄绿色，有紫色斑点或白色毛。花果期4—10月。

产于松阳、乐清、瑞安、文成、平阳、苍南、泰顺。生于山坡路旁及林下溪沟边。分布于台湾和云南。缅甸也有。

图6-400　密伞天胡荽

3. 天胡荽　破铜钱　落地梅花　遍地金 （图6-401）
Hydrocotyle sibthorpioides Lam.

多年生草本。茎细长，节上生根，匍匐成片。叶片膜质，圆形或肾圆形，长0.5～2cm，宽0.5～2.5cm，基部心形，不裂或5～7浅裂，裂片边缘有钝齿，两面无毛或疏生短硬毛；叶柄长0.7～9cm，无毛或顶端有毛；托叶近半圆形，薄膜质，全缘或稍浅裂。单伞形花序与叶对生，单生于节上，花序梗纤细，长0.5～2.5cm；小总苞片卵形至卵状披针形，膜质，有黄色透明腺点；花序具5～18花；花无梗或有极短梗；花瓣绿白色，卵形，有腺点；花柱基隆起，花柱外弯。果实略呈心形，长1～1.4mm，宽1.2～2mm，两侧压扁状，中棱在果成熟时极为隆起，成熟时有紫色斑点，无毛。花果期4—9月。

产于全省各地。生于园地上、田边、草坪上、溪沟边、山坡潮湿处。分布于华东及湖南、湖北、台湾、广东、广西、云南、贵州、四川、陕西等地。东亚、东南亚、南亚也有。

全草可入药，能清热利湿、化痰止咳。

图6-401　天胡荽

3a. 破铜钱（变种）（图6-402）

var. **batrachaum** (Hance) Hand.-Mazz. ex R.H. Shan

与天胡荽的主要区别在于本变种叶片较小，3～5深裂几达基部，侧裂片间有一侧或两侧仅裂达基部1/3处，裂片楔形，先端边缘具圆钝齿。

产于宁波及杭州市区、建德、天台、龙泉等地。生于路边、草地和旷野湿润处。分布于安徽、江西、福建、湖南、湖北、台湾、广东、广西、四川。越南也有。

全草可入药，功效同天胡荽。

图6-402　破铜钱

4. 中华天胡荽 （图6-403）

Hydrocotyle hookeri (Clarke) Craib subsp. **chinensis** (Dunn ex R.H. Shan et S.L. Liou) M.F. Watson et M.L. Sheh——*H. shanii* Boufford

多年生匍匐草本，高达30cm。植株除托叶、苞片、花梗无毛外，余均被疏或密而反曲的柔毛。匍匐茎节上生根。叶片圆肾形，长2.5～7cm，宽3～8cm，掌状5～7浅裂，裂片宽卵形或近三角形，有不规则锐锯齿或钝齿，先端钝，基部心形；叶柄长4～23cm；托叶膜质。伞形花序单生于节上，腋生或与叶对生，花序梗常长于叶柄；小总苞片膜质，卵状披针形，长1～2mm，先端尖，边缘有时略呈撕裂状；小伞形花序具20～50花，花较疏散；花梗长2.5～7mm；萼齿无；花瓣白色；花柱基圆锥形。果实近球形，基部心形或截形，两侧压扁状，长1.2～2mm，宽1.5～2mm，侧面2棱明显隆起，表面平滑或皱褶，幼时呈黄绿色，成熟后呈红棕色。花果期5—11月。

产于江山、遂昌。生于山坡荒地草丛中。分布于湖南、云南、四川。

全草可药用，能清热利湿。

与缅甸天胡荽 *H. hookeri* 的区别在于后者的叶片宽卵状五边形或菱状五边形，5裂，裂片先端尖。分布于广东、云南。缅甸也有。

图6-403 中华天胡荽

5. 肾叶天胡荽 （图6-404）
Hydrocotyle wilfordii Maxim.

多年生草本，高12～45cm。茎直立或匍匐，具分枝，节上生根。叶片圆形或肾圆形，长1.2～6cm，宽1～7cm，基部心形，弯缺处开展，稀闭合状，7～9浅裂，裂片具钝圆齿，两面光滑或下面脉上疏被短硬毛；叶柄长3～20cm，上部被柔毛，下部光滑或稍有毛；托叶膜质，圆形。单伞形花序生于分枝上部，与叶对生，花序梗纤细，长于或近等长于叶柄；小总苞片膜质，细小，具紫色斑点；花无梗或有极短梗，密集成头状；花瓣卵形，白色至淡绿色；花柱基隆起，花柱初时内弯，后外弯。果实卵球形，长1～1.8mm，两侧压扁状，幼时呈草绿色，成熟时呈紫褐色或黄褐色，有紫红色斑点。花果期5—9月。

产于临安、遂昌、龙泉、庆元、瑞安、文成、苍南、泰顺。生于山谷、田野、沟边阴湿处。分布于江西、福建、广东、广西、云南、四川。朝鲜半岛、日本、越南也有。

图6-404　肾叶天胡荽

6. 长梗天胡荽 （图6-405）
Hydrocotyle ramiflora Maxim.

匍匐草本，高8～20cm。茎细长，柔弱，无毛或被柔毛。叶片圆形或圆肾形，长1～6cm，宽1.5～7cm，两面疏生短硬毛，5～7浅裂，裂片钝圆或稍呈三角状，边缘有钝锯齿，基部弯缺处稍开展成锐角或近闭合；叶柄长1～10cm，被柔毛；托叶膜质，宽卵形，全缘或微裂。单伞形花序生于茎上部各节，与叶对生，花序梗比叶柄长1～2倍；小伞形花序具多花，花密集成头状；花梗长约2mm；花瓣乳白色，卵形，具透明黄色腺点；花柱幼时内卷，果成熟时向外反曲，呈水平状。果实心状球形，长1～1.4mm，宽1.9～2.1mm，幼时呈紫红色，成熟后呈棕褐色、紫褐色至紫黑色。花果期5—8月。

产于临安、龙泉、泰顺。生于林下或荒地潮湿处。分布于我国台湾。日本也有。

本种与肾叶天胡荽很相似，区别在于后者叶片两面光滑或下面脉上疏被短硬毛，基部心形，弯缺处开展，稀闭合状；花序梗长于或近等长于叶柄。

图6-405 长梗天胡荽

7. 香菇草　铜钱草　钱币草　盾叶天胡荽（图6-406）
Hydrocotyle vulgaris L.

多年生挺水或湿生草本，高5～20cm。根状茎匍匐而发达，节上常生根，顶端呈褐色。叶片近圆形，盾状着生，直径2～6（8）cm，边缘有圆波状齿，绿色，有光泽，叶脉15～20，放射状；具长柄。聚伞花序常多轮；花小，两性，白色或黄绿色。果实宽大于长、扁平。花果期6—12月。

原产于欧洲、北美洲南部。我国有引种。全省各地有栽培，有时逸生。

生长迅速，繁殖能力强，常供水体岸边丛植、片植，但可成为难以芟除的田间杂草。

图 6-406 香菇草

❷ 积雪草属 Centella L.

多年生草本。茎细弱，匍匐。单叶；叶片肾形或近圆形，有钝齿，基部心形；叶柄长，有叶鞘。单伞形花序，花序梗极短，单生或 2~4 个聚生于叶腋；总苞片 2，膜质；伞形花序具 3 或 4 花；花小，近无柄；萼齿细小；花瓣卵圆形；雄蕊与花瓣互生；花柱与花丝等长，基部膨大。果实近球形，两侧压扁状，合生面收缩；背棱和侧棱突出，棱间有网状横纹；油管不明显。

约 20 种，分布于全球热带与亚热带地区，主产于南非。我国有 1 种；浙江也有。

积雪草　老鸦碗　大叶伤筋草　破铜钱草　（图6-407）
Centella asiatica (L.) Urban

多年生草本。茎匍匐，细长，节上生根。叶片膜质至纸质，圆形、肾形或马蹄形，长1.5～4cm，宽1.5～5cm，有钝锯齿，基部宽心形，两面无毛或在背面脉上疏生柔毛，掌状脉5～7；叶柄长2～15cm，常无毛，叶鞘透明，膜质。伞形花序2～4个聚生于叶腋；苞片常2，卵形，膜质；小伞形花序具3或4花，聚集成头状，几无柄；萼齿细小；花瓣紫红色或乳白色，卵形，膜质，长1.2～1.5mm，宽1～1.2mm；花柱长约0.6mm，与花丝近等长。果实近球形，两侧压扁状，长2.5～3mm，宽2.5～3.5mm；分生果表面有毛或平滑，背棱和侧棱突出，棱间有明显的网状横纹。花果期4—11月。

产于全省各地。生于山坡、旷野、路边、水沟边等较阴湿处。分布于华东及湖南、湖北、台湾、广东、广西、云南、四川、陕西。全球热带及亚热带地区也有。

全草可入药，能清热利湿、消肿解毒。

图6-407　积雪草

❸ 变豆菜属 Sanicula L.

草本。茎直立，有时退化。单叶；叶片近圆形或心状五角形，常掌状分裂，或三出式分裂，裂片边缘有缺刻及锯齿，或有具刺毛的重锯齿；具膜质叶鞘。复伞形花序；小伞形花序中有两性花和雄花；雄花有梗，两性花无梗或有短梗；萼齿明显，宿存；花瓣白色、黄绿色、淡蓝色或淡紫红色。果实椭球形或近球形，无心皮柄，表面密生鳞片、小瘤或皮刺；果棱不明显或稍隆起；油管的大小及排列不规则，在合生面有油管2；胚乳腹面平或凹。

约41种，主要分布于全球热带和亚热带地区。我国有18种；浙江有5种。

分种检索表

1. 花瓣白色、淡蓝色或淡紫红色。
    2. 植株高8～45cm；小伞形花序中央两性花1；果实具鳞片或小瘤状突起，或具短直皮刺，基部连成薄片或呈鸡冠状突起。
        3. 萼齿宽卵形；果实表面密被鳞片状或小瘤状突起 …………………… 1. 天目变豆菜 S. tienmuensis
        3. 萼齿条形、窄条形或刺毛状；果实具短直皮刺，基部连成薄片或呈鸡冠状突起。
            4. 茎生叶退化，3裂至不分裂；总苞片细小，长1.5～3mm；果实皮刺极短，基部连成薄片或呈鸡冠状突起 …………………… 2. 薄片变豆菜 S. lamelligera
            4. 茎生叶片较基生叶片略小，掌状3全裂；总苞片长约2cm；果实皮刺短而直，有时基部连成薄片 …………………… 3. 直刺变豆菜 S. orthacantha
    2. 植株高0.5～1m；小伞形花序中央两性花2或3；果实具顶端钩针状的皮刺 …………………… 4. 变豆菜 S. chinensis
1. 花瓣黄绿色 …………………… 5. 黄花变豆菜 S. flavovirens

1. 天目变豆菜 （图6-408）

Sanicula tienmuensis R.H. Shan et Constance

多年生草本，高20～45cm。根状茎短，侧根细长；茎光滑，有分枝。基生叶片圆心形至近圆形，长3～6cm，宽5～10cm，掌状3裂，中间裂片倒卵形，长3～6cm，宽0.5～3.5cm，侧裂片宽倒卵形，常2深裂至近基部，所有裂片先端2或3浅裂，边缘有不规则锯齿，齿端尖锐，叶柄长7～22cm；茎生叶片略小，有短柄。花序常一回至三回叉状分枝，分枝间有1小伞形花序；总苞片小，对生；伞幅3～5，不等长；小总苞片6或7，卵形；小伞形花序具6或7花，中央两性花1，无梗，周围雄花具短梗；萼齿宽卵形；花瓣白色，宽倒卵形，先端内凹；花柱向外反曲。果实坛状至球形，长约2.5mm，表面密被鳞片状或小瘤状突起；分生果侧扁，横切面呈卵状椭圆形；油管不明显。花果期4—5月。

为浙江特有种，产于安吉、临安、鄞州、宁海、天台。生于沟谷溪边或林下路边阴湿处。模式标本采自临安（西天目山五里亭）。

图 6-408　天目变豆菜

2. 薄片变豆菜　小山芹菜　水黄连　（图 6-409）
Sanicula lamelligera Hance——*S. orthacantha* S. Moore var. *longispina* H. Wolff

多年生草本，高 13～30cm。根状茎短；茎细弱，上部有少数分枝。基生叶片掌状 3 全裂，中间裂片楔状倒卵形或菱形，3 浅裂，侧裂片斜卵形，常 2 裂，裂片表面绿色或略带紫红色，叶缘具刺芒状锯齿；茎生叶片退化，3 裂至不分裂，裂片条状披针形或倒卵状披针形，长 0.3～1.5（2）cm，宽 0.2～1.5cm。花序二歧分枝；总苞片细小，条状披针形，长 1.5～3mm；伞幅 3～7；小总苞片 4 或 5，细条形；小伞形花序具 5 或 6 花，中央两性花 1，无梗，周围雄花具细梗；萼齿条形；花瓣白色或淡紫红色；花柱长约 1.5mm。果实长卵球形或卵球形，长 2.5mm，表面皮刺极短，顶端直，基部连成纵向的薄片或呈鸡冠状突起；油管 5；胚乳腹面平直。花果期 4—11 月。

产于温州及临安、宁波市区、开化、武义、莲都、龙泉、庆元、云和、青田。生于山坡林下、沟谷及溪边沙质土壤或石缝中。分布于江苏、安徽、江西、湖北、台湾、广东、广西、贵州、四川等地。日本也有。

全草可入药，能散寒止咳、通经络。

图6-409 薄片变豆菜

3. 直刺变豆菜 直刺山芹菜 （图6-410）
Sanicula orthacantha S. Moore

多年生草本，高8～40cm。根状茎短，侧根多数；茎上部稍有分枝。基生叶片掌状3全裂，中间裂片楔状倒卵形或菱形，侧裂片斜倒卵形，常2深裂至基部，具刺芒状锯齿，具长柄；茎生叶片略小，有柄，掌状3全裂，基部略呈鞘状。花序2或3出，分叉间生出1短缩的花序，侧枝上生出1或2个总状花序；总苞片3～5，大小不等，长约2cm；伞幅4～7；小总苞片5，细条形或钻形；小伞形花序具5～8花，中央两性花1，无梗，雄花5或6，有花梗；萼齿条形或刺毛状；花瓣白色、淡蓝色或淡紫红色。果实卵球形，长2.5～3mm，宽2～2.5mm，皮刺直而短，有时基部连成薄片；分生果侧扁，横切面略呈圆形；油管不明显。花果期4—9月。

产于丽水、温州及安吉、临安等地。生于沟谷溪边或林下潮湿处。分布于华东、华中、华南、西南各地。

全草可入药，能清热解毒、活血散瘀。

一三六　伞形科 Apiaceae　　411

图 6-410　直刺变豆菜

4. 变豆菜　山芹菜　鸭脚菜　犬脚迹（图 6-411）
Sanicula chinensis Bunge

多年生草本，高 0.5～1m。根状茎粗短；茎有纵沟纹，下部不分枝，上部叉状分枝。基生叶片掌状 3～5 深裂，中间裂片倒卵形，侧裂片各 1 深裂，边缘具不规则重锯齿，有长柄；茎生叶片向上渐小，近无柄，常 3 裂。伞形花序 2 或 3 出，叉状分枝，侧枝长于中间的分枝；总苞片叶状，

3深裂；小总苞片8～10，条形；小伞形花序具6～10花，雄花3～7，早落，两性花2或3，无梗；萼齿窄条形；花瓣白色，倒卵形，先端内折；花柱与萼齿等长。果实卵球形，长4～5mm，宿存萼齿喙状突出，皮刺直立，基部膨大，顶端钩针状；分生果横切面近圆形；油管5，不明显，合生面2，大而明显；胚乳腹面略凹陷。花果期4—10月。

产于安吉、杭州市区（西湖、余杭）、临安、鄞州、普陀、江山、金华市区（婺城）、永康、武义、天台、遂昌、龙泉、庆元、乐清、平阳、泰顺等地。生于山坡、山沟溪边及疏林下阴湿草丛中。分布于华东、华中、西南、西北、东北等地。俄罗斯西伯利亚地区、朝鲜半岛、日本也有。

全草可入药，能散寒止咳、活血通络。

图6-411　变豆菜

5. 黄花变豆菜 （图6-412）

Sanicula flavovirens Z.H. Chen, D.D. Ma et W.Y. Xie

多年生草本，高15～30cm。根状茎短；茎直立，光滑，不分枝。基生叶2～4，叶片膜质，肾形或扁五角形，掌状3全裂，中间裂片倒卵形，先端短尖，侧裂片宽倒卵形，常2深裂，叶缘具不规则细锯齿，齿端具小尖头；叶柄长5～20cm，具膜质鞘。伞形花序顶生，伞幅3，中间伞幅长于两侧，呈假总状轮生花序；总苞片2，叶状，对生，无柄，3全裂；小总苞片8～12，条形；小伞形花序具11～24花，雄花8～21，中央两性花3；雄花萼齿披针形，花瓣黄绿色，内折，花丝长于花瓣；中央两性花无梗，萼齿三角状披针形，花柱2，向外反曲。果实卵球形，长3.5mm，萼齿宿存，基部有小瘤状突起，中上部具较长、顶端略弯曲的皮刺；分生果侧扁，横切面近圆形；油管不明显；胚乳腹面平直。花果期4—5月。

产于余姚（四明山）、磐安（大盘山）、临海（括苍山）。生于海拔660～1300m的山坡林缘、沟谷草丛中。模式标本采自磐安（大盘山）。

图6-412　黄花变豆菜

4 峨参属 Anthriscus Hoffm.

二年生或多年生草本。具细长圆锥状根。茎直立，圆柱形。羽状复叶；叶片三出式羽状分裂或羽状多裂。复伞形花序；总苞片无；小总苞片数枚，向外反折；花杂性；萼齿不明显；花瓣白色或黄绿色；花柱基圆锥形，花柱短，心皮柄常不裂。果实狭长卵球形，上部尖细成喙，基部圆钝，具1环刚毛，两侧压扁状；分生果横切面近圆形，无毛，主棱平钝，无次棱；油管不明显；胚乳腹面有深槽。

20余种，分布于亚洲、欧洲、非洲、美洲。我国有2种；浙江有1种。

峨参　小叶山水芹　（图6-413）
Anthriscus sylvestris (L.) Hoffm.

多年生草本，高0.6～1.5m。根粗壮。基生叶片卵状三角形，二回至三回羽状分裂，一回羽片有长柄，卵形至宽卵形，长6～12cm，宽3～8cm，二回羽片3或4对，有短柄，卵状披针形，羽状全裂或深裂，末回裂片卵形或椭圆状卵形，有粗锯齿，背面疏生柔毛，叶柄长，基部有叶鞘；茎上部叶有短柄或无柄，基部呈鞘状。复伞形花序；伞幅4～15，不等长；小总苞片3～8；花白色，常带绿色或黄色；花柱较花柱基长2倍。果实狭长卵球形，长6～10mm，宽1～1.5mm，光滑或疏生小瘤点，顶端渐狭成喙状，基部圆钝，具1环白色刚毛，合生面明显收缩；分生果横切面近圆形；胚乳有深槽。花果期3—6月。

产于安吉、杭州市区、临安等地。生于山坡林下、林缘或溪谷边。分布于江苏、安徽、江西、湖北、云南、四川、甘肃、新疆、内蒙古等地。欧洲、北美洲也有。

根可入药，能补中益气、活血祛瘀。

图6-413　峨参

5 香根芹属 Osmorhiza Raf.

草本。根有香气。茎直立。羽状复叶；叶片二回至三回羽状分裂或二回三出式羽状分裂。复伞形花序；总苞片少数或无，不分裂；小总苞片4或5，早落，或缺；花瓣白色、紫红色或黄绿色，匙形至倒卵形；花柱基圆锥形，花柱细长，心皮柄2裂至中部。果实棍棒状，顶端尖细成喙，基部尖细成尾状，两侧微压扁状，主棱线形，尖锐，棱上及果柄上部被刺毛，无次棱；油管不明显；胚乳腹面内凹。

约10种，东亚和北美洲间断分布。我国有1种；浙江也有。

香根芹 长果窃衣 雄峨参 （图6-414）
Osmorhiza aristata (Thunb.) Rydb.

多年生草本。主根圆锥形，有香气。茎绿色或稍带紫红色。基生叶片宽三角形或近圆形，二回至三回羽状分裂或二回三出式羽状复叶，羽片2～4对，末回裂片卵形至卵状披针形，两面被短糙毛或仅脉上有毛；叶柄疏被开展长毛，叶鞘狭窄，膜质。复伞形花序长于叶；总苞片1～4，早落；伞幅3～5，不等长；小总苞片4或5，背面或边缘有毛，常反折；小伞形花序具1～4孕性花，不孕花花梗短小；萼齿不明显；花瓣白色，倒卵圆形；花柱基圆锥形，花柱略长于花柱基。果实棍棒状，长1～2cm，宽2～2.5mm，基部尾尖，果棱有向上的刺毛；分生果横切面圆状五角形；胚乳腹面内凹。花果期5—9月。

产于安吉、杭州市区（余杭）、临安、庆元（百山祖）。生于山坡林下、溪边及路旁草丛中。分布于华东、华中、西南、东北。东北亚及俄罗斯西伯利亚地区、印度也有。

果实及根可入药，根能散寒、发表、止痛，果实能驱虫、止痢、利尿。

图6-414 香根芹

6 窃衣属 Torilis Adans.

草本。全体被刺毛、粗毛或柔毛。根细长。茎直立,分枝非二歧状。羽状复叶;叶片一回至二回羽状分裂或多裂。复伞形花序;总苞片数枚或无,不分裂;小总苞片2~8,条形或钻形,不分裂;萼齿三角形,尖锐;花瓣白色或紫红色,倒卵形,背部中间至基部有粗伏毛;花柱基圆锥形,花柱短。果实卵球形或椭球形,顶端圆钝,具心皮柄;主棱线形,次棱及槽间具基部小瘤状的皮刺;胚乳腹面凹陷。

约20种,分布于欧洲、亚洲、南美洲、北美洲、非洲热带地区及新西兰。我国有2种;浙江均有。

1. 小窃衣 破子草 (图6-415)
Torilis japonica (Houtt.) DC.

一年生或多年生草本。茎上部多分枝,表面有细槽及刺毛。基部和茎下部叶片三角状卵形至卵状披针形,一回至二回羽状分裂,羽片卵状披针形,两面疏生伏贴的粗毛。复伞形花序顶生和侧生,花序梗有倒生刺毛;总苞片3~6,条形或钻形;小总苞片7或8,条形或钻形;小伞形花序具4~12花;花梗长1~5mm,短于小总苞片;萼齿细小,三角状披针形;花瓣白色或紫红色;花柱基圆锥形,花柱幼时直立,果成熟时向外反曲。果实卵球形,成熟时呈黑紫色,长1.5~4mm,宽1.5~2.5mm,常有内弯或呈钩状的皮刺,皮刺基部扩展,粗糙;每棱槽内油管1;胚乳腹面凹陷。花果期4—10月。

图6-415 小窃衣

产于全省各地。生于山坡向阳路边、林缘、河沟、溪边草丛中。除新疆、内蒙古、黑龙江外，全国均有分布。亚洲温带地区、欧洲、北非也有。

果和根可药用，能驱虫、消炎。

2. 窃衣 （图6-416）

Torilis scabra (Thunb.) DC.

二年生草本。茎分枝，常带紫红色，具倒向贴生短硬毛。基部和茎下部叶片二回羽状全裂，羽片披针形至卵形，两面具短硬毛。复伞形花序，花序梗长3～10cm，密生糙伏毛；总苞片常缺，稀1或2，条形，长2～3mm；伞幅3～5，长1～3cm；小总苞片2～6，钻形，长2～6mm；小伞形花序具2～6花；花梗长3～8mm；花瓣白色，略带淡紫色，先端内曲。果实长球形，长4～7mm，宽2～4mm，表面密被斜上内弯的皮刺。花果期4—11月。

产于全省各地。生于向阳山坡、荒地和溪边路旁草丛中。分布于华东、华中、西南、西北各地。日本也有。

本种与小窃衣酷似，主要区别在于后者总苞片3～6，小伞形花序具4～12花；果实卵球形，长1.5～4mm，宽1.5～2.5mm。

图6-416 窃衣

7 芫荽属 Coriandrum L.

草本。全株有强烈气味。根细长，纺锤形。茎直立。羽状复叶，基生叶与茎生叶常二型；叶片膜质，一回至多回羽状分裂，裂片有齿，羽状脉；叶柄有鞘。复伞形花序；总苞片常无；伞幅少数；小总苞片数枚，条形；萼齿明显，大小不等；花瓣倒卵形，先端内凹，花序外缘的花瓣通常有辐射瓣；花柱基圆锥形，花柱细长而开展。果实球形，成熟后不分离，外果皮薄而坚硬，光滑，无刺或刚毛；主棱及次棱明显，无翅；胚乳腹面内凹。

2种，分布于地中海地区。我国引入1种；浙江也有栽培。

芫荽 香菜 香荽 胡荽 （图6-417）
Coriandrum sativum L.

一年生或二年生草本，高0.2～1m。全体无毛，有强烈气味。根纺锤形，细长。茎直立，多分枝。基部和茎下部叶片一回至二回羽状全裂，羽片广卵形或楔形，边缘深裂，或有钝锯齿或缺刻，叶柄长2～8cm；茎中部及上部叶片三回至多回羽状分裂，末回裂片狭条形，先端钝，全缘，叶柄鞘状。复伞形花序，花序梗长2～8cm；伞幅3～7；小总苞片2～5，条形；小伞形花序

图6-417 芫荽

具4～13花；萼齿不等大，小者卵状三角形，大者长卵形；花瓣白色或带淡紫色，倒卵形，长1～1.2mm，先端有内凹小舌片，辐射瓣长2～4mm，2裂；花柱幼时直立，果成熟时向外反曲。果实球形；主棱与次棱明显，次棱波形曲折；胚乳腹面内凹。花果期4—11月。

原产于意大利。西汉时由张骞从西域带回，现我国大部分地区有栽培。全省各地常栽培。

茎叶可作蔬菜和香料，能健胃消食；果实可入药，能祛风、透疹、健胃、祛痰，也可提取芳香油。

❽ 东俄芹属 Tongoloa Wolff

多年生草本。根圆锥形。茎直立，有分枝，无白霜。羽状复叶；叶片三角形至宽卵状披针形，二回至三回三出式羽状分裂，裂片有齿，羽状脉；具膜质叶鞘。复伞形花序；总苞片和小总苞片少数，或无；萼有齿，大小近相等；小伞形花序央花和缘花的花瓣一型，基部狭窄，呈爪状；花柱基平压状，花柱短。果实卵球形，横切面近四方状五角形，无刺或刚毛，无翅，外果皮柔软；果棱5，丝状，明显突起，无翅；每棱槽内油管2或3，合生面2～4；胚乳腹面凹陷成沟槽。

约8种，主产于西南、西北，少数分布于华东及湖北；浙江有1种。

牯岭东俄芹　史氏东谷芹　（图6-418）
Tongoloa stewardii Wolff

多年生草本，高0.3～1m。根圆锥形。茎直立，无毛，中空，有分枝。基生叶片宽三角形，二回至三回三出式羽状分裂，二回

图6-418　牯岭东俄芹

羽片3～6对，下部者羽片有柄，上部者无柄，末回裂片卵形至卵状披针形，边缘齿状或羽状浅裂；叶柄长10～38cm，叶鞘边缘膜质，抱茎。复伞形花序，花序梗长5～15cm；总苞片1～3，条形；伞幅11～15；小总苞片3～6，线形；小伞形花序具9～20花；萼齿明显；花瓣白色，卵圆形至倒卵形，无内折小舌片，中脉1；花柱基隆起，花柱长，向外反曲。果实卵球形，基部心形，长2.5～3mm，宽2～3mm，顶端及合生面略收缩；分生果主棱5；每棱槽内油管2或3，合生面4。花果期6—11月。

产于安吉（龙王山）、临安（西天目山、昌化）。生于落叶阔叶林下。分布于安徽、江西、福建、云南。

⑨ 明党参属 Changium Wolff

多年生草本。全体无毛，具白霜。根粗壮。茎直立。羽状复叶；叶片二回至三回三出式羽状全裂，裂片有齿，羽状脉；叶柄长，有膜质叶鞘。复伞形花序；总苞片常无；伞幅4～10；小总苞片少数；萼齿5，大小近相等；小伞形花序央花和缘花的花瓣一型，白色，长圆形或卵状披针形；花柱基略隆起，花柱向外反折。果实卵球形至卵状椭球形，两侧压扁状，横切面近圆形，外果皮柔软，无刺或刚毛；分生果具10～12条不明显的纹状棱，无翅；每棱槽内油管3，合生面2；胚乳腹面凹陷成沟槽。

我国特有属，仅1种，分布于华东；浙江也有。

明党参 山萝卜 粉沙参 （图6-419）
Changium smyrnioides Wolff

多年生草本，高0.5～1m。全体无毛，具白霜。主根粗短，纺锤形，或细长而呈圆柱形，表面棕褐色或淡黄色，内部白色。茎直立，中空，有疏散而开展的分枝。基生叶片二回至三回三出式羽状全裂，一回羽片广卵形，二回羽片卵形或长圆状卵形，三回羽片卵形或卵圆形，基部截形或近楔形，边缘3～5裂或具羽状缺刻，末回裂片长圆状披针形，叶柄长；茎上部叶片缩小成鳞片状或鞘状。复伞形花序顶生和侧生，花序梗长2～11cm；总苞片无，稀1～3，条状锥形；伞幅4～10；小总苞片少数，钻形或条形；小伞形花序具6～15花；萼齿小；花瓣白色；花柱基隆起，果成熟时向外反曲。果实卵球形至卵状椭球形，长2～3mm；果棱不明显。花果期4—6月。

产于湖州市区、长兴、安吉、杭州市区、临安、诸暨、嵊州、宁海、浦江、天台等地。生于石灰岩丘陵疏林下、林缘土质肥厚处。分布于江苏、安徽、江西、湖北、四川。模式标本采自湖州市区（弁山）。

根可入药，能清肺、化痰、平肝、和胃、解毒。

一三六　伞形科 Apiaceae

图6-419　明党参

⑩ 柴胡属　Bupleurum L.

草本。全株无毛。茎直立。单叶；叶片倒披针形、条形、条状披针形至卵形、狭卵形，全缘，叶脉平行；基生叶具柄，茎生叶常无柄而基部抱茎，或被茎贯穿。复伞形花序；总苞片和小总苞片叶状；花两性；萼齿不明显；花瓣常黄色；花柱基扁盘形，花柱短。果实椭球形或卵状椭球形，近两侧压扁状，无鳞片、小瘤、皮刺或刚毛；果棱线形，稍呈狭翅状或不明显；每棱槽内油管1～6，合生面2～6；心皮柄2裂至基部。

180余种，主要分布于北半球温带和亚热带地区。我国有42种，产于南北各地，主产于西北和西南高原山地；浙江有3种。

本属植物约有20种可用作中药"柴胡"。

分种检索表

1. 茎中部叶片卵形、椭圆形至匙状椭圆形，或倒披针形、长圆状披针形，较宽阔，宽0.6～7cm；主根表面黄褐色或褐色；茎基部无叶鞘残基。
   2. 茎中部叶片卵形、椭圆形至匙状椭圆形，宽3～7cm，基部心形，具耳 ……………………………………………………………………………… 1. 大叶柴胡 B. longiradiatum
   2. 茎中部叶片倒披针形或长圆状披针形，宽0.6～1.8cm，基部渐狭成柄 ……… 3. 北柴胡 B. chinense
1. 茎中部叶片条形或条状披针形，较狭窄，宽0.2～0.7cm；主根表面红褐色；茎基部有毛刷状叶鞘纤维 ……………………………………………………………… 2. 红柴胡 B. scorzonerifolium

1. 大叶柴胡 （图6-420）

Bupleurum longiradiatum Turcz.

多年生草本，高达1.5m。主根质坚硬，表面黄褐色。茎单生，上部多分枝，基部无纤维状叶鞘残基。基生叶片宽卵状披针形，长8～17cm，宽3～5.5cm，基部楔形缢缩成柄，叶鞘抱茎，带紫色；茎中部叶片卵形、椭圆形至匙状椭圆形，长10～20cm，宽3～7cm，基部心形抱茎，具耳，无柄。复伞形花序多数；总苞片1～5，黄绿色，披针形，具3脉；伞幅5～8，不等长；小总苞片3～6，披针形；小伞形花序具5～16花；萼齿不明显；花瓣黄色，扁圆形，先端内折，舌片宽而长；花柱基扁而肥厚，花柱很长。果实长椭球形，长4～7mm，宽2～2.5mm，暗褐色，被白粉，横切面近圆状五角形；果棱丝状；每棱槽内油管3或4，合生面4～6。花果期7—11月。

产于临安、天台、仙居、乐清、泰顺。生于海拔800m左右的山坡路边林下、溪旁草丛中。分布于东北及安徽、甘肃、内蒙古等地。

图6-420 大叶柴胡

本省尚有变型南方大叶柴胡form. **australe** R.H. Shan et Yin Li(图6-421)，植株较高大粗壮；茎中部以上的叶片披针形或狭倒卵形，基部渐窄而呈楔形或圆楔形，不抱茎；花瓣黄色，中脉带紫色；果实椭球形，长5～8mm。产于安吉、临安、开化、天台、临海、缙云、莲都、乐清等地。生于向阳山地林下或灌丛中。分布于安徽、江西。模式标本采自临安（西天目山）。

大叶柴胡与南方大叶柴胡的根有毒，不可代"柴胡"入药。

图6-421　南方大叶柴胡

2. 红柴胡

Bupleurum scorzonerifolium Willd.

多年生草本，高30～60cm。主根圆锥形，表面红褐色。茎略呈"之"字形曲折，基部有毛刷状叶鞘纤维。基生叶下部略收缩成叶柄，余无柄；茎中部叶片条形或条状披针形，长6～16cm，宽2～7mm，先端长渐尖，基部稍变窄抱茎，质厚，常对折或内卷，具3～5脉，两脉间有隐约平行的细脉，叶缘白色软骨质；上部叶小，同形。复伞形花序圆锥状，松散，多分枝；总苞片1～3，钻形；伞幅3～6（10），长0.6～2cm；小总苞片5，条状披针形，细而尖锐；小伞形花序具（6）9～11（15）花；花瓣黄色，先端2浅裂；子房主棱明显，表面常有白霜，花柱基厚垫状，宽于子房，柱头向两侧弯曲。果实宽椭球形，长2.5mm，宽2mm，深褐色；果棱浅褐色，粗钝，突出；每棱槽内油管5或6，合生面4～6。花果期7—9月。

分布于华北、东北及江苏、安徽、广西、陕西。浙江不产。

本省尚有变型少花红柴胡form. **pauciflorum** R.H. Shan et Yin Li(图6-422)，伞幅2或3（5），长3～12mm；小伞形花序具4～6（8）花。产于长兴。生于海拔300m左右的向阳山坡上。分布于江苏、安徽。

根可作"柴胡"入药，多于春季采收，嫩苗称"春柴胡"，又称"芽胡"。

图6-422 少花红柴胡

3. 北柴胡　竹叶柴胡　韭叶柴胡　（图6-423）
Bupleurum chinense DC.

多年生草本，高达90cm。主根褐色，质坚硬。茎直立，有细纵槽纹，上部多分枝，呈"之"字形曲折，基部无纤维状叶鞘残基。基生叶片披针形，先端渐尖，基部收缩成柄，早枯；茎中部叶片倒披针形或长圆状披针形，长4～10cm，宽6～18mm，先端渐尖或急尖，有短芒尖头，基部渐狭成柄，下面常有白霜；茎上部叶片同形，渐小。复伞形花序多数；总苞片2或3，狭披针形，或无；伞幅3～8，纤细，不等长；小总苞片5，披针形，顶端尖锐；小伞形花序具5～10花；萼齿不明显；花瓣黄色，先端狭窄，内折；花柱基扁圆锥形，花柱极短。果实卵球形或椭球形，两侧略扁；果棱狭翅状；每棱槽内油管常3，合生面4。花果期8—10月。

产于本省北部、西部、东部、中部各地。生于山坡林

图6-423 北柴胡

一三六　伞形科 Apiaceae

下、路旁草丛中。分布于华东、华中、华北、西北和东北等地。

根可入药，为常用中药材，能解表和里、升阳、解郁。

11 细叶旱芹属 Cyclospermum Lag.

草本。全株无毛，无浓烈茴香气味。茎纤细，直立。羽状复叶；叶片三回至四回羽状全裂，裂片纤细，丝线状，全缘，脉不清晰；叶鞘膜质。复伞形花序；总苞片和小总苞片无；伞幅2～5；萼齿不明显；小伞形花序央花和缘花的花瓣一型，卵形，白色、带绿色或粉红色，先端急尖，不内折，中肋突出；花柱基圆锥形，花柱短或退化。果实卵球形至球形，两侧略压扁状，外果皮柔软，无刺或刚毛；果棱圆钝，无翅；每棱槽内油管1，合生面2；胚乳腹面近平直；心皮柄顶端2裂。

约3种，分布于美洲热带和温带地区，其中1种在全球热带和温带地区广泛归化。我国归化1种，主要分布于东南沿海地区；浙江也有。

细叶旱芹 （图6-424）

Cyclospermum leptophyllum (Pers.) Sprague —— *Apium leptophyllum* (Pers.) Muell. ex Benth.

一年生草本。根圆锥形。茎纤细，多分枝。基生叶片椭圆形至卵状椭圆形，长2～10cm，三回至四回羽状全裂，末回裂片细条形至丝状；茎生叶片三出式羽状全裂，向上渐小，叶柄呈鞘

图6-424　细叶旱芹

状。复伞形花序，花序梗短或无；总苞片和小总苞片无；伞幅2或3（5），长1~2cm；小伞形花序具5~20花；萼齿无；花瓣白色、绿白色或浅粉红色，卵圆形，先端内折成小舌片；花柱基压扁状，花柱极短。果实近球形，长1.5~2mm；分生果具5棱，圆钝；每棱槽内油管1，合生面2。花期4—5月，果期6—7月。

原产于南美洲。全球热带和温带地区广泛归化。江苏、福建、台湾、广东等地有归化。全省各地有归化。生于荒地、河岸、路旁、溪沟边草丛中及草坪上。

⑫ 旱芹属 Apium L.

草本。茎直立，无毛。羽状复叶；叶片膜质，一回至二回羽状分裂至三出式羽状分裂，边缘有锯齿，羽状脉。复伞形花序或单伞形花序；总苞片和小总苞片无或显著；伞幅开展；萼齿小，大小近相等，或无；小伞形花序央花和缘花的花瓣一型，常白色，先端有内折小舌片；花柱基短圆锥形，花柱短，反曲。果实球形或椭球形，两侧压扁状，外果皮柔软，无刺或刚毛；果棱尖锐，无翅；每棱槽内油管1，合生面2；胚乳腹面平直；心皮柄常不分裂。

约20种，分布于全球温带地区。我国引入1种；浙江也有栽培。

旱芹 芹菜 药芹（图6-425）
Apium graveolens L.

二年生或多年生草本，高达1.5m。全株无毛，有浓香。茎有棱角。基生叶片长圆形至倒卵形，一回至二回羽状分裂，长7~18cm，3裂达中部或3全裂，裂片卵形或近圆形，边缘有锯齿，叶柄长，基部扩大成膜质叶鞘；茎生叶与基生叶相似，有短柄，基部呈狭鞘状抱茎；上部叶简

图6-425　旱芹

化，裂成3小叶。复伞形花序，花序梗长短不等；总苞片和小总苞片无；伞幅4～15；小伞形花序具10～30花；萼齿小；花瓣白色或黄绿色，圆卵形，先端有内折小舌片；花柱基压扁状，花柱幼时极短，成熟时反曲。果实球形或椭球形，横切面圆五角形；果棱丝状，尖锐；每棱槽内油管1，合生面略收缩，具油管2；胚乳腹面平直。花果期4—7月。

原产于欧亚大陆，现世界各地广泛栽培。我国南北各地广泛栽培。全省各地均有栽培。

茎、叶可作蔬菜食用，能降压；果实含芳香油。

⑬ 鸭儿芹属 Cryptotaenia DC.

草本。茎直立，有分枝。复叶；叶片膜质，一回三出式分裂，裂片宽大，有齿，羽状脉。圆锥状复伞形花序；总苞片和小总苞片有或无；伞幅少数，极不等长；萼齿无或细小；花瓣白色，倒卵形，基部不呈囊状；花柱基圆锥形，花柱短，直立或向外叉开。果实柱状椭球形，横切面近圆形，侧面稍压扁状，光滑，无刺或刚毛；果棱5，各棱近相等，细线状，圆钝，无翅；每棱槽内油管1～3，合生面2～4；胚乳腹面平直。

5或6种，产于欧洲、非洲、北美洲、东亚。我国有1种；浙江也有。

鸭儿芹　鸭脚菜　（图6-426）
Cryptotaenia japonica Hassk.

多年生草本。全体无毛。茎略带淡紫色。叶片一回三出式分裂；基部和茎下部叶片三角形至宽卵形，中间裂片菱状倒卵形或心形，先端短尖，基部楔形，侧裂片斜倒卵形至长卵形，与中间裂片近等大，所有裂片边缘有重锯齿，叶柄长5～20cm，叶鞘边缘膜质；茎中上部叶的叶柄渐短，基部呈狭鞘状或全部呈鞘状；最上部叶的叶柄全部呈鞘状，裂片披针形。复伞形花序呈圆锥状，花序梗不等长；总苞片和小总苞片各1～3，条形，早落；伞幅2，不等长；小伞形花序具2或3花；花梗极不等长；萼齿细小；花瓣白色；花柱基圆锥形，花柱短而直立。果实柱状椭球形，长4～6mm，宽2～2.5mm；主棱5。花期4—5月，果期6—10月。

图6-426　鸭儿芹

产于全省丘陵山区。生于林下、路边阴湿处。分布于全国大部分地区。北亚、东亚也有。嫩茎叶可作野菜；全草可入药，能活血祛瘀、镇痛止痒。

14 囊瓣芹属 Pternopetalum Franch.

草本。茎直立。羽状复叶；叶片一回至三回三出式分裂或三出式羽状分裂，裂片狭小，全缘，脉不清晰。复伞形花序；常无总苞，有时有叶状假总苞；伞幅不等长或近等长；萼齿小；花瓣白色或带浅紫色，基部内弯成囊状；花柱基圆锥形，花柱常直立。果实狭长椭球形，两侧压扁状，无刺或刚毛；果棱5，无翅；每棱槽内油管1~3，合生面2~6；胚乳腹面平直；心皮柄2裂。

约25种，分布于东亚和喜马拉雅地区。我国有23种，主要分布于西南，以四川、云南最多；浙江有1种。

东亚囊瓣芹 （图6-427）
Pternopetalum tanakae (Franch. et Sav.) Hand.-Mazz.

多年生草本，高10~30cm。根状茎纺锤形，具瘤状小节。茎常单生，不分枝，光滑。基生叶片卵状三角形，近三出式二回羽状分裂，末回裂片狭倒披针形，叶柄长2~10cm，基部有宽卵形膜质叶鞘；茎生叶1或2，叶片一回至二回三出分裂，末回裂片条形，长1~3cm，宽约2mm，极

图6-427　东亚囊瓣芹

稀三出式羽状分裂，无柄或有短柄。复伞形花序无总苞；伞幅5~25，长1.5~3cm；小总苞片1~3，披针形，长约1mm；小伞形花序具2或3花；萼齿细小；花柱基扁圆锥形，花柱短而叉开。果实狭长椭球形，长约2.5mm，宽约1mm，横切面近圆形；果棱不明显；每棱槽内油管1；胚乳腹面平直。花果期4—8月。

产于临安（西天目山）。生于海拔1300m的山坡林下阴湿处。分布于安徽、福建、湖北、贵州、宁夏等地。朝鲜半岛、日本也有。

a. 假苞囊瓣芹（变种）（图6-428）
var. fulcratum Y.H. Zhang

复伞形花序下常具1或2枚一回至二回三出分裂的假总苞片；末回裂片条形，长1~2.5cm，宽1~2mm；果实长1.5~2.5mm。

产于临安、建德、遂昌、松阳、龙泉、庆元、景宁。生于林下阴湿处，常与苔藓混生。分布于安徽、江西、福建。模式标本采自遂昌（九龙山）。

图6-428 假苞囊瓣芹

15 茴芹属 Pimpinella L.

草本。茎通常直立。羽状复叶；叶片三出式分裂、三出式羽状分裂或羽状分裂，有时不分裂，裂片有齿，羽状脉。复伞形花序；总苞片及小总苞片不发达，小而早落，不反折，或无；萼齿不明显；小伞形花序央花和缘花的花瓣一型，白色，稀淡紫色，卵形或倒卵形；花柱基短圆锥形，花柱下弯。果实卵球形，两侧压扁状，外果皮薄而柔软，无毛或有柔毛；分生果具5果棱，丝状，无翅；每棱槽内油管1~4，合生面2~6；胚乳腹面平直或略凹陷；心皮柄2裂。

约150种，产于欧洲、亚洲、非洲，少数产于美洲。我国有44种；浙江有4种。

分种检索表

1. 果有柔毛；萼无齿。
　　2. 基生叶常为单叶；茎被白色柔毛 ·· **1. 异叶茴芹　P. diversifolia**
　　2. 基生叶为复叶，叶片二回羽状分裂或二回三出式羽状全裂；茎无毛或微被柔毛 ·····················
　　　··· **2. 直立茴芹　P. smithii**
1. 果无毛；萼有齿。
　　3. 基生叶和茎下部叶片一回至二回三出羽状分裂，裂片卵形至长卵形，边缘有锯齿或钝齿 ············
　　　··· **3. 朝鲜茴芹　P. koreana**
　　3. 基生叶和茎下部叶片二回三出羽状分裂，裂片卵状披针形或菱形，边缘有锐锯齿 ···················
　　　··· **4. 锐叶茴芹　P. arguta**

1. 异叶茴芹　苦爹菜　鹅脚板　百路通　（图6-429）
Pimpinella diversifolia DC.

多年生草本，高0.5~1.2m。茎单生，被白色柔毛，上部分枝。叶二型；基生叶常为单叶，不裂或3裂，有长柄；茎中部和下部叶片三出分裂或羽状分裂；茎上部叶片较小，羽状分裂或3全裂，裂片有锯齿，有短柄或无柄，具叶鞘。复伞形花序；总苞片缺，稀2~4，披针形；伞幅6~15，长短不等；小总苞片1~8，条形；小伞形花序具10~15花；萼无齿；花瓣白色，倒卵形，

图6-429　异叶茴芹

先端凹陷，有内折小舌片，背面有毛；花柱基圆锥形，花柱长为花柱基的2～3倍，果未成熟时直立，后向两侧弯曲。果实心状卵球形，有柔毛；果棱线形；每棱槽内油管2或3，合生面4～6；胚乳腹面平直。花果期7—11月。

产于全省山区和中南部丘陵地区。生于山坡林下、林缘阴湿处。分布于华东、华中、华南、西南。日本、越南、印度、尼泊尔、巴基斯坦、阿富汗也有。

全草可入药，能祛风活血、解毒消肿。

2. 直立茴芹 （图6-430）
Pimpinella smithii Wolff

多年生草本，高可达1.5m。根长圆锥形。茎多分枝，无毛或微被柔毛。基生叶和茎下部叶片二回羽状分裂或二回三出式羽状全裂，小裂片卵圆形至卵圆状披针形，长1～10cm，宽0.5～4cm，所有裂片上面疏被毛，下面沿脉有糙毛，边缘均有锯齿，齿有小芒尖，叶柄长5～20cm；茎上部叶片二回三出分裂、一回羽状分裂或仅2裂、3裂，裂片卵圆状披针形或披针形。复伞形花序二歧分枝；常无总苞片；伞幅5～25；小总苞片3～5，条形；小伞形花序具6～12花；萼无齿；花瓣白色，卵形；花柱基隆起，花柱细，短于花瓣。果实心状卵球形，直径约2mm，有柔毛，两侧压扁状；果棱线形；每棱槽内油管2～4，合生面4～6；胚乳腹面平直。花果期7—10月。

产于安吉、临安、象山。生于山坡林下、林缘草丛中。分布于湖北、河南、广西、四川、陕西、甘肃、青海、山西。

图6-430 直立茴芹

3. 朝鲜茴芹 （图6-431）

Pimpinella koreana (Y. Yabe) Nakai —— *P. nikoensis* Y. Yabe var. *koreana* Y. Yabe —— *Spuriopimpinella koreana* (Y. Yabe) Kitagawa

多年生草本，高40～60cm。侧根呈须根状。茎直立，圆管状，上部具2或3分枝。基生叶片一回至二回三出羽状分裂，裂片卵形至长卵形，基部截形或楔形，先端长尖，边缘具锯齿或钝齿，脉上有毛，叶柄长5～12cm，基部扩大成鞘；茎中部和下部叶与基生叶同形；茎上部叶片较小，裂片披针形，无柄。复伞形花序；常无总苞片，稀2或3，条状披针形；伞幅5～15，不等长；小总苞片2～6，条状披针形，短于花梗；小伞形花序具10～20花；萼齿披针形；花瓣卵形，白色，基部楔形，先端微凹，有内折小舌片；花柱基圆锥形，花柱较长，向两侧弯曲。果实卵球形，无毛；果棱线形；每棱槽内油管2或3，合生面4；胚乳腹面平直。花果期7—10月。

产于临安、奉化、云和。生于海拔600m左右的沟谷阴湿林下。朝鲜半岛、日本也有。

图6-431 朝鲜茴芹

4. 锐叶茴芹 （图6-432）

Pimpinella arguta Diels

多年生草本，高达1m。根圆柱形。茎直立，上部具1或2分枝。基生叶和茎下部叶片二回三出羽状分裂，裂片卵状披针形或菱形，长2～6cm，宽1～2cm，先端常尖尾状，边缘有锐锯齿，背面叶脉上有毛，叶柄长达10cm；茎上部叶片较小，3裂，裂片卵状披针形或披针形。复伞形花序；总苞片2～6，条状披针形；伞幅9～20，不等长；小总苞片3～8，条状披针形，短于果柄；小伞形花序具10～25花；萼齿披针形；花瓣卵形，白色，基部楔形，先端凹陷，有内折小舌片；花柱基圆锥形，花柱长于花柱基，向两侧弯曲。果实卵球形，常仅1个分生果发育，无毛；果棱不明显；每棱槽内油管3，合生面4；胚乳腹面平直。花果期6—9月。

产于安吉、临安、莲都。生于山地沟谷或林缘草丛中。分布于华中、西南及安徽、广西、陕西、甘肃。

图6-432 锐叶茴芹

16 羊角芹属 Aegopodium L.

多年生草本。茎直立,有匍匐状根状茎。羽状复叶;基生叶和茎下部叶片三出或三出式二回至三回(稀四回)羽状分裂,茎上部叶片三出式羽状分裂,边缘有锯齿,羽状脉。复伞形花序;无总苞片和小总苞片;萼齿不明显或无;小伞形花序央花和缘花的花瓣一型,倒卵形;花柱基圆锥形,花柱细长,开展,顶端叉开成羊角状。果实卵球形,两侧压扁状,外果皮柔软,光滑,无刺或刚毛,横切面近圆形;主棱丝状,无翅;油管无;胚乳腹面平直;心皮柄顶端2浅裂。

约7种,分布于亚洲、欧洲。我国有5种;浙江有1种。

湘桂羊角芹 （图6-433）
Aegopodium handelii Wolff

多年生草本。茎粗壮，圆柱形，具沟纹，中空，分枝开展。基生叶果时枯萎；下部的茎生叶片三出式三回至四回羽状分裂，末回裂片卵形或宽卵形，先端渐尖，基部楔形，边缘不规则浅裂或具缺刻状裂齿，两面叶脉及齿缘微粗糙；茎上部叶片渐小，三出式羽状分裂。复伞形花序，花序梗粗糙；无总苞片和小总苞片；伞幅9～11，略粗糙；小伞形花序具多花；花梗不等长；萼齿退化；花瓣白色；花柱基圆锥形，花柱在花后向下反折。果实长椭球形至长卵球形，长约3.5mm，宽约2mm，两侧略压扁状，横切面近圆形；主棱丝状。花果期7—8月。

产于淳安（铜山）、衢州市区（衢江千里岗）、莲都（峰源）、泰顺（垟溪）。生于山谷灌木丛中。分布于江西、福建、湖南、广西、贵州。

图6-433 湘桂羊角芹

17 白苞芹属(紫茎芹属) Nothosmyrnium Miq.

多年生草本。茎直立。羽状复叶,基生叶与茎生叶同形;叶片二回至三回羽状分裂,末回裂片卵形、长圆状卵形或披针状长圆形,边缘有锯齿,羽状脉。复伞形花序;总苞片和小总苞片发达,边缘膜质,大而宿存,反折;萼齿不明显;小伞形花序央花和缘花的花瓣一型,白色;花柱基短圆锥形,花柱细长而开展。果实卵球形,外果皮薄而柔软,无刺或刚毛,两侧压扁状,合生面收缩;分生果背棱与中棱线形,侧棱常不明显,无翅;每棱槽内油管数条,合生面2;胚乳腹面略凹陷。

2种,分布于东亚。我国均有;浙江有1种。

白苞芹 紫茎芹 藁本 (图6-434)
Nothosmyrnium japonicum Miq.

多年生草本,高达1.2m。全体疏生细柔毛。茎直立,粗壮,青紫色,有纵纹。基生叶和茎下部叶片卵状长圆形,二回羽状分裂,一回羽片有柄,二回羽片有柄或无,卵形至卵状长圆形,先端急尖,顶生小叶片不裂或3裂,边缘有重锯齿,两面有疏柔毛,叶柄长3~12cm,基生叶柄长达22cm,基部有鞘;茎上部叶片渐小。复伞形花序,花序梗长10~15cm;总苞片1~4,披针形或卵形,长约1.5cm,顶端长尖,边缘膜质;伞幅7~12,弧形展开;小总苞片3~6,卵形或披针形,顶端锐尖,边缘膜质;花瓣白色。果实卵球形,长2~3mm,无毛,两侧压扁状,横切面近圆形,略呈五角形;果棱线形。花期8—9月,果期10月。

图6-434 白苞芹

产于安吉、临安、淳安、嵊州、余姚、江山、天台、三门、临海、莲都、龙泉、云和、文成、平阳、泰顺等地。生于山坡林下阴湿处及沟谷旁。分布于华东、华中及广西、贵州、四川、陕西、甘肃。

根可药用，能镇痉止痛；全草可提取芳香油。

18 泽芹属 Sium L.

多年生草本。全株无毛。茎直立，高大。羽状复叶，基生叶与茎生叶同形；叶片一回羽状分裂至全裂，边缘有齿或缺刻，羽状脉；具叶鞘。复伞形花序；总苞片和小总苞片发达，边缘膜质，大而宿存，反折；伞幅少数；萼齿明显或细小，大小近相等；小伞形花序央花和缘花的花瓣一型，倒卵形，白色或黄绿色，外缘花有辐射瓣；花柱基平陷或呈短圆锥形。果实卵球形，两侧略压扁状，外果皮薄而柔软，无刺或刚毛；果棱显著，无翅；每棱槽内油管1~3，合生面2~6；胚乳腹面平直；心皮柄2裂。

约10种，分布于亚洲、非洲、欧洲、北美洲。我国有5种；浙江有1种。

泽芹 （图6-435）
Sium suave Walt.

多年生草本，高30~50cm。纺锤状根或须根成束。茎直立，有纵条纹，有分枝，近基部节上常生须根。叶片长圆形至长卵形，一回羽状分裂，羽片2~9对，无柄，披针形或条形，先端渐尖，基部圆楔形，边缘有锯齿，叶柄长1.5~5cm；茎上部叶片较小，叶柄鞘状。复伞形花

图6-435 泽芹

序顶生和侧生，花序梗长3~10cm；总苞片6~10，披针形或条形，长3~15mm，全缘或有锯齿，边缘膜质，反折；伞幅6~20；小总苞片披针形，长1~3mm，全缘；萼齿细小；花白色；花柱基短圆锥形。果实卵球形，长2~3mm；果棱肥厚，近翅状；每棱槽内油管1~3，合生面2~6。花果期8—10月。

产于杭州市区、临安、嵊州、龙泉、景宁、文成等地。生于水边或潮湿处。分布于华东、华北、东北。北美洲及俄罗斯西伯利亚地区、朝鲜半岛、日本也有。

⑲ 水芹属 Oenanthe L.

二年生至多年生草本。全株无毛。须根成簇。茎直立或匍匐向上伸展，下部节上常生须根。羽状复叶；叶片一回至三回羽状分裂，边缘有锯齿，羽状脉；有叶柄，基部有叶鞘。复伞形花序顶生和侧生；总苞片无或少数而狭窄；伞幅多数；小总苞片多数，狭窄；萼齿披针形，大小近相等，宿存；花白色，小伞形花序央花和缘花的花瓣二型，缘花的外围花瓣扩大成辐射瓣；花柱基平压或呈圆锥形，花柱长。果实卵球形至椭球形，两侧略压扁状，外果皮柔软，光滑，无刺或刚毛；果棱钝圆，木栓质，无翅，2个分生果的侧棱常略相连，较背棱和中棱宽而大；每棱槽内油管1，合生面2；胚乳腹面平直；无心皮柄。

约30种，分布于北半球温带至亚热带地区和非洲南部。我国有11种，主产于西南部和中部；浙江有4种。

分种检索表

1. 花序梗长6~12mm，有时近无；伞幅长4~6mm；小伞形花序具7~13花··1. 短辐水芹 O. benghalensis
1. 花序梗长2~20cm；伞幅长1.5~3.5cm；小伞形花序具8~30花。
   2. 叶片一回至二回羽状分裂。
      3. 叶片的末回裂片卵状披针形、椭圆形或歪卵形··2. 水芹 O. javanica
      3. 叶片的末回裂片狭窄，条形或条状披针形··3. 中华水芹 O. linearis
   2. 叶片三回至四回羽状分裂，末回裂片为短而钝的细条形··4. 西南水芹 O. thomsonii

1. 短辐水芹 少花水芹 （图6-436）

Oenanthe benghalensis (DC.) Miq.——*Dasyloma benghalensis* DC.——*O. benghalensis* (Roxb.) Benth. et Hook. f.——*O. benghalensis* (DC.) Kurz.

多年生草本。茎常直立，有棱，基部多分枝。叶片三角形，一回至二回羽状分裂，末回裂片菱状卵形，稀披针形，边缘有钝齿，叶柄长1~5cm，基部有叶鞘；茎上部叶片较小，叶柄较短。复伞形花序常与叶对生，花序梗长6~12mm，有时近无；总苞片无；伞幅4~7，长4~6mm；

小总苞片披针形，多数；小伞形花序具7～13花；花梗长0.5～2mm；萼齿条状披针形，长约0.4mm；花瓣白色，先端有1枚内折小舌片；花柱基圆锥形，花柱直立或两侧分开。果实卵球形，长2～3mm，宽约2mm；分生果的横切面半圆形，侧棱较背棱和中棱隆起，木栓质；每棱槽内油管1，合生面2。花果期4—7月。

产于武义、龙泉、温州市区（瓯海）、永嘉。生于水田和水沟边。分布于广东、云南、四川。日本、印度也有。

图6-436 短辐水芹

2. 水芹 水芹菜 （图6-437）

Oenanthe javanica (Blume) DC.——*Sium javanicum* Blume——*O. decumbens* (Thunb.) Koso-Pol.——*O. stolonifera* Wall. ex DC.——*O. stolonifera* var. *purpurea* Matsuda

多年生草本。茎基部常匍匐。基生叶片三角形，一回至二回羽状分裂，末回裂片卵状披针形、椭圆形或歪卵形，先端渐尖，基部楔形或圆楔形，边缘有锯齿，叶柄长5～10cm，具叶鞘；茎生叶片向上渐小，叶柄渐短成鞘。复伞形花序顶生和侧生，花序梗长2～15cm；总苞片无，稀1；伞幅6～16，长1～3cm；小总苞片5～8，细条形；小伞形花序具10～25花；花梗长2～4mm；萼齿条状披针形，与花柱基等长；花瓣白色，倒卵形，先端有1枚长而内折的小舌片；花柱基圆锥形，花柱直立或两侧分开。果实椭球形，长2.5～3mm，宽2mm，横切面近五边状半圆形；果棱肥厚，侧棱较背棱和中棱隆起，木栓质；每棱槽内油管1，合生面2。花果期5—9月。

产于全省各地。生于浅水低洼地中或池沼、水沟边，常栽培。分布于全国各地。东南亚及印度也有。

茎叶可作蔬菜食用；全草可入药，能清热解毒、凉血降压。

图6-437　水芹

3. 中华水芹　线叶水芹　（图6-438）

Oenanthe linearis Wall. ex DC.——*O. dielsii* H. Boissieu——*O. sinensis* Dunn

多年生草本。茎直立，基部匍匐，节上生根。基生叶及茎下部叶片二回羽状分裂，末回裂片狭窄，条形或条状披针形，长1～3cm，宽2～10mm，边缘有不规则锯齿，叶柄长5～10cm；茎上部叶片一回至二回羽状分裂，末回裂片通常条形，长2～4cm，宽1～2mm。复伞形花序顶生和侧生，花序梗长2～10cm；总苞片常无；伞幅3～12，不等长，长1.5～3cm；小总苞片3～8，条形，长3～6mm；小伞形花序具8～20花；花梗长1.5～4mm；萼齿三角形或披针状卵形；花瓣白色，倒卵形，先端有内折小舌片；花柱基圆锥形，花柱直立。果实卵球形，长约2mm，直径约1.5mm；侧棱比背棱厚，线状，棱槽狭窄；每棱槽内油管1，合生面2。花果期5—8月。

产于杭州市区、临安、嵊州、鄞州、奉化、普陀、天台、临海、遂昌、洞头等地。生于水田或沟谷溪边湿地中。分布于江苏、江西、湖北、湖南。

图6-438 中华水芹

4. 西南水芹　多裂叶水芹　（图6-439）

Oenanthe thomsonii C.B. Clarke——*O. dielsii* subsp. *thomsonii* (C.B. Clarke) C.Y. Wu et F.T. Pu

多年生草本，高50～80cm。根状茎短。茎直立或匍匐，下部节上生根，上部有叉状分枝。叶片三角形，三回至四回羽状分裂，末回裂片短而钝，细条形，长2～3mm，宽1～2mm；叶柄长2～8cm，基部有较短叶鞘。复伞形花序，花序梗长2.5～10cm；总苞片无；伞幅4～12，长1.5～3.5cm；小总苞片5～7，条形；小伞形花序具15～20花；花梗长3～5mm；萼齿细小，卵形；花瓣白色，倒卵形，先端凹陷，有内折小舌片；花柱基短圆锥形，花柱细长，直立。果实长圆柱形或近球形，长约2mm，直径约1.5mm；背棱和中棱线状，突起，侧棱较膨大；每棱槽内油管1，合生面2。花期6—8月，果期8—10月。

产于遂昌、松阳、庆元、云和、景宁、温州市区、洞头、瑞安、文成、平阳、泰顺等地。生于海拔600～1600m的山地、沟谷林下阴湿处。分布于江西、广西、四川、陕西。

陈征海等（2002）报道景宁、龙泉等地产细叶水芹 *O. dielsii* var. *stenophylla* (H. Boissieu) H. Boissieu——*O. thomsonii* subsp. *stenophylla* (H. Boissieu) F.T. Pu，经核对，系本种的误定。

一三六　伞形科 Apiaceae

图6-439　西南水芹

20 茴香属 Foeniculum Mill.

草本。植株有强烈香味。茎直立，光滑，灰绿色或苍白色。羽状复叶；叶片多回羽状分裂，末回裂片细条形，全缘，脉不清晰；有叶柄，叶鞘边缘膜质。复伞形花序；总苞片和小总苞片无；伞幅多数；小伞形花序具多花；萼齿不明显；小伞形花序央花和缘花的花瓣一型，花瓣黄色；花柱基圆锥形，花柱短，向外反折。果实长圆柱形，横切面近圆形，外果皮柔软，无刺或刚毛；主棱5，无翅；每棱槽内油管1，合生面2；胚乳腹面平直或微凹；心皮柄2裂。

约4种，分布于欧洲、美洲和亚洲西部。我国引入栽培1种；浙江有栽培。

茴香 小茴香 （图6-440）
Foeniculum vulgare Mill.

多年生草本，高可达1.5m。全株有茴香气味，无毛，有粉霜。茎直立，光滑，灰绿色或苍白色，多分枝。叶片宽三角形，长4～30cm，宽4～5cm，三回至四回羽状全裂，末回裂片细条形，长1～4cm，宽0.5～1mm；基生叶和茎下部叶的叶柄长4～25cm，茎中部和上部叶的叶柄部分或全部呈鞘状，叶鞘边缘膜质。复伞形花序顶生和侧生，花序梗长1～16cm；总苞片和小总苞片无；伞幅6～27，长1～7cm；小伞形花序具10～30花；萼齿无；花瓣黄色，倒卵形，先端有内折小舌片；花柱基圆锥形，花柱极短，反曲。果实长圆柱形，长4～6mm，宽1.5～2.2mm；主棱5，尖锐；每棱槽内油管1，合生面2。花期5—6月，果期7—9月。

原产于地中海地区。全国各地有引种。全省各地有栽培。

嫩茎叶可作蔬菜食用或供调味用；果实可入药，能理气止痛、祛风散寒、调中和胃。

图6-440 茴香

21 莳萝属 Anethum L.

一年生草本。植株有浓烈香气。茎直立,有分枝,无毛。羽状复叶;叶片卵状三角形,三回至四回羽状全裂,末回裂片丝状;茎上部叶片小;基生叶具长柄,叶鞘宽阔。复伞形花序顶生;无总苞片和小总苞片;伞幅多数;萼齿不明显;外缘花无辐射瓣,花瓣黄色,先端不裂;花柱基圆锥形。果实卵球形或椭球形,近两侧压扁状,无刺、刚毛或小瘤状突起;分生果易分离脱落,背棱粗钝,呈波状突起,侧棱翅宽而薄,成熟后自合生面易于分开;每棱槽内油管1,合生面2,与分生果等长。

1种,原产于欧洲南部。我国引入1种;浙江有引种。

莳萝 土茴香 野茴香 (图6-441)
Anethum graveolens L.

一年生草本,高0.6~1.2m。茎直立,有强烈香气,无毛,具纵条纹。基生叶片宽卵形,三回至四回羽状全裂,末回裂片丝状,长4~20mm,宽小于0.5mm,叶柄长4~6cm,基部具宽叶鞘,边缘膜质;茎生叶片小,分裂回数少,无叶柄,仅有叶鞘。复伞形花序顶生,花序梗长2~10cm或更长;无总苞片和小总苞片;伞幅10~25;萼片不明显;花瓣黄色,近圆形或长圆形,先端具内曲小舌片;花柱基圆锥形,花柱初时直,后反曲。果实卵球形或椭球形,长3~5mm,宽2~2.5mm,近两侧压扁状,横切面近半圆状五边形;背棱粗钝,呈波状突起,侧棱狭翅状;每棱槽内油管1,合生面2。花期5—8月,果期7—9月。

原产于欧洲南部。欧洲、北美洲均有栽培。东北及广东、广西、四川、甘肃等地有引种。全省各城市有栽培,有时逸生而呈野生状态。

嫩茎叶可作蔬菜食用;果实可提取芳香油,作"莳萝子"入药,能祛风、健胃、散瘀、催乳。

图6-441 莳萝

22 翅棱芹属 Pterygopleurum Kitag.

多年生草本。全体无毛。茎直立而明显。羽状复叶；叶片一回至二回羽状分裂或三出式羽状分裂，末回裂片长条形或条状披针形，全缘。复伞形花序；总苞片狭披针形；伞幅不等长，开展；小总苞片条状披针形；萼齿明显；花瓣白色；花柱基扁圆锥形，花柱短。果实卵球形至长椭球形，两侧略压扁状，无刺或刚毛；果棱显著，具狭翅；每棱槽内油管1，合生面2；心皮柄2裂。

约2种，分布于东亚。我国有1种；浙江也有。

脉叶翅棱芹　凤尾参　（图6-442）
Pterygopleurum neurophyllum (Maxim.) Kitag.

多年生草本，高70～100cm。全株无毛。根细长，纺锤形。茎直立，有纵槽纹。叶片卵圆形，长10～23cm，一回至二回羽状分裂或三出式羽状分裂，末回裂片条形或条状披针形，长13～19cm；叶柄基部有膜质叶鞘。复伞形花序顶生和侧生；总苞片5～7，条形，长3～8mm；伞幅8～11；小总苞片数枚，狭窄；萼齿倒披针形；花瓣白色，倒心形，先端舌状而内弯；花柱基扁圆锥形，花柱短而直立。果实卵球形或椭球形，长约3mm，两侧略压扁状，横切面近圆形；果棱显著，有狭翅，基部膨大；每棱槽内油管1，合生面2。花果期9—11月。

产于安吉、杭州市区。生于山坡较湿润的草丛中。分布于江苏、安徽、四川。朝鲜半岛、日本也有。为浙江省重点保护野生植物。

图6-442　脉叶翅棱芹

23 蛇床属 Cnidium Cuss.

草本。根不具浓香。茎直立，多分枝，基部无纤维状叶柄残基。羽状复叶；叶片二回至三回羽状分裂，末回裂片条形或条状披针形。复伞形花序；总苞片条形至披针形；小总苞片条形、长卵形至倒卵形，常具膜质边缘；萼齿不明显；花白色，稀带粉红色；花柱向下反曲。果实卵球形至椭球形，无刺或刚毛，横切面近五角形；果棱翅状，常木栓化；每棱槽内油管1，合生面2；胚乳腹面近平直。

6～8种，分布于亚洲、欧洲。我国约有5种，主要分布于华东、华中、西南、东北；浙江有2种。

1. 蛇床 野芫荽 （图6-443）
Cnidium monnieri (L.) Cuss.

一年生草本，高10～80cm。根细长。茎直立，中空，具棱，多分枝。叶片二回至三回三出式羽状全裂，一回羽片有柄，最下部的1对与上部者离得稍远，二回羽片有柄或无柄，末回裂片条形至条状披针形，边缘及脉上粗糙；茎下部叶基部鞘状抱茎，叶鞘边缘膜质，中部及上部叶柄全部呈鞘状。复伞形花序；总苞片5～7，条形至条状披针形，长约6mm，边缘膜质，具细睫毛；伞幅8～20，不等长，棱上粗糙；小总苞片多数，条形，边缘具细睫毛；小伞形花序具15～20花；萼齿无；花瓣白色，倒心形；花柱基略隆起。果实椭球状，长2mm，横切面近五角形；主棱5，均扩大成翅；每棱槽内油管1，合生面2。花期4—7月，果期5—10月。

图6-443 蛇床

产于全省各地。生于山坡、路旁、田野、溪边、河沟边等处。分布几遍全国。东亚、东南亚、欧洲、北美洲也有。

果实可入药,能强阳益肾、祛风燥湿、杀虫止痒;也可提取芳香油。

2. 滨蛇床 （图6-444）
Cnidium japonicum Miq.

二年生草本,高10～20cm。根圆锥状,长5～10cm。茎丛生,直立或斜展,上部分枝。叶片卵状椭圆形,一回至二回羽状全裂或深裂,羽片3或4对,具短柄,末回裂片倒披针形至倒卵形,长5～8mm,宽1.5～4mm,先端钝圆,具短尖;基生叶的叶柄长约5cm,茎下部叶柄较短,基部扩大成鞘,茎上部叶柄全部呈鞘状,边缘膜质。复伞形花序直径1～2cm;总苞片4或5,条形;伞幅6～9,长1～2cm;小总苞片4或5,条形,边缘无细睫毛;小伞形花序具8～10花;萼齿无;花瓣白色。果实椭球形,长约3mm;主棱5,翅状,木栓化;每棱槽内油管1,合生面2。花期8—9月,果期9—10月。

产于定海。生于海滨泥质滩涂潮上带。分布于江苏、山东、山西、辽宁。朝鲜半岛、日本也有。

与蛇床的区别在于后者植株高10～80cm;叶片二回至三回三出式羽状全裂;伞幅8～20,小总苞片边缘具睫毛;全省广泛分布。

图6-444 滨蛇床

24 藁本属 Ligusticum L.

多年生草本。根具浓香。茎直立，基部常有纤维状叶鞘残基。羽状复叶；叶片一回至四回羽状全裂，末回裂片卵形、长圆形至条形；茎上部叶简化。复伞形花序；总苞片少数；小总苞片多数；萼齿细小或不明显；花瓣白色或紫色，倒卵形；花柱基隆起，花柱细长。果实椭球形至圆柱形，背腹稍压扁状，无刺或刚毛；果棱狭翅状突起；每棱槽内油管1~4，合生面6~8。

约60种，主要分布于亚洲、欧洲、北美洲。我国约有40种，大部分地区有分布；浙江有4种，其中栽培2种。

分种检索表

1. 叶片的末回裂片条形、条状披针形或长卵形，宽0.5~2mm。
　2. 小总苞片边缘非膜质；萼齿不发育；末回裂片条状披针形或长卵形，长2~5mm，宽1~2mm（栽培）
　　　　　　　　　　　　　　　　　　　　　　　　　　　　　　　　　　　　　1. 川芎 L. chuanxiong
　2. 小总苞片边缘膜质；萼齿明显；末回裂片条形，长3~10mm，宽0.5~1mm（野生）
　　　　　　　　　　　　　　　　　　　　　　　　　　　　　　　　　　　　　2. 岩茴香 L. tachiroei
1. 叶片的末回裂片卵形、宽卵形、卵圆形或卵状长圆形，宽1~2cm。
　3. 顶生小羽片先端渐尖至尾尖；总苞片6~10；果实背棱槽内油管1~3，侧棱槽内3，合生面4~6
　　　　　　　　　　　　　　　　　　　　　　　　　　　　　　　　　　　　　3. 藁本 L. sinense
　3. 顶生小羽片先端钝或略尖；总苞片2；果实棱槽内油管1（2），合生面2~4 ⋯ 4. 辽藁本 L. jeholense

1. 川芎　芎䓖　小叶川芎 （图6-445）
Ligusticum chuanxiong Hort.

多年生草本，高0.4~1m。根状茎发达，呈结节状拳形团块，具浓香。茎丛生，直立，上部分枝，圆柱形，具纵棱和紫色脉纹，基部的节膨大成盘状，有芽和不定根。茎下部叶片三角状卵形，三回至四回三出式羽状全裂，羽片2~5对，末回裂片条状披针形或长卵形，长2~5mm，宽1~2mm，叶缘不整齐深裂或全裂，先端渐尖，具小短尖头，叶柄长3~10cm，基部扩大成鞘；茎上部叶渐简化。复伞形花序；总苞片3~6，条形；伞幅7~20；小总苞片4~8，边缘非膜质；萼齿不发育；花瓣白色，倒卵形，先端小舌片内折；花柱基圆锥形，花柱2，向下反曲。果实卵球形，两侧压扁状，长2~3mm；果棱5；主棱槽内油管3，次棱槽内3~5，合生面6。花果期7~9月。

本种为栽培植物，未见野生。安吉、杭州市区、淳安、嵊州、象山、东阳、莲都、遂昌、景宁等地有栽培。国内主要栽培地区为四川、江苏、江西、湖北、广西、云南、贵州、陕西、甘肃、河北、内蒙古等地也有栽培。

根状茎作"川芎"入药，能行气开郁、祛风燥湿、活血止痛。

《中华人民共和国药典》中提到，川芎的地下根状茎可入药，在长期栽培过程中常摘去川芎的花序，以减少养料消耗，使其一直进行营养繁殖，不开花、不结实。与藁本的主要区别在于后者为野生，根状茎和茎基部节稍膨大，叶片的末回裂片卵圆形或卵状长圆形，宽1～2cm，叶缘浅裂或有不整齐锯齿，Flora of China将本种作为藁本的栽培品种处理。为保持与《中华人民共和国药典》中入药基原的一致性，本志仍作种级处理。

图6-445　川芎

2. 岩茴香　桂花三七　细叶藁本　（图6-446）
Ligusticum tachiroei (Franch. et Sav.) Hiroe et Constance

多年生草本，高15～35cm。根状茎粗短，根常分叉。茎直立，纤细，具纵细棱，有分枝，基部有叶鞘残基。基生叶片三回至四回羽状全裂，末回裂片条形，长3～10mm，宽0.5～1mm，叶柄长；茎生叶片向上渐小。复伞形花序，花序梗长3.5～7cm，连同伞幅、花梗内面有乳头状毛；总苞片2～4，条形，长0.6～1cm，边缘粗糙，具膜质缘毛；伞幅6～13；小总苞片5～8，条形，边缘膜质；萼齿细小，明显；花瓣白色，长椭圆形，先端内曲而凹陷；花柱基圆锥形，花柱较长，后期下曲。果实卵状长椭球形，长约4mm，背腹压扁状；果棱狭翅状突出；每棱槽内油管1，合生面2。花期8—9月，果期10—11月。

产于临安（清凉峰）。生于向阳山坡草丛中或岩石缝间。分布于西北、华北及安徽、江西、湖北、河南、云南、四川、辽宁、吉林。朝鲜半岛、日本也有。

根可入药，能疏风发表、行气止痛、活血调经。为浙江省重点保护野生植物。

图6-446 岩茴香

3. 藁本 山芎劳 水芹三七 （图6-447）
Ligusticum sinense Oliv.

多年生草本，高0.5～1m。全株无毛。根状茎和茎基部节稍膨大，节间短，具浓香。茎圆柱形，中空。基生叶片二回三出式羽状分裂，一回羽片4～6对，末回裂片卵圆形或卵状长圆形，长2～3cm，宽1～2cm，顶生小羽片先端渐尖至尾尖，叶缘浅裂或有不整齐锯齿，叶柄长达20cm；茎上部叶片渐小，一回羽裂。复伞形花序直径6～8cm；总苞片6～10，条形，全缘；伞幅14～30，长3～5cm；小总苞片10，与总苞片同形；小伞形花序有花约20朵；花梗粗糙；萼齿不明显；花瓣白色，倒卵形，先端微凹，具内折小舌片；花柱基隆起，花柱与果实近等长，向下反曲。果实卵状椭球形，背腹压扁状，长约4mm，宽2～2.5mm；背棱突起，侧棱扩大成翅状；背棱槽内油管1～3，侧棱槽内3，合生面4～6。花果期8—12月。

产于德清、临安、建德、淳安、嵊州、宁波市区（北仑）、余姚、奉化、开化、金华市区（婺城）、东阳、天台、临海、龙泉、庆元、云和、瑞安、文成、泰顺等地。生于山谷林下阴湿处和溪沟边。分布于华东、华中、西南、西北、华北、东北等地。

根及根状茎可入药，能祛风、散寒、止痛。

图6-447 藁本

4. 辽藁本 （图6-448）

Ligusticum jeholense (Nakai et Kitag.) Nakai et Kitag.

多年生草本，高30~80cm。根圆锥形。根状茎较短；茎圆柱形，中上部分枝。基生叶与茎下部叶片二回至三回三出式羽状全裂，一回羽片4~6对，末回裂片卵形或宽卵形，长2~3cm，宽1~2cm，顶生小羽片先端钝或略尖，脉上有毛，叶柄长达19cm；茎上部叶片一回羽裂或3裂。复伞形花序直径3~7cm；总苞片2，条状披针形，边缘膜质，早落；伞幅8~16，近等长，长2~3cm；小总苞片8~10，条形，被糙毛；小伞形花序具15~20花；花梗不等长；萼齿不发育；花瓣白色，长圆状倒卵形；花柱基隆起，花柱长约为果实的1/2。果实椭球形，背腹压扁状，长3~4mm；背棱线形，侧棱狭翅状；每棱槽内油管1（2），合生面2~4。花果期8—10月。

原产于吉林、辽宁、河北、山西、山东。杭州市区等地有栽培。

根及根状茎可药用，能祛风燥湿。

图6-448 辽藁本

25 当归属 Angelica L.

多年生草本。植株无浓烈香气。根常粗大。茎直立，分枝。羽状复叶；叶片一回至三回三出式羽状分裂，具白色软骨质边缘。复伞形花序；总苞片和小总苞片少数至多数；伞幅少数至多数；萼齿小或不明显；外缘花无辐射瓣，花瓣常呈白色，先端不分裂；花柱基短圆锥形。果实长椭球形，背腹压扁状，果皮厚，外果皮细胞多为长方形，成熟后与种子紧贴，无毛或被柔毛，无刺、刚毛或小瘤状突起；分生果横切面半月形，背棱及中棱常线状，侧棱发达，多呈宽而薄的翅状，成熟后自合生面易于分开；每棱槽内油管1至多数，合生面2至多数，长度与分生果等长；心皮柄2裂至基部。

约90种，主要分布于北温带地区。我国约有45种，南北各地均有分布；浙江有7种，其中栽培2种。

本属有些种类可入药，如当归、白芷等；有些种类可食用、作饲料或提取芳香油。

分种检索表

1. 叶轴及羽片的柄不弯曲。
    2. 花瓣外面有硬毛；果实侧棱木栓质（滨海植物）⋯⋯⋯⋯⋯⋯⋯⋯⋯⋯⋯ **1. 滨当归 A. hirsutiflora**
    2. 花瓣无毛；果实侧棱非木栓质。
        3. 茎上部的叶鞘膨大成囊状。
            4. 花瓣深紫色；茎带暗紫红色⋯⋯⋯⋯⋯⋯⋯⋯⋯⋯⋯⋯⋯⋯⋯ **2. 紫花前胡 A. decursiva**
            4. 花瓣白色；茎绿色或下部带暗紫红色。
                5. 茎直径2～5（8）cm；小总苞片条状披针形；果实每棱槽内油管1，合生面2（栽培）⋯⋯ **3. 白芷 A. dahurica**
                5. 茎直径达1.5cm；小总苞片宽披针形；果实每棱槽内油管3，合生面2～6（野生）⋯⋯⋯ **4. 重齿当归 A. biserrata**
        3. 茎上部的叶鞘管状。
            6. 花具萼齿；叶片二回至三回三出式羽状分裂，末回裂片卵形或长卵形，2或3浅裂（栽培）⋯⋯⋯⋯⋯⋯⋯⋯⋯⋯⋯⋯⋯⋯⋯⋯⋯⋯⋯⋯⋯⋯⋯⋯⋯⋯⋯⋯⋯⋯⋯⋯⋯ **6. 当归 A. sinensis**
            6. 花无萼齿；叶片二回三出式羽状分裂，末回裂片卵形或卵状披针形，3浅裂至3深裂（野生）⋯⋯⋯⋯⋯⋯⋯⋯⋯⋯⋯⋯⋯⋯⋯⋯⋯⋯⋯⋯⋯⋯⋯⋯⋯⋯⋯⋯⋯ **7. 福参 A. morii**
1. 叶轴及羽片的柄向上呈弧形或膝曲状弯曲⋯⋯⋯⋯⋯⋯⋯⋯⋯⋯⋯⋯⋯ **5. 天目当归 A. tianmuensis**

1. 滨当归 （图6-449）

Angelica hirsutiflora S.L. Liu, C.Y. Chao et T.I. Chuang

多年生大型草本，高1～2m。根块茎状。茎基部直径3～6cm。基生叶和茎下部叶片三出式羽状分裂，小叶片质地厚，两面脉上均被短柔毛，末回裂片宽卵形，长15～20cm，宽10～15cm，先端钝，基部心形或圆形，边缘具钝锯齿，叶柄具宽鞘，叶轴及羽片的柄不弯曲；茎顶部叶简化成显著膨大的叶鞘。伞形花序大，密生短柔毛，花序梗粗壮，长5～15cm；总苞片1或2，或无；伞幅20～30，长4～7cm，近等长；小总苞片数枚，条状披针形；萼齿退化；花瓣白色，卵形，外面有硬毛；花丝比花瓣长2倍；子房有硬毛，花柱基短圆锥形，花柱短而下弯。果实椭球形，极压扁状，被短柔毛，长6～8mm；背棱矮而圆，侧棱木栓质，宽翅状；每棱槽内油管2或3，合生面7或8。花果期7—9月。

产于定海、苍南。生于海边沟谷阴湿草丛中或泥质滩涂内侧。分布于我国台湾。

图6-449　滨当归

2. 紫花前胡　独活　土当归　（图6-450）
Angelica decursiva (Miq.) Franch. et Sav.

多年生草本，高1～2m。根圆锥状。茎带暗紫红色，有毛。基生叶和茎下部叶片三角形至卵圆形，一回至二回三出式羽状分裂，一回羽片3～5，中间裂片和侧裂片基部连合，沿叶轴呈翅状延长，末回裂片卵形或长圆状披针形，有不整齐锯齿，齿端有尖头，叶柄长10～30cm，叶鞘宽，叶轴及羽片的柄不弯曲；茎上部叶简化成囊状叶鞘。复伞形花序，花序梗长3～8cm，有柔毛；总苞片1或2，卵圆形，宽鞘状，宿存，紫色；伞幅8～20，有毛；小总苞片3～8，条状披针形；小伞形花序具多花；花梗有毛；萼齿明显；花瓣深紫色，无毛；花药暗紫色。果实长椭球形，长4～7mm，背腹压扁状，无毛；背棱线形隆起，尖锐，侧棱狭翅状，非木栓质；每棱槽内油管1～3，合生面4～6。花果期8—11月。

一三六　伞形科 Apiaceae

产于全省丘陵山区。生于山坡林下、林缘阴湿处或路旁阴湿草丛中。分布于华东、华中、华南、东北及四川、甘肃。东北亚也有。

根可入药，能解热、镇咳、祛痰；幼苗可作野菜。

图 6-450　紫花前胡

3. 白芷

Angelica dahurica (Fisch. ex Hoffm.) Benth. et Hook. f. ex Franch. et Sav.

多年生草本，高1～2.5m。根圆柱形，有分枝，直径3～5cm，黄褐色至褐色，有浓烈气味。茎基部直径2～5（8）cm，通常带紫色，中空，有纵沟纹。基生叶片一回羽状分裂，有长柄与叶鞘；茎生叶片卵形至三角形，长15～30cm，宽10～25cm，二回至三回羽状分裂，叶柄长达15cm，具囊状膜质叶鞘，常带紫色，叶轴及羽片的柄不弯曲；末回裂片长圆形、卵形或条状披针形，先端急尖，边缘有不规则的软骨质粗锯齿，具短尖头，基部下延成翅状，多无柄；花序下方的叶简化成无叶的囊状叶鞘。复伞形花序，花序梗长5～20cm，与花梗均具短糙毛；总苞片缺，有时1或2，鞘状；伞幅18～40；小总苞片多数，条状披针形；萼齿无；花瓣白色，倒卵形，无毛，先端内曲成凹头状。果实椭球形至卵球形，长4～7mm，无毛，背腹压扁状；背棱和中棱稍隆起，钝圆，近海绵质，远较棱槽宽，侧棱宽翅状，非木栓质；每棱槽内油管1，合生面2。花果期7—9月。

分布于东北、华北。浙江不产。

本省产的是杭白芷 'Hangbaizhi'（图6-451），茎高1～1.5m，基部直径2～3（7）cm，通常仅下部带暗紫红色；根长圆锥形，上部近方形；末回裂片卵形至长卵形；叶鞘绿色。杭州市区、临安、兰溪、浦江、磐安、临海、遂昌、龙泉、庆元、温州市区等地有栽培。根可入药，能祛风散湿、活血排脓、生肌止痛；为"浙八味"之一。

图6-451　杭白芷

4. 重齿当归 浙独活 香独活 重齿毛当归 （图6-452）

Angelica biserrata (R.H. Shan et C.Q. Yuan) C.Q. Yuan et R.H. Shan——*A. pubescens* Maxim. form. *biserrata* R.H. Shan et C.Q. Yuan

多年生草本，高1～3m。根圆柱形，表面棕褐色，有香气。茎直径达1.5cm，绿色，下部带暗紫红色，具细纵棱，上部分枝，密被柔毛。基生叶和茎下部叶片宽卵形，长15～40cm，宽15～25cm，二回至三回三出式羽状全裂，末回裂片3深裂，卵形、倒卵形或披针形，裂片边缘有重锯齿，齿端有尖头，两面沿叶脉和叶缘具柔毛，叶轴及羽片的柄不弯曲；茎上部叶简化成囊状叶鞘。复伞形花序，花序梗长5～20cm，密被短糙毛；总苞片1或无；伞幅10～25，被短糙毛；小总苞片5～10，宽披针形；小伞形花序具15～25花；花梗被细毛；萼齿无；花瓣白色，倒卵形，无毛；花柱基扁圆盘状。果实椭球形，长5～12mm；背棱线形，侧棱有宽翅，与果体等宽，非木栓质；每棱槽内油管3，合生面2～6。花果期7—10月。

产于临安、淳安、鄞州、余姚、普陀、莲都、青田、乐清、泰顺等地。生于海拔800～1200m的山坡林下或沟边草丛中。

根可入药，能祛风除湿、止痛。

图6-452 重齿当归

5. 天目当归　拐芹　（图6-453）

Angelica tianmuensis Z.H. Pan et T.D. Zhuang

多年生草本，高1~2m。茎圆柱形，单生，具细棱，上部节处被短柔毛。基生叶及茎下部叶片卵形至宽卵形，长20~30cm，宽15~30cm，二回至三回三出式羽状全裂，末回裂片长卵形，长3~6cm，宽1.7~2.5cm，上面沿脉有短刺毛，背面无毛，基部楔形或宽楔形，歪斜，边缘不裂或2裂、3裂，具不规则粗大锯齿，叶柄长，叶轴及羽片的柄向上呈弧形或膝曲状弯曲；茎中部和上部叶片渐小，叶鞘渐膨大。复伞形花序；总苞片1，长卵形，先端长渐尖；伞幅14~20，不等长；小总苞片5~7，条形，边缘白色膜质，被毛；小伞形花序具20~25花；花梗不等长，被毛；萼齿不发育；花瓣白色，卵形至宽卵形；花柱基短圆锥形。果实狭扁长椭球形，长6~7mm；背棱肥厚而隆起，侧棱翅状；每棱槽内油管1，合生面2~4。花果期9—11月。

产于临安（西天目山）。生于山坡林下灌丛中。模式标本采自临安（西天目山倒挂莲花峰）。

《浙江植物志》将本种误定为拐芹 *A. polymorpha* Maxim.，但后者叶片的末回裂片基部平截；小总苞片无白色膜质边缘；产于东北及江苏、山东、河北。

图6-453　天目当归

6. 当归 （图6-454）

Angelica sinensis (Oliv.) Diels

多年生草本，高达1m。根圆柱形，多分枝，须根肉质，黄褐色，有香气。茎带紫色，无毛。叶片二回至三回三出式羽状分裂，基生叶及茎下部叶片卵形，小叶片3对，下部1对小叶柄长0.5~1.5cm，顶部1对无柄，末回裂片卵形或长卵形，长1~2cm，宽5~15mm，2或3浅裂，边缘有缺刻状锯齿，齿端有尖头，下面及边缘疏生乳头状白色细毛，叶鞘管状，叶轴及羽片的柄不弯曲；茎顶部叶简化成管状鞘。复伞形花序，花序梗密被细柔毛；总苞片2或无，条形；伞幅9~30；小总苞片2~4，条形；小伞形花序具13~36花；萼齿5，卵形；花瓣长卵形，白色，无毛，先端窄，内折；花柱基圆锥形，花柱短。果实椭球形，长4~6mm；背棱线形，侧棱翅状，翅与果等宽或略宽，边缘淡紫色，非木栓质；每棱槽内油管1，合生面2。花果期6—9月。

分布于湖北、云南、四川、陕西、甘肃等地。杭州、温州等地有栽培。

根可入药，能补血和血、调经止痛、润肠滑肠。

图6-454　当归

7. 福参 （图6-455）

Angelica morii Hayata

多年生草本，高0.3~1m。根圆锥形，棕褐色。茎少分枝，具纵沟纹。基生叶及茎生叶片二回三出式羽状分裂，末回裂片卵形至卵状披针形，常3浅裂至3深裂，边缘有缺刻状锯齿，齿端尖，有缘毛，两面无毛或沿叶脉有短毛，叶柄基部膨大成长管状叶鞘，抱茎，叶轴及羽片的柄不弯曲；茎上部叶简化成管状鞘。复伞形花序；总苞片1或2，或无；伞幅10~20；小总苞片5~8，条状披针形，有短毛；小伞形花序具15~20花；萼齿无；花瓣绿白色或黄白色，边缘有时带紫色，长卵形，无毛，先端内弯，有1明显中脉。果实长卵球形，长4~5mm，宽3~4mm；背棱线形，侧棱翅状，狭于果体，非木栓质；每棱槽内油管1，合生面2~4。花果期4—7月。

产于富阳、淳安、衢州市区（衢江）、江山、磐安、临海、仙居、遂昌、龙泉、庆元、云和、景宁、青田、温州市区、洞头、乐清、永嘉、瑞安、文成、泰顺等地。生于山谷中、溪沟边、石缝内。分布于福建、台湾。

根可入药，能补中、益气。

图6-455　福参

26 山芹属 Ostericum Hoffm.

多年生草本。植株无强烈香气。茎直立，中空，具棱。羽状复叶；叶片二回至三回三出式羽状全裂，下面淡绿色。复伞形花序；总苞片少数；小总苞片数枚；萼齿大，宿存；外缘花无辐射瓣，花瓣白色或紫色，先端不分裂；花柱细。果实卵状椭球形，扁平，无刺或刚毛，果皮薄，外果皮有颗粒状突起，成熟后与中果皮完全脱离；背棱稍隆起或呈狭翅状，侧棱薄，宽翅状，成熟后自合生面易于分开；每棱槽内油管1～3，合生面2～8，长度与分生果等长；心皮柄2裂。

约10种，分布于东亚和欧洲。我国有7种；浙江有4种。

本属多数种类可供药用、作饲料及提取挥发油。

分种检索表

1. 花瓣白色；背棱线状。
   2. 叶片的末回裂片长披针形至长圆状椭圆形，宽0.5～1.8cm，边缘具不明显微细锯齿·· **1. 隔山香 O. citriodorum**
   2. 叶片的末回裂片宽卵形、卵形、菱状卵形或卵状披针形，宽1.5～3.5cm，边缘具圆锯齿或缺刻状深锯齿。
      3. 叶柄锐三棱形；总苞片1～4，条形至披针形，先端长芒状 ·············· **2. 华东山芹 O. huadongense**
      3. 叶柄圆形；总苞片4～8，条状披针形，先端锐尖 ·············· **3. 大齿山芹 O. grosseserratum**
1. 花瓣紫色；背棱翅状。·············· **4. 紫花山芹 O. atropurpureum**

1. 隔山香　柠檬当归　九步香（图6-456）
Ostericum citriodorum (Hance) C.Q. Yuan et R.H. Shan

多年生草本，高0.2～1m。全株无毛。主根近纺锤形，黄色，茎基部有纤维状叶柄残基。茎单生，上部分枝。叶片长圆状卵形至宽三角形，二回羽状分裂，一回羽片有长柄，末回裂片柄短或近无柄，长披针形至长圆状椭圆形，长3～6cm，宽5～18mm，先端急尖，具小短尖头，边缘及中脉质较硬，具不明显微细锯齿；叶柄长10～30cm。复伞形花序顶生和侧生，花序梗长6～9cm；总苞片6～8，披针形；伞幅5～12；小总苞片少数，条形；小伞形花序具10余花；萼齿明显；花瓣白色，倒卵形，先端呈小舌片状内弯。果实椭球形，长3～4mm，宽3～3.5mm，背腹扁平；背棱和中棱线状，尖锐，侧棱翅状；每棱槽内油管1～3，合生面2。花果期5—9月。

产于桐庐、宁波市区、鄞州、奉化、象山、宁海、兰溪、磐安、临海、莲都、缙云、遂昌、龙泉、庆元、温州市区、乐清、永嘉、瑞安、文成、平阳等地。生于山坡林下、向阳林缘草丛中或溪沟边。分布于江西、福建、湖南、广东、广西等地。

根可药用，能行气止痛、祛风散寒、消暑解毒。

图6-456 隔山香

2. 华东山芹 山芹 （图6-457）

Ostericum huadongense Z.H. Pan et X.H. Li

多年生草本，高0.8～1.5m。茎圆柱形，具纵条棱，无毛，自中部以上有少数分枝。基生叶、茎中部和下部叶片三角形，长20～40cm，宽20～35cm，二回至三回三出式全裂，末回裂片卵形至菱状卵形，长2～5cm，宽1.5～3.5cm，先端急尖，基部楔形，无毛，边缘具内曲的圆锯齿，叶柄长10～20cm，锐三棱形，基部膨大成鞘；茎上部叶片渐小，无柄，叶鞘状。复伞形花序；总苞片1～4，条形至披针形，先端长芒状，至少有1枚长度超过1cm；伞幅6～12，不等长；小总苞片8～11，条形；萼齿披针形；花瓣白色，倒卵形，先端微凹，有内折小舌片；花药紫色；花柱基短圆锥形。果实卵状椭球形，基部心形，长5～7mm，宽4～6mm；背棱线状，侧棱翅状；每棱槽内油管1，合生面2。花果期8—10月。

产于鄞州、莲都、龙泉、泰顺。生于山坡林下、向阳林缘草丛中或溪沟边。分布于华东及湖南。

《浙江植物志》将本种误定为山芹 O. sieboldii (Miq.) Nakai，但后者叶柄圆形，总苞片长不逾1cm，每棱槽内油管1～3，合生面4～8；分布于东北及江苏、山东、内蒙古等地。

一三六 伞形科 Apiaceae

图 6-457　华东山芹

3. 大齿山芹 山水芹菜 大齿当归 （图6-458）

Ostericum grosseserratum (Maxim.) Kitagawa——*Angelica grosseserrata* Maxim.

多年生草本，高约1m。根圆锥形或纺锤形。茎直立，圆筒形，叉状分枝，在花序下稍具糙毛。基生叶及茎下部叶片二回至三回三出式羽状全裂，一回或二回羽片有短柄，末回裂片宽卵形、卵形或卵状披针形，长2～5cm，宽1.5～3cm，基部楔形，先端尖锐，边缘具缺刻状深锯齿，具小短尖，两面脉上及边缘具糙毛；叶柄长4～25cm，圆形，基部有狭长而膨大的鞘。复伞形花序，花序梗长4～9cm；总苞片4～8，条状披针形，先端锐尖；伞幅8～17，稍粗糙；小总苞片6～10，钻形；小伞形花序具10～20花；萼齿三角状卵形；花瓣白色，倒卵形；花柱基短圆锥形，花柱短。果实球形至近球形，长4～6mm，宽4～5.5mm；背棱线状，突出，侧棱薄翅状；每棱槽内油管1，合生面2～4。花果期8—10月。

产于临安、淳安、鄞州、江山、天台、莲都、遂昌、龙泉、云和、泰顺等地。生于山坡林下、林缘及溪边荒草丛中。分布于东北及江苏、安徽、江西、湖北、四川、陕西、河北。朝鲜半岛也有。

根可入药，能补中益气、温脾散寒；幼苗可作野菜；全草可提取芳香油。

图6-458 大齿山芹

4. 紫花山芹 （图6-459）

Ostericum atropurpureum G.Y. Li, G.H. Xia et W.Y. Xie

多年生草本，高达80cm。茎具纵棱，无毛。叶片三角形，二回至三回三出式全裂，末回裂片卵形至菱状卵形，无毛，先端渐尖，基部楔形至宽楔形，边缘具齿，基生叶的叶柄三棱形，长达10cm，基部扩大成鞘；茎上部叶片渐小，近无柄。复伞形花序顶生，稀侧生；总苞片3～6，条形至披针形，不等长；伞幅5～9；小总苞片7～9，条形；小伞形花序具7～14花；花梗不等长；萼齿显著，窄三角形至披针形；花瓣紫色，倒卵形，先端钝至微凹，有内折小舌片；花药深紫色。果实宽椭球形，长7～9mm，宽4～6mm；背棱和侧棱翅状，近等宽。花果期8—11月。

为浙江特有种。产于新昌、余姚、奉化。生于海拔600～800m的沟谷、山坡疏林下或路旁。模式标本采自余姚（四明山）。

图6-459　紫花山芹

27 珊瑚菜属 Glehnia F. Schmidt ex Miq.

多年生草本。全株被多细胞柔毛。根圆锥形，细长。茎缩短或几无。羽状复叶；叶片三出式羽状分裂或二回至三回羽状深裂，末回裂片倒卵形或倒卵状椭圆形，有锯齿；叶柄基部有鞘。复伞形花序；总苞片常无；小总苞片多数；萼齿明显，卵状披针形；花瓣白色或略带紫红色，倒卵形，先端内曲；花柱基圆锥形。果实倒卵球形，被柔毛，无刺或刚毛，果皮和果棱均呈木栓质；果棱5，狭翅状，肥厚，侧棱比背棱大；心皮柄2裂。

2种，分布于亚洲东部和北美洲西部沿海地区。我国有1种；浙江也有。

珊瑚菜　北沙参　（图6-460）
Glehnia littoralis F. Schmidt ex Miq.

多年生草本。主根细长圆柱形，肉质，表面黄白色。茎短缩。叶片三出式羽状分裂，末回裂片倒卵形或倒卵状椭圆形，先端钝圆，边缘具略不整齐的圆锯齿，齿缘白色软骨质，齿先端芒尖状，上面有光泽，常无毛，下面略被柔毛或无毛；茎生叶和基生叶叶柄基部膨大成鞘状。复

图6-460　珊瑚菜

伞形花序顶生或侧生，花序梗密被白色柔毛；总苞片无；伞幅8～16，密被白色柔毛；小总苞片9～13，条状披针形，边缘及背部密被柔毛；小伞形花序具多数花；萼齿卵状披针形，被柔毛；花瓣白色或带紫红色，倒卵形；花柱基短圆锥形。果实倒卵球形，长6～8mm，密被白色柔毛；分生果横切面扁圆形，果棱有木栓质翅；油管多数，紧贴于种子外围。花果期5—8月。

产于象山、普陀、岱山、嵊泗、平阳等地。生于海滨沙地上。分布于广东至东北沿海地区。俄罗斯远东地区、朝鲜半岛、日本也有。

根作"北沙参"入药，能养阴清肺、益胃生津。为国家Ⅱ级重点保护野生植物。

28 前胡属 Peucedanum L.

草本。茎直立，具细纵条纹。羽状复叶；叶片一回至三回羽状分裂或三出式分裂。复伞形花序；总苞片无或少数；小总苞片多数；萼齿短或不明显；外缘花无辐射瓣，花瓣白色或紫色，先端不分裂；花柱基短圆锥形，花柱初直立，后外弯。果实椭球形至长球形，背腹压扁状，光滑或有短毛，无刺、刚毛和小瘤状突起；中棱和背棱线形，稍突起，侧棱狭翅状而厚，成熟后自合生面不易分开；每棱槽内油管1，合生面2，长度与分生果等长；胚乳腹面稍凹入；心皮柄2裂至基部。

100～200种，广泛分布于亚洲、欧洲和非洲。我国约有40种，南北各地均有分布；浙江有2种。

1. 滨海前胡（图6-461）
Peucedanum japonicum Thunb.

多年生草本，高0.3～1m。茎圆柱形，具纵棱，无毛。基生叶片宽大，质厚，一回至二回三出式分裂，一回羽片卵圆形或三角状圆形，长7～12cm，宽8～14cm，3裂，基部心形，有长柄，二回羽片的侧裂片卵形，中间裂片倒卵状楔形，均无柄，有3～5粗大钝锯齿，两面均无毛，叶脉清晰，叶柄长4～5cm，叶鞘抱茎，边缘耳状膜质；茎生叶片向上渐简化，叶柄均呈鞘状。复伞形花序顶生和侧生，直径达10cm，花序梗长5～9cm；总苞片2或3，或无，卵状披针形或卵形；伞幅15～30，有短柔毛；小总苞片8～12，披针形；花瓣白色，卵形，背部有毛；花柱基倒圆锥形。果实长卵球形至椭球形，长4～6mm，具短硬毛；背棱与中棱稍突起，侧棱翅状；每棱槽内油管3或4，合生面8。花果期6—9月。

产于全省沿海及岛屿。常生于岩质海岸石缝及灌草丛中，也见于沙砾质海岸潮上带、滨海丘陵山坡林下。分布于江苏、福建、台湾、山东等地。朝鲜半岛、日本、菲律宾也有。

根可入药，能发汗退热、降气祛痰；为优良的冬绿型观叶、初夏观花植物，适作花境、地被和盆栽。

杨庆华等(2008)依据采自普陀西峰岛、东白莲岛的标本发表了白花滨海前胡 P. japonicum Thunb. form. *album* Q.H. Yang et Q. Tian，由于未指定模式而为不合格发表。本省滨海地区所见者，确实均为白花类型，但因作者未见滨海前胡的原始描述和模式标本，无法确定后者的模式是否为紫花类型，暂附记于此，留待今后研究。

图6-461　滨海前胡

2. 白花前胡　前胡　岩风　鸡脚前胡　（图6-462）

Peucedanum praeruptorum Dunn

多年生草本，高60～120cm。根圆锥形，常分枝。茎粗大，常有短毛，基部有多数叶鞘纤维。基生叶和茎下部叶片纸质，近圆形至宽卵形，二回至三回三出式羽状分裂，末回裂片菱状倒卵形，长3～4cm，宽1～3cm，不规则羽状分裂，有圆锯齿，叶柄长6～24cm；茎生叶片二回羽状分裂，边缘有圆锯齿。复伞形花序顶生和侧生，直径3～6cm，花序梗长2～8cm；总苞片无或1至数枚，条形；伞幅7～18；小总苞片5～7，条状披针形；小伞形花序具15～20花；萼齿不明显；花瓣白色，倒卵形，先端小舌片内曲；花柱基短圆锥形，花柱短。果实椭球形，背部压扁状，长约4mm，疏被短柔毛；背棱线形，稍突起，侧棱翅状，稍厚；每棱槽内油管3或4，合生面6或7。

花期8—9月,果期10—11月。

产于全省丘陵山区。生于海拔1750m以下的向阳山坡林下、林缘或路旁、溪边草丛中。分布于华东、华中及四川。

根为常用中药,能散风清热、降气化痰。

与滨海前胡的主要区别在于后者茎、叶无毛;叶一回至二回三出式分裂;生于滨海地区。

图6-462　白花前胡

㉙ 独活属 Heracleum L.

草本,常有毛。茎直立,分枝。羽状复叶;叶片为三出复叶或一回至三回羽状分裂;有柄,具叶鞘。复伞形花序;总苞片无或少数;伞幅多数;小总苞片多数;萼齿小;花瓣二型,外缘为辐射瓣,不等大,先端2裂而凹陷,有狭窄的内折小舌片;花柱短。果实圆球形,常有柔毛，无刺、刚毛和小瘤状突起；分生果横切面背腹极压扁状，背棱和中棱线状，侧棱常翅状；每棱槽内油管1，合生面2～4，长度仅达分生果全长的一半或略过半；胚乳腹面平直。

约70种，主要分布于亚洲、欧洲。我国有30种，主要分布于西南；浙江有2种。

1. 短毛独活　水独活　（图6-463）
Heracleum moellendorfii Hance

多年生草本，高1～2m，有柔毛。根圆锥形，粗大。茎直立，有棱槽，上部分枝开展。基生叶片宽卵形，三出式羽状全裂，裂片宽卵形至近圆形，长5～15cm，宽7～10cm，不规则3～5浅裂至深裂，边缘具尖锐而粗大的锯齿，叶柄长5～25cm；茎上部叶有显著膨大的叶鞘。复伞形花序顶生和侧生，花序梗长4～15cm；总苞片少数，条状披针形；伞幅12～30，不等长；小总苞片5～10，披针形；小伞形花序具20余花；花梗长4～10mm；萼齿不显著；花瓣白色，二型；花柱基短圆锥形，花柱叉开。果实倒卵球形，极压扁状，顶端凹陷，背部扁平，直径约8mm，有疏柔毛；背棱和中棱线状突起，侧棱翅状，宽阔；每棱槽内油管1，合生面2，油管棒形，长度为分生果的1/2。花期7月，果期8—10月。

产于安吉、杭州市区（西湖、余杭）、富阳、临安、嵊州、余姚、奉化、象山、宁海、磐安、

图6-463　短毛独活

台州市区（椒江）、临海等地。生于山坡林下或路边、溪边草丛中。分布于东北及江苏、安徽、江西、湖南、云南、四川、陕西、山东、河北、内蒙古。朝鲜半岛、日本也有。

根可入药，能祛风除湿、发表散寒、止痛。

2. 日本独活 （图6-464）

Heracleum sphondylium L. var. **nipponicum** (Kitag.) H. Ohba

多年生草本，高0.6～1m。全株疏被柔毛和短刺毛。根圆锥形，分叉。茎圆柱形，有纵沟纹。基生叶片轮廓宽卵形，一回羽状分裂，侧生2对小叶，小叶片宽卵形，羽状中裂至深裂，边缘有不整齐锯齿，基部楔形或心形，有柄，顶端裂片宽三角形，基部心形，叶柄长，基部有宽叶鞘；茎上部叶片较小，一回羽状分裂，羽片3浅裂，具宽叶鞘。复伞形花序顶生或侧生，花序梗长6～27cm；总苞片狭披针形；伞幅25～30；小总苞片条形；小伞形花序具多花；花瓣白色，二型；萼齿三角形；子房被毛；花柱基扁圆锥形，花柱棒状，叉开。果实椭球形，长7～8mm，宽5～6mm，有疏柔毛；背棱和中棱线不突起，侧棱翅状，宽1mm；每棱槽内油管1，合生面2，油管棍棒形。花果期4—6月。

产于象山（韭山列岛）、普陀。生于岩质海岸常绿落叶混交灌丛中。分布于日本。

与短毛独活相似，主要区别在于后者基生叶三出式羽状全裂。

图6-464 日本独活

存疑种

椴叶独活

Heracleum tiliifolium Wolff

与短毛独活的主要区别在于叶为三出复叶；小叶片卵形，常3浅裂，边缘有锯齿或圆齿；无总苞片；伞幅10~15；花黄色；果实倒卵形或梨形。《浙江种子植物检索鉴定手册》记载浙江有产，*Flora of China* 无记载，杭州植物园植物标本馆有2号果实标本（HZ 039942龙塘山、HZ 039943天目山西关），未见有关花色的记载，叶已脱离或不典型，是否有产有待研究。

30 防风属 Saposhnikovia Schischk.

多年生草本。茎单生，直立，二歧分枝。羽状复叶；基生叶片二回至三回羽状全裂，具长柄；上部叶简化。复伞形花序；总苞片常无；小总苞片4或5；花杂性，顶生伞形花序为雌性或两性，侧生者雄性；萼齿三角状卵形，不明显；花瓣白色，先端内折；子房密被小瘤状突起。果实椭球形，具心皮柄，背部稍扁，幼时具小瘤状突起，成熟时渐平滑；背棱丝状，侧棱翅状；每棱槽内油管1，合生面2。

1种。我国有1种；浙江有引种。

防风 （图6-465）

Saposhnikovia divaricata (Turcz.) Schischk.

多年生草本，高30~80cm。根粗壮，与茎相接处密被纤维状叶鞘。茎单一，二歧分枝，具纵棱，无毛。基生叶丛生，叶片卵形或三角状卵形，二回至三回羽裂，一回羽片长圆形，有柄，二回羽片下部具短柄，末回裂片狭楔形，先端具1~3缺刻，叶柄扁长；茎生叶与基生叶相似，较小，叶柄较短。复伞形花序，花序梗长2~4cm；总苞片常无；伞幅7~9；小总苞片4~6，条状披针形；小伞形花序具花约10朵，仅4或5朵发育成果实；萼齿三角状卵形；花瓣白色，倒卵形，先端具内折小舌片；子房密被小瘤状突起；花柱基圆锥形，花柱短。果实椭球形，长4~5mm，幼时具小瘤状突起，成熟时渐平滑；背棱丝状，侧棱翅状；每棱槽内油管1，合生面2。花期6—8月，果期8—9月。

原产于亚洲北部、西伯利亚东部及我国东北、华北、西北等地。杭州市区、开化、嵊州等地有引种。

根为常用中药，能发汗解表、祛风胜湿。

图6-465 防风

31 胡萝卜属 Daucus L.

草本,被白色粗毛。茎直立,分枝非二歧状。羽状复叶;叶片薄膜质,二回至三回羽状分裂;具叶鞘。复伞形花序;总苞片、小总苞片多数,羽状分裂;伞幅少至多数;萼齿小;花白色或黄色;花瓣倒卵形;花柱基短圆锥形。果实椭球形,顶端圆钝,背腹压扁状;分生果主棱5,线状,不明显,具2列刚毛,次棱4,具狭翅,翅上有1行短钩刺;每棱槽内油管1,合生面2;心皮柄不分裂或顶端2裂。

约20种,分布于亚洲、欧洲、非洲、美洲。我国有1种;浙江也有。

野胡萝卜 (图6-466)
Daucus carota L.

二年生草本,高0.2~1.2m。全体有白色粗硬毛。根细圆锥形,近白色或淡黄色。茎单生,直立,具纵棱,少分枝。基生叶片薄膜质,长圆形,二回至三回羽状全裂,末回裂片条形或披针形,长2~15mm,宽0.8~4mm,先端尖,叶柄长2~12cm;茎生叶的末回裂片小或细长,近无柄，有叶鞘。复伞形花序，花序梗长10～55cm；总苞片多数，呈叶状，羽状分裂，具缘毛，裂片条形；伞幅多数，果时外缘的伞幅向内弯曲；小总苞片5～7，条形，不分裂或2裂、3裂，边缘膜质，具缘毛；花瓣白色、黄色或淡紫色，倒卵形。果实卵球形，长3～4mm，宽2mm；分生果主棱5，具白色刚毛，次棱4，具翅，翅上有1行短钩刺。花果期4—9月。

产于全省各地。生于山坡路旁、溪边和田野中。广泛分布于我国南北各地。东南亚、欧洲也有。

果实作"南鹤虱"入药，能驱虫、消积；也可提取芳香油。

图6-466　野胡萝卜

a.胡萝卜（变种）（图6-467）
var. sativa Hoffm.

根肥厚肉质，粗大，倒圆锥形或纺锤形，直径2～5cm，淡黄色、黄色或橙红色。花果期4—7月。

原产于欧洲、亚洲、北非。我国南北各地均有栽培。全省各地亦栽培。

根可食用，为常见蔬菜；也可入药，能利尿、健胃。

一三六　伞形科 Apiaceae

图 6-467　胡萝卜

一三七 马钱科 Loganiaceae

乔木、灌木或木质藤本,稀草本。茎直立、缠绕或攀缘。单叶对生或轮生,稀互生,全缘或有锯齿;托叶退化。花两性,辐射对称,单生,或排成聚伞花序、圆锥花序、伞形花序、伞房花序、总状花序或近穗状花序;花萼4或5裂;花冠连合成高脚碟状、漏斗状或辐状,4或5裂,裂片花蕾时镊合状或覆瓦状排列,少数旋卷状排列;雄蕊着生于花冠筒内壁上,与花冠裂片同数而互生;雌蕊心皮2,子房上位,2室,中轴胎座,或子房1室为侧膜胎座,花柱单生,柱头头状,全缘或2(4)裂,每室胚珠(1)多粒,横生或倒生。蒴果、浆果或核果。种子小而扁平,常具翅;胚乳肉质或软骨质。

约29属,500种,分布于全球热带至温带地区。我国有8属,45种,主要分布于西南部至东部,少数分布于西北部;浙江有4属,6种,其中引入栽培2属,2种。

本科有些种类有剧毒,可药用,有些可供观赏或提取芳香油。

分属检索表

1. 常绿木本。
  2. 乔木或灌木;花冠常漏斗状,裂片花蕾时覆瓦状排列;浆果 ·················· **1. 灰莉属 Fagraea**
  2. 木质藤本;花冠漏斗状或近辐状,裂片花蕾时镊合状排列;浆果或蒴果。
    3. 花冠近辐状;柱头头状或2浅裂,子房每室胚珠1;浆果 ·················· **2. 蓬莱葛属 Gardneria**
    3. 花冠漏斗状;柱头上部2裂,裂片顶端再2裂或凹入,子房每室胚珠多数;蒴果 ·················· **3. 钩吻属 Gelsemium**
1. 一年生纤细草本 ·················· **4. 尖帽草属 Mitrasacme**

1 灰莉属 Fagraea Thunb.

乔木或灌木,常附生。叶对生;叶片全缘或具小钝齿;叶柄常膨大;托叶合生成鞘,常在2个叶柄间开裂成2枚腋生鳞片。花较大,单生或聚伞花序顶生;花萼宽钟状,5裂,覆瓦状排列;花冠常漏斗状,5裂,覆瓦状排列;雄蕊5,着生于喉部;子房1室,侧膜胎座,胚珠多数。浆果肉质,圆球形,不开裂,常具尖喙。种子极多。

约37种,分布于亚洲东南部、大洋洲。我国有1种;浙江有栽培。

灰莉 非洲茉莉 鲤鱼胆 灰刺木 (图6-468)

Fagraea ceilanica Thunb.

乔木,高达15m,有时附生,呈攀缘状灌木。树皮灰色。叶片深绿色,稍肉质,干后变为纸质或薄革质，椭圆形、卵形或倒卵形，长5～25cm，宽2～10cm，先端渐尖或急尖，基部楔形；叶柄长1～5cm，基部具由托叶形成的腋生鳞片，多与叶柄合生。花单生或二歧聚伞花序顶生；花萼绿色，肉质，长1.5～2cm，裂片卵形至圆形，边缘膜质；花冠漏斗状，长约5cm，白色，芳香，上部扩大，裂片张开，内有花纹；雄蕊内藏，花丝丝状；子房椭球状或卵状，光滑，2室，胚珠多粒，花柱纤细，柱头倒圆锥状或稍呈盾状。浆果卵球形，直径2～4cm，顶端有尖喙，淡绿色，有光泽，有宿萼。种子椭球状肾形。花期4—8月，果期7月至次年3月。

原产于华南及云南。东南亚及印度、斯里兰卡也有。全省各地有盆栽，温州见露地栽培。

花大，芳香，叶片深绿色，为庭园或室内观赏植物。

图6-468　灰莉

② 蓬莱葛属　Gardneria Wall.

常绿木质藤本。枝圆柱形，节上有细条状隆起的托叶痕。单叶对生，全缘，羽状脉。花单生或排成聚伞花序，腋生；花萼小，4或5裂；花冠近辐状，4或5裂，裂片花蕾时镊合状排列；雄蕊4或5，着生于花冠筒上；子房2室，每室胚珠1，花柱圆筒状，柱头头状或2浅裂。浆果球形。种子稍扁平。

约5种,分布于亚洲东部和东南部。我国均有,分布于长江以南各地;浙江有3种。

分种检索表

1. 叶片较宽,椭圆形或椭圆状披针形,宽2～6cm;花5～10朵组成二歧或三歧聚伞花序,花黄色 ··· **1. 蓬莱葛 G. multiflora**
1. 叶片较狭,长圆形、披针形、条状披针形或长圆状披针形,宽1～4cm;花1～3朵,白色。
   2. 叶片长圆形、披针形或条状披针形;花单生或2朵、3朵组成花序;花药离生,4室 ··· **2. 线叶蓬莱葛 G. nutans**
   2. 叶片披针形至长圆状披针形;花单生于叶腋;花药合生,2室 ············ **3. 柳叶蓬莱葛 G. lanceolata**

1. 蓬莱葛 红络石藤 (图6-469)

Gardneria multiflora Makino

常绿攀缘藤本。小枝节上有细条状隆起的托叶痕;除花萼裂片边缘有睫毛外,全株均无毛。叶片革质,椭圆形或椭圆状披针形,长5～15cm,宽2～6cm,先端渐尖,基部宽楔形,侧脉5～9对;叶柄长0.5～1.5cm;叶柄间托叶线明显。二歧或三歧聚伞花序腋生,由5～10花组成,基部有三角形苞片2;花萼4或5裂,裂片半圆形;花冠辐状,黄色,花冠筒短,顶端4或5裂,裂片椭圆状披针形,花蕾时镊合状排列;雄蕊4或5,着生于花冠筒上,花丝短,花药离生,长2.5mm;子房2室,每室胚珠1,花柱圆柱状,长5～6mm,柱头顶端2浅裂。浆果圆球形,直径约7mm,成熟时呈红色,有时花柱宿存。种子球形,黑色。花期3—7月,果期7—11月。

产于全省丘陵山区。生于山地密林下、山坡灌木丛中、岩石旁。分布于秦岭-淮河以南、南岭以北各地。朝鲜半岛、日本也有。

根、叶可药用,有祛风活血等功效。

图6-469 蓬莱葛

2. 线叶蓬莱葛 少花蓬莱葛（图6-470）

Gardneria nutans Siebold et Zucc.—*G. linifolia* C.Y. Wu et S.Y. Pao—*G. lanceolata* auct., non Rehder et E.H. Wilson

常绿攀缘藤本。小枝无毛，茎节上具线状突起的托叶痕。叶片薄革质，长圆形、披针形或条状披针形，长6～9cm，宽1～1.5cm，先端渐尖，基部楔形，全缘，上面深绿色，有光泽，下面苍白色，叶脉不明显，侧脉5～7对；叶柄长3～7mm。花单生于叶腋，或2朵、3朵组成花序；花梗长1.5～2.5cm，在花梗基部有钻形苞片1，近中部有钻形小苞片1或2；花萼杯状，5裂，裂片圆形，先端渐尖，具睫毛；花冠白色，辐状，花冠筒长约1mm，顶端5裂，裂片披针形，长8mm，宽2～3mm，先端急尖；雄蕊5，几无花丝，花药离生，4室；子房球形，柱头2浅裂。浆果球形，成熟时呈红色。花期6月，果期9月。

产于临安、龙泉等地。生于山坡林下或灌丛中。分布于安徽、云南、贵州、四川等地。

图6-470 线叶蓬莱葛

3. 柳叶蓬莱葛 （图6-471）

Gardneria lanceolata Rehder et E.H. Wilson

常绿攀缘藤本。小枝棕褐色，有明显叶痕；除花冠裂片内面被柔毛外，全株均无毛。叶片坚纸质至薄革质，披针形至长圆状披针形，长5～15cm，宽1～4cm，先端渐尖，基部圆形或楔形，上面深绿色，下面苍绿色，侧脉5～9对，网脉不明显；叶柄长5～10mm。花单生于叶腋，白色，5数；花萼杯状，裂片圆形；花冠长约1cm，花冠筒长约2mm，裂片披针形，长约8mm；雄蕊着生于花冠筒基部，花丝极短，花药合生，卵状披针形，2室；子房圆球形，花柱圆柱状，柱头2浅裂。浆果圆球形，直径达1cm，成熟时呈橘红色，花柱宿存。花期6—8月，果期9—12月。

产于临安、遂昌、文成、泰顺等地。生于海拔500～1800m的山坡灌木丛中或山地疏林下。分布于江苏、安徽、江西、湖南、湖北、广东、广西、云南、贵州、四川等地。

《浙江植物志》曾将本种误定为线叶蓬莱葛，但后者花药离生，4室，花单生于叶腋，或2朵、3朵组成花序而与本种不同。

图6-471 柳叶蓬莱葛

❸ 钩吻属（断肠草属） Gelsemium Juss.

常绿木质藤本。全株无毛。单叶对生或轮生；叶片全缘，羽状脉，具短柄；叶柄间有1条连结托叶线或托叶退化。花黄色，常组成腋生的花束或顶生三歧聚伞花序；花萼5深裂；花冠漏斗状，5裂，花蕾时覆瓦状排列，花时边缘向右覆盖；雄蕊5，着生于花冠筒上，花丝丝状；子房2室，每室胚珠多数，花柱细长，柱头上部2裂，裂片顶端再2裂或凹入。蒴果，2室，室间开裂为2个2裂的果瓣，内有种子多粒。种子压扁状椭球形或肾形，具不规则齿裂状膜质翅。

3种，分布于亚洲东南部和美洲。我国有1种；浙江也有。

钩吻 断肠草 胡蔓藤 （图6-472）
Gelsemium elegans (Gardn. et Champ.) Benth.

常绿木质藤本。茎缠绕，圆柱形，无毛；小枝具细纵纹，被蜡粉。叶片卵状椭圆形至卵状披针形，长4～12cm，宽1.5～6cm，先端渐尖，基部宽楔形至近圆形，全缘，侧脉5或6对，在上面扁平，在下面突起；叶柄长6～12mm。三歧聚伞花序顶生或腋生；苞片小而狭长；花萼5深裂，裂片卵状披针形，长3～4mm；花冠黄色，漏斗状，长6～10mm，内面有淡红色斑点，5裂，裂片卵形，短于花冠筒；雄蕊5，着生于花冠筒中部，花丝细长；子房2室，花柱长8～12mm，柱头上部2裂，裂片顶端再2裂。蒴果卵球形，成熟时呈黑色，开裂为2个2裂的果瓣，花萼宿存。种子20～40，压扁状椭球形，具膜质翅。花期5—11月，果期7月至次年3月。

原产于华南及江西、福建、湖南、云南、贵州。东南亚及印度也有。宁海、苍南（马站）等地有栽培。

全株有剧毒；根及叶可药用，有消肿止痛、拔毒杀虫等功效，不宜内服；可供观赏。

Flora of China 记载浙江有分布，但作者未见确切标本，存疑待考。

图6-472 钩吻

④ 尖帽草属（姬苗属） Mitrasacme Labill.

一年生纤细草本。茎圆柱形或四棱形。单叶对生；无托叶。花两性，1至数花簇生于茎上部叶腋，或排成聚伞花序；花萼4裂；花冠钟形，花蕾时镊合状排列；雄蕊4，着生于花冠筒上；子房上位或半下位，2室。蒴果球形，裂片顶端常具宿存花柱。种子多粒，卵球形、圆球形或椭球形，种皮常有网纹或小瘤状突起；胚乳肉质。

40多种，主产于澳大利亚，延伸至亚洲东部、南部、东南部和太平洋群岛。我国有2种；浙江有1种。

水田白（图6-473）
Mitrasacme pygmaea R. Br.

一年生草本，高5~10cm。茎直立，圆柱形，纤细，不分枝或基部分枝，呈花葶状。叶对生，常在茎基部呈莲座式轮生；叶片草质，卵形至长圆形，长4~12mm，宽1~5mm，先端钝或急尖至渐尖，基部近圆形，全缘，边缘及两面疏生柔毛，具不明显三出脉；几无叶柄。聚伞花序顶生或腋生，具3~5花；苞片2，细小，钻形；花梗纤细，长5~10mm，果时长达2cm；花萼4裂，裂片三角状披针形；花冠白色，钟状，4裂，裂片宽卵形；雄蕊4，着生于花冠筒上；子房圆球形，花柱丝状，基部分离，柱头顶端2裂。蒴果近球形，直径约3mm，成熟时顶端2裂，裂瓣顶端与花柱基部相连。花果期6—9月。

产于临安、普陀、天台、玉环、龙泉、云和、景宁、永嘉。生于旷野草地和低洼地上。分布于华东、华南及湖南、云南等地。东亚、东南亚及澳大利亚也有。

全草入药，可治咳嗽。

图6-473 水田白

一三八　龙胆科 Gentianaceae

一年生至多年生草本，稀灌木。茎直立或缠绕。多为单叶，对生或基生，少互生；叶片全缘，基部合生或为1条横线所连接；无托叶。聚伞、头状或伞形花序，顶生或腋生，少单生；花两性，辐射对称，偶两侧对称；花萼管状，4或5裂；花冠漏斗状、管状、钟状或辐状，裂片4或5，常旋转状排列；雄蕊与花冠裂片同数而互生，常生于花冠筒上，花药纵裂；子房上位，1室，侧膜胎座，胚珠多数，花柱单生，柱头不裂或2裂。蒴果，2瓣裂，稀浆果。种子多数。

约80属，700种，广泛分布于全世界，主产于北半球温带地区。我国有20属，419种，主要分布于西南部；浙江有5属，17种。

本科有些种类可供庭园观赏；少数种类如龙胆、獐牙菜等可入药。

分属检索表

1. 茎缠绕 ·· **1. 双蝴蝶属 Tripterospermum**
1. 茎直立，稀斜展或铺散。
    2. 花药在花后卷旋；一年生草本 ·· **2. 百金花属 Centaurium**
    2. 花药在花后不卷旋；多年生或一年生草本。
        3. 雄蕊着生于花冠裂片间弯缺处 ·· **3. 匙叶草属 Latouchea**
        3. 雄蕊着生于花冠筒上。
            4. 腺体着生于子房基部；花冠漏斗状或钟状，裂片间常具褶 ·················· **4. 龙胆属 Gentiana**
            4. 腺窝着生于花冠裂片基部或中部；花冠辐状，裂片间无褶 ·················· **5. 獐牙菜属 Swertia**

1 双蝴蝶属 Tripterospermum Blume

多年生缠绕草本。单叶，对生。聚伞花序，腋生或顶生；花两性，辐射对称；花萼管状，具5条骨状突起；花冠钟形或筒状钟形，5裂，裂片间有褶片；雄蕊5，着生于花冠筒上；花盘5裂；子房上位，1室，常具子房柄，柱头2裂。蒴果或浆果，2瓣裂或不裂。种子多数，常具翅。

约25种，分布于亚洲南部。我国有19种，分布于西南、华南、华东、西北等地；浙江有3种。

分种检索表

1. 基生叶片上面有网纹，无柄而对生，紧贴地面呈莲座状；蒴果 ················· 1. 华双蝴蝶 T. chinense
1. 基生叶片上面无网纹，亦不平贴地面呈莲座状，常具短柄；浆果。
   2. 子房柄长；浆果全部或大部分伸出花冠外 ················· 2. 细茎双蝴蝶 T. filicaule
   2. 子房近无柄；浆果全部包在花冠内 ················· 3. 香港双蝴蝶 T. nienkui

1. 华双蝴蝶 华肺形草 （图6-474）

Tripterospermum chinense (Migo) H. Smith ex Nilsson——*Crawfurdia chinensis* Migo

多年生缠绕草本。基生叶常2对，紧贴地面，密集成莲座状，叶片椭圆形或宽椭圆形，长3～12cm，宽1.5～5.5cm，全缘，上面常有网纹，无柄；茎生叶片卵状披针形，长4～10cm，宽1.5～3.5cm，先端渐尖或尾状，基出脉3～5，叶柄长0.5～1cm。花2～4朵组成聚伞花序，少单花腋生；花梗短，长2～4mm；苞片小；花萼长1.6～2cm，具5脉，脉上有膜质翅，先端5裂，裂片细条形，与萼筒等长或稍短；花冠紫色，钟形，长4～4.5cm；雄蕊5，花丝中部以下与冠筒黏合，上部分离；子房狭长椭球形，长1.2～1.5cm，子房柄长6～7mm，柱头2裂。蒴果长椭球形，2瓣开裂。种子多数，三棱锥状，有翅。花果期9—12月。

产于全省山区。生于山坡林下、林缘、灌木丛或草丛中，海拔可达1800m。分布于江苏、安徽、福建、广西等地。模式标本采自临安（昌化）。

全草可入药，有清肺止咳、利尿、解毒等功效。

图6-474 华双蝴蝶

1a. 条叶双蝴蝶（变种）（图6-475）
var. linearifolium X.F. Jin

叶片狭长，呈条形；花单生。

产于龙泉（凤阳山）、遂昌（九龙山）。生于海拔1650m左右的福建柏、白豆杉林下。模式标本采自龙泉（凤阳山）。

图6-475　条叶双蝴蝶

2. 细茎双蝴蝶 （图6-476）
Tripterospermum filicaule (Hemsl.) H. Smith

多年生缠绕草本。茎基部匍匐。基生叶不呈莲座状，叶片卵形，长2.5～5cm，宽0.8～2.1cm，先端急尖，基部宽楔形或圆形，边缘呈细皱波状，常具3脉，上面无网纹，下面紫红色，具短柄；茎生叶片卵状椭圆形至披针形，长3.5～9cm，宽1.2～4cm，先端长渐尖，基部截形或近心形，有较长柄。花1～3朵腋生；花萼长1.8～2.4cm，有5脉；花冠玫瑰红色，狭钟状或管状钟形，长4～5cm，5裂；雄蕊5，生于冠筒上；雌蕊常稍长于雄蕊，子房长约1cm，具较长子房柄，将子房托出萼筒外，柱头2裂。浆果紫红色，长椭球形，柄长1～3.5cm，果全部或大部伸出花冠外。种子三棱锥状，无翅。花果期8月至次年1月。

产于临安、淳安、建德、鄞州、余姚、武义、景宁、平阳等地。生于海拔400～550m的山坡林下阴湿处、林缘。分布于华中及安徽、福建、广东、广西、云南、贵州、四川、陕西、甘肃。

可供观赏；全草可入药，有清肺止咳、解毒消肿等功效。

图6-476 细茎双蝴蝶

3. 香港双蝴蝶 (图6-477)

Tripterospermum nienkui (Marq.) C.J. Wu

多年生缠绕草本。基生叶不呈莲座状,叶片卵形,长3~6cm,宽1.5~3cm,先端急尖,基部宽楔形,上面无网纹,下面有时紫色;茎生叶片卵状椭圆形或卵状披针形,长5~8cm,宽2~3cm,先端渐尖,基部近心形或圆形,边缘啮齿状,下面紫红色,具三出脉;叶柄长达1cm。花1~3朵腋生;花萼管状,顶端5裂,裂片细条形,与萼筒等长或较短;花冠淡紫色或淡绿色,有紫色线纹,狭钟状,长4~5cm,5裂;雄蕊不等长,约与冠筒等长,花丝具狭翼;子房近无柄,长椭球形,花柱长约1.5cm。浆果紫红色,近球形或短椭球形,具长1~3mm的短柄,全部包在花冠内。种子三棱锥状,有3狭翅。花果期9月至次年1月。

产于临海、遂昌、庆元、景宁、苍南。生于海拔500~1800m的山谷密林中或山坡路旁疏林下。分布于福建、湖南、广东、广西等地。

可供观赏;药效同细茎双蝴蝶。

一三八　龙胆科 Gentianaceae

图 6-477　香港双蝴蝶

2 百金花属 Centaurium Hill

一年生纤细草本。单叶，对生；无柄。聚伞花序具多花，排成假2叉状或穗状；花萼筒形，4或5深裂；花冠高脚碟状，冠筒细长，浅裂；雄蕊5，生于冠筒喉部，与裂片互生，花药初时直立，后卷成螺旋形；子房上位，1室，无柄，花柱细长，柱头2裂。蒴果内藏，成熟后2瓣裂。种子多数，极小，表面具皱纹。

40~50种，广泛分布于除非洲外的全球各地。我国有2种；浙江均有。

1. 日本百金花 （图6-478）
Centaurium japonicum (Maxim.) Druce

一年生草本，高5~40cm。全株光滑无毛。茎直立，淡绿色，略四棱形，多分枝。基生叶具短柄，叶片匙形；茎生叶对生，无柄，叶片长圆形或卵状椭圆形，长1~2cm，宽8~10mm，先端钝圆，基部圆形，半抱茎。花单生于叶腋和小枝顶端，组成穗状聚伞花序，无梗；花萼5裂，狭椭圆形或条形；花冠高脚碟状，上部粉红色，下部白色，喉部突然膨大，顶端5裂，裂片狭长圆形；雄蕊生于冠筒喉部；子房狭椭球形，柱头膨大，2裂。蒴果无柄，狭椭球形，先端具宿存长花柱。种子多数，黑褐色，圆球形。花果期5—7月。

产于象山、宁海、玉环、洞头、乐清（西门岛）。生于海滨或山坡灌草丛中。分布于我国台湾。日本也有。

图6-478 日本百金花

2. 百金花 （图6-479）

Centaurium pulchellum (Sw.) Druce var. **altaicum** (Griseb.) Kitag. et Hara

一年生小草本，高10～25cm。全体无毛，上部分枝。基生叶片椭圆形，茎生叶片椭圆状披针形，长1～1.5cm，宽3～8mm，先端急尖或圆钝，三出脉；叶柄无。花数朵组成顶生聚伞花序；花梗细，长4～7mm；花萼5深裂，裂片条形，长6～8mm，中脉在背部呈脊状；花冠桃红色或白色，高脚碟状，长1～1.5cm，冠筒狭长，顶端5裂，裂片长椭圆形；雄蕊生于冠筒喉部，花药长圆形，成熟时螺旋状扭曲；子房长椭球形，柱头2裂。蒴果椭球形，长5～7mm，具柄，先端具宿存长花柱。种子小，黑褐色，球形，表面具皱纹。花果期7—8月。

产于萧山、宁波市区（镇海）。生于水边及潮湿的田野、草地、沙滩上，在海边最多。分布于华东、华南、西北、华北、东北等地。

全草可入药，有清热解毒等功效。

与日本百金花的主要区别在于后者植株较大，叶片长1～2cm，宽8～10mm；穗状聚伞花序，花无梗。与美丽百金花 C. pulchellum 的主要区别在于后者花梗短，萼裂片较宽，中脉不呈脊状，花淡红紫色；分布于新疆；欧洲及印度、西亚至埃及也有。

图6-479 百金花

❸ 匙叶草属 Latouchea Franch.

多年生草本。叶基生；叶片卵状匙形，有微波状细齿。轮生聚伞花序，每轮具3～8花，花下有小苞片2；花辐射对称；花萼4浅裂；花冠钟形，4浅裂，蓝色；雄蕊生于花冠裂片间弯缺处，与裂片互生，花药在花后不卷旋；子房不完全2室，花柱细长，柱头2裂。蒴果上半部弯曲，具宿存喙状花柱。种子多数，表面具纵脊状突起。

仅1种，特产于我国西南部至东南部；浙江也有。

匙叶草 （图6-480）
Latouchea fokienensis Franch.

多年生草本，高15～30cm。全株无毛。基生叶3～5对，呈莲座状；叶片倒卵状匙形，长4～11cm，宽2.5～6cm，先端钝圆，基部楔形下延为长1～2cm的具翅叶柄，具微波状细齿，叶脉淡白色。花茎自基生叶中抽出，聚伞花序3～5轮，每轮具3～8花，并有1对叶状苞片；苞片匙形或条状倒披针形，长1～2cm；花梗长0.6～1cm；小苞片2；花萼4浅裂，裂片卵状三角形；花冠钟形，蓝色，冠筒长1cm，顶端4浅裂，裂片卵状三角形，渐尖；雄蕊4，生于花冠裂片间弯缺处；子房不完全2室，花柱长2～3mm。蒴果圆锥形，花柱宿存，呈喙状弯曲，共长1.6～1.8cm。种子多数，椭球形，长约2mm，表面具纵脊状突起。花期3—4月，果期4—5月。

产于龙泉（凤阳山）、庆元、云和。生于海拔1300～1800m的沟谷林下草丛中。分布于福建、湖南、广东、广西、云南、贵州、四川等地。

图6-480 匙叶草

4 龙胆属 Gentiana L.

草本。茎直立，四棱形，斜展或铺散。单叶，对生；叶片全缘。花顶生或腋生，单一或簇生，常无梗；花两性；花萼管状或钟状，常具龙骨状突起或翅，5裂；花冠常蓝色，漏斗状或钟状，5裂，裂片旋转状排列，裂片间常有褶片；雄蕊5，生于冠筒上，与花冠裂片互生，花药在花后不卷旋；子房上位，1室，常有子房柄，基部有蜜腺，柱头2裂。蒴果2瓣裂。种子多数，细小。

约360种，分布于亚洲、欧洲、美洲、非洲西北部及澳大利亚东部。我国有248种，各地均有，主产于西南；浙江有7种。

可供观赏及药用。

分种检索表

1. 多年生高大或较粗壮草本；花大，长2.6～5cm；种子有翅或具蜂窝状纹孔。
   2. 茎直立，高20～90cm；茎下部叶鳞片形；种子有翅。
      3. 叶片卵形或卵状披针形，下面中脉及边缘粗糙，基出脉3～5；种子边缘具翅 ··· **1. 龙胆 G. scabra**
      3. 叶片条状披针形或披针形，边缘不粗糙而反卷，基出脉1～3；种子两端具翅 ·························
         ··· **2. 条叶龙胆 G. manshurica**
   2. 茎自基部分枝，高7～22cm；营养枝上的叶呈莲座状；种子有蜂窝状纹孔 ···· **3. 五岭龙胆 G. davidii**
1. 一年生或多年生矮小草本；花较小，长不超过2.5cm；种子无翅，无蜂窝状纹孔。
   4. 花较小，长8～12mm ··· **4. 灰绿龙胆 G. yokusai**
   4. 花较大，长1.3～2.5cm。
      5. 茎单一，少分枝；聚伞花序顶生或腋生，花梗几无 ························· **5. 笔龙胆 G. zollingeri**
      5. 茎丛生、基部分枝或单一；花1或2朵生于茎端，花梗明显。
         6. 多年生草本；主根粗壮，略肉质；植株上下叶形相似，基生叶与茎生叶均呈椭圆形至椭圆状披针形；花冠外面黄绿色，内面蓝紫色 ····································· **6. 华南龙胆 G. loureiroi**
         6. 一年生草本；主根细瘦，木质；植株上下叶形明显不同，基生叶卵形或椭圆形，茎生叶披针形；花冠淡蓝色，有斑点 ·· **7. 黄山龙胆 G. delicata**

1. 龙胆（图6-481）

Gentiana scabra Bunge —— *G. fortunei* Hook.

多年生草本，高30～90cm。簇生多数条状根，淡棕黄色，略肉质。茎直立，略具4棱，具乳头状毛。叶对生；叶片卵形或卵状披针形，长2～7cm，宽0.8～2cm，先端渐尖，基部圆形，下面中脉及边缘粗糙，基出脉3～5，无柄；下部叶片鳞片形，淡紫红色。花单生或簇生于茎端或叶腋，无花梗；花下具披针形苞片2，与花萼近等长；萼筒钟状；花冠蓝紫色，管状钟形，长4～5cm，裂片卵形，褶片三角形，先端急尖或2浅裂；雄蕊生于冠筒中部；子房长椭球形，有近等长的子房柄，柱头2裂。蒴果椭球形，有柄。种子多数，边缘具翅。花果期9—11月。

产于全省丘陵山区，以西北部山区较多。生于海拔1800m以下的向阳山坡草丛、灌草丛或山顶草丛中。分布于华东、华中、华南、华北、东北。俄罗斯、朝鲜半岛、日本也有。

根及根状茎可入药，味苦，有清热燥湿、泻肝胆火等功效。

图6-481　龙胆

2. 条叶龙胆　东北龙胆　（图6-482）

Gentiana manshurica Kitag. —— *G. manshurica* Kitag. subsp. *jiandeensis* J.P. Luo et Z.C. Lou

多年生草本，高20～50cm。具根状茎，有多数粗壮、略肉质的须根。茎直立，中空，具条棱，光滑。叶对生；叶片条状披针形至披针形，长3～10cm，宽3～14mm，边缘不粗糙而反卷，向上叶片渐小，先端急尖，基部钝，基出脉1～3，无柄；下部叶片鳞片形，淡紫红色。花1～3朵顶生或腋生，常无花梗；花下具条状披针形苞片2，苞片与花萼近等长；萼筒钟状；花冠蓝紫色，管状钟形，长4～5cm，裂片卵状三角形；雄蕊生于冠筒下部；子房狭椭球形，有子房柄，柱头2裂。蒴果内藏，宽椭球形。种子多数，褐色，有光泽，表面具网纹，两端具翅。花果期8—11月。

产于临安、淳安、建德、兰溪、临海、遂昌等地。生于山坡、山顶、路旁灌草丛中及湿草地上。分布于东北及江苏、安徽、江西、湖南、湖北、广东、广西、内蒙古。

图6-482　条叶龙胆

3. 五岭龙胆 （图6-483）
Gentiana davidii Franch.

多年生草本，高7~22cm。须根略肉质。茎自基部分枝，披散或斜展，具棱角。叶对生，营养枝上的叶密集成莲座状，在花枝上的叶下部稍疏生；叶片狭长椭圆形、长圆状或椭圆状披针形，长2~10cm，宽0.4~1.3cm，先端稍钝，基部渐狭而连合，无柄，上面有柔毛，下面仅中脉及边缘有短刺毛，基出脉3。花多数簇生于茎端，基部具3~5叶；花萼裂片边缘有小睫毛；花冠紫色、淡紫色或紫蓝色，基部呈白色，漏斗形，长2.6~4cm，裂片卵形，褶片小，三角形；雄蕊生于冠筒基部；子房狭椭球形，具子房柄，果时长可达1cm，柱头2裂。蒴果长椭球形。种子多数，近球形，有蜂窝状纹孔。花果期8—11月。

产于临安、开化、江山、永康、遂昌、龙泉、云和、景宁、青田、温州市区（鹿城）、永嘉、瑞安、文成、平阳、苍南、泰顺等地。生于海拔580~1800m的山坡路旁草丛中、林下、林缘、湿地中或山谷溪边。分布于江西、福建、湖南、广东、广西。

全草可入药，有清热解毒、利尿等功效。

图6-483　五岭龙胆

4. 灰绿龙胆 （图6-484）
Gentiana yokusai Burk.

一年生矮小草本，高2～14cm。主根细瘦，木质。茎单一或2～4分枝而呈丛生状，密被乳头状毛。基生叶莲座状，叶片卵形或宽卵形；茎生叶对生，与基生叶相似但较小，先端具硬尖头，基部鞘状合生，近无柄，有短睫毛，具1脉。花单生于小枝顶端，其下托以叶状苞片；花萼裂片长圆形，长2.5～4mm，边缘膜质；花冠漏斗形，淡紫蓝色，长8～12mm，裂片卵形，背部有鸡冠状突起，褶片宽卵形或卵形；雄蕊生于冠筒上；子房椭球形，具短子房柄，柱头2裂，向外卷。蒴果倒卵球形，压扁状，边缘及上端具狭翅。种子多数，椭球形，棕红色，有网状线纹，无翅。花果期4—5月。

产于杭州市区、临安、余姚、象山、金华市区、义乌、温州市区（鹿城）、瑞安等地。生于山谷沟边、山坡及山顶草丛中，海拔可达1500m。分布于江苏、江西、湖北、广东、四川、陕西。

图6-484 灰绿龙胆

5. 笔龙胆 （图6-485）
Gentiana zollingeri Fawcett

一年生草本，高5～12cm。主根细瘦，木质。茎常单一，少分枝，节短。叶对生；叶片质地稍厚，宽卵形或卵形，先端急尖，基部变狭成短柄或近无柄，边缘软骨质，下面常带紫红色；基生叶花时不枯萎，与茎生叶相似但较小。聚伞花序顶生或腋生；花梗几无；苞片2，披针形；花萼漏斗形，长1～1.5cm，裂片长3～6mm，先端有针刺，不反卷；花冠蓝紫色，漏斗状钟形，长1.3～2.5cm，裂片长圆形，褶片先端2或3浅裂；雄蕊生于冠筒中部；子房椭球形或狭倒卵球形，具子房柄，柱头2裂。蒴果外露，倒卵球形，略扁，具翅，柄长达1.4cm。种子多数，纺锤形，棕色,具细网纹,无翅。花果期3—9月。

产于杭州市区(西湖)、临安、宁波市区(镇海)、余姚、宁海、定海、磐安、临海、莲都、龙泉、景宁等地。生于山坡阴处或林下阴湿处,海拔可达1500m。分布于江苏、安徽、河南、陕西、山东、河北、辽宁、吉林等地。俄罗斯、朝鲜半岛、日本也有。

图6-485 笔龙胆

6. 华南龙胆 (图6-486)

Gentiana loureiroi (G. Don) Griseb.

多年生草本,高3~8cm。主根略肉质,粗壮。茎少数丛生,紫红色。叶对生;基生叶较大,叶片狭椭圆形,长1.5~3cm,宽3~5mm;茎生叶较小,叶片椭圆形或椭圆状披针形,先端急尖,基部变狭,连合成鞘状,软骨质边缘具短睫毛。花单生于枝端;花梗明显,紫红色;花萼钟形,裂片长2~3mm;花冠漏斗形,长1.3~1.8cm,外面黄绿色,内面蓝紫色,裂片卵状披针形,褶片近卵形;雄蕊生于冠筒上;子房具柄,花柱长约2mm,柱头2裂,反卷。蒴果稍压扁状,倒卵球形,先端圆,有翅。种子多数,狭卵球形或椭球形,棕褐色,有网状纹,无翅。花果期4—8月。

产于龙泉、庆元、景宁、青田、瑞安、文成、平阳、泰顺等地。生于山坡草丛中及山顶灌草丛中,海拔可达1885m。分布于江西、福建、湖南、广东、广西、云南等地。越南也有。

全草可入药,有清热利湿、解毒消痈等功效。

与笔龙胆相近,但后者茎通常单一;聚伞花序顶生或腋生,几无花梗;花冠长1.3~2.5cm;花萼裂片长3~6mm,先端有针刺而与本种不同。

图6-486 华南龙胆

7. 黄山龙胆 华东异蕊龙胆 （图6-487）
Gentiana delicata Hance —— *G. heterostemon* H. Smith var. *chingii* (Marq.) H. Smith

一年生草本，高4～20cm。主根细瘦，木质。茎直立，紫红色，单一或基部分枝，圆柱形，密被乳头状突起。叶对生，基部密集成莲座状；基生叶大，叶片卵形或椭圆形，长1～2.4cm，宽0.5～1cm，具三出脉；茎生叶较狭小，叶片披针形，先端急尖，基部渐狭连合，近无柄。花1或2朵生于枝端；花梗明显，紫红色，坚硬，密被乳头状突起；花萼漏斗形，裂片长3～4mm；花冠漏斗形，淡蓝色，有斑点，长1.3～2cm，裂片卵形，先端尾尖，褶片半圆形；雄蕊生于冠筒上；雌蕊与雄蕊近等长，子房椭球形，两端钝，具子房柄，柱头2裂。蒴果倒卵状长椭球形，伸出花冠外，2瓣开裂。种子多数，椭球形，有皱纹，无翅。花果期5—6月。

产于临安（龙塘山）、淳安（金紫尖）、遂昌（九龙山）。生于海拔900～1600m的山坡阔叶林下、山地草丛或岩石旁草丛中。分布于安徽南部、江西。

图6-487 黄山龙胆

⑤ 獐牙菜属 Swertia L.

一年生或多年生草本。茎圆柱形或四棱形。单叶,常对生。聚伞花序或单花;花淡黄色、黄绿色、蓝白色或白色,两性,辐射对称;花萼4或5深裂;花冠辐状,4或5深裂,裂片间无褶,基部或中部具1或2个腺窝;雄蕊4或5,生于冠筒基部,与裂片互生,花药在花后不卷旋;子房1室,柱头2裂。蒴果包被于宿存花被内,2瓣裂。种子多而小。

约150种,广泛分布于全球。我国约有75种,南北各地均产;浙江有4种。

一三八　龙胆科 Gentianaceae

分种检索表

1. 多年生草本，高0.3～2m；茎粗壮，近圆柱形，稍具棱；茎生叶片较宽大，卵状椭圆形至卵状披针形，长3～10（16）cm，宽1.5～3.5（4.5）cm ……………………………………… **1. 獐牙菜 S. bimaculata**
1. 一年生草本，较矮小；茎常具4棱；茎生叶片较狭小，披针形、狭披针形、狭长椭圆形或倒披针形，长1.7～4.2cm，宽3～11mm。
   2. 花4基数；叶片披针形或狭披针形。
      3. 叶片狭披针形；花冠白色或蓝白色，具淡紫色小斑点，裂片基部有1个圆形腺窝，并覆盖1枚膜质小鳞片 …………………………………………… **2. 美丽獐牙菜 S. angustifolia var. pulchella**
      3. 叶片披针形；花冠淡黄色，具黄褐色腺纹，裂片基部有2个狭长圆形腺窝，边缘有流苏状毛 ………………………………………………………………… **3. 建德獐牙菜 S. jiendeensis**
   2. 花5基数；叶片狭长椭圆形或倒披针形 ……………………………… **4. 浙江獐牙菜 S. hickinii**

1. 獐牙菜（图6-488）

Swertia bimaculata (Siebold et Zucc.) Hook. f. et Thoms. ex Clarke

多年生草本，高0.3～2m。茎粗壮，圆柱形，稍具棱，上部有分枝。叶对生；基生叶片长圆形，长4～12cm，宽1.5～5cm，花时枯萎，叶柄长可达9cm；茎生叶片卵状椭圆形至卵状披针形，长3～10（16）cm，宽1.5～3.5（4.5）cm，先端渐尖，基部钝，具3～5弧形脉，无柄或具短

图6-488　獐牙菜

柄。大型圆锥状聚伞花序疏松；花梗较粗，不等长；花萼绿色，5深裂，裂片长圆状披针形；花冠淡黄绿色，5深裂，裂片长圆状披针形，中部有2块黄色大腺斑；雄蕊5；子房无柄，披针形，柱头2裂。蒴果狭卵球形，2瓣裂。种子球形，褐色，表面有瘤状突起。花果期9—12月。

产于全省山区。生于山坡灌草丛中或山谷溪边。分布于华东、华中、华南、西南、西北、华北。东亚、东南亚、南亚也有。

2. 美丽獐牙菜 （图6-489）

Swertia angustifolia Buch.-Ham. ex D. Don var. **pulchella** (D. Don) Burk.

一年生草本，高20～60cm。茎直立，少分枝，四棱形，具狭翅。叶对生；茎生叶片狭披针形，长2～4cm，宽3～5mm，先端渐尖，无柄。圆锥状聚伞花序顶生或腋生；花梗短；花萼4深裂，裂片狭披针形，长约6mm；花冠白色或蓝白色，具淡紫色小斑点，4深裂，裂片长圆形，长约7mm，具小尖头，基部有1个圆形腺窝，上侧有短流苏状毛，并覆盖1枚边缘具纤毛的膜质小鳞片；雄蕊4，花丝长约3mm，基部稍扩大，花药长约1mm；子房无柄，卵状椭球形，长约4.5mm，花柱极短，柱头2裂。蒴果圆锥形。种子球形，褐色，表面有瘤状突起。花果期11月。

产于奉化、衢州市区、江山、龙泉、景宁、文成等地。生于荒山草丛中，海拔可达1100m。分布于江西、福建、湖南、广东、广西、云南、贵州、四川等地。印度也有。

全草可入药，有清肝利胆、除湿清热等功效。

与狭叶獐牙菜 S. angustifolia Buch.-Ham. ex D. Don. 的主要区别在于后者叶片披针形或披针状椭圆形，宽0.3～1.2cm；花萼裂片长于花冠；分布于喜马拉雅山以南及我国江西、福建、湖北、湖南、广东、广西、云南、贵州等亚热带地区。

图6-489　美丽獐牙菜

3. 建德獐牙菜 （图6-490）
Swertia jiendeensis Y.Y. Fang

一年生草本，高30～55cm。全株无毛。茎直立，四棱形，分枝及小枝具狭翼。叶对生；茎生叶片披针形，长1.7～4.2cm，宽3～11mm，先端渐尖，基部楔形，全缘，具3脉。聚伞花序顶生；花梗四棱形，长4～15mm；花常4数；花萼比花冠长，4深裂，裂片2大2小；花冠淡黄色，具黄褐色腺纹，4深裂，裂片椭圆形，先端渐尖，内面基部具2个狭长圆形腺窝，边缘有流苏状毛；雄蕊4，比花冠短，花丝近基部扩大，长约4mm，花药长约1.6mm；子房狭卵球形，长4～5mm，柱头短，顶端2裂。蒴果无柄。种子多数，圆球形。花果期10月。

产于临安、建德（莲花）。生于山坡灌草丛中。模式标本采自建德（莲花）。

图6-490 建德獐牙菜

4. 浙江獐牙菜 （图6-491）
Swertia hickinii Burk.

一年生草本，高15～45cm。茎直立，分枝多，具4棱，棱上具窄翅，带紫色。叶对生；茎生叶片狭长椭圆形或倒披针形，长2～4cm，宽3～10mm，先端急尖或稍钝，基部狭窄，近无柄，下面带紫色；上部叶片逐渐缩小。圆锥状聚伞花序生于叶腋；花梗细，长5～15mm；花5数；花萼绿色，短于花冠，5深裂，裂片披针形或卵状披针形；花冠白色带紫色条纹，长7～9mm，5深裂，裂片卵状披针形，先端渐尖，有明显脉纹，基部有2个长圆形腺窝，边缘有流苏状毛，毛表面光滑；雄蕊5，花丝与雌蕊近等长，花药长球形；子房无柄，椭球形，花柱极短，柱头2裂。蒴果长可达1cm，2瓣开裂。种子近球形，有网状凹点。花果期10—11月。

产于安吉、临安、宁海、开化、龙泉、景宁、温州市区（鹿城）、永嘉、瑞安、文成、苍南、泰顺等地。生于山沟和山坡草丛中及林下阴湿处，海拔可达1600m。分布于华东及湖南、广西等地。模式标本采自浙江，具体地点不详。

全草可入药，有清热、利湿、解毒等功效。

图6-491　浙江獐牙菜

一三九　夹竹桃科 Apocynaceae

乔木、灌木或木质藤本，稀草本。具乳汁或水液。单叶对生或轮生，稀互生；叶片全缘，稀具细齿，羽状脉；常无托叶或退化成腺体。花两性，辐射对称；花单生或排成聚伞花序；花萼管状或钟状，常5裂，覆瓦状排列，基部内常有腺体；花冠高脚碟状、漏斗状、坛状或钟状，5裂，裂片旋转状排列，稀镊合状排列，喉部常有副花冠、鳞片或毛状附属物；雄蕊5，着生于花冠筒上或喉部，内藏或伸出，花丝分离，花药长圆形或箭头形，分离或互相黏合并贴生于柱头上；花盘环状、杯状或舌状；子房上位，稀半下位，心皮2，花柱1，柱头环状、头状或棍棒状，胚珠1至多数。蓇葖果、浆果、核果或蒴果。种子一端具毛，稀两端有毛或仅有膜翅。

约155属，2000余种，分布于全球热带、亚热带地区。我国有44属，145种，主要分布于长江以南各地，包括台湾等沿海岛屿，少数分布于北部、西北部；浙江有14属，20种，其中引入栽培8属，9种。

本科植物常有毒，尤以种子和乳汁毒性最大，含多种生物碱，为重要的药物原料；有些种类含胶乳，为野生橡胶植物；有些种类可供观赏。

分属检索表

1. 草本或亚灌木（栽培）。
   2. 直立亚灌木；叶缘有细齿；圆锥状聚伞花序；种子顶端有种毛··············· **1. 罗布麻属 Apocynum**
   2. 直立草本或蔓性亚灌木；叶片全缘；花单生或2朵、3朵组成聚伞花序；种子顶端无种毛。
      3. 直立草本；花1~3朵聚生；花药顶端无毛，花丝圆筒形；柱头基部无明显增厚··············
         ··· **2. 长春花属 Catharanthus**
      3. 蔓性亚灌木；花单生；花药顶端有毛，花丝扁平；柱头基部有明显环状增厚··············
         ··· **3. 蔓长春花属 Vinca**
1. 乔木、灌木或木质藤本（野生或栽培）。
   4. 叶互生；核果·· **13. 黄花夹竹桃属 Thevetia**
   4. 叶轮生或对生；蓇葖果，稀核果或蒴果。
      5. 叶轮生，稀对生。
         6. 花黄色，花冠筒长4cm以上；果实为带刺的蒴果············· **4. 黄蝉属 Allemanda**
         6. 花各色，花冠筒长3cm以下；果实平滑无刺。
            7. 木质藤本；核果链珠状··· **7. 链珠藤属 Alyxia**
            7. 小乔木或灌木；蓇葖果或核果，形状不如上述。
               8. 花大，红色，稀白色或黄色，长约3cm；花冠喉部有5枚撕裂状副花冠；花药箭头形；蓇葖果··· **5. 夹竹桃属 Nerium**
               8. 花小，白色，长不过2cm；花冠喉部无副花冠；花药长圆形；核果··············
                  ··· **6. 萝芙木属 Rauvolfia**

5. 叶对生。

    9. 乔木或灌木 ·· 14. 狗牙花属 Tabernaemontana

    9. 木质藤本。

       10. 花药顶端伸出花冠喉部外 ··· 8. 帘子藤属 Pottsia

       10. 花药内藏，顶端不伸出花冠喉部外（络石属有些种例外）。

          11. 花冠高脚碟状。

             12. 花药顶端有长柔毛；蓇葖果条状长圆柱形，1长1短，下垂 ······· 9. 毛药藤属 Sindechites

             12. 花药顶端无毛；蓇葖果等长。

                13. 花盘环状，5深裂或全裂；雄蕊着生于花冠筒膨大处；蓇葖果细长圆柱形，离生或黏生，等长 ·· 10. 络石属 Trachelospermum

                13. 花盘环状或杯状，全缘或浅裂；雄蕊着生于花冠筒基部；蓇葖果披针状圆柱形，叉开 ··· 11. 鳝藤属 Anodendron

          11. 花冠近坛状或近辐状 ··· 12. 水壶藤属 Urceola

1 罗布麻属 Apocynum L.

直立亚灌木。具乳汁。叶对生，稀互生；叶片边缘具细齿；叶柄基部及腋间具腺体。圆锥状聚伞花序顶生或腋生；花萼5裂；花冠钟状，5裂，裂片花蕾时向右覆盖，具副花冠；雄蕊5，与副花冠裂片互生，花药箭头形，常黏合，与柱头合生；花盘肉质，5裂；心皮2，离生，子房半下位，胚珠多数，花柱短，柱头2裂。蓇葖果2。种子小，顶端具种毛。

约14种，广泛分布于亚洲、欧洲、北美洲温带地区。我国有1种；浙江有引种。

罗布麻 （图6-492）
Apocynum venetum L.

直立亚灌木，高1～4m。具乳汁。枝条圆筒形，红色，无毛。叶对生；叶片椭圆状披针形或卵状长圆形，长1.5～5.5cm，宽0.5～1.5cm，先端急尖，具短尖头，基部楔形，具细齿，两面无毛，侧脉10～15对，在叶缘前网结；叶柄长3～6mm。圆锥状聚伞花序顶生或腋生；花梗长约3mm；苞片及小苞片条状披针形；花萼5深裂，裂片披针形；花冠红色，管状钟形，冠筒长约3mm，裂片长圆形；雄蕊5，生于花冠筒基部，花药箭头形，花丝短；花盘环状；心皮2，离生，花柱短，柱头2裂。蓇葖果2，细长圆柱形，平行或叉生，棕色，有细纵纹。种子多数，卵状长圆柱形，顶端有白色种毛。花期6—8月，果期9—10月。

原产于亚洲、欧洲温带地区。分布于华北、西北、东北及江苏等地。杭州市区等地有引种。

为优质纤维植物和蜜源植物；嫩叶炒制后当茶用，有平肝安神、清热利湿等功效；全草可入药，能清火、降压、强心、利尿，有毒，应慎用。

一三九 夹竹桃科 Apocynaceae

图6-492 罗布麻

2 长春花属 Catharanthus G. Don

一年生或多年生草本。具水液。叶对生；叶片草质，全缘；叶腋有腺体。花单生或2朵、3朵组成聚伞花序；花萼5深裂，内面无腺体；花冠高脚碟状，喉部紧缩，具刚毛；雄蕊着生于花冠筒中部以上，花丝圆筒形，花药顶端无毛；花盘由2枚舌状腺体组成；心皮2，离生，花柱细长，柱头头状，基部无明显增厚。蓇葖果双生，直立，圆柱形。种子长圆柱形，两端截形，黑色，具颗粒状小瘤，顶端无种毛。

约6种，产于亚洲东南部、非洲东部。我国栽培1种；浙江也有栽培。

长春花 日日草 （图6-493）
Catharanthus roseus (L.) G. Don

亚灌木，高达60cm。全株有微毛。茎圆筒形，上部略呈方形，有分枝。叶片倒卵状长圆形，长2.5～7cm，宽1.5～3cm，先端圆钝，有短尖头，基部楔形，渐狭成叶柄，侧脉6～9对。聚伞花序具1～3花，腋生或顶生；花梗短；花萼5深裂，裂片条形；花冠高脚碟状，冠筒细长，具疏柔毛，喉部紧缩，裂片宽倒卵形；雄蕊着生于花冠筒上半部，花药内藏，与柱头离生。蓇葖果双生，直立，平行或略叉开，长2～3cm，宽3～4mm，有细纵条纹，具柔毛。种子黑色，长圆柱形，两端截形，具颗粒状小瘤。花果期4—12月。

原产于非洲东部。华东、华中、西南有引种。全省各地常栽培。

全株含长春花碱，能降血压；花色丰富，可供观赏。

图6-493　长春花

❸ 蔓长春花属　Vinca L.

蔓性亚灌木。具水液。叶对生；叶片全缘，具柄。花通常单生；花萼5裂；花冠漏斗状，冠筒比花萼长，喉部展开或为鳞片所封闭，裂片5；雄蕊5，着生于冠筒中部以下，花丝扁平，花药顶端有膜，膜具丛毛，贴生于柱头上；花盘由2至数枚舌状片组成；心皮2，离生，柱头有毛，基部具增厚的环状圆盘。蓇葖果2，直立。种子6～8，顶端无种毛。

约5种，产于亚洲西部和欧洲。我国栽培2种；浙江引入2种。

1. 蔓长春花　（图6-494）
Vinca major L.

蔓性亚灌木。茎基部稍伏卧，花茎直立，圆筒形，中空，无毛。叶对生；叶片卵形或宽卵形，长2.5～7cm，宽1.5～4.5cm，先端急尖或稍钝，基部圆形或截形，侧脉4或5对，上面中脉及叶缘有短毛;叶柄长0.5～1.3cm,有毛。花单生于叶腋;花梗长3～5cm;花萼5深裂,裂片条形,长约1cm,有毛;花冠蓝紫色,漏斗状,长3～4cm,喉部内面有毛,裂片5,斜倒卵形,长1.5～2cm,先端圆形;雄蕊着生于冠筒中部以下,花丝短而扁平,花药长圆形,顶端有膜,贴生于柱头上,膜具丛毛;心皮2,离生,柱头顶端有丛毛,基部有增厚的环状圆盘。蓇葖果双生,直立,长约5cm。花期3—4月,果期5—6月。

原产于欧洲。江苏、台湾等地有栽培。本省常见栽培。

可供观赏。

图6-494 蔓长春花

栽培品种花叶蔓长春花'Variegata'(图6-495),叶片边缘白色,有黄白色斑点。全省各地常栽培。

图6-495 花叶蔓长春花

2. 小蔓长春花 （图6-496）

Vinca minor L.

多年生蔓性草本。具直立花茎。全株无毛。叶片长圆形至卵圆形，长1～3.5cm，宽0.7～1.7cm。花梗长1～1.5cm；花长约1cm，直径约1.5cm；花萼5裂；花冠蓝紫色，漏斗状，冠筒比花萼长，花冠裂片斜倒卵形；雄蕊5，着生于花冠筒中部以下，花丝扁平，比花药长，花药顶端有膜，贴生于柱头上，膜具丛毛；花盘舌状；子房由2枚离生心皮组成，花柱顶端膨大，柱头有毛，基部有1增厚的环状圆盘。蓇葖果2，直立。花期5月。

原产于欧洲。台州、温州有栽培。

可供观赏。

与蔓长春花的主要区别在于后者叶片边缘及萼片有毛，花梗长3～5cm。

图6-496 小蔓长春花

4 黄蝉属 Allemanda L.

直立或藤状灌木。叶常轮生或对生；叶柄基部及腋间有腺体。花大，黄色，生于枝顶，排成聚伞花序；花萼5裂，常无腺体，裂片披针形；花冠漏斗状，5裂，裂片向左覆盖；副花冠退化；雄蕊5，着生于冠筒喉部；花盘厚，肉质，环状；子房全缘，1室，侧膜胎座，花柱丝状。蒴果卵球形，有刺，2瓣裂。种子多数，扁平，具翅。

约15种，原产于南美洲，现广泛种植于全球热带和亚热带地区。我国栽培2种；浙江引入1种。

黄蝉（图6-497）
Allemanda neriifolia Hook.

直立灌木，高1～2m。具乳汁。枝条灰白色。叶3～5枚轮生；叶片椭圆形或倒卵状长圆形，长6～12cm，宽2～4cm，先端尖，基部楔形，全缘，仅下面脉上被短柔毛，侧脉7～12对，在下面突起；叶柄极短，基部及腋间具腺体。聚伞花序顶生；花序梗和花梗被柔毛；花橙黄色，长4～6cm，直径约4cm；苞片披针形；花萼5深裂，裂片披针形，具腺体；花冠漏斗状，内具红褐色条纹，花喉向上扩大成冠檐，顶端5裂，花冠裂片向左覆盖，近匾形；雄蕊5，着生于冠筒喉部；花盘肉质，全缘，环绕子房基部；子房全缘，1室，花柱丝状，柱头顶端钝。蒴果卵球形，具长刺，直径约3cm。种子扁平，具薄膜质边缘。花果期5—12月。

原产于巴西，现广泛栽培于全球热带地区。福建、台湾、广东、广西庭园中均有栽培。普陀等地有栽培。

花黄色，可供庭园及道路旁绿化观赏；植株乳汁有毒。

图6-497 黄蝉

⑤ 夹竹桃属 Nerium L.

常绿直立灌木。具水液。叶常轮生；叶片革质，羽状脉。伞房状聚伞花序顶生；花萼5裂，裂片覆瓦状排列，具腺体；花冠红色、白色或黄色，漏斗状，喉部具5枚撕裂状副花冠，裂片5，花蕾时向右覆盖；雄蕊5，花丝短，花药箭头形；心皮2，离生，胚珠多数。蓇葖果2，长圆柱形，平滑无刺。种皮有短毛，种子顶端具种毛。

3种。我国引入栽培1种；浙江也有。

夹竹桃 (图6-498)

Nerium oleander L. — *N. indicum* Mill.

常绿大灌木，高1.5~4m。枝灰绿色，含水液；嫩枝具棱，有微毛，后脱落。叶3或4枚轮生，下部常对生；叶片革质，条状披针形，长8~20cm，宽1.2~2.5cm，先端渐尖，基部楔形，边缘反卷，侧脉密生，纤细而平行。聚伞花序顶生，花多数，花序梗长3~10cm；花梗具微毛；花芳香；花萼5深裂，裂片披针形；花冠深红色或粉红色，漏斗状，长约3cm，裂片单瓣、半重瓣或重瓣，具副花冠；雄蕊5，内藏，花丝短，有长柔毛，花药箭头形；心皮2，离生，具毛，柱头圆球形。蓇葖果2，离生，绿色，无毛，具细纵条纹。种子褐色，种皮被锈色短柔毛，顶端具黄褐色绢质种毛。花期4—12月，夏、秋季最盛；果期常在冬季和次年春季，少结果。

原产于印度、尼泊尔至地中海地区，现广泛种植于全球热带地区。我国南方常见栽培。全省各地常见引种。

花大艳丽，花期长，适应性强，可供观赏；全株有大毒，人、畜误食能致死；叶、茎皮可提制强心剂。

图6-498 夹竹桃

本省尚有品种白花夹竹桃'Album'（图6-499），花白色，单瓣，全省各地有栽培；花叶夹竹桃'Variegatum'（图6-500），叶片边缘有黄色斑纹或斑块，有的叶片全为黄色，慈溪等地有栽培。

图6-499　白花夹竹桃

图6-500　花叶夹竹桃

6 萝芙木属 Rauvolfia L.

灌木或小乔木。具乳汁。叶对生或轮生。二歧聚伞花序，或为伞形、伞房状；花萼钟状，5裂，无腺体；花冠白色，高脚碟状，冠筒常中部膨大，内面常具柔毛，裂片5，向右覆盖，无副花冠；雄蕊5，花药长圆形；花盘环状；心皮2，离生或合生，每室胚珠1或2，柱头2裂。核果2，平滑无刺。种子1，卵球形，有胚乳。

约60种，分布于亚洲、非洲、美洲和大洋洲热带地区。我国有7种，分布于华南、西南；浙江栽培1种。

萝芙木 海南萝芙木 （图6-501）
Rauvolfia verticillata (Lour.) Baill. — *R. verticillata* (Lour.) Baill. var. *hainanensis* Tsiang

灌木，高达3m。具乳汁。树皮灰白色；幼枝绿色。叶3或4枚轮生，稀对生；叶片膜质，椭圆形或长圆形，稀披针形，长3～16cm，宽0.3～3cm，先端渐尖，基部楔形，侧脉5～12对，弧曲上伸；叶柄长0.5～1cm。伞形式聚伞花序生于小枝上部叶腋，花序梗纤细；花小，白色；花萼5裂，裂片三角形；花冠高脚碟状，冠筒细长，长1～1.5cm，中部膨大，内有柔毛，裂片5，无副花冠；雄蕊着生于花冠筒中部，花丝短，花药长圆形；花盘杯状；心皮2，离生，花柱基部有环状薄膜。核果2，离生，长卵球形，长约1cm，成熟时呈紫黑色。种子具皱纹。花期5—8月，果期8—10月。

原产于华南、西南等地。越南也有。温州及杭州市区、温岭等地有栽培或逸生。

植株含利血平等多种生物碱，为"降压灵"的原料。

图6-501 萝芙木

7 链珠藤属 Alyxia Banks ex R. Br.

木质藤本。具乳汁。叶3或4枚轮生，稀对生。花小，排列成腋生或近顶生的聚伞花序；具小苞片；花萼5深裂，内无腺体；花冠高脚碟状，裂片5，向左覆盖；雄蕊5，着生于冠筒中部以上，花药内藏；无花盘；心皮2，离生，花柱丝状，每心皮胚珠4～6，2列。核果，常2个以上连接，在种子间收缩成链珠状，平滑。

约70种，分布于亚洲热带地区及澳大利亚、太平洋群岛。我国有12种，分布于华南、西南；浙江有1种。

链珠藤　念珠藤　阿利藤　（图6-502）
Alyxia sinensis Champ. ex Benth.

常绿木质藤本，长达3m。具乳汁。叶对生或3叶轮生；叶片革质，长圆状椭圆形、长圆形、倒卵形或卵圆形，长1～4cm，宽0.5～2cm，先端圆或微凹，基部楔形，边缘反卷；叶柄长1.5～5mm。聚伞花序腋生或近顶生，花序梗长2～4mm；花小，长5～6mm；花5数；花萼裂片卵圆形，钝头；花冠淡红色，后变白色，高脚碟状，冠筒长2～3mm，近喉部紧缩，裂片斜卵圆形，长1.5mm；雄蕊5，内藏；子房具长柔毛。核果球形或椭球形，长约1cm，直径约0.5cm，常2或3个连接成链珠状，成熟时呈黑色。花期4—10月，果期9—12月。

产于象山、衢州市区、三门、临海、仙居、莲都、遂昌、龙泉、庆元、景宁、温州市区、乐清、瑞安、文成、平阳、苍南、泰顺等地。生于海拔300～900m的山谷溪边、沟边、岩壁上、阔叶林下及林缘灌丛中。分布于江西、福建、湖南、广东、广西、贵州等地。

全株可入药，有祛风除湿、活血、理气止痛等功效。

图6-502　链珠藤

⑧ 帘子藤属 Pottsia Hook. et Arn.

木质藤本。具乳汁。叶对生。花多数,组成三歧至五歧圆锥状聚伞花序,顶生或腋生;花萼5深裂,内有腺体;花冠高脚碟状,裂片5,向右覆盖,无副花冠;雄蕊5,着生于花冠喉部,花药顶端伸出喉部外;花盘环状,5裂;心皮2,离生,胚珠多数。蓇葖果双生,细长,下垂。种子无喙,顶端有1簇白色绢质种毛。

约4种,分布于亚洲东南部。我国有2种,分布于江西、福建、湖南、广东、广西、贵州、云南等地;浙江有1种。

大花帘子藤 (图6-503)
Pottsia grandiflora Markgr.

常绿木质藤本,长达5m。具乳汁。茎无毛。叶对生;叶片薄革质,卵状椭圆形或椭圆形,长6.5～12.5cm,宽3～7cm;叶柄长1～2.2cm,叶柄间具钻状腺体。圆锥状聚伞花序长达18.5cm,具长花序梗;花梗长1～1.5cm;苞片和小苞片条状披针形;花萼小,裂片5,内具腺体;花冠紫红色或粉红色,长约13mm,开花时裂片向下反折;雄蕊5,着生于冠筒喉部,花药箭头形,伸出喉部外,腹部黏生于柱头上;子房无毛,花柱近基部加厚,柱头圆锥状,顶端2裂。蓇葖果双生,下垂,条状圆柱形,长达25cm。种子顶端具1簇白色种毛,长达4cm。花期5—9月,果期9—12月。

产于临海、遂昌、松阳、龙泉、瑞安、平阳、文成、苍南、泰顺等地。生于溪谷山脚边及山坡常绿阔叶林下。分布于福建、湖南、广东、广西、云南、贵州等地。印度、马来西亚、越南也有。

*Flora of China*记载浙江尚产帘子藤 *P. laxiflora* (Blume) Kuntze,其花冠长7mm,开花时裂片向上展开,花柱中部加厚,子房被长柔毛。作者未见可靠标本,存疑待考。

图6-503 大花帘子藤

9 毛药藤属 Sindechites Oliv.

木质藤本。具乳汁。茎无毛。叶对生。圆锥状聚伞花序顶生或近顶生；花萼小，5裂，裂片覆瓦状排列；花冠高脚碟状，裂片5，向右旋转排列；雄蕊5，着生于冠筒中部以上，顶端不伸出花冠喉部外，花丝短，离生，花药顶端具长柔毛；心皮2，离生，具肉质花盘，花柱丝状，胚珠多数。蓇葖果双生，条状长圆柱形，1长1短，下垂，无毛。种子顶端具黄白色长绢毛。

约2种，分布于老挝、泰国。我国有2种，分布于中部、南部、西南部、东部；浙江有1种。

毛药藤（图6-504）

Sindechites henryi Oliv.——*S. henryi* var. *parvifolia* Tsiang

木质藤本，长达8m。具乳汁。茎无毛。叶对生；叶片薄纸质，长圆状披针形至卵状披针形，长5.5~12.5cm，宽1.5~4cm，先端尾状渐尖；叶柄长4~10mm，柄间及叶腋内有条状腺体。圆锥状聚伞花序顶生或近顶生；花白色；花萼5深裂，内面有10~15枚腺体；花冠长9mm；雄蕊5，生于冠筒近喉部，花药（药隔）顶端有丛毛；子房具长柔毛，外围花盘，花盘5短裂，花柱长约4mm，柱头2裂，胚珠多数。蓇葖果双生，1长1短，条状圆柱形，长可达14cm。种子条状长圆柱形，扁平，长约1.3cm，种毛长2.5cm。花期5—7月，果期7—10月。

产于杭州市区、临安、桐庐、建德、余姚、奉化、象山、衢州市区（衢江）、开化、常山、江山、兰溪、磐安、武义、临海、莲都、遂昌、松阳、龙泉、庆元、景宁、永嘉、瑞安、文成、苍南、泰顺等地。生于海拔600~1300m的山地疏林下、山坡路旁灌木丛中或山谷密林中、水沟旁。分布于安徽、江西、湖北、湖南、广西、云南、贵州、四川等地。

图6-504 毛药藤

10 络石属 Trachelospermum Lem.

木质藤本。具乳汁。叶对生。花序聚伞状，有时聚伞圆锥状，顶生或腋生；花白色或紫色；花萼5裂，内面基部具5～10枚有齿腺体；花冠高脚碟状，顶端5裂，冠筒圆筒形；雄蕊5，着生于冠筒膨大处，花药箭头形，顶端无毛；花盘环状，5深裂或全裂；心皮2，离生，每心皮胚珠多数。蓇葖果双生，细长圆柱形，离生或黏生，等长。种子条状长圆形，具白色绢质种毛。

约15种，1种分布于北美洲，其余分布于亚洲。我国有6种，分布几遍全国；浙江均有。

分种检索表

1. 花冠筒中部、喉部或近喉部膨大；雄蕊着生于花冠筒中部、喉部或近喉部；蓇葖果叉生。
   2. 花蕾顶端渐尖；花萼裂片紧贴于花冠筒上；花药顶端伸出花冠喉部外 …… **1. 细梗络石 T. asiaticum**
   2. 花蕾顶部钝；花萼裂片开展或反卷；花药顶端隐藏在花冠喉部内。
      3. 叶片长椭圆形或倒卵状长圆形；雄蕊着生于花冠筒近喉部；花萼裂片贴于花冠筒上；蓇葖果长14～22cm …… **2. 乳儿绳 T. bodinieri**
      3. 叶片椭圆形、卵状椭圆形或披针形；雄蕊着生于花冠筒中部；花萼裂片反卷；蓇葖果长5～18cm …… **3. 络石 T. jasminoides**
1. 花冠筒基部、下部或中下部膨大；雄蕊着生于花冠筒基部或近基部；蓇葖果平行黏生或叉生。
   4. 叶两面无毛，基部楔形或宽楔形；子房及蓇葖果无毛；蓇葖果长9～23cm。
      5. 叶片厚纸质，倒披针形、倒卵形或长椭圆形；花暗紫红色；花萼裂片紧贴于花冠筒上；蓇葖果平行黏生，成熟时略叉开，长10～15cm，直径1～1.5cm …… **4. 紫花络石 T. axillare**
      5. 叶片薄纸质，狭椭圆形；花白色；花萼裂片开展；蓇葖果叉生，长9～23cm，直径3～5mm …… **5. 短柱络石 T. brevistylum**
   4. 叶下面密被锈色柔毛，基部耳形；子房及蓇葖果有绒毛；蓇葖果长7cm …… **6. 韧皮络石 T. dunnii**

1. 细梗络石 亚洲络石 （图6-505）

Trachelospermum asiaticum (Siebold et Zucc.) Nakai —— *T. gracilipes* Hook. f. —— *T. gracilipes* var. *hupehense* Tsiang et P.T. Li

常绿木质藤本。具白色乳汁。幼茎被黄褐色短柔毛，老时无毛。叶片椭圆形，长4～8.5cm，宽1.5～4cm，先端急尖，基部楔形，侧脉8～10对；叶腋间或叶腋外腺体长1mm。聚伞花序顶生或近顶生；花白色，芳香；花蕾顶端渐尖；花萼裂片5，紧贴于花冠筒上，内有10枚齿状腺体；花冠高脚碟状，冠筒长5～8mm，喉部膨大；雄蕊着生于花冠喉部，花丝短，被柔毛，花药箭头形，顶端伸出花冠喉部外；子房心皮2，无毛，外围环状花盘，花盘5裂，花柱细，柱头卵圆形，全缘。蓇葖果双生，叉开，条状圆柱形，长10～28cm，直径3～4mm，黄棕色，无毛。种子多数，红褐色，条形，长2～2.5cm，直径约2mm，种毛长2.5～3.5cm。花期4—7月，果期8—10月。

产于杭州市区、建德、宁海、开化、天台、临海、缙云、龙泉、景宁、永嘉、瑞安、文成、

一三九　夹竹桃科 Apocynaceae

泰顺等地。生于山地路旁或山谷密林中，攀缘于树上或岩石上。分布于西南及安徽、江西、福建、湖南、湖北、台湾、广东、广西、甘肃等地。朝鲜半岛、印度也有。

图 6-505　细梗络石

2. 乳儿绳　贵州络石　温州络石　（图 6-506）
Trachelospermum bodinieri (H. Lév.) Woodon —— *T. cathayanum* C.K. Schneid. —— *T. wenchowense* Tsiang

常绿木质藤本。具白色乳汁。除幼花被短柔毛外，其余无毛。叶片长椭圆形或倒卵状长圆形，长 5.5～6cm，宽 1.7～2cm，先端渐尖，基部急尖；叶腋具腺体；叶柄长 4mm。

图 6-506　乳儿绳

聚伞花序圆锥状，顶生和腋生；花蕾顶部钝；花萼裂片渐尖，贴于花冠筒上；花冠白色，芳香，冠筒长4～6mm，近花喉部膨大，花喉顶口缢缩，被短柔毛，花冠裂片长6～10mm，宽1～1.5mm；雄蕊着生于花冠近喉部，花药顶端不伸出花喉外，花丝短，被短柔毛；花盘环状5裂，围绕子房基部；子房由2枚离生心皮组成，每心皮胚珠多数，花柱丝状，柱头卵状。蓇葖果双生，略叉开，长14～22cm，直径2～3mm，无毛。种毛长2.5～3.5cm。花期5—7月，果期8—12月。

产于龙泉、乐清、永嘉、瑞安、文成、平阳、苍南、泰顺等地。生于山坡林中及溪旁树上。分布于西南及福建、湖南、湖北、广东等地。

幼藤纤维可制绳索，藤可编制家具；花芳香，可提取挥发油；可作绿篱或地被植物。

3. 络石 （图6-507）

Trachelospermum jasminoides (Lindl.) Lem. —— *T. jasminoides* var. *heterophyllum* Tsiang

常绿木质藤本。具白色乳汁。茎赤褐色，圆柱形，具气生根，有皮孔；幼枝有黄色柔毛，后脱落。叶片椭圆形、卵状椭圆形或披针形，长2～10cm，宽1～4.5cm；叶柄内和叶腋外腺体钻形，长约1mm。圆锥状聚伞花序腋生或顶生，与叶等长或较长；花蕾顶部钝；花萼5深裂，裂片反卷，基部具10枚鳞片状腺体；花冠白色，芳香，高脚碟状，冠筒中部膨大；雄蕊5，着生于冠筒中部，花药顶端隐藏在花冠喉部内；子房心皮2，无毛。蓇葖果双生，叉开，披针状圆柱形，有时呈牛角状，长5～18cm，直径3～10mm，无毛。种子多数，褐色，条形，长1.3～1.7cm，直径约

图6-507　络石

2mm，有长1.5～3cm的种毛。花期4—6月，果期7—10月。

产于全省各地。生于山野、林缘或阔叶林中，常攀缘于树上、墙上或岩石上。我国除东北及西藏、青海、新疆等地外，均有分布。朝鲜半岛、日本、越南也有。

根、茎、叶均可药用，有祛风活络、利关节、止血、止痛消肿、清热解毒等功效；乳汁有毒，对心脏有毒害作用；为纤维植物；花芳香，可提取络石浸膏。

园艺品种花叶络石'Flame'（图6-508），茎先端的叶片幼时粉红色、白色或杂以绿色斑块（点）。全省各地常作地被植物栽培。

图6-508　花叶络石

4. 紫花络石 （图6-509）
Trachelospermum axillare Hook. f.

常绿木质藤本。具白色乳汁。无毛或幼枝具微毛。茎粗约1cm，具多数皮孔。叶片厚纸质，倒披针形、倒卵形或长椭圆形，长8～15cm，宽3～4.5cm，先端渐尖成尾状或急尖，基部楔形，侧脉8～15对；叶腋间有腺体。聚伞花序近伞形，腋生或近顶生，长1～3cm；花蕾顶端钝；花萼5裂，紧贴于花冠筒上，内有10腺体；花冠暗紫红色，冠筒长4～5mm，基部膨大，高脚碟状；雄蕊着生于冠筒基部，内藏；花盘裂片与子房等长；子房卵球形，无毛，柱头近头状。蓇葖果2，平行黏生，成熟时略叉开，长10～15cm，直径1～1.5cm，无毛。种子暗紫色，倒卵状长圆柱形或宽卵球形，长约1.5cm，直径约7mm，种毛长5cm。花期5—7月，果期8—10月。

产于建德、淳安、鄞州、奉化、象山、宁海、开化、武义、遂昌、龙泉、庆元、云和、景宁、永嘉、瑞安、文成、平阳、苍南、泰顺等地。生于山谷及疏林中，或水沟边、溪边灌木丛中。分布于西南及江西、福建、湖南、湖北、广东、广西等地。越南、斯里兰卡、印度也有。

植株可提取树脂及橡胶；茎皮纤维韧性强，可代麻制绳及织麻袋；种毛可作填充料。

图6-509 紫花络石

5. 短柱络石 （图6-510）

Trachelospermum brevistylum Hand.-Mazz.

常绿木质藤本。具白色乳汁。茎、叶无毛。叶片薄纸质，狭椭圆形，长5～10cm，宽3cm，先端渐尖成尾状，基部楔形或宽楔形。聚伞花序顶生或腋生，比叶短；花萼裂片卵状披针形，开展；花冠白色，冠筒长约4.5mm，下部膨大，向喉部渐细，内具微毛，裂片斜倒卵形，长

图6-510 短柱络石

6~7mm；雄蕊5，着生于冠筒基部，花药箭头形，内藏；子房长椭球形，无毛，柱头近头状。蓇葖果叉生，条状圆柱形，长9~23cm，直径3~5mm，外果皮黄棕色，无毛。种子长圆柱形，长1~2.8cm，直径1.5~2.5mm，种毛白色，绢质，长2.5~3cm。花期5—7月，果期8—12月。

产于仙居、龙泉、文成、苍南、泰顺等地。生于海拔600~1000m的山地空旷疏林下及山谷溪边，缠绕于树上或岩石上。分布于安徽、福建、湖南、广东、广西、贵州、四川、西藏等地。

6. 韧皮络石　锈毛络石
Trachelospermum dunnii (H. Lév.) H. Lév. —— *T. tenax* Tsiang

常绿木质藤本。具白色乳汁。幼嫩部分密被黄色柔毛，后渐脱净。叶片长圆形至椭圆状披针形，长4.5~10cm，宽1.5~4.5cm，先端渐尖，基部耳形，上面无毛，下面密被锈色柔毛；叶柄密被锈色柔毛。聚伞花序近伞形，顶生及腋生；花梗长1~1.5cm；花白色，外面密被锈色柔毛；花蕾条形，长2~3mm；花萼裂片长圆状披针形，长3~4mm，略展开，外面有锈色长柔毛；花冠筒长5~6mm，中部以下膨大，喉部略紧缩，外有锈色长柔毛，裂片斜倒卵状长圆形；雄蕊着生于冠筒近基部；花盘裂片离生，与子房等长；子房卵状，被绒毛。蓇葖果粗壮，2个平行黏生，长7cm，直径约1.2cm，被黑色绒毛。种子长1cm，种毛长3cm。花期3—8月，果期7—12月。

产于温州。生于路旁及阳光充足的疏林下。分布于湖南、广东、广西、云南、贵州、四川。越南也有。仅见1份采自温州的标本，无具体地点，有待进一步调查。

11 鳝藤属 Anodendron A. DC.

常绿木质藤本。具乳汁。叶对生。圆锥状聚伞花序顶生或腋生；花萼5深裂；花冠高脚碟状，裂片5，向右覆盖；雄蕊5，着生于冠筒基部，花丝极短，花药内藏，顶端不伸出花冠喉部外，无毛；花盘环状或杯状，全缘或顶端5浅裂；心皮2，离生，胚珠多数。蓇葖果双生，通常披针状圆柱形，叉开。种子压扁状，卵圆形，有喙，顶端有长种毛。

约16种，分布于马来西亚、越南、印度、斯里兰卡。我国有5种；浙江有1种。

鳝藤 （图6-511）
Anodendron affine (Hook. et Arn.) Druce —— *A. salicifolium* Tsiang et P.T. Li

攀缘灌木。具乳汁。全株无毛。叶片长圆状披针形，长3~10cm，宽1~2.5cm，先端渐尖，基部楔形，侧脉6或7对。圆锥状聚伞花序顶生；小苞片甚多；花萼5深裂；花冠白色或淡黄色，裂片5，向右覆盖；雄蕊5，花药箭头形；花盘环状；子房无毛，为花盘所包围，柱头圆锥状，2裂。蓇葖果双生，卵状椭球形，长达13cm，直径约3cm。种子棕黑色，有喙，长约2cm，种毛白色，长约6cm。花期11月至次年4月，果期次年6—12月。

产于宁波市区、奉化、象山、宁海、普陀、三门、临海、玉环、景宁、乐清、瑞安、平阳、泰顺等地。生于山谷、路旁灌木丛中及溪边树上。分布于福建、湖南、湖北、台湾、广东、广西、云南、贵州、四川等地。日本、越南、印度也有。

图6-511 鳝藤

⑫ 水壶藤属 Urceola Roxb.

木质大藤本。具乳汁。叶对生,无腺点。聚伞花序圆锥状,3次以上分歧;花萼5深裂;花冠近坛状或近辐状,无副花冠,裂片5,向右覆盖;雄蕊5,着生于冠筒基部,花丝短,不伸出花冠喉部外;花盘环状,全缘或5裂;心皮2,离生,胚珠多数。蓇葖果双生,叉开,圆筒状。种子顶端具种毛。

15种,分布于亚洲东南部。我国有8种,分布于南部和西南部;浙江有1种。

酸叶胶藤 乳藤 （图6-512）

Urceola rosea (Hook. et Arn.) D.J. Middleton——*Ecdysanthera rosea* Hook. et Arn.

常绿木质藤本。具乳汁。茎皮紫褐色，无明显皮孔。叶片纸质，倒卵状椭圆形或椭圆形，长3～7cm，宽1～4cm，叶背被白粉；叶柄长约1.5cm。圆锥状聚伞花序，宽松展开，多歧，顶生，具数花；花小，粉红色；花序梗长约4.5cm，略具白粉，被短柔毛；花梗长2～3mm；苞片微小；花萼5深裂，内面有5小腺体；花冠近坛状，喉部无副花冠，裂片卵圆形，向右覆盖；雄蕊5，着生于冠筒基部，花丝短，花药箭头形；花盘环状，全缘；子房有短柔毛，柱头顶端2裂。蓇葖果双生，叉开近成一直线，长圆柱形，长达15cm，外果皮有明显斑点。种子长圆柱形，顶端具白色绢毛。花期4—7月，果期8—12月。

产于平阳（麻步）、苍南（马站）、泰顺。生于低海拔的阔叶林及灌丛中。分布于长江以南各地。越南、印度尼西亚也有。

全株可药用，有利尿、消肿、止痛等功效；为野生橡胶植物。

图6-512　酸叶胶藤

存疑种

乐东藤
Urceola xylinabariopsoides (Tsiang) D.J. Middleton——*Chunechites xylinabariopsoides* Tsiang

木质藤本，长约1m，密被深褐色短柔毛。具乳汁。叶片薄革质，狭披针形，侧脉5~7对；叶柄间及叶脉内有黑褐色小腺体。聚伞花序圆锥状；小苞片条状披针形；花萼裂片长圆状披针形，内面具5腺体；花冠橙黄色，裂片向右覆盖；雄蕊5，内藏，花药箭头形，腹部与柱头黏生；心皮2，离生，柱头极短，顶端2短裂。蓇葖果2，灰黄色，狭披针状圆柱形。种子长圆柱状披针形，长1cm，被锈色毛，种毛长3cm。花期6—9月，果期9—12月。

《中国植物志》记载产于海南和浙江，但*Flora of China*未提及浙江。中国科学院华南植物园标本馆有1号本省标本（1196号，IBSC0481265），但无采集记录，因未见到可靠标本而作存疑处理。

13 黄花夹竹桃属 Thevetia L.

乔木或灌木。具乳汁。叶互生。聚伞花序顶生或腋生；花萼5深裂，内面基部具腺体；花冠漏斗状，裂片阔，冠筒短，下部圆筒状，喉部具5枚被毛鳞片；雄蕊5，着生于冠筒喉部，花药与花柱分离；无花盘；子房2室，2深裂，每室胚珠2。核果，内果皮木质，坚硬，2室，每室种子2。

约8种，产于美洲热带地区，现全球热带、亚热带地区均有栽培。我国引入2种；浙江栽培1种。

黄花夹竹桃 黄花状元竹 酒杯花 柳木子 （图6-513）
Thevetia peruviana (Pers.) K. Schum.——*Cascabela thevetia* (L.) Lippold

常绿乔木，高达5m。具乳汁。全株无毛。树皮棕褐色，皮孔明显；小枝下垂。叶片薄革质，条形或条状披针形，两端长尖，长10~15cm，宽5~12mm，光亮，全缘，中脉在上面下陷，侧脉在两面不明显；叶柄无。聚伞花序顶生；花梗长2~4cm；花大，黄色，具香味，长5~9cm；花萼绿色，5裂，裂片三角形；花冠漏斗状，冠筒喉部具5枚被毛鳞片，花冠裂片向左覆盖，比冠筒长；雄蕊着生于冠筒喉部，花丝丝状；子房无毛，柱头圆形，顶端2裂。核果扁三棱锥状球形，直径2.5~4cm，内果皮木质。花期5—12月，果期8月至次年春季。

原产于美洲热带地区，现全球热带和亚热带地区均有栽培。福建、台湾、广东、广西、云南等地有栽培，有时逸生。普陀、苍南等地有栽培。

花期长，为美丽的绿化植物；树液和种子有毒，误食可致命；果仁含有黄花夹竹桃素，有强心、利尿、祛痰、发汗、催吐等功效。

图6-513 黄花夹竹桃

14 狗牙花属 Tabernaemontana L.

灌木或小乔木。具白色乳汁。假托叶针状，基部扩大而合生。叶对生。聚伞花序，稀单花；萼片梅花式，内面基部常有腺体；花冠白色，冠筒圆筒状，花冠裂片向左覆盖而向右旋转；雄蕊5，常着生于冠筒中部或喉部，花药长圆形；心皮2，胚珠多数，柱头常2裂。蓇葖果叉开，外果皮薄革质。种子具肉质假种皮，无毛。

约99种，分布于亚洲、非洲、美洲、大洋洲。我国有5种，分布于西南至华南等地；浙江栽培1种。

狗牙花 （图6-514）

Tabernaemontana divaricata (L.) R. Br. ex Roem. et Schult.——*Nerium divaricata* L.——*Ervatamia divaricata* (L.) Burk.

灌木。枝、叶无毛；枝和小枝灰绿色，有皮孔；腋内假托叶卵圆形，基部扩大而合生。叶片坚纸质，椭圆形或椭圆状长圆形，先端短渐尖，基部楔形，上面深绿色，背面淡绿色，侧脉12对；叶柄长0.5~1cm。聚伞花序腋生，通常双生，6~10花在近枝端集成假二歧状，花序梗长2.5~6cm；花梗长0.5~1cm；苞片和小苞片卵状披针形；花蕾顶部急尖；花萼基部内面有腺体，萼片长圆形，边缘有缘毛；花冠白色，重瓣，冠筒长达2cm；雄蕊着生于冠筒中部以下；花柱长11mm，柱头倒卵球形。花期6—11月，本省栽培常不结果。

原产于云南南部。南亚及泰国也有。亚洲热带地区有栽培。我国南部各地有栽培。温州及杭州市区、桐庐、普陀等地亦有栽培。

根、茎、叶可药用，有清热解毒、散结利咽、消肿止痛、降血压等功效；可供观赏。

图6-514 狗牙花

中名索引

A

阿利藤	511
安徽凤仙花	341,353
安徽槭	204,219

B

八角金盘	362
八角金盘属	361,362
八角金钱	400
巴豆	43
巴豆属	10,43
霸王鞭	55,65
白苞芹	435
白苞芹属	398,435
白苞猩猩草	54,67
白背麸杨	249,250
白背叶	28,32
白饭树属	9,12
白花滨海前胡	466
白花酢浆草	315
白花夹竹桃	509
白花前胡	466
白簕	373,374
白蔹	115,122
白毛拟乌蔹莓	134
白木乌桕	49,52
白鲜	268
白芷	451,454
百金花	487
百金花属	481,486
百路通	430
斑地锦	54,60
斑叶常春藤	368
斑叶鹅掌藤	365
斑叶野扇花	7
斑子乌桕	53
板凳果属	1,7
薄片变豆菜	408,409
薄叶凤仙花	357
薄叶鼠李	84,88
薄叶乌蔹莓	128
北柴胡	422,424
北美红枫	202
北沙参	464
北枳椇	78
本地早	309
笔龙胆	489,493
蓖麻	40
蓖麻属	10,40
变豆菜	408,411
变豆菜属	397,408
变色黄杨	3
变叶葡萄	163
遍地金	401
滨当归	451
滨海前胡	465
滨蛇床	446
波缘楤木	386,388
玻璃翠	343
伯乐树	189

C

苍南凤仙花	360
糙叶藤五加	378
糙叶五加	373,378
茶条槭	221
柴胡属	397,421
昌化槭	203,214
长柄野扇花	7
长柄紫果槭	232
长春花	503
长春花属	501,503
长刺楤木	386
长梗天胡荽	400,404
长果窃衣	415
长距天目山凤仙花	357
长叶冻绿	84
长叶黄杨	4
长圆叶大戟	76
常春藤	370
常春藤属	362,367
常山柚橙	306
朝鲜茴芹	430,432
车桑子	197
车桑子属	191,197
车索藤	133
梣叶槭	241
匙叶草	488
匙叶草属	481,488

匙叶黄杨	1,2	大果臭椿	258	东北油柑	17
齿果草	169	大果俞藤	114	东部大果槭	239
齿果草属	169	大花酢浆草	316,320	东俄芹属	398,419
翅棱芹属	398,444	大花帘子藤	512	东方古柯	165
重齿当归	451,455	大花天竺葵	336	东方野扇花	6
重齿毛当归	455	大戟	55,72	东南爬山虎	114
重阳木	27	大戟科	9	东南葡萄	140,146
重阳木属	10,26	大戟属	10,53	东南野桐	30
臭常山	284	大狼毒	73	东亚囊瓣芹	428
臭常山属	268,283	大参属	361,382	冻绿	84,89
臭椿	257	大叶柴胡	422	冻绿属	83
臭椿属	257	大叶臭椒	270,274	豆蔻天竺葵	334
臭节草	287	大叶勾儿茶	97,98	独活	452
臭辣树	286	大叶金牛	172,173	独活属	399,467
樗	257	大叶三七	395	短柄鼠李	92
川黄檗	290	大叶山天萝	148	短翅安徽槭	220
川楝	267	大叶伤筋草	407	短辐水芹	437
川芎	447	大叶止血草	400	短梗大参	382
椿叶花椒	269,273	代代花	306	短梗幌伞枫	383
刺果毒漆藤	252,255	丹麻杆	35	短毛独活	468
刺葡萄	140,142	丹麻杆属	9,35	短穗铁苋菜	42
刺楸	371	淡黄绿凤仙花	349	短柱络石	514,518
刺楸属	361,371	当归	451,457	断肠草	479
刺鼠李	84,88	当归属	399,451	断肠草属	478
刺藤子	80,82	倒地铃	192	椴叶独活	470
刺桐	371	倒地铃属	191	对节刺	81
丛卷毛野桐	34	倒卵叶算盘子	21	盾叶天胡荽	405
粗糠柴	28,30	得州酢浆草	322	盾叶天竺葵	334
酢浆草	316,320	地锦	54,58,108	多花酢浆草	319
酢浆草科	314	地锦属	107	多花凤仙花	360
酢浆草属	315	滇刺枣	104	多花勾儿茶	97,100
		顶花板凳果	8	多裂叶水芹	440
D		顶蕊三角咪	8	朵椒	270,275
大齿当归	462	东北龙胆	491		
大齿山芹	459,462	东北蛇葡萄	115,117		

E

峨参	414
峨参属	397,414
鹅脚板	430
鹅掌柴	365
鹅掌柴属	361,364
鹅掌藤	364

F

防风	470
防风属	399,470
飞龙掌血	289
飞龙掌血属	268,288
飞扬草	54,56
非洲茉莉	474
粉蕊黄杨	8
粉沙参	420
粉叶爬山虎	113
凤尾参	444
封怀凤仙花	341,356
凤仙花	340,341
凤仙花科	340
凤仙花属	340
佛手	302
福建野鸦椿	186
福参	451,458
复叶槭	204,241
复羽叶栾树	196

G

甘肃大戟	71
甘遂	54
柑橘	300,308
柑橘属	268,300
橄榄	242
橄榄科	242
橄榄槭	204,225
橄榄属	242
高山积雪	61
高山老鹳草	331
藁本	435,447,449
藁本属	399,447
疙瘩七	396
革叶槭	231
革叶算盘子	21
葛藟	141,153
葛藟葡萄	153
葛萝槭	203,236
隔山香	459
梗花椒	270,282
梗花雀梅藤	80
勾儿茶属	77,96
钩刺雀梅藤	80,82
钩吻	479
钩吻属	474,478
钩腺大戟	55,76
狗牙花	524
狗牙花属	502,523
枸橘	295
枸橘属	268,295
枸橼	301
古柯科	165
古柯属	165
牯岭东俄芹	419
牯岭凤仙花	340,345
牯岭勾儿茶	96,97
牯岭蛇葡萄	118
鼓钉刺	371
瓜子黄杨	2
瓜子金	172,175
拐芹	456
拐枣	78
关节酢浆草	316,318
管茎凤仙花	341,352
光假奓包叶	35
光叶花椒	270
光叶毛果枳椇	79
光叶蛇葡萄	116
广东牛果藤	123,124
广东蛇葡萄	124
广枌	307
贵州络石	515
桂花三七	448
桂圆	194

H

海蚌含珠	41
海南萝芙木	510
海南崖爬藤	138
海漆属	10,48
汉荭鱼腥草	327
旱金莲	338
旱金莲科	338
旱金莲属	338
旱芹	426
旱芹属	398,426
杭白芷	454
荷包山桂花	172
黑面神	24
黑面神属	9,24
亨利五加	378
红背桂	48
红背山麻杆	38
红柴胡	422,423

红翅槭	234	华东异蕊龙胆	495	幌伞枫	384
红刺桐	387	华肺形草	482	幌伞枫属	361,383
红枫	218	华凤仙	340,343	灰刺木	474
红花酢浆草	316,318	华南龙胆	489,494	灰莉	474
红花七叶树	199	华南远志	172,177	灰莉属	474
红花香椿	262	华双蝴蝶	482	灰绿龙胆	489,493
红黎檬	304	华中拟乌蔹莓	135	茴芹属	398,429
红络石藤	476	黄斑叶常春藤	368	茴香	442
红马蹄草	399,400	黄背野桐	33	茴香属	398,442
红三叶地锦	111	黄檗属	269,289	喙果黑面神	25
红檵木	387	黄蝉	507	火殃勒	55,64
红叶葡萄	141,151	黄蝉属	501,506		
红叶野桐	32	黄花变豆菜	408,413	**J**	
红羽毛枫	218	黄花酢浆草	316,317	鸡脚前胡	466
红仔珠	24	黄花夹竹桃	522	鸡爪梨	78
胡椒木	277	黄花夹竹桃属	501,522	鸡爪槭	203,217
胡萝卜	472	黄花远志	172	鸡肫皮	185
胡萝卜属	397,471	黄花状元竹	522	积雪草	407
胡蔓藤	479	黄连木	246	积雪草属	397,406
胡荽	418	黄连木属	244,246	姬苗属	479
胡柚	306	黄楝树	259	棘茎楤木	386,387
湖北大戟	55,71	黄栌属	244,247	蒺藜	312
湖北老鹳草	327	黄毛楤木	389	蒺藜科	312
湖北算盘子	20,23	黄皮	293	蒺藜属	312
虎刺梅	63	黄皮属	268,292	夹竹桃	508
花椒	270,279	黄山龙胆	489,495	夹竹桃科	501
花椒簕	269,271	黄山栾树	197	夹竹桃属	501,507
花椒属	268,269	黄山五叶参	385	家天竺葵	334,336
花叶夹竹桃	509	黄算珠树	21	假苞囊瓣芹	429
花叶络石	517	黄岩凤仙花	341,350	尖帽草属	474,479
花叶蔓长春花	505	黄杨	1,2	尖叶黄杨	1,4
花叶木薯	47	黄杨科	1	尖叶算盘子	20,21
华东拟乌蔹莓	135	黄杨木	2	尖叶乌蔹莓	129
华东葡萄	141,148	黄杨属	1	建德獐牙菜	497,499
华东山芹	459,460	黄珠子草	14,18	建宁野鸦椿	186

建始槭	204,240
渐尖距凤仙花	351
角花乌蔹莓	127,131
楷树	246
睫毛萼凤仙花	348
金弹	299
金豆	296
金柑	298
金刚纂	55,63
金橘	296,298
金橘属	268,296
金钱槭属	202
金钱树	102
金线吊葫芦	137
金秀丽	225
金叶黄杨	3
金寨山葡萄	141,154
京大戟	72
九步香	459
九里香	294
九里香属	269,294
九龙山凤仙花	341,355
韭叶柴胡	424
酒杯花	522
菊叶天竺葵	334,337
矩叶勾儿茶	100
卷毛长柄槭	206,207

K

开化葡萄	141,160
刻叶老鹳草	327,329
苦茶槭	203,220
苦爹菜	430
苦楝	266
苦木	259
苦木科	257
苦木属	257,259
苦参子	260
苦树	259
苦味叶下珠	14,17
宽皮橘	308
括苍山凤仙花	341,349
阔萼凤仙花	341,348
阔叶槭	203,210

L

蓝果刺葡萄	143
老鹳草	327,330
老鹳草属	325,327
老鸦碗	407
乐东藤	522
黎檬	304
里白算盘子	21
鲤鱼胆	474
荔枝	195
荔枝属	191,195
帘子藤	512
帘子藤属	502,512
链珠藤	511
链珠藤属	501,511
楝	266
楝科	261
楝属	261,266
楝树	266
楝叶吴萸	286
两面针	269,270
两色冻绿	85
两型叶闽江槭	233
亮叶雀梅藤	81
辽藁本	447,450

裂苞铁苋菜	42
临安槭	204,212
菱叶常春藤	368,370
菱叶葡萄	140,152
岭南花椒	270,280
岭南槭	203,227
柳木子	522
柳叶蓬莱葛	476,478
龙胆	489
龙胆科	481
龙胆属	481,489
龙泉葡萄	141,158
龙眼	194
龙眼属	191,194
龙爪枣	104
庐山葡萄	141,161
庐山野桐	32
绿爬山虎	107,111
绿叶地锦	111
绿玉树	55,62
葎叶蛇葡萄	118
栾树属	191,196
卵叶石岩枫	28
罗布麻	502
罗布麻属	501,502
罗浮槭	204,234
萝芙木	510
萝芙木属	501,510
络石	514,516
络石属	502,514
落地梅花	401
落萼叶下珠	14,15

M

麻楝	264

麻楝属	261,264	毛药藤属	502,513	**N**	
马甲子	101	毛野花椒	282	南方大叶柴胡	423
马甲子属	77,101	毛叶刺楸	371	南酸枣	245
马铃柴	183	毛叶雀梅藤	81	南酸枣属	244
马钱科	474	毛叶椶木	390	南枳椇	79
马蹄纹天竺葵	334	毛枝牛果藤	123	囊瓣芹属	398,428
脉叶翅棱芹	444	毛枝蛇葡萄	123	尼泊尔鼠李	84,86
馒头果	22	毛枝叶下珠	15	尼泊尔野桐	34
蔓长春花	504	毛竹叶椒	279	拟乌蔹莓属	106,133
蔓长春花属	501,504	美国地锦	107	念珠藤	511
蔓天竺葵	334	美国红栌	248	鸟不宿	389
樱橘	309	美丽百金花	487	鸟不踏	387
杧果	244	美丽鸡爪槭	218	鸟眼睛	185
牻牛儿苗科	325	美丽拟乌蔹莓	133	宁波三角槭	228
牻牛儿苗属	325	美丽獐牙菜	497,498	柠檬	300,304
猫乳	93	美洲葡萄	155	柠檬当归	459
猫乳属	77,93	米兰	265	牛果藤属	106,122
毛柄小勾儿茶	96	米仔兰	265		
毛椿	263	米仔兰属	261,265	**O**	
毛椿叶花椒	273	密伞天胡荽	399,401	瓯柑	308
毛大叶臭椒	274	蜜柑草	14,17	欧洲七叶树	199
毛冻绿	90	蜜茱萸属	269,287		
毛梗糙叶五加	379	缅甸天胡荽	403	**P**	
毛果丹麻杆	36	庙台槭	205	爬墙虎	108
毛果假麥包叶	36	闽赣葡萄	140,147	爬山虎	107,108
毛果槭	204,239	闽江槭	204,232	爬山虎属	106,107
毛果枳椇	79	明党参	420	膀胱果	184
毛红椿	263	明党参属	398,420	抛	302
毛黄栌	248	木荷枫	366	蓬莱葛	476
毛鸡爪槭	203,213	木蜡树	252,253	蓬莱葛属	474,475
毛脉槭	204,222	木薯	47	椪柑	308
毛葡萄	141,156	木薯属	10,46	平翅三角槭	229
毛漆树	252,254	木油桐	45	破铜钱	401,402
毛山鼠李	91			破铜钱草	407
毛药藤	513				

破子草	416	清香木	247	**S**	
葡匐大戟	54,59	秋枫	26		
葡匐五加	373	秋葡萄	140,144	三叉苦	287
葡萄	141,155	驱蚊香草	336	三出蔜薁	141,163
葡萄科	106	全缘叶栾树	197	三加皮	374
葡萄属	107,140	犬脚迹	411	三角枫	227
		雀梅	81	三角槭	203,227
		雀梅藤	80,81	三角叶酢浆草	316,322
Q		雀梅藤属	77,80	三裂昌化槭	215
七叶莲	364	雀舌黄杨	2	三裂叶蛇葡萄	115,119
七叶树	199			三年桐	44
七叶树科	199	**R**		三七	394
七叶树属	199	染布木	86	三峡槭	203,226
漆葛	255	人参属	362,393	三桠苦	287
漆树	252,255	韧皮络石	514,519	三叶地锦	111
漆树科	244	日本百金花	486	三叶槭	240
漆树属	244,252	日本常春藤	370	三叶青	137
槭树科	202	日本常山	284	三叶细柱五加	376
槭树属	202	日本独活	469	三叶崖爬藤	137
千根草	54,60	日本花椒	270,276	伞形科	397
千年桐	45	日本槭	202	桑芽茶	220
前胡	466	日本五月茶	11	桑叶葡萄	141,157
前胡属	399,465	日本野桐	28,34	色木槭	206
钱币草	405	日本茵芋	292	山酢浆草	316,323
窃衣	417	日日草	503	山地乌蔹莓	127,130
窃衣属	397,416	绒毛锐尖山香圆	188	山靛	39
芹菜	426	柔毛龙眼独活	392	山靛属	10,39
芹叶牻牛儿苗	326	柔毛土当归	386,392	山橘	296,297
青麸杨	249,251	乳儿绳	514,515	山绿柴	84,92
青果	242	乳浆大戟	55,75	山萝卜	420
青花椒	270,275	乳藤	521	山麻杆	37
青灰叶下珠	14	乳源槭	203,209	山麻杆属	9,36
青龙藤	111	锐尖山香圆	187	山毛榉叶葡萄	152
青榨槭	203,235	锐角槭	202,208	山葡萄	142,154
青紫木	48	锐叶茴芹	430,432	山芹	460

山芹菜	411	鼠掌老鹳草	327,332		
山芹属	399,459	树兰	265	**T**	
山鼠李	84,90	树三加	380	塌菜	400
山水芹菜	462	树参	366	台闽算盘子	20
山乌桕	49,51	树参属	361,366	泰顺凤仙花	341,358
山香圆属	181,187	栓翅地锦	109	糖槭	202
山芎	397	栓翅爬山虎	107,109	藤本天竺葵	334
山芎劳	449	双蝴蝶	183	藤五加	373,377
珊瑚菜	464	双蝴蝶属	481	天胡荽	399,401
珊瑚菜属	399,464	水独活	468	天胡荽属	397,399
鳝藤	519	水壶藤属	502,520	天目变豆菜	408
鳝藤属	502,519	水黄连	409	天目当归	451,456
少花红柴胡	423	水金凤	351	天目槭	204,238
少花蓬莱葛	477	水芹	437,438	天目山凤仙花	341,356
少花水芹	437	水芹菜	438	天师栗	200
蛇床	445	水芹三七	449	天台阔叶槭	211
蛇床属	399,445	水芹属	398,437	天童锐角槭	209
蛇葡萄	115	水田白	480	天竺葵	334,335
蛇葡萄属	106,114	四季凤仙	344	天竺葵属	325,334
麝香天竺葵	334	四季橘	299	田七	394
参三七	394	四季抛	303	甜橙	300,307
深裂刺楸	371	四数花属	269,284	条叶龙胆	489,491
肾叶天胡荽	400,404	松风草	287	条叶双蝴蝶	483
省沽油	183	楤木	386,389	铁海棠	55,63
省沽油科	181	楤木属	362,386	铁扇伞	390
省沽油属	181,182	苏丹凤仙花	340,343	铁苋菜	41
石椒草属	269,287	苏州大戟	76	铁苋菜属	10,41
石生崖爬藤	137,138	宿根亚麻	167	通草	363
石岩枫	28,29	酸橙	300,305	通乳草	56
食用土当归	386,391	酸味子	11	通脱木	363
莳萝	443	酸叶胶藤	521	通脱木属	361,363
莳萝属	399,443	算盘子	20,22	铜钱草	405
史氏东谷芹	419	算盘子属	9,19	铜钱树	102
鼠李科	77	遂昌凤仙花	341,354	头序楤木	386,390
鼠李属	77,83	簑衣槭	217	秃叶黄檗	290

秃叶黄皮树	290	五角槭	202,206	线叶蓬莱葛	476,477
突节老鹳草	328	五岭龙胆	489,492	线叶水芹	439
土沉香属	48	五盘藤	111	腺枝龙泉葡萄	160
土当归	391,452	五小叶槭	202	腺枝毛葡萄	157
土茴香	443	五叶刺枫	371	香菜	418
脱毛昌化槭	215	五叶地锦	107	香草	336
脱毛大叶勾儿茶	99	五月茶属	9,10	香橙	303
椭圆叶齿果草	170	五爪藤	122	香椿	261
		武义毛脉槭	223	香椿属	261
W		舞扇槭	202	香独活	455
弯翅色木槭	206,207			香港双蝴蝶	482,484
网脉葡萄	141,148	**X**		香港远志	172,178
微毛蛇葡萄	119	西伯利亚远志	171	香根芹	415
温州络石	515	西南水芹	437,440	香根芹属	397,415
温州葡萄	140,150	稀花槭	203,216	香菇草	400,405
文采乌蔹莓	127,132	细齿大戟	54,55	香莲树	246
文旦	303	细刺五加	373,376	香泡	302
乌桕	49	细梗络石	514	香荽	418
乌桕属	10,49	细果毛脉槭	223	香叶天竺葵	334,336
乌蔹莓	127	细茎双蝴蝶	482,483	香圆	300,303
乌蔹莓属	106,126	细叶藁本	448	香橼	300,301
乌头叶蛇葡萄	115,120	细叶旱芹	425	湘桂羊角芹	434
无苞大戟	55,70	细叶旱芹属	398,425	小扁豆	174
无刺枣	104	细叶馒头果	20	小勾儿茶	95
无核橘	309	细叶水芹	440	小勾儿茶属	77,94
无患子	193	细柱五加	373,375	小果葡萄	145
无患子科	191	狭叶藤五加	378	小花花椒	269,272
无患子属	191,192	狭叶五月茶	12	小花天竺葵	334
无毛崖爬藤	137,139	狭叶香港远志	179	小花远志	172,176
吴茱萸	285	狭叶獐牙菜	498	小茴香	442
吴茱萸五加	380	仙居冻绿	86	小鸡爪槭	217
五倍子树	249	仙居葡萄	141,153	小蔓长春花	506
五彩凤仙	344	仙霞岭大戟	55,74	小窃衣	416
五加科	361	显齿牛果藤	123,125	小山芹菜	409
五加属	361,373	显齿蛇葡萄	125	小乌桕	49,53

小叶川芎	447	崖椒	275	野鸦椿	185
小叶大戟	54,57	崖爬藤	139	野鸦椿属	181,185
小叶地锦	58	崖爬藤属	107,136	野芫荽	445
小叶黑面神	24	亚麻科	167	叶底珠	12
小叶黄杨	4	亚麻属	167	叶枫藤	108
小叶葡萄	141,161	亚洲络石	514	叶下珠	14,16
小叶山水芹	414	芫荽	418	叶下珠属	9,10,13
小远志	172,174	芫荽属	398,418	腋毛勾儿茶	97,99
蟹橙	303	岩大戟	55,73	一品红	55,66
新几内亚凤仙花	340,344	岩风	466	一叶萩	12
星毛鸭脚木	364	岩茴香	447,448	艺林凤仙花	341,351
猩猩草	54,66	盐肤木	249	异叶地锦	110
猩猩木	66	盐肤木属	244,249	异叶茴芹	430
芎䓖	447	雁荡三角枫	230	异叶爬山虎	107,110
雄峨参	415	羊角槭	202,204	异叶蛇葡萄	117
熊掌木	361	羊角芹属	398,433	茵芋	291
秀丽葡萄	140,145	阳桃	314	茵芋属	268,291
秀丽槭	204,224	阳桃属	314	银边翠	54,61
锈毛刺葡萄	142	杨梅黄杨	5	银雀树	181
锈毛络石	519	洋常春藤	368	银鹊树	181
锈毛蛇葡萄	115	洋蝴蝶	336	印尼爬山虎	110
锈毛羽叶参	385	洋葵	335	蘡薁	141,162
锈叶野桐	28,30	洋绣球	335	樱叶拟乌蔹莓	133
续随子	54,68	药芹	426	瘿椒树	181
		药用黑面神	24	瘿椒树属	181
Y		野胡萝卜	471	油桐	44
鸦胆子	260	野花椒	270,281	油桐属	10,44
鸦胆子属	257,260	野茴香	443	柚	300,302
鸦蛋子	260	野老鹳草	327,328	俞藤	113
鸭儿芹	427	野葡萄	148	俞藤属	106,112
鸭儿芹属	398,427	野漆树	252	萸叶五加	381
鸭脚菜	411,427	野扇花属	1,6	萸叶五加属	361,380
鸭脚木	365	野桐	28,33	羽毛枫	218
鸭母树	365	野桐属	9,28	羽扇槭	202
鸭跖草状凤仙花	341,346	野梧桐	34	羽叶牛果藤	123,125

羽叶人参	396	獐牙菜属	481,496	中华常春藤	368,369
羽叶三七	396	樟叶槭	204,230	中华水芹	437,439
羽叶蛇葡萄	125	掌裂草葡萄	121	中华天胡荽	400,403
羽叶蛇葡萄属	122	掌裂蛇葡萄	120	中日老鹳草	327,331
羽叶参属	362,384	浙独活	455	钟萼木	189
元宝槭	202	浙江凤仙花	341,358,359	钟萼木科	189
圆齿野鸦椿	186	浙江勾儿茶	97,98	钟萼木属	189
圆金橘	296,298	浙江七叶树	200	皱叶鼠李	84,91
圆叶鼠李	84,87	浙江鼠李	84,92	朱栾	306
远志科	169	浙江五加	376	猪血藤	127
远志属	171	浙江叶下珠	14,18	竹鞭三七	395
月腺大戟	70	浙江蘡薁	141,149	竹节人参	395
芸香	310	浙江獐牙菜	497,499	竹节参	395
芸香科	268	浙闽槭	203,237	竹叶柴胡	424
芸香属	269,310	浙皖凤仙花	341,347	竹叶椒	269,278
		珍珠黄杨	4	紫果槭	204,231
Z		直刺变豆菜	408,410	紫花络石	514,517
早橘	309	直刺山芹菜	410	紫花前胡	451,452
枣	103	直立酢浆草	316,321	紫花山芹	459,463
枣属	77,103	直立茴芹	430,431	紫茎芹	435
泽漆	54,69	枳	295	紫茎芹属	435
泽芹	436	枳椇	78	紫槭	231
泽芹属	398,436	枳椇属	77,78	紫叶酢浆草	316
獐牙菜	497	枳壳	295	紫叶黄栌	248

拉丁名索引

A

Acalypha	10,41
australis	41
brachystachya	42
supera	42
Acanthopanax	
evodiifolius	380
gracilistylus	375
var. *major*	375
var. *pubescens*	375
var. *trifoliolatus*	376
henryi	378
var. *faberi*	379
hondae	375
var. *armatum*	375
leucorrhizus	377
var. *fulvescens*	378
nodiflorus	375
scandens	373
setulosus	376
trifoliatus	374
zhejiangensis	376
Acer	202
acutum	202,208
var. *quinquefidum*	208
var. **tientungense**	209
amoenum	218
amplum	203,210
subsp. *tientaiense*	211
var. **tientaiense**	211
anhweiense	204,219
var. **brachypterum**	220
buergerianum	203,227
var. **horizontale**	229
var. *jiujiangense*	227
var. **ningpoense**	228
var. *yentangense*	229,230
changhuaense	203,214
var. **glabrescens**	215
var. **trilobum**	215
chunii	203,209
cinnamomifolium	204,230
confertifolium var. *serrulatum*	237
cordatum	204,231
var. *dimorphifolium*	233
var. *microcordatum*	231
var. *subtrinervium*	232
coriaceifolium	231
davidii	203,235
subsp. *grosseri*	236
dimorphifolium	233
duplicatoserratum var. *chinense*	212
elegantulum	204,224
'Winter Gold'	225
var. *macrurum*	224
fabri	204,234
ginnala subsp. *theiferum*	220
grosseri	203,236
var. *hersii*	236

henryi	204,240	**pubinerve**	204,222
form. *intermedium*	240	var. **apiferum**	223
hersii	236	var. **wuyiense**	223
japonicum	202	**pubipalmatum**	203,213
john-edwardianum	203,237	var. *pulcherrimum*	213
laxiflorum var. *ningpoense*	235	*reticulatum* var. *dimorphifolium*	233
linganense	204,212	*rubrum*	202
longipes		*saccharum*	202
var. *pubigerum*	207	*sinense*	
var. *tientaiense*	211	subsp. *chekiangense*	222
miaotaiense	205	var. *pubinerve*	222
subsp. **yangjuechi**	202,204	**sinopurpurascens**	204,238
mono	206	**subtrinervium**	204,232
subsp. *incurvatum*	207	var. **dimorphifolium**	233
var. *incurvatum*	207	*tataricum*	
var. *pubigerum*	207	subsp. *ginnala*	221
negundo	204,241	subsp. **theiferum**	203,220
nikoense	204,239	subsp. *theiferum*	220
ningpoense	228	*theiferum*	220
olivaceum	204,225	*trifidum* var. *ningpoense*	228
oliverianum var. *serrulatum*	237	*truncatum*	202
palmatum	203,217	**tutcheri**	203,227
var. **amoenum**	218	**wilsonii**	203,226
'Atropurpureum'	218	var. *chekiangense*	222
'Dissectum Ornatum'	218	var. *serrulata*	237
'Dissectum'	218	*yangjuechi*	204
var. *thunbergii*	217	**Aceraceae**	202
pauciflorum	203,216	**Aegopodium**	398,433
var. *changhuaense*	214	**handelii**	434
pentaphyllum	202	**Aesculus**	199
pictum	202,206	× *carnea* 'Briotii'	199
subsp. **incurvatum**	206,207	*chekiangensis*	200
subsp. **mono**	206	**chinensis**	199
subsp. **pubigerum**	206,207	var. **chekiangensis**	200
var. *mono*	206	var. *wilsonii*	200
var. *pubigerum*	207	*hippocastanum*	199

wilsonii	200	*heterophylla*	117,118
Aglaia	261,265	var. *brevipedunculata*	117
odorata	265	var. *delavayana*	119
Agyneia puber	22	var. *hancei*	116
Ailanthus	257	var. *kulingensis*	118
altissima	257	var. *sinica*	115
var. *sutchuenensis*	258	var. *vestita*	115
Alchornea	9,36	*humulifolia*	118
davidii	37	var. *heterophylla*	117
trewioides	38	**japonica**	115,122
Aleurites		*palmiloba*	121
fordii	44	*rubifolia*	123
montanus	45	*sinica*	115
Allemanda	501,506	var. *hancei*	116
neriifolia	507	*tricuspidata*	108
Alyxia	501,511	**Anacardiaceae**	244
sinensis	511	**Anethum**	399,443
Ampelopsis	106,114	**graveolens**	443
aconitifolia	115,120	**Angelica**	399,451
var. *glabra*	120	**biserrata**	451,455
var. **palmiloba**	121	**dahurica**	451,454
brevipedunculata	115,117	'Hangbaizhi'	454
form. **puberula**	119	**decursiva**	451,452
var. *hancei*	116	*grosseserrata*	462
var. **heterophylla**	117	**hirsutiflora**	451
var. **kulingensis**	118	**morii**	451,458
cantoniensis	124	*polymorpha*	456
var. *grossedentata*	125	*pubescens* form. *biserrata*	455
chaffanjonii	125	**sinensis**	451,457
delavayana	115,119	**tianmuensis**	451,456
var. *glabra*	120	**Anodendron**	502,519
glandulosa	115	**affine**	519
var. *hancei*	116	*salicifolium*	519
var. *heterophylla*	117	**Anthriscus**	397,414
var. *kulingensis*	118	**sylvestris**	414
grossedentata	125	**Antidesma**	9,10

japonicum	11	**Berchemiella**	77,94
montanum var. **microphyllum**	12	**wilsonii**	95
pseudomicrophyllum	12	var. **pubipetiolata**	96
Apiaceae	397	**Bischofia**	10,26
Apium	398,426	**javanica**	26
graveolens	426	**polycarpa**	27
leptophyllum	425	*racemosa*	27
Apocynaceae	501	**Boenninghausenia**	269,287
Apocynum	501,502	**albiflora**	287
venetum	502	*Boymia glabrifolia*	286
Aralia	362,386	**Bretschneidera**	189
chinensis	389	**sinensis**	189
var. *nuda*	389	**Bretschneideraceae**	189
cordata	386,391	**Breynia**	9,24
dasyphylla	386,390	*fruticose*	24
echinocaulis	386,387	**officinalis**	24
elata	389,390	**rostrata**	25
henryi	386,392	*vitis-idaea*	24
hupehensis	386,389,390	**Brucea**	257,260
spinifolia	386	**javanica**	260
subcapitata	389	**Bupleurum**	397,421
undulata	386,388	**chinense**	422,424
Araliaceae	361	**longiradiatum**	422
Averrhoa	314	form. **australe**	423
carambola	314	**scorzonerifolium**	422,423
		form. **pauciflorum**	423
B		**Burseraceae**	242
Balsaminaceae	340	**Buxaceae**	1
Berchemia	77,96	**Buxus**	1
barbigera	97,99	**aemulans**	1,4
floribunda	97,100	*bodiniei*	2
var. **oblongifolia**	100	**harlandii**	1,2
huana	97,98	*microphylla*	
var. **glabrescens**	99	subsp. *sinica*	2
kulingensis	96,97	var. *aemulans*	4
zhejiangensis	97,98	var. *sinica*	2

myrica	5		**Centaurium**	481,486
sinica	1,2		*japonicum*	486
'Aurea'	3		*pulchellum*	487
'Versicolor'	3		var. **altaicum**	487
subsp. *aemulans*	4		**Centella**	397,406
var. *aemulans*	4		*asiatica*	407
var. **parvifolia**	4		**Changium**	398,420
			smyrnioides	420
C			**Choerospondias**	244
Canarium	242		**axillaris**	245
album	242		**Chukrasia**	261,264
Cardiospermum	191		*tabularis*	264
halicacabum	192		*Chunechites xylinabariopsoides*	522
Cascabela thevetia	522		*Cissus*	
Catharanthus	501,503		*brevipedunculata*	117
roseus	503		*cantoniensis*	124
Causonis	106,126		*humulifolia* var. *brevipedunculata*	117
corniculata	127,131		**Citrus**	268,300
japonica	127		× **aurantium**	300,305
subsp. **pseudotrifolia**	129		'Changshan-huyou'	306
subsp. **tenuifolia**	128		'Daidai'	306
montana	127,130		'Zhulan'	306
wentsaiana	127,132		× **junos**	300,303
Cayratia			× **limon**	300,304
albifolia var. *glabra*	133		× **sinensis**	300,307
corniculata	131		*grandis*	302
japonica	127		var. *shangyuan*	303
var. *dentata*	128		*japonica*	298
var. *pubifolia*	133		**maxima**	300,302
oligocarpa	134,135		'Szechipaw'	303
var. *glabra*	133		'Wentan'	303
papillata	139		**medica**	300,301
pseudotrifolia	129		'Fingered'	302
tenuifolia	128		**reticulata**	300,308
Cedrela sinensis	261		'Ponkan'	308
Celtis polycarpa	27		'Suavissima'	308

'Subcompressa'	309	**Dimocarpus**	191,194
'Succosa'	309	**longan**	194
'Tardiferax'	309	*Dipteronia*	202
'Unshiu'	309	**Discocleidion**	9,35
trifoliata	295	**glabrum**	35
Clausena	268,292	var. *trichocarpum*	36
lansium	293	**ulmifolium**	35
Cleidion ulmifolium	35	var. **trichocarpum**	36
Cnidium	399,445	**Dodonaea**	191,197
japonicum	446	**viscosa**	197
monnieri	445		
Conioselinum chinense	397	**E**	
Coriandrum	398,418	*Ecdysanthera rosea*	521
sativum	418	**Eleutherococcus**	361,373
Cotinus	244,247	**gracilistylus**	
coggygria var. **pubescens**	248	var. *nodiflorus*	375
'Purpurens'	248	var. *trifoliolatus*	376
Crawfurdia chinensis	482	**henryi**	373,378
Croton	10,43	var. **faberi**	379
japonicus	34	**leucorrhizus**	373,377
philippensis	30	var. **fulvescens**	378
sebifer	49	var. *scaberulus*	378
tiglium	43	**nodiflorus**	373,375
Cryptotaenia	398,427	var. **trifoliolatus**	376
japonica	427	**scandens**	373
Cyclospermum	398,425	**setulosus**	373,376
leptophyllum	425	**trifoliatus**	373,374
		zhejiangensis	376
D		**Erodium**	325
Dasyloma benghalensis	437	**cicutarium**	326
Daucus	397,471	*Ervatamia divaricata*	524
carota	471	**Erythroxylaceae**	165
var. **sativa**	472	**Erythroxylum**	165
Dendropanax	361,366	**sinensis**	165
dentiger	366	*Euodia*	
Dictamnus dasycarpus	268	*fargesii*	286

glabrifolia	286	royleana	55,65
lepta	287	sieboldiana	55,76
rutaecarpa	285	*supina*	60
form. *meionocarpa*	285	thymifolia	54,60
var. *officinalis*	285	tirucalli	55,62
Euphorbia	10,53	*xianxialingensis*	55,74
antiquorum	55,64	**Euphorbiaceae**	9
bifida	54,55	**Euscaphis**	181,185
cyathophora	54,66	*fukienensis*	186
ebracteolata	55,70	**japonica**	185
esula	55,75	var. **jianningensis**	186
helioscopia	54,69	var. *pubescens*	186
henryi	76	var. *ternata*	185
heterophylla	54,67	**konishii**	186
var. *cyathophora*	66	**Excoecaria**	10,48
heyneana	58	**cochinchinensis**	48
hirta	54,56		
humifusa	54,58	**F**	
hylonoma	55,71	× *Fatshedera lizei*	361
indica	56	*Fagara nitida*	270
jolkinii	55,73	**Fagraea**	474
kansuensis	71	*ceilanica*	474
kansui	54	**Fatsia**	361,362
lanceolata	72	**japonica**	362
lathyris	54,68	**Flueggea**	9,12
lunulata	75	**suffruticosa**	12
var. *souchouensis*	75,76	**Foeniculum**	398,442
maculata	54,60	**vulgare**	442
makinoi	54,57	**Fortunella**	268,296
marginata	54,61	**hindsii**	296,297
milii	55,63	var. *chintou*	296
neriifolia	55,63	**japonica**	296,298
pekinensis	55,72	**margarita**	296,298
var. *attenuata*	72	'Calamondin'	299
prostrata	54,59	'Chintan'	299
pulcherrima	55,66	**venosa**	296

Frangula	83	**wilfordii**	327,330
		var. *chinense*	331
G		*Gilibertia sinensis*	366
Gamblea	361,380	**Glehnia**	399,464
ciliata	381	**littoralis**	464
var. **evodiifolia**	380	**Glochidion**	9,19
Gardneria	474,475	*daltonii*	21
lanceolata	476,477,478	*fortunei*	20,21
linifolia	477	*obovatum*	21
multiflora	476	**puber**	20,22
nutans	476,477	*rubrum*	20
Gelsemium	474,478	**triandrum**	20,21
elegans	479	**wilsonii**	20,23
Gentiana	481,489		
davidii	489,492	**H**	
delicata	489,495	**Hedera**	362,367
fortunei	489	**helix**	368
heterostemon var. *chingii*	495	'Argenteovariegata'	368
loureiroi	489,494	'Aureovariegata'	368
manshurica	489,491	*nepalensis*	370
subsp. *jiandeensis*	491	var. **sinensis**	368,369
scabra	489	*quinquefolia*	107
yokusai	489,493	**rhombea**	368,370
zollingeri	489,493	**Heracleum**	399,467
Gentianaceae	481	**moellendorfii**	468
Geraniaceae	325	**sphondylium** var. **nipponicum**	469
Geranium	325,327	**tiliifolium**	470
carolinianum	327,328	**Heteropanax**	361,383
chinensis	331	**brevipedicellatus**	383
dissectum	327,329	**fragrans**	384
krameri	328	**Hippocastanaceae**	199
nepalense var. *thunbergii*	331	**Hovenia**	77,78
robertianum	327	*acerba*	79
rosthornii	327	**dulcis**	78
sibiricum	327,332	*trichocarpa*	79
thunbergii	327,331	var. **robusta**	79

Hydrocotyle	397,399		var. *chloroxantha*	349
hookeri	403		var. *kuocangshanica*	349
subsp. **chinensis**	400,403		*plebeia*	352
nepalensis	399,400		**suichangensis**	341,354
pseudoconferta	399,401		**taishunensis**	341,358
ramiflora	400,404		**tienmushanica**	341,356
shanii	403		var. *longicalculata*	356,357
sibthorpioides	399,401		**tubulosa**	341,352
var. **batrachaum**	402		**walleriana**	340,343
vulgaris	400,405		**yilingiana**	341,351
wilfordii	400,404			

I

Ilex reevesiana	291
Impatiens	340
anhuiensis	341,353
balsamina	340,341
blepharosepala	347,348
chekiangensis	341,358,359
var. *cangnanensis*	360
var. *multiflora*	360
chinensis	340,343
chloroxantha	349
commelinoides	341,346
cosmia	341
davidii	340,345
fenghwaiana	341,356
hawkeri	340,344
huangyanensis	341,350
subsp. **attenuata**	351
hypophylla	357
jiulongshanica	341,355
kuocangshanica	341,349
neglecta	341,347
noli-tangere	351
platysepala	341,348

K

Kalopanax	361,371
pictus	371
ricinifolius var. *chinense*	371
septemlobus	371
var. *magnificus*	371
var. *maximowiczi*	371
Koelreuteria	191,196
bipinnata	196
var. **integrifoliola**	197
integrifoliola	197

L

Latouchea	481,488
fokienensis	488
Ligusticum	399,447
chuanxiong	447
jeholense	447,450
sinense	447,449
tachiroei	447,448
Linaceae	167
Linum	167
perenne	167
Litchi	191,195
chinensis	195

Loganiaceae	474		pygmaea	480
			Murraya	269,294
M			exotica	294
Macropanax	361,382			
rosthornii	382		**N**	
Mallotus	9,28		**Nekemias**	106,122
apelta	28,32		cantoniensis	123,124
var. *tenuifolius*	33		chaffanjonii	123,125
japonicus	28,34		grossedentata	123,125
var. *austrochinensis*	30		rubifolia	123
var. *floccosus*	34		*Neoshirakia*	
lianus	28,30		*atrobadiomaculata*	53
nepalensis	34		*japonica*	52
var. *floccosus*	34		**Nerium**	501,507
paxii	32		*divaricata*	524
philippensis	28,30		*indicum*	508
repandus	29		oleander	508
var. **scabrifolius**	28		'Album'	509
stewardii	32		'Variegatum'	509
subjaponicus	34		**Nothosmyrnium**	398,435
tenuifolius	28,33		japonicum	435
var. *paxii*	32			
var. *subjaponicus*	34		**O**	
Mangifera indica	244		**Oenanthe**	398,437
Manihot	10,46		benghalensis	437
esculenta	47		*benghalensis*	437
'Variegata'	47		*decumbens*	438
Melia	261,266		*dielsii*	439
azedarach	266		subsp. *thomsonii*	440
toosendan	267		var. *stenophylla*	440
Meliaceae	261		javanica	437,438
Melicope	269,287		linearis	437,439
pteleifolia	287		*sinensis*	439
Mercurialis	10,39		*stolonifera*	438
leiocarpa	39		var. *purpurea*	438
Mitrasacme	474,479		thomsonii	437,440

subsp. *stenophylla*	440	var. **bipinnatifidus**	396
Orixa	268,283	**notoginseng**	394
japonica	284	*pseudoginseng*	
Osmorhiza	397,415	var. *bipinnatifidus*	396
aristata	415	var. *japonicus*	395
Ostericum	399,459	var. *notoginseng*	394
atropurpureum	459,463	*schin-seng* var. *japonicus*	395
citriodorum	459	**Parthenocissus**	106,107
grosseserratum	459,462	*austro-orientalis*	114
huadongense	459,460	**dalzielii**	107,110
sieboldii	460	*heterophylla*	110,118
Oxalidaceae	314	**laetevirens**	107,111
Oxalis	315	**quinquefolia**	107
acetosella	315	*semicordata*	111
subsp. *griffithii*	323	var. *rubrifolia*	111
subsp. *japonica*	322	**suberosa**	107,109
articulata	316,318	*thomsonii*	113
bowiei	316,320	**tricuspidata**	107,108
corniculata	316,320	*Paullinia*	
corymbosa	316,318	*asiatica*	289
griffithii	316,323	*japonica*	122
martiana	319	**Pelargonium**	325,334
obtriangulata	316,322	× **domesticum**	334,336
pes-caprae	316,317	× **hortorum**	334,335
stricta	316,321	× **peltatum**	334
texana	322	**graveolens**	334,336
triangularis	316	*inquinans*	334
		odoratissimum	334
P		**radens**	334,337
Pachysandra	1,7	*radula*	337
terminalis	8	*zonale*	334
Paliurus	77,101	**Pentapanax**	362,384
hemsleyanus	102	**henryi**	385
ramosissimus	101	var. *wangshanensis*	385
Panax	362,393	**Peucedanum**	399,465
japonicus	395	**japonicum**	465

form. *album*	466	latouchei	172,173
praeruptorum	466	**polifolia**	172,176
Pharnaceum suffruticosum	12	*sibirica*	171
Phellodendron	269,289	**tatarinowii**	172,174
chinense	290	**Polygalaceae**	169
var. **glabriusculum**	290	**Poncirus**	268,295
Phyllanthus	9,10,13	**trifoliata**	295
amarus	14,17	**Pottsia**	502,512
chekiangensis	14,18	**grandiflora**	512
flexuosus	14,15	*laxiflora*	512
glaucus	14	**Pseudocayratia**	106,133
var. **trichocladus**	15	*dichromocarpa*	133
matsumurae	14,17	*oligocarpa*	135
urinaria	14,16	*orientalisinensis*	135
ussuriensis	17	*pengiana*	134
virgatus	14,18	**speciosa**	133
Picrasma	257,259	subsp. **pengiana**	134
quassioides	259	**Pternopetalum**	398,428
Pimela alba	242	**tanakae**	428
Pimpinella	398,429	var. **fulcratum**	429
arguta	430,432	**Pterygopleurum**	398,444
diversifolia	430	**neurophyllum**	444
koreana	430,432		
nikoensis var. *koreana*	432	**R**	
smithii	430,431	**Rauvolfia**	501,510
Pistacia	244,246	**verticillata**	510
chinensis	246	var. *hainanensis*	510
weinmanniifolia	247	**Rhamnaceae**	77
Polygala	171	**Rhamnella**	77,93
arillata	172	**franguloides**	93
arvensis	176	**Rhamnus**	77,83
chinensis	172,177	**brachypoda**	84,92
glomerata	177	**chekiangensis**	84,92
hongkongensis	172,178	**crenata**	84
var. **stenophylla**	179	var. **discolor**	85
japonica	172,175	var. **xianjuensis**	86

dumetorum	84,88	var. *tomentosa*	81
globosa	84,87	**Salomonia**	169
inconspicua	88	**cantoniensis**	169
leptophylla	84,88	**ciliata**	170
napalensis	84,86	*oblongifolia*	170
rugulosa	84,91	**Sanicula**	397,408
var. *chekiangensis*	92	**chinensis**	408,411
utilis	84,89	**flavovirens**	408,413
var. **hypochrysa**	90	**lamelligera**	408,409
wilsonii	84,90	**orthacantha**	408,410
var. *pilosa*	90,91	var. *longispina*	409
Rhus	244,249	**tienmuensis**	408
chinensis	249	**Sapindaceae**	191
hypoleuca	249,250	**Sapindus**	191,192
javanica	260	*mukorossi*	193
potaninii	249,251	**saponaria**	193
succedanea	252	**Sapium**	10,49
sylvestris	253	**atrobadiomaculatum**	49,53
toxicodendron var. *hispida*	255	**discolor**	49,51
trichocarpa	254	**japonicum**	49,52
verniciflua	255	**sebiferum**	49
Ricinus	10,40	**Saposhnikovia**	399,470
apelta	32	**divaricata**	470
communis	40	**Sarcococca**	1,6
Rottlera scabrifolia	28	*longipetiolata*	7
Ruta	269,310	**orientalis**	6
graveolens	310	form. **variegata**	7
Rutaceae	268	**Schefflera**	361,364
		arboricola	364
S		'Variegata'	365
Sageretia	77,80	**heptaphylla**	365
hamosa	80,82	*minutistellata*	364
henryi	80	*octophylla*	365
lucida	80,81	*Securinega suffruticosa*	12
melliana	80,82	*Simaba quassioides*	259
thea	80,81	**Simaroubaceae**	257

Sindechites	502,513	**Tetrastigma**	107,136
henryi	513	*hainanense*	138
var. *parvifolia*	513	**hemsleyanum**	137
Sium	398,436	*obtectum*	139
javanicum	438	var. **glabrum**	137,139
suave	436	*papillatum*	139
Skimmia	268,291	**rupestre**	137,138
japonica	292	**Thevetia**	501,522
reevesiana	291	**peruviana**	522
Spinovitis davidii	142	**Toddalia**	268,288
Spondias axillaris	245	**asiatica**	289
Spuriopimpinella koreana	432	**Tongoloa**	398,419
Staphylea	181,182	**stewardii**	419
bumalda	183	**Toona**	261
holocarpa	184	*ciliata* var. *pubescens*	263
Staphyleaceae	181	**fargesii**	262
Stillingia		**sinensis**	261
discolor	51	var. *schensiana*	263
japonica	52	**Torilis**	397,416
Swertia	481,496	**japonica**	416
angustifolia	498	**scabra**	417
var. **pulchella**	497,498	**Toxicodendron**	244,252
bimaculata	497	*altissimum*	257
hickinii	497,499	**radicans** subsp. **hispidum**	252,255
jiendeensis	497,499	*succedaneum*	252
		sylvestre	252,253
T		**trichocarpum**	252,254
Tabernaemontana	502,523	**vernicifluum**	252,255
divaricata	524	**Trachelospermum**	502,514
Tapiscia	181	**asiaticum**	514
sinensis	181	**axillare**	514,517
Tetradium	269,284	**bodinieri**	514,515
glabrifolium	286	**brevistylum**	514,518
ruticarpum	285	*cathayanum*	515
Tetrapanax	361,363	**dunnii**	514,519
papyrifer	363	*gracilipes*	514

var. *hupehense*	514	*minor*	506
jasminoides	514,516	**Vitaceae**	106
'Flame'	517	**Vitis**	107,140
var. *heterophyllum*	516	*adenoclada*	157
tenax	519	*adstricta*	162
wenchowense	515	var. *ternata*	163
Triadica		**amoena**	140,145
cochinchinensis	51	*amurensis*	154
japonica	52	*balansana*	145
sebifera	49	**bryoniifolia**	141,162
Tribulus	312	var. *ternata*	163
terrestris	312	*chaffanjonii*	125
Tripterospermum	481	**chunganensis**	140,146
chinense	482	**chungii**	140,147
var. **linearifolium**	483	*corniculata*	131
filicaule	482,483	**davidii**	140,142
nienkui	482,484	var. **cyanocarpa**	143
Tropaeolaceae	338	var. **ferruginea**	142
Tropaeolum	338	**erythrophylla**	141,151
majus	338	*fagifolia*	152
Turpinia	181,187	**ficifolia**	141,157
arguta	187	var. *pentagona*	156
var. **pubescens**	188	**flexuosa**	141,153
		var. *parvifolia*	153
U		*glandulosa*	115
Urceola	502,520	**hancockii**	140,152
rosea	521	*heterophylla*	117,118
xylinabariopsoides	522	**heyneana**	141,156
		subsp. *ficifolia*	157,158
V		var. **adenoclada**	157
Vernicia	10,44	**hui**	141,161
fordii	44	*japonica*	127
montana	45	**jinzhaiensis**	141,154
Vinca	501,504	**kaihuaica**	141,160
major	504	*labrusca*	155
'Variegata'	505	**longquanensis**	141,158

var. **glandulosa**	160	**ailanthoides**	269,273
parvifolia	153	var. *pubescens*	273
pentagona	156	*alatum* form. *ferrugineum*	279
piasezkii	163	**armatum**	269,278
potentilla var. *glabra*	139	var. **ferrugineum**	279
pseudoreticulata	141,148	**austrosinense**	270,280
quinquangularis	156	var. *stenophyllum*	280
reticulata	148	**bungeanum**	270,279
romanetii	140,144	*cuspidatum*	271
rubifolia	123	**huangianum**	270,282
sinica	115	**micranthum**	269,272
sinocinerea	141,161	**molle**	270,275
sinoternata	141,163	**myriacanthum**	270,274
tenuifolia	128	var. *pubescens*	274
thomsonii	113	**nitidum**	269,270
thunbergii	157	**piperitum**	270,276
var. *cinerea*	161	form. **inerme**	277
var. *taiwaniana*	161	*podocarpum*	281
vinifera	141,155	*rhetsoides*	274
wenchowensis	140,150	**scandens**	269,271
wentsaiana	141,153	**schinifolium**	270,275
wilsoniae	141,148	**simulans**	270,281
zhejiang-adstricta	141,149	subsp. **calcareum**	282
		stipitatum	282

Y

Yua	106,112	**Ziziphus**	77,103
austro-orientalis	114	**jujuba**	103
thomsonii	113	'Tortuosa'	104
		var. **inermis**	104
		mauritiana	104
		Zygophyllaceae	312

Z

Zanthoxylum	268,269

附　录

照片提供作者名录（非本卷编著者）

王军峰　无刺枣（1），齿果草（左大图），小花远志（左、上右），三裂昌化楲（上左），梗花椒（下左），枸橘（中），金弹（右），佛手（左），代代花（2），瓯柑（1），无核橘（1），黄花酢浆草（上左、中左、中右、下右），关节酢浆草（中、下右），天竺葵（上左、中），家天竺葵（下右），香叶天竺葵（1），旱金莲（上右、下中、下右），华凤仙（下左、右），鸭跖草状凤仙花（上左、下左、中），淡黄绿凤仙花（上左），天目山凤仙花（上），牯岭东俄芹（左、中右），灰绿龙胆（上右）。共36张。

李根有　雀舌黄杨（下右），变色黄杨（1），毛果丹麻杆（左、下右），花叶木薯（右），龙须枣（1），美丽拟乌蔹莓（下右），宿根亚麻（上、下左），毛黄栌（下右），青麸杨（3），野漆树（右），小花花椒（上左），大叶臭椒（下右），朵椒（上右），花椒（下右），吴茱萸（左），山橘（2），蒺藜（上），大花酢浆草（3），芹叶牻牛儿苗（上左、上右），斑叶鹅掌藤（左），莳萝（右）。共29张。

李华东　云黄珠子草（3），小勾儿茶（上），七叶树（3），天师栗（5），香橼（上左、中左、上右），香圆（上右、下右），柠檬（左、上右），酸橙（4），朱栾（3），莳萝（左上）。共27张。

马丹丹　宿根亚麻（下右），盾叶天竺葵（2），蒺藜（中左、下左、下右），芹叶牻牛儿苗（中右、下左），盾叶天竺葵（2），天竺葵（中右、下右），家天竺葵（左、上右），菊叶天竺葵（3）。共17张。

叶喜阳　银边翠（2），宁波三角楲（下中、下右），三角叶酢浆草（下左），芹叶牻牛儿苗（下中、下右），细刺五加（2），短梗幌伞枫（2），食用土当归（3），南方大叶柴胡（1）。共15张。

蒋　明　括苍山凤仙花（左、下右），黄岩凤仙花（右），遂昌凤仙花（3），九龙山凤仙花（上右、下右）。共8张。

吴棣飞　花叶木薯（左），乳源楲（下左），斑叶鹅掌藤（右），黄斑叶常春藤（1），密伞天胡荽（左），小蔓长春花（1）。共6张。

注：括号中的数字为张数。

邱燕莲　龙眼（左），荔枝（左），鸦胆子（2），金橘（上右），甜橙（中）。共6张。

潘成椿　红花香椿（上左），刻叶老鹳草（4），中华天胡荽（上左）。共6张。

王　泓　牯岭凤仙花（上右），鸭跖草状凤仙花（上右），括苍山凤仙花（上右），黄岩凤仙花（中），浙江凤仙花（上右）。共5张。

刘　冰　小远志（2），滨蛇床（3）。共5张。

钟建平　椭圆叶齿果草（3），岭南花椒（上左），华东山芹（上右）。共5张。

刘　西　红花香椿（中右），长梗天胡荽（下左、下中、下右）。共4张。

刘　军　顶花板凳果（上右），山酢浆草（上右），湖北老鹳草（上右、下中）。共4张。

梅旭东　斑叶野扇花（上右、下右），华南远志（上右、下中）。共4张。

蒋天沐　条叶龙胆（4）。共4张。

丁炳扬　天目山凤仙花（下左、下右），羽叶三七（1）。共3张。

王健生　浙江鼠李（左），清香木（上右、下右）。共3张。

朱仁斌　藤五加（3）。共3张。

吴东浩　毛果丹麻杆（上右、下右），山地乌蔹莓（右）。共3张。

陈贤兴　乳儿绳（3）。共3张。

周　庄　乌头叶蛇葡萄（3）。共3张。

顾余兴　掌裂草葡萄（2）。共2张。

王　挺　清香木（左）。

王金旺　岩大戟（下右）。

朱鑫鑫　黄花酢浆草（下左）。

池方河　石生崖爬藤（右上）。

张方钢　尖叶乌蔹莓（下左）。

浦锦宝　石生崖爬藤（右下）。